程序员软件开发名师讲坛 · 轻松学系列

轻 松 学

中文版
Auto CAD 2021
从入门到实战 案例 ◉ 视频版

孙江宏　高 锋 / 编著

中国水利水电出版社
www.waterpub.com.cn
·北京·

内 容 提 要

《轻松学 中文版AutoCAD 2021从入门到实战（案例·视频版）》基于作者30余年教学实践和实际应用开发经验，从初学者容易上手、快速学会的角度，用通俗易懂的语言、144个实用案例和1套精选的单级齿轮减速器综合实战项目，深入浅出、循序渐进地讲解了AutoCAD 2021绘图建模技术，实现手把手教你从零基础入门到快速学会AutoCAD 2021系统绘图应用。

全书共14章，内容包括初识AutoCAD 2021，AutoCAD 2021基本绘图环境设置，平面视图的观察与对象编辑，基本图形与精确绘图，简单二维绘图命令，二维对象编辑——复制、方位与变形处理，二维对象编辑——断合、倒角与图案填充，尺寸标注与公差，文字与表格，装配效率工具，三维视图的观察与视口操作，三维实体建模，三维实体的操作与编辑，综合绘图项目实战——绘制单级齿轮减速器零件图及装配图。

《轻松学 中文版AutoCAD 2021从入门到实战（案例·视频版）》配有145集讲解视频（扫二维码可观看），并提供丰富的教学资源，包括教学PPT、习题参考答案、案例素材、在线交流服务QQ群等，既适合零基础入门学习AutoCAD绘图技术的读者、有一定AutoCAD绘图和应用基础的工程师阅读，也适合作为高等学校、高职高专、职业技术学院、民办高校或培训机构相关专业工程制图课程教材以及课程设计和毕业设计的参考用书。

图书在版编目（CIP）数据

轻松学 中文版 AutoCAD 2021 从入门到实战 : 案例·
视频版 / 孙江宏等编著 . —北京 : 中国水利水电出版社，
2021.8
(CAD/CAM/CAE 名师讲坛 . 轻松学系列)
ISBN 978-7-5170-9459-3

Ⅰ . ①轻… Ⅱ . ①孙… Ⅲ . ① AutoCAD 软件 Ⅳ .
① TP391.72

中国版本图书馆 CIP 数据核字 (2021) 第 040313 号

丛 书 名	CAD/CAM/CAE 名师讲坛 · 轻松学系列	
书 名	轻松学 中文版 AutoCAD 2021 从入门到实战（案例·视频版）	
	QINGSONG XUE ZHONGWENBAN AutoCAD 2021 CONG RUMEN DAO SHIZHAN	
作 者	孙江宏 高锋 编著	
出版发行	中国水利水电出版社	
	（北京市海淀区玉渊潭南路 1 号 D 座 100038）	
	网址：http://www.waterpub.com.cn	
	E-mail：zhiboshangshu@163.com	
	电话：（010）62572966-2205/2266/2201（营销中心）	
经 售	北京科水图书销售中心（零售）	
	电话：（010）88383994、63202643、68545874	
	全国各地新华书店和相关出版物销售网点	
排 版	北京智博尚书文化传媒有限公司	
印 刷	河北华商印装有限公司	
规 格	185mm×260mm 16 开本 27.75 印张 756 千字	
版 次	2021 年 8 月第 1 版 2021 年 8 月第 1 次印刷	
印 数	0001—4000 册	
定 价	89.80 元	

前　言

编写背景

我从1990年第一次接触AutoCAD R10，这个软件就开始伴随我走上科研与教学之路，至今已经30年了。从刚开始DOS系统下的字符式记忆命令，到后来的图标式操作，再到现在的操控面板方式，让我无时无刻不在体会着AutoCAD的发展变化，也充分享受着AutoCAD给我带来的快乐。时至今日，我指导学生做的所有设计都是通过AutoCAD加以表达和出图的，它对我的科研设计工作有非常大的帮助，在此也对这一款功能强大且规范的软件致以崇高的敬意。

可以说，我和这个软件结下了不解之缘，同时也为AutoCAD的推广做出了自己的一点贡献。具体体现在以下几个方面：①从1996年开始前后投入了近两年时间编写的第一本《实用AutoCAD R14中文版学习教程》（1998年出版），受到广大读者的欢迎并多次重印，该书作为国内最早出版的有关AutoCAD书籍，基本上形成了时至今日有关AutoCAD图书的写作体例，即命令启动→操作解释→案例说明；②1999年出版的《AutoCAD ObjectARX开发工具及应用》和《Visual Lisp R14~2000编程与应用》，是国内最早的有关AutoCAD二次开发类书籍，开创了一个AutoCAD图书的新领域；③2000年出版的《AutoCAD 2000典型机械应用》和《AutoCAD 2000典型建筑应用》，首次开创了AutoCAD不同应用领域的分类编写体例；④2004年出版的《AutoCAD 2004机械设计上机指导》，首次开创了AutoCAD教材实验指导书的先例，并在后期逐渐演化为上机指导类书籍模板。

这些书籍都多次印刷再版，受到了广大学生和工程师等技术人员的青睐，我也结交了很多朋友，为技术交流打开了很多扇窗。同时，我通过参加AutoCAD Electrical最早期的软件和帮助文档汉化工作以及参与Autodesk公司的AutoCAD、Inventor、Mechanical等多种软件台湾版和英文版图书翻译工作，对有关AutoCAD图书的编写有了深刻的认知，并有选择地将其引入到自己的图书编写工作中，丰富了自己的选材内容。

可惜的是，2014年之后，由于教学科研工作日益繁忙，我对图书的编写逐渐放缓直到停止，有时想起来不禁有些遗憾。在此期间，很多读者朋友和曾经教过的学生不时问我是否有新作出版，让我有所心动。这些读者有的从我的第一本书开始就通过邮件沟通，到后来的QQ乃至微信，从作者和读者的关系变成了笔友，令我非常荣幸。2019年国庆巧遇老朋友——中国水利水电出版社智博尚书分社雷顺加总编，在他的热情鼓励和再三邀请下，我又重新拾起了图书编写的笔杆，准备接受新的挑战——编写面向社会大众的AutoCAD入门类书籍。好事多磨，由于期间受到了疫情影响及版本变化，直到今日方才完成书稿，实在有些惭愧。

动笔之前我对市场上同类书进行了认真的调研，发现市场上销售不错的图书也存在以下一些不足：第一，多数书以介绍操作功能为主，有些侧重强调某一些绘图命令的细节和大而全的功能描述，初学者学起来有点儿难度；第二，书中选用的案例也比较随意，且案例相互之间几乎没有联系，工程实践性不强，有的只是为了说明一个命令而临时构想一些例子，随意性很大,这不利于读者融入工程环境,容易造成学习了书中内容但是到实际应用中仍然不知道如何应对的情况,阅读性和实用性欠缺;第三,由于一些作者本身缺乏(工程)设计的概念和经验,有些内容安排上也就无法与(工程)设计活动融合,造成内容分崩离析,缺乏一条工程设计思想主线;第四,在讲述上略显粗糙,很多书只讲操作,而对于操作中易混淆或者易错的原因等分析不够透彻,或者干脆就没有。这些都会影响读者的学习兴趣及应用效率,达不到让读者从轻松入门到快速掌握AutoCAD平面绘图与三维建模技能的目的。有鉴于此,我(花了1年半时间)结合自己30余年的教学与科研开发经验,吸取早期数本高校教材编写精华,从AutoCAD工程应用角度出发,本着"让读者容易上手,做到轻松学习,实现手把手教你从零基础入门到快速学会AutoCAD平面绘图与三维建模技能"的总体思路,尝试以案例方式引导读者自行学习具体命令及其应用的方式编写了本书。本书侧重以下5个方面。

(1)充分考虑自学,内容安排适度。

本书的定位就是初学者,故内容安排由浅入深,引导读者快速入门,不追求高级应用。在内容安排上进行了精心挑选,对于不常用的操作选项等进行了删减,没有选择Autodesk公司近年推出的如参数化模块等功能,只保留与工程实践联系紧密的功能,尽量做到简明扼要,够用易会。

(2)结合工程实践,注重案例分析。

本书中大量内容都是结合工程案例进行讲解,突出了工程实践性。在对每个案例操作之前都进行了案例分析,使读者在动手之前能明白大体的实现思路,有目的性地培养读者主动分析绘图对象的能力,这就是制图工作中最重要的读图能力,确保读者学有所用,能够举一反三。

(3)注重学习体验,轻松学懂会用。

本书在写作过程中咨询了以往读者和学生的意见,强调轻松学习,在绘图中体会AutoCAD带来的乐趣,而且突出能学会、必须学会。讲解的内容在关键处、难点处均以操作提示、操作技巧等方式给予指点,让读者少走弯路,一步到位,即学即会,提高学习效率。

(4)立体资源讲解,详略因例而变。

为了提高效率,本书采用了二维码扫码视频教学、文字重点说明的方式,同时QQ群答疑解惑。视频内容以授课方式紧密结合书中内容,注重知识和经验的总结。在讲解中根据案例内容进行主次安排,对于重点、难点加以详细说明,对于一些读者已经掌握或者内容较为简单的知识点则不展开讲解,全书所有案例都有完整的实现过程及操作技巧提示,培养读者应用知识点的实操技能。

(5)章节安排合理,注重案例贯穿。

本书内容首先选取初学者在AutoCAD绘图中最关心的知识和模块,包括操作界面设置、二维视图的观察和高效绘图工具把握、二维图形绘制与编辑、文字与表格、尺寸标注、装配图效率工具、三维视图观察、三维实体对象建模与操作等。对于不常用的功能则没有选取,如三维曲面建模,平面绘图中的椭圆、多线等,只在偶尔出现的地方以扫码阅读的形式加以说明。前面章节中所选取的案例均是为了实现最后一章综合案例而设置,直接应用到综合绘图项目实战案例——单级齿轮减速器零件图及装配图的绘制中。最后一章的综合绘图项目实战案例包含了多个零件和总装图,以操作提示的方式引导读者自行完成。当然,也可以通过扫码观看视频学习。

内容结构

本书分4个部分，共14章，具体结构及内容简述如下。

第1部分　定义绘图环境　按需设置图层

包括第1和第2章。这一部分是本书的基础，重点放在如何按用户所需定义绘图环境及相关内容。用户尤其初学者在进入AutoCAD 2021环境后，往往对绘图环境等感到陌生，这一部分首先引导用户通过基本选择性操作来熟悉AutoCAD操作界面等基本元素及其设置，然后在此基础上通过高级设置完成一些个性化的绘图操作界面，最后介绍图纸界限和绘图单位定义、线型和颜色设置、图层的创建与操作等。

第2部分　绘制平面图形　完成标准制图

包括第3~10章。二维图纸的基本图素包括线条、尺寸、文字和表格等。这一部分主要介绍平面视图基本观察方法和提高绘图效率的工具、二维基本绘图命令、二维编辑命令、尺寸标注与公差、文字与表格等，并应用块、设计中心等效率工具来完成装配图。重点是如何使图形以规范、美观的方式在图纸上进行呈现。

第3部分　掌握三维建模　制作实体模型

包括第11~13章。这一部分主要介绍三维视图操作的基础知识、三维实体建模、三维实体的操作与编辑等。AutoCAD三维实体模型有利于读者实时、动态观察与交互，使其设计意图的表达更加直观与人性化。但是考虑到复杂曲面等并不是AutoCAD的强项，所以本书只讲解了应用最广泛的AutoCAD三维实体建模来完成大多数标准模型操作。

第4部分　实操综合案例　提升绘图技能

本部分(第14章)通过单级齿轮减速器综合绘图项目实战的讲解，教会读者熟悉自行绘制复杂图纸的流程，提升综合运用二维绘图与编辑命令的能力，掌握尺寸标注与公差处理、表格元素编辑等功能，熟悉应用块、设计中心等效率工具的综合绘图技巧，理解零件图与装配图之间的关系与流程，快速提升AutoCAD绘图综合技能。

本书特色

(1)选讲核心内容，绘图知识合理连贯，方便初学者系统学习。

本书基于作者30余年的教学科研经验和AutoCAD软件开发实践的总结，从初学者容易上手的角度，用丰富实用的案例和一套精选的单级齿轮减速器零件图及装配图综合绘图项目实战，深入浅出、循序渐进地讲解了AutoCAD绘图与三维建模开发的基础知识和应用技能，方便读者全面系统学习AutoCAD绘图的核心指令与技术，快速解决绘图工作中的实际问题，以适应绘图工作岗位的需要。

（2）采用案例驱动，配套案例视频讲解，提高读者绘图效率。

书中144个实用案例都来自机械行业，通过不断完善案例多种元素来完成最终的实际任务，让读者在学习过程中有一种"一切尽在掌握中"的成就感，激发读者学习兴趣。全书重点放在如何解决实际问题而不是具体命令中的细枝末节，以此来提高读者的学习效率。书中所有案例都配有视频讲解，真正实现手把手教你从零基础入门到快速学会AutoCAD主流绘图技术。

（3）考虑认知规律，精准化解知识难点，实现轻松阅读与理解。

本书根据AutoCAD绘图所需知识和技术的主脉络来搭建内容，不拘泥于某一命令的细节，注重讲述和分析AutoCAD绘图过程中所必须知道的一些知识和方法技巧，内容由浅入深，循序渐进，并充分考虑读者的认知规律，注重化解知识难点，案例简短、实用，易于读者轻松阅读。

（4）突出项目实战，强调工程应用，提升AutoCAD绘图综合技能。

本书最后通过"绘制单级齿轮减速器零件图及装配图"这个完整的综合绘图项目实战，并配合40集完整详细的操作过程视频讲解，教会读者学如何将全书知识点融会贯通，达到学以致用，提升绘图综合技能，实现快速学会AutoCAD工程综合绘图项目开发的目的。

（5）强调动手实践，每章配有大量习题，益于读者练习与自测。

每章最后都配有大量难易不同的练习题，方便读者自测相关知识点的学习效果，并通过自己动手完成综合练习，提升读者运用所学知识和技术的综合实践能力。

（6）提供丰富资源，配有实时在线服务，适合读者自学与教师教学。

本书提供丰富的教学资源，包括教学大纲、PPT课件、案例素材、课后习题参考答案、在线交流服务QQ群等，方便自学与教学。

本书资源浏览与获取方式

读者可以手机扫描下面的二维码（左边）查看全书微视频等资源；用手机扫描下面的二维码（右边）进入"设计指北"服务公众号，关注后输入"CAD20219459"发送到公众号后台，可获取本书案例源码等资源的下载链接。

视频资源总码　　　　设计指北

本书在线交流方式

（1）为方便读者之间的交流，本书特创建"AutoCAD交流群"QQ群（群号：293964408），供广大AutoCAD爱好者在线交流学习。

（2）如果你在阅读中发现问题或对图书内容有什么意见或建议，也欢迎来信指教，来信请发邮件到278796059@qq.com，作者看到后将尽快给你回复。

本书读者对象

（1）AutoCAD绘图、计算机辅助设计的初学者。

（2）有一定AutoCAD设计开发基础的初、中级工程师。

（3）高等学校、高职高专、职业技术学院和民办高校相关专业的学生。

（4）相关培训机构AutoCAD绘图与设计课程培训人员。

本书阅读提示

（1）对于没有任何AutoCAD绘图和设计经验的读者来说，在阅读本书时一定要遵循从界面设置到视图观察、从二维基本操作到三维建模操作、从绘图到尺寸公差标注、从零件制图到装配制图的顺序，重点关注书中讲解的案例操作，然后收看与每个知识点相对应的案例视频讲解，在掌握其主要功能后进行实际演练，特别是学会绘图过程中的读图、改图和作图能力。本书内容分为4个部分，每个部分的学习顺序不可跳跃，哪怕是慢一点儿也要坚持这种做法，打下良好的基础才能在后续章节中学习顺畅。课后的习题用来检测读者的学习效果，如果不能顺利完成，则要返回继续学习相关章节的内容。

（2）对于有一定制图基础和设计经验的读者来说，可以根据自身的情况，有选择地学习本书的相关章节和案例，书中的案例和课后练习要重点掌握，以此来巩固相关知识的运用，提高举一反三的能力。特别是本书在讲到一些重复性命令操作时，基本上采用操作提示的方式引导读者自行完成绘图，而不是再次详细讲解，以此使绘图能力能够适应绘图相关岗位基本要求。

（3）如果高校教师和相关培训机构选择本书作为培训教材，可以不用对每个知识点都进行讲解，这些知识可以通过观看书中的视频完成，也就是说，选用本书作为教材特别适合线上学习相关知识点，留出大量时间在线下进行相关知识的综合讨论，以实现讨论式教学或目标式教学，提高课堂效率。

总之，不管读者是什么层次，都能通过本书的学习达到AutoCAD绘图岗位的最基本要求，有些场合尤其是机械设计场合下读者可以直接采用本书的一些案例。

本书作者团队

本书由北京信息科技大学孙江宏教授负责统稿及定稿工作。其中，孙江宏主要编写第1~3章和第8~11章，高锋主要编写第4~7章和第12~14章，清华大学潘尚峰副教授认真地审阅了全书并提出了许多宝贵意见。参与本书案例制作、视频讲解及大量复杂视频编辑工作的教师和研究生还有何宇凡、李乃铮、何雪萍、高可可、王佳林、刘昌霖、焦健、贾晓丽、易源霖、马驰、叶楠、宁松等。

特别感谢中国水利水电出版社智博尚书分社雷顺加老师的细心指导与斧正，使本书得以顺利出版。责任编辑宋俊娥女士为提高本书的版式设计及编校质量等付出了辛勤劳动，在此一并表示衷心的感谢。

　　由于时间仓促，难免在写作方式和内容上存在缺点与不足，敬请读者批评、指正。作者的
电子邮件地址为278796059@qq.com。

孙江宏

2020年10月于北京

目　录

第3部分 掌握三维建模 制作实体模型

第 4 部分 实操综合项目 提升绘图技能

第 14 章 综合绘图项目实战——绘制单级 齿轮减速器零件图及装配图 ...352

📷 视频讲解：40 集，666 分钟

1

定义绘图环境
按需设置图层

初识 AutoCAD 2021

学习目标

  工科学校的重要任务之一就是通过工程制图课程来教学生掌握必要的图纸表达方法，而 AutoCAD 2021 是重要的辅助绘图工具，通过二者直接的相互融合才能提高制图效率。

  本章主要介绍 AutoCAD 2021 的界面基本操作、图形文件操作和命令输入等。

本章要点

- 熟悉 AutoCAD 2021 界面的基本操作
- 熟悉 AutoCAD 2021 图形文件的操作
- 熟悉 AutoCAD 2021 命令的输入

内容浏览

1.1 走进 AutoCAD 2021 操作环境

1.1.1 熟悉基本界面设置

AutoCAD 2021安装完成后，安装程序自动在Windows桌面上建立AutoCAD 2021简体中文快捷图标，并在【程序】菜单中生成Autodesk程序组。

双击快捷图标 **A**，或者单击【AutoCAD 2021—简体中文】程序组中的AutoCAD 2021程序项，均可启动AutoCAD 2021，进入其工作界面，如图1-1所示。

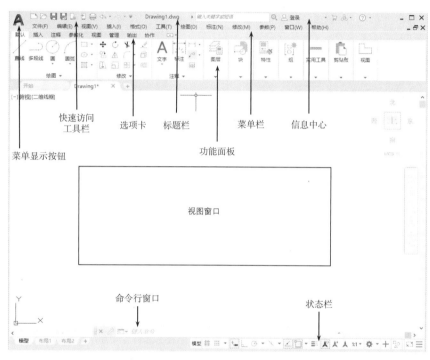

图 1-1　AutoCAD 2021 工作界面

工作界面主要包括标题栏、菜单显示按钮、菜单栏、快速访问工具栏、状态栏、视图窗口、功能面板、命令行窗口、选项卡、信息中心等，另外，还包括文本窗口等特殊元素。该操作完全符合Windows和Microsoft Office的操作规范，故对于标准元素在此不再赘述。下面介绍AutoCAD 2021中特有的部分。

【例1-1】快速选择操作界面

案例分析

用户刚刚进入AutoCAD 2021界面时，会看到一个黑色背景的操作环境，并且很多操作对象并不是太清楚。本案例通过设置一些个性化选项工具，让用户实现一个可控的操作界面。

操作步骤

步骤一：设置标准颜色环境。如图1-2所示，在绘图区中右击，在弹出的快捷菜单中选择

【选项】命令，系统弹出如图1-3所示的对话框。打开【显示】选项卡，在【颜色主题】下拉列表中选择【明】选项，单击【确定】按钮，操作界面如图1-1所示。可以看到，黑色背景已经变为白色。

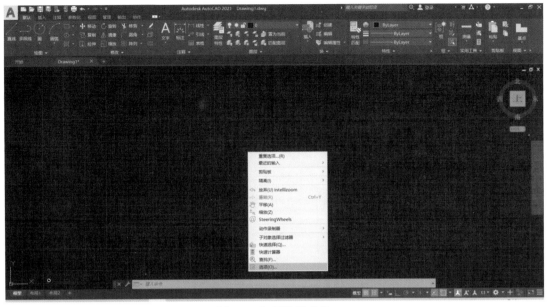

图1-2　打开快捷菜单

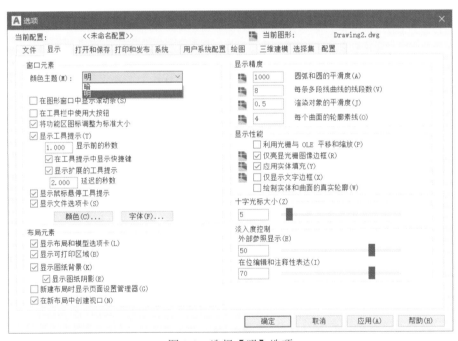

图1-3　选择【明】选项

　　步骤二：设置菜单栏显示。

　　(1)显示或隐藏菜单栏。单击【快速访问工具栏】右端的按钮▾，系统弹出如图1-4所示的快捷菜单，从中选择【显示菜单栏】命令，结果如图1-5所示，在操控面板上方出现菜单栏。如果要隐藏菜单栏，可以再次重复以上步骤，此时【显示菜单栏】选项变为【隐藏菜单栏】选项，选中即可。这些菜单栏的功能与下面功能面板中的按钮功能大多数是对应的。

图 1-4　选择【显示菜单栏】命令

图 1-5　菜单栏显示在操控面板上方

💬 **选项说明**：菜单栏是 Windows 程序的标准用户界面元素，用于启动命令或设置程序选项，单击左上角 **A** 按钮可以打开常用文件菜单栏，如图 1-6 所示。AutoCAD 2021 不提倡用菜单，建议使用功能面板。

菜单相当于工程制图中的参考手册，从中可以查找到一些相关的绘图技术工具。

（2）菜单选项操作。在任意菜单栏中单击进行选项操作。如图 1-5 所示，选择【绘图】菜单栏，在该菜单中可以看到，每个菜单选项后面有不同的符号，分为3种：如果选择带有 › 符号的选项，则显示子菜单；如果选择带有... 符号的选项，则显示相应的对话框或操控面板。例如，选择【表格】命令，系统弹出如图1-7所示的对话框；如果选择后面没有符号的选项，则直接进行相应的命令操作。

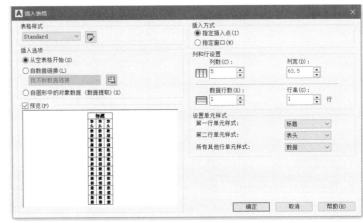

图 1-6　常用文件菜单栏　　　　　　　　　图 1-7　【插入表格】对话框

（3）快捷菜单操作。AutoCAD 2021的快捷菜单（右键菜单）方式最常用。在没有选取实体时，图形区域内的快捷菜单提供最基本的CAD编辑命令。若在命令执行中，则显示该命令的所有选项；若选中实体，则显示该选取对象的编辑命令；若在工具栏或状态栏中，则显示相应的命令和对话框。如图1-8所示，从左到右分别为没有选择任何对象、绘制直线过程中和绘制直线对象后选择该对象的快捷菜单。其菜单规则与菜单栏中的选项是一样的。

图 1-8　快捷菜单栏

步骤三：选择工作空间。工作空间相当于制图人员的工具箱，其中放置了各种常用工具。AutoCAD 2021提供了多种工作空间，用户可以进行适当的切换来完成不同的任务。单击状态栏中的 按钮，显示【工作空间】菜单栏，如图1-9所示，从中选择需要的工作空间即可。当选择不同的工作空间时，将显示对应的工具栏和功能面板等基本元素。图1-10所示为二维建模和三维建模工作空间的功能面板。

图 1-9　【工作空间】菜单栏

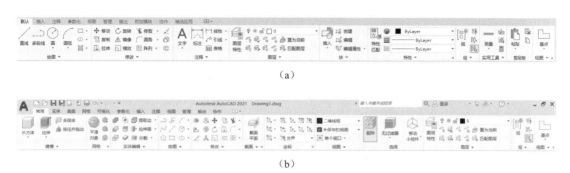

（a）

（b）

图 1-10　不同工作空间下的功能面板

步骤四：设置功能面板状态及显示。如图 1-5 所示，功能区由功能面板和选项卡组成。在功能面板中，可以直接选择需要的工具按钮，选择选项、输入参数或者进行设置。选项卡内容可以随时调整，同时功能面板也可以浮动或者固定在不同位置。

（1）在功能面板上任意位置右击，系统弹出如图 1-11 所示的快捷菜单。选择【显示选项卡】命令，如图 1-12 所示，在其中选择任意命令可以决定该选项卡是否显示在功能面板中。图 1-12 所示为显示了【三维工具】的功能面板。用户也可以随时取消该选项卡的显示。

图 1-11　确定不同的选项卡　　　　图 1-12　显示选定的选项卡

（2）重复上述步骤，选择【显示面板】命令，如图 1-13 所示，选择不同的命令可以决定当前功能面板中是否显示命令的内容。图 1-14 所示为在当前默认情况下不显示【绘图】功能面板的结果。

图 1-13　确定不同的功能面板　　　　　　图 1-14　显示不同的功能面板

（3）在任意功能面板上按住鼠标拖动，注意不是单击，该功能面板可以放置到任意位置处。图 1-15 所示为将【绘图】功能面板拖动到绘图区后其处于浮动状态。如果将鼠标放到该浮动功能面板右上角，则弹出【将面板返回到功能区】按钮，单击即可恢复固定状态。

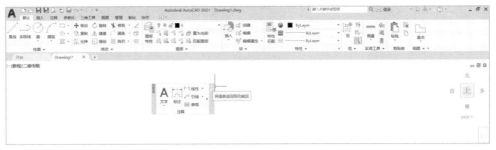

图 1-15　功能面板处于浮动状态

步骤五：设置绘图区显示。AutoCAD 2021 的界面上最大的空白窗口便是绘图区，也称视图窗口，它是用户用来绘图的地方。

（1）单击窗口下方状态栏右端的【全屏显示-开】按钮 全屏显示。图 1-16 所示为原始状态图形，图 1-17 所示为全屏显示图形。通过按 Ctrl+0 组合键或单击【全屏显示-关】按钮 恢复原状。在 AutoCAD 2021 视窗中有十字光标、用户坐标系等。十字光标是 AutoCAD 在图形窗口中显示的绘图光标，它主要用于绘图时点的定位和对象的选择。绘图区相当于制图人员的绘图板。

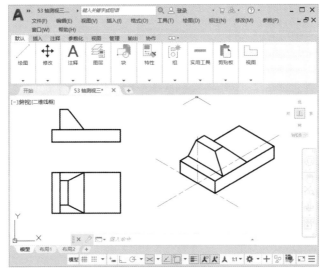

图 1-16　原始状态图形

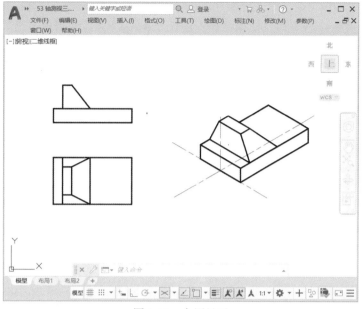

图 1-17　全屏显示

（2）如图1-18所示，在菜单栏中依次选择【视图】→【显示】→【UCS图标】→【开】命令，则绘图区中左下角坐标系图标关闭，重复该步骤可以再次打开。

图 1-18　选择【UCS图标】显示方式

🔔 操作提示

用户也可以在命令行窗口中输入UCSICON命令，系统提示如下。

命令：UCSICON
输入选项 [开 (ON) /关 (OFF) /全部 (A) /非原点 (N) /原点 (OR) /可选 (S) /特性 (P)] <开>:(输入OFF即可关闭)

建议用户在学习窗口命令输入后练习。

步骤六：设置命令行窗口。使用命令行绘图是AutoCAD最常用也是最典型的绘图方式，命令的输入在命令行窗口中完成。AutoCAD 2021的命令行窗口位于状态栏上方，是一个水平方向较长的小窗口。命令行窗口是用户与AutoCAD 2021进行交互的地方，用户输入的信息显示在这里，系统出现的信息也显示在这里。当输入命令时，系统将自动提示近似的命令。命令行窗口不仅是命令选择的地方，还是具体输入参数的地方。菜单栏和工具栏中各命令的参数大部分是从这里输入的。

（1）把鼠标指针放在除左边框外的其他边框上时，指针变为双向箭头，拖动它就可以调整命令行窗口的大小。

（2）用鼠标在命令行窗口框处按下并拖动鼠标，就可以将其放到任意其他位置；如果放置在图形窗口中，就会使其变成浮动状态；如果靠近图形窗口，其就会变为其他固定状态。

（3）按下功能键F2，则命令行窗口扩大显示，如图1-19所示，从中可以查看到最近使用过的一些绘图命令。也可以选择复制、粘贴等命令，如图1-20所示，右击后在弹出的快捷菜单中选择即可。粘贴到命令行中的命令将直接执行。

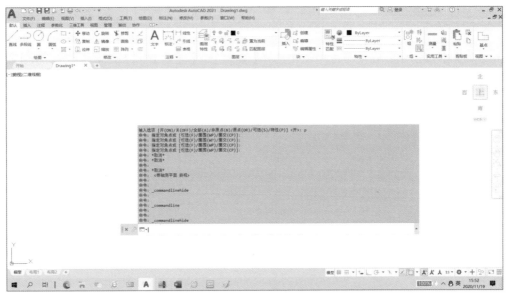

图1-19　显示命令行窗口

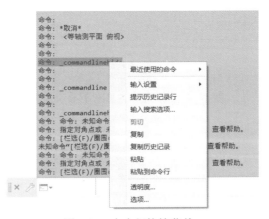

图1-20　命令行快捷菜单

（4）按Ctrl+9组合键，系统将弹出如图1-21所示的对话框，询问是否关闭命令行窗口。如果单击"是"按钮，则直接关闭该窗口，不管是否处于浮动状态。再次按Ctrl+9组合键，则直接打开命令行窗口，没有询问操作。

图 1-21　是否关闭命令行窗口

🔔 **命令提示：** 所有命令都是在命令行中输入的。如果命令输入错误，则它会自动更正成最接近且有效的 AutoCAD 命令。例如，如果输入了 TABLE，那么就会自动启动 TABLE 命令。

如图1-22所示，命令行支持中间字符搜索。例如，如果在命令行中输入LINE，那么显示的命令建议列表中将包含任何带有LINE字符的命令。另外，命令行可以访问图层、图块、阴影图案/渐变、文字样式、尺寸样式和可视样式。例如，如果在命令行中输入Windows且当前图纸中有一个块定义的名字为Windows，则可以快速地从建议列表中插入它。

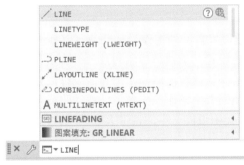

图 1-22　中间字符搜索

步骤七： 操作状态栏。状态栏位于AutoCAD 2021窗口的底部，它显示了用户的工作状态或相关信息，可以随时对用户进行提示，如图1-23所示。用户在开始使用时往往注意不到状态栏的显示，使用一段时间后才会明白适当查看状态栏对绘图很有用，它是一个高效的辅助绘图工具。

图 1-23　默认状态下的状态栏

单击状态栏最右端的【自定义】按钮 ≡，将显示如图1-24所示的菜单，从中选择需要显示或隐藏的选项即可。图1-25所示为添加了【坐标】的状态栏。当将光标置于绘图区域中时，在状态栏左边的坐标显示区域中将显示当前光标的坐标值，它有助于光标的定位。

5913.9530, 10.6644, 0.0000 　模型 ⊞ ⠿⠿ ▾ ╶┐ ╚ ⟲ ▾ ⦨ ▾ ◿ ◻ ▾ 🖈 🖈 🖈 1:1 ▾ ✿ ▾ ╋ 🔓 ▾ ⟐ ▤

图 1-25　设置后的状态栏

状态栏中间的按钮指示并控制用户的不同工作状态。按钮有两种显示

图 1-24　自定义菜单

状态：凸出和凹下。按钮凹下表示相应的设置处于打开状态。对于常用按钮，会结合具体章节分别讲解，在此不作说明。

步骤八：信息搜索。标题栏右侧的搜索等按钮对用户图形文件中的一些更改进行在线提示，也可以链接Autodesk的一些在线资源，随时通知用户一些来自Autodesk网站的产品更新和通告等内容，如图1-26所示。单击【登录】按钮可以登录Autodesk账户，并随时获取相应信息。

图 1-26　信息搜索

1.1.2　绘图环境进阶设置

熟悉基本界面设置后，可以进行一些界面自定义设置，使其符合自己的使用习惯和行业特点。

【例1-2】建立真正属于自己的操作界面

案例分析

在例1-1中，用户都是在选择性地设置自己的工作界面环境，基本上是系统表面能提供的基本设置。如果用户想设置一个独具特色的自己最喜欢和最习惯的工作界面环境，就需要进一步进行高级设置。例如，把界面设计成自己最喜欢的颜色，把光标调整到自己最习惯的大小，让一些显示呈现透明或半透明状态等。AutoCAD 2021为我们提供了无限可能。本例就带大家进入自己的AutoCAD世界。

操作步骤

步骤一：设置属于自己的界面颜色。用户可以设置界面中各种元素的颜色，如功能面板、菜单栏、绘图区等。

（1）在绘图区右击，从弹出的快捷菜单中选择【选项】命令，系统弹出【选项】对话框。

（2）单击【颜色】按钮，系统弹出如图1-27所示的对话框。

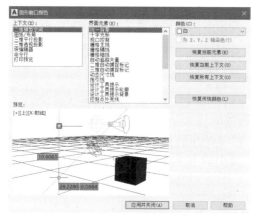

图 1-27　【图形窗口颜色】对话框

（3）在【界面元素】列表中选择要修改的对象，如【统一背景】；在【颜色】列表中选择颜色，如图1-28所示，【预览】区域颜色将发生相应的变化。各界面元素都在预览中可见，修改起来非常方便。

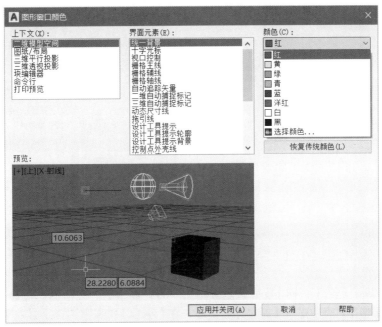

图 1-28 【图形窗口颜色】设置后变化

（4）当各元素颜色都设置好以后，单击【应用并关闭】按钮，返回主界面，各元素颜色均已改变。

步骤二：设置窗口中各元素的显示。在【选项】对话框中，除了设置颜色，还可以设置其他元素的显示，如图1-29所示。

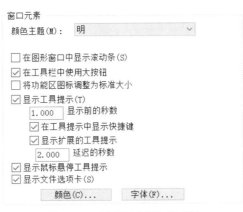

图 1-29 【窗口元素】选项栏

具体步骤为勾选要设置的对象复选框或取消勾选即可。例如，如果勾选【在图形窗口中显示滚动条】复选框，则图形窗口下端和右端显示相应的滚动条，如图1-30所示。如果取消勾选【显示鼠标悬停工具提示】复选框，则鼠标所指向的内容（如按钮等）不再出现提示信息。

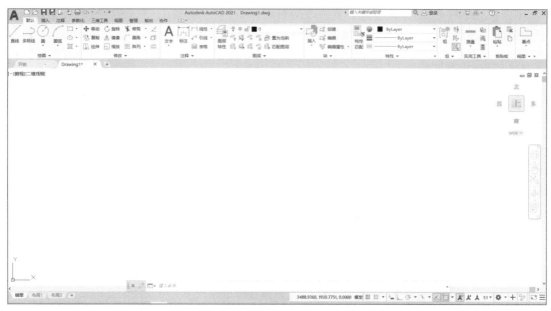

图 1-30 图形窗口滚动条显示

步骤三: 设置命令行窗口。命令行窗口中显示的内容是可以调整的,包括字体和窗口本身。

(1)在图 1-29 中单击【字体】按钮,系统弹出如图 1-31 所示的对话框。在【字体】列表中选择字体,在【字形】列表中选择【粗体】等字形,在【字号】列表中选择字号。单击【应用并关闭】按钮,再次打开命令行窗口,如图 1-32 所示。

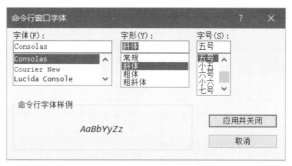

图 1-31 设置命令行窗口字体

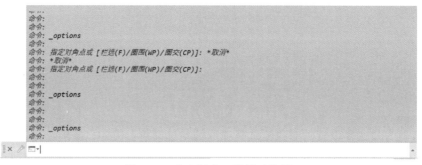

图 1-32 命令行窗口的显示结果

(2)在命令行窗口中右击,从弹出的快捷菜单中选择【透明度】命令,系统弹出如图 1-33 所示的【透明度】对话框,从中设置即可。其半透明的提示可显示多达 50 行。图 1-34 所示是命令行透明度为50%的窗口，从中可以看到命令行后面的图形。

图 1-33　透明度设置

图 1-34　调整透明度后的命令行窗口

步骤四： 自定义工作空间。

（1）在状态栏中单击工作空间按钮 ✿ 右侧的三角箭头，显示如图1-35所示的菜单。

（2）选择【自定义】命令，系统显示如图1-36所示的对话框。

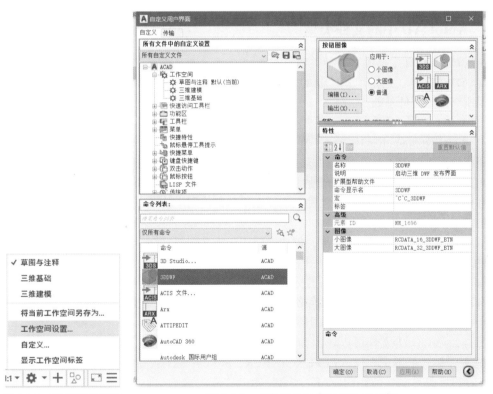

图 1-35　工作空间菜单　　　　　　　图 1-36　【自定义用户界面】对话框

（3）单击要更改图形界面元素前面的"+"号，直到全部展开。在【命令】列表中单击需要的按钮，在右侧显示按钮图像及其特性，可以进行修改按钮图形及一些操作。编辑后，直接拖动该按钮到需要显示的工具处，如图1-37所示。松开按钮并确认，主界面将在相应处增加显示该按钮。

图 1-37　拖动按钮位置提示

1.2　图形文件管理

在AutoCAD 2021中，可以新建、打开、保存、查找文件。这些操作均符合标准Windows操作习惯，是文档管理的基本操作，在此只介绍其具有自身特色的部分。

1.2.1　AutoCAD中的文件类型

AutoCAD 2021中提供了多种类型的文件。

（1）DWG文件。这是用户绘制的基本图纸文档，无论装配图还是零件图，都以该格式保存，是所有图形文件基础。

（2）DWT文件。称为样板文件，是由AutoCAD自身提供的绘图参考文件，如符合ISO标准的acadiso.dwt和acadiso3D.dwt、符合英制单位的acad.dwt等。这些样板文件的基本设置均遵循相应的标准，但不包含图框和标题栏。其中，acad.dwt样板图形边界（绘图界限）默认设置成12in×9in；acadiso.dwt样板图形边界默认设置成429mm×297mm。用户可以按照自己行业特点和要求分别建立不同的样板文件，这样在以后的使用中就可以直接将其调出来并在此基础上改进。

（3）DWS文件。用于设定标准，创建专门用于定义图层特性、标注样式、线型和文字样式的文件。特别是在同一批次的工程图中，可以使用该文件检查图形文件，如果不同文件同一设置中有冲突，则第一个与图形关联的标准文件具有优先权。文件顺序可以进行修改。

（4）DXF文件。也就是图形交换格式文件，是图形文件的二进制或ASCII码表现形式，通常用于在其他CAD程序之间共享图形数据。

另外，AutoCAD文件可以输出为PDF、DGN、WMF、BMP、IGES等多种格式，也可以在这些文件格式基础上，输入Pro/ENGINEER、SolidWorks等三维建模源文件，以扩展其可用性。

1.2.2　新建图形文件

实际上，当启动AutoCAD 2021时，系统就已经自动新建了一个图形文件Drawing1.dwg。也可以新建其他文件。具体启动方式如下。

- 命令行:NEW。
- 快捷键:Ctrl+N。

- 工具栏：单击快速访问工具栏中的【新建】按钮 。
- 主菜单：【新建】命令。
- 菜单栏：【文件】→【新建】命令。

执行启动后，系统弹出如图1-38所示的对话框。系统提供了多种模板，当选中某一个标准模板后，将在预览框中显示该模板的内容。输入文件名，单击【打开】按钮，即可新建图形文件。

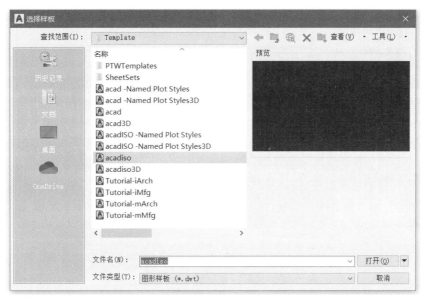

图 1-38　【选择样板】对话框

🔔 操作提示

AutoCAD 2021中符合国标的模板为acadiso系列文件，符合英制的模板为acad系列文件。其他为用于各行业的专用模板，如Tutorial-iArch.dwt文件用于建筑行业。

1.2.3　打开图形文件

在AutoCAD中，比较特殊的是文件打开方式，这涉及AutoCAD文件的内容。用户既可以打开图形文件，也可以打开图形文件中的部分内容。具体启动方式如下。

- 命令行：OPEN。
- 快捷键：Ctrl+O。
- 工具栏：单击快速访问工具栏中的【打开】按钮 。
- 主菜单：【打开】命令。
- 菜单栏：【文件】→【打开】命令。

📖【例1-3】打开图形文件练习

案例分析

本案例将练习全部打开、局部打开和以只读方式打开图形文件。

操作步骤

步骤一： 全部打开文件。

执行【打开】命令，系统将弹出【选择文件】对话框，如图1-39所示。选择所需要的.dwg

图形文件，在预览框中观察是否正确，确定后单击【打开】按钮，打开一个文件。图1-40所示是打开了AutoCAD 2021自带的Floor Plan Sample.dwg文件的结果。

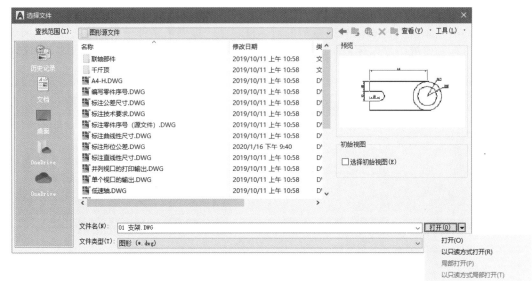

图 1-39　【选择文件】对话框

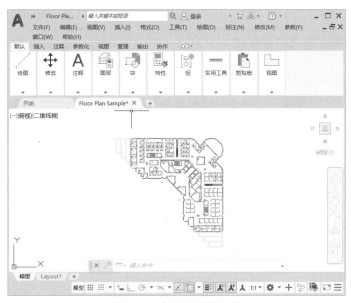

图 1-40　全部打开的文件

🔔 操作提示

在【文件类型】下拉列表中列出了AutoCAD自身的特色图形文件，如图1-41所示，用户可以加以选择。

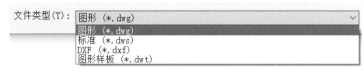

图 1-41　文件类型

步骤二：局部打开文件。

（1）重复以上步骤，打开【选择文件】对话框。

（2）在图1-39中单击【打开】按钮右侧的三角形符号，从弹出的下拉菜单中选择【局部打开】选项，系统弹出如图1-42所示的【局部打开】对话框，其中右侧显示了要打开的文件中所包含的内容。

图 1-42　【局部打开】对话框

（3）选择需要显示的对象，单击【打开】按钮，完成图形打开。

图 1-43 所示为只显示对话框中前 6 个图层的结果。

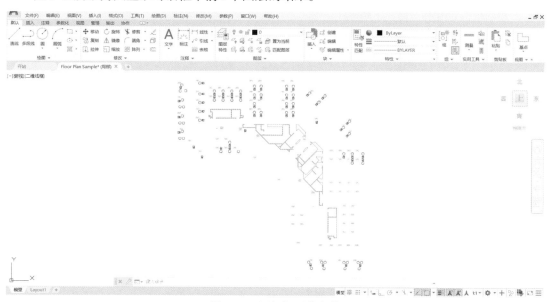

图 1-43　局部打开的文件

🔔 **操作提示**

【局部打开】功能允许用户只打开图形的一部分，可以是以前保存的某一视图中的图形，可以是部分图层上的图形，也可以是由用户选择的图形。AutoCAD在加载用户选定的部分图形时，将该图形中的所有块、尺寸标注样式、层、布局、线型、文字样式、UCS、视图和视口的配置一同加载。

步骤三：以只读方式打开文件。

打开【选择文件】对话框，选择图形文件，然后选择【以只读方式打开】选项，单击【打开】按钮，则图形文件将以只读方式打开。用户可以对该文件进行编辑修改，但只能另存为其他文件名。只读打开方式可以有效保护图形文件不被意外改动。

1.2.4 保存图形文件

AutoCAD 2021中图形文件的保存分为两种：直接保存和另外保存。

📖【例1-4】直接保存文件

直接保存文件的启动方式如下。

- 命令行：QSAVE。
- 快捷键：Ctrl+S。
- 工具栏：单击快速访问工具栏中的【保存】按钮 💾。
- 主菜单：【保存】命令。
- 菜单栏：【文件】→【保存】命令。

操作步骤

步骤一：按以上方式启动后，如果是已经命名过的文件，则直接保存。如果是系统默认的新文件，一般命名为Drawing*.dwg，*代表数字，则打开如图1-44所示的对话框。

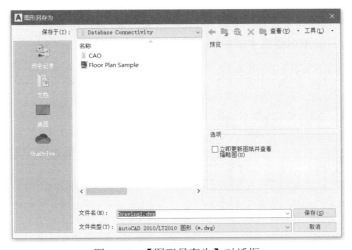

图 1-44 【图形另存为】对话框

步骤二：在【文件类型】下拉列表中选择需要的文件类型，如图1-45所示。从中可以看到，比打开文件时的类型明显增多，其包含了各个阶段AutoCAD的文档类型，这是充分考虑到AutoCAD版本的兼容性。既可以保存为高版本文件，也可以保存为低版本文件。

图 1-45 文件类型

步骤三：单击【保存】按钮，完成文件保存。

用【另存为】命令也可以完成图形文件的另外起名保存。启动方式如下。

● 命令行：SAVEAS。

● 工具栏：单击快速访问工具栏中的【另存为】按钮。

● 主菜单：【另存为】命令。

● 菜单栏：【文件】→【另存为】命令。

无论哪种方式启动，打开的都是【图形另存为】对话框，按例1-4执行即可。

🔔 **操作提示**

在主菜单中的【另存为】命令下面有多种副本选择，如图1-46所示。选择后即可在【图形另存为】对话框的【文件类型】处显示该副本类型。

图1-46　另存为文件类型

1.2.5　与其他文件类型进行转换

AutoCAD 2021文件系统具有开放性，不仅可以打开或保存为自身的文件（如DWG），也可以读入或者输出为其他类型的文件，如PDF等。

📖 【例1-5】输入其他类型文件

案例分析

除了AutoCAD提供的DWG、DXF等标准文件格式，其他软件如Pro/ENGINEER、CATIA等也有自身的文件格式。为了保证文件的可读性，各个软件之间的开放性是必不可少的。本案例就将其他格式文件读入AutoCAD系统中。通过【输入】命令即可完成该任务。

操作步骤

步骤一：在主菜单中选择【输入】命令，如图1-47所示，系统提供了PDF、DGN和其他格式。

步骤二：选择【其他格式】选项，系统弹出如图1-48所示的【输入文件】对话框。该对话框与【选择文件】对话框比较类似，只是在【文件类型】中提供了多种其他软件文件格式。

图 1-47 输入文件格式　　　　　　　　　　图 1-48 【输入文件】对话框

步骤三：选择需要的文件格式及文件名后，单击【打开】按钮，该文件直接输入文件系统中。

图1-49所示是插入了一个Pro/ENGINEER三维零件后的文件。

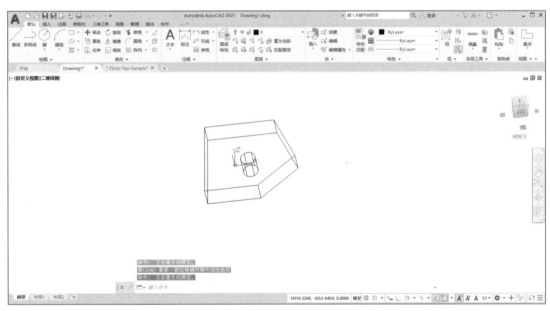

图 1-49 输入文件结果

📖【例1-6】输出为其他类型文件

案例分析

AutoCAD可以将自身文件处理为其他软件格式文件。本案例就将输出AutoCAD文件到其他系统中。通过【输出】命令即可完成该任务。

操作步骤

步骤一：在主菜单中选择【输出】命令，如图1-50所示，系统提供了PDF、DGN和其他格式等。

图 1-50　输出文件格式

步骤二：选择【其他格式】选项，系统弹出如图1-51所示的【输出数据】对话框。该对话框与【另存为】对话框比较类似，只是在【文件类型】下拉列表中提供了多种其他软件文件格式。

图 1-51　【输出数据】对话框

步骤三：选择需要的文件格式及文件名后，单击【保存】按钮，在AutoCAD绘图窗口中选择要转换的图形元素并按Enter键，该文件或对象将直接转为其他软件格式。

1.2.6　巧用图形文件选项卡

AutoCAD 2021绘图区提供了图形文件选项卡，在打开图形之间切换或创建新图形时就变得非常方便，如图1-52所示。

图形文件选项卡

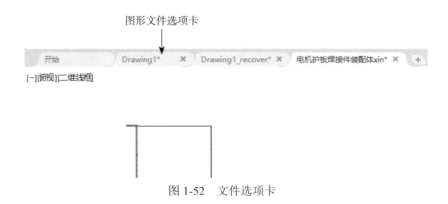

[-][俯视][二维线框]

图 1-52　文件选项卡

📖 【例1-7】使用文件选项卡快速处理文件

案例分析

　　文件选项卡是以文件打开的顺序从左到右依次显示的，用户可以更改它们的顺序，新建文件，一次性关闭不必要的其他文件等。

操作步骤

　　步骤一： 观察图形状态。将鼠标移到文件选项卡上并停留片刻，可以预览该图形的模型和布局，同时显示该文件的完整路径名提示，如图1-53所示。当把鼠标移到预览图形上时，则相对应的模型或布局就会在图形区域临时显示出来，并且打印和发布工具在预览图中也是可用的。

图 1-53　观察图形状态

🔔 **操作提示**

　　如果文件选项卡上有一个锁定图标，则表明该文件是以只读方式打开的。如果有个冒号，则表明自上一次保存后此文件被修改过。可以通过【选项】对话框【显示】选项卡中【窗口元素】选项组区域的【显示文件选项卡】复选框决定文件选项卡是否显示，如图1-54所示。

　　步骤二： 改变文件位置。按住某个图形文件选项卡并在图形文件选项卡之间拖动，放到需要的位置松开鼠标即可。

步骤三：新建或关闭文件。

（1）单击图形文件选项卡右端的加号图标 + 快速新建图形。该操作创建的图形文件将以系统默认的文件名Drawing*.dwg命名。

（2）单击单个图形文件选项卡上的 × 符号，可以直接关闭该文件。

（3）在图形文件选项卡上右击，系统弹出如图1-55所示的快捷菜单。如果选择【全部关闭】命令，则当前全部文件都将关闭；如果选择【关闭所有其他图形】命令，则可以关闭除选中文件之外的其他所有文件。

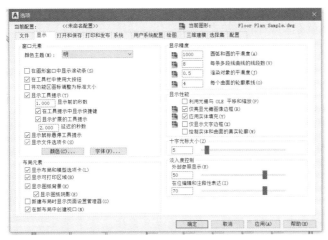

图 1-54　决定选项卡是否显示

图 1-55　选项卡快捷菜单

1.3　命令输入与坐标系参数

在AutoCAD 2021中绘图必须提供准确的操作方法和一些基本参数，才能形成一个完整的图形。例如，需要通过直线、圆等命令操作完成一些线条绘制，或者重复使用一些命令等。

1.3.1　命令输入

AutoCAD命令主要采用键盘输入和鼠标选取方式，可以使用下拉菜单、屏幕菜单、工具栏、快捷菜单、快捷键启动命令，也可以在命令行窗口中直接输入。不管使用何种方法启动命令，都将在命令行窗口中显示提示信息，如图1-56所示。按照提示选择一些选项或者输入一些具体数值即可。

图 1-56　命令行窗口显示

为了完成需要的工作,大多数AutoCAD命令要求提供某些有关的参数。

(1)坐标点的输入。在AutoCAD中,既可以用鼠标等定点设备,也可以用键盘来输入一个点。现在绝大多数情况下建议采用动态输入的方式。

使用鼠标输入点时,将绘图区中的十字光标移到需要的位置单击即可。该操作称为拾取点。

使用键盘输入点时,坐标的各个分量之间用逗号分隔,如X,Y。由键盘输入的坐标可以使用直角坐标系或极坐标系的形式,也可以使用绝对坐标或相对坐标的形式。

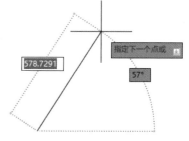

图 1-57 输入文本信息

坐标点的输入既可以在命令行中输入,也可以在图形文本框中输入,如图1-57所示,这就是动态输入方式。当输入逗号或按Tab键时,将进入第二个输入框中。

(2)数值输入。一般情况下,数值(整型或实型)只能由键盘来输入,但有些情况下也可以由鼠标输入,如距离和角度等。

(3)字符串输入。字符串输入只能由键盘完成,在输入时可以包含特殊的转义字符。

📖 【例1-8】命令输入练习

案例分析

通过练习多线段命令,学习如何输入命令及其参数,重复或者撤销一些命令等。

🔔 **操作提示**

本例中的一些命令等将在后面章节中详细讲解,在此读者只需按照提示跟随练习即可。

操作步骤

步骤一: 基本命令输入。在命令行窗口中输入PLINE命令,执行以下命令。

```
命令: PLINE
```

🔔 **操作提示**

如图1-58所示,当输入命令时,系统会智能预判并提供所有近似的命令,直接选择即可,而不必完整输入命令。在此直接选择PLINE命令即可。

图 1-58 命令行窗口智能提示

指定起点:(在图形区域任意位置单击选择起点)

🔔 **操作提示**

在状态栏中单击【动态输入】按钮📐打开动态输入,如图1-59所示,系统此时提示距离起点的距离和角度。可以看到,动态输入的选择并不影响命令的执行。

图 1-59 动态输入

```
当前线宽为 0.0000
指定下一个点或 [圆弧(A)/半宽(H)/长度(L)/放弃(U)/宽度(W)]:(在绘图区单击指定第二个点)
指定下一个点或 [圆弧(A)/闭合(C)/半宽(H)/长度(L)/放弃(U)/宽度(W)]:(输入W,按Enter键)
指定起点宽度 <0.0000>:(输入线条起点宽度1,按Enter键)
指定端点宽度 <1.0000>:(输入线条终点宽度10,按Enter键)
指定下一个点或 [圆弧(A)/闭合(C)/半宽(H)/长度(L)/放弃(U)/宽度(W)]:(在绘图区单击指定一
个点)
```

🔔 **操作提示**

此时线条如图1-60所示。可以看到,所绘制的线条由细到宽。而继续绘制的线条宽度将保持端点宽度,直到重新设置。

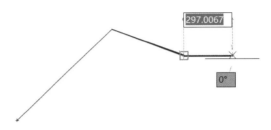

图 1-60　设置后的绘制结果

```
指定圆弧的端点(按住 Ctrl 键以切换方向)或[角度(A)/圆心(CE)/闭合(CL)/方向(D)/半宽(H)/
直线(L)/半径(R)/第二个点(S)/放弃(U)/宽度(W)]:(在需要的位置单击,确定圆弧端点,结果如
图1-61所示)
指定圆弧的端点(按住 Ctrl 键以切换方向)或[角度(A)/圆心(CE)/闭合(CL)/方向(D)/半宽(H)/
直线(L)/半径(R)/第二个点(S)/放弃(U)/宽度(W)]:(直接按Enter键,结束命令操作)
```

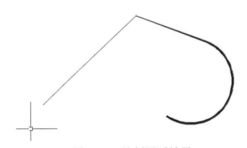

图 1-61　绘制圆弧结果

🔔 **操作提示**

在命令输入过程中,AutoCAD将空格键视为Enter键。用户可以随时观察动态输入信息提示和命令窗口提示,这是非常重要的提高效率的方法。

步骤二: 重复执行PLINE命令。在命令行窗口中直接按Enter键,系统直接弹出刚刚执行的PLINE命令,执行步骤一任意绘制图形即可。可以看到,线条仍然是保持步骤一中设置的宽度10。

步骤三: 撤销刚刚执行的命令。在命令行窗口中输入UNDO命令,或者单击快速访问工具栏中的【放弃】按钮 ⬅,则第二次绘制的图形消失,第二次执行的PLINE命令无效。

步骤四: 恢复撤销的命令。在命令行窗口中输入REDO命令,或者单击快速访问工具栏中的【重做】按钮 ➡,则第二次绘制的图形又再次出现,第二次执行的PLINE命令被撤销后又恢复了。

🔔 **操作提示**

在AutoCAD 2021中可以一次执行多重放弃或重做操作，在快速访问工具栏中单击【放弃】或【重做】按钮右侧的三角形按钮，如图1-62所示，在列表中选择多个命令即可。

图1-62　一次撤销多个命令

1.3.2　坐标系参数

在GB/T 16948—1997中规定，表达空间位置关系的坐标系包括直角坐标系、极坐标系、柱面坐标系等。在AutoCAD中，所有对象的绘制均需要通过坐标系来标定，其提供的坐标系包括笛卡儿直角坐标系和极坐标系，且可以通过输入相对坐标系来确定一些点的位置，操作更加灵活。

（1）笛卡儿直角坐标系。在二维空间中，AutoCAD图形中各点的位置是用笛卡儿直角坐标系来决定的。笛卡儿直角坐标系定义X轴为水平方向，Y轴为垂直方向，将点看成从原点(0,0)出发的沿X轴与Y轴的位移。例如，点(–5,8)表示该点在负X轴5个单位与正Y轴8个单位的位置上。

（2）极坐标系。极坐标系使用一个距离值和角度值来定位一个点。也就是说，使用极坐标系输入的任意一点均是用相对于原点(0,0)的距离和角度表示的，表示方法为"距离<角度"。例如，"10<15"表示距离原点为10个图形单位、角度为15°处的点。

（3）相对坐标系。使用相对坐标系，用户通过输入相对于当前点的位移或者距离和角度的方法来输入新点。直角坐标系与极坐标系都可以采用相对坐标系的方式来定位点。

AutoCAD规定，在所有相对坐标系的前面都添加一个"@"号，用来表示与绝对坐标系的区别。例如，"@10,25"表示距当前点沿X轴正方向10个单位、沿Y轴正方向25个单位的新点。"@10<45"表示距当前点的距离为10个单位，与X轴夹角为45°的点。同时按Shift键和2键可以输入符号"@"。

习　题　一

1. 练习AutoCAD中界面的基本设置过程，不要保存设置结果。

2. 详细分析AutoCAD保存文件的方式，并比较与文件输入/输出的差异。

3. 结合窗口环境设置，准确找到在菜单栏、工具栏、功能面板中对应的绘图命令，如直线、圆弧等。

4. 进行命令行窗口的固定/浮动状态切换，练习命令行窗口的打开/关闭，并进行文本复制操作。

5. 以直线命令为参考，练习通过命令行窗口、功能面板和工具栏进行命令输入。

6. 输入方式中，"@120，60"表示什么意思？

7. 选择一个其他软件三维模型或二维文件，如Creo Parametric、Catia等，输入AutoCAD中，观察其基本状态。

第 2 章

AutoCAD 2021 基本绘图环境设置

学习目标

在进行工程图绘制之前，需要进行绘图环境设置，如绘图单位、图纸大小、图线类型等，这样才能提高工作效率，正所谓"磨刀不误砍柴工"。

通过本章的学习，掌握 AutoCAD 2021 的投影类型、图形单位和界限、绘图比例的设置，确定线型及其颜色，设置自定义图层，为后面的具体绘图工作做好准备。

本章要点

- 设置工作环境基本参数
- 设置图线
- 设置图层
- 通过案例自定义绘图环境样板

内容浏览

2.1 工作环境基本参数设置

2.1.1 投影视角设置

AutoCAD表达的是视图，视图需要遵循必要的投影关系。当物体在不同分角中投影时，将得到不同的视图。主要有两种：第一角画法和第三角画法。

（1）第一角画法。将物体置于第一分角内，并使其处于观察者与投影面之间而得到的多面正投影，如图2-1所示。投影在一个平面上得到的效果如图2-2所示。以主视图为基准，其他视图的配置如下。

● 俯视图配置在主视图的下方。
● 左视图配置在主视图的右方。
● 右视图配置在主视图的左方。
● 仰视图配置在主视图的上方。
● 后视图配置在主视图的右方。

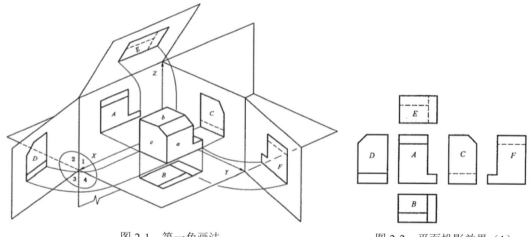

图 2-1　第一角画法　　　　图 2-2　平面投影效果（1）

（2）第三角画法。将物体置于第三分角内，并使投影面处于观察者与物体之间而得到的多面正投影，如图2-3所示。投影在一个平面上得到的效果如图2-4所示。以主视图为基准，其他视图的配置如下。

● 俯视图配置在主视图的上方。
● 左视图配置在主视图的左方。
● 右视图配置在主视图的右方。
● 仰视图配置在主视图的下方。
● 后视图配置在主视图的右方。

我国和大多数国家采用的都是第一角画法，美国采用的则是第三角画法。不同的绘图规范，将造成不同的理解。所以在AutoCAD中绘制三视图等平面投影图时，需要首先确认其工作空间。

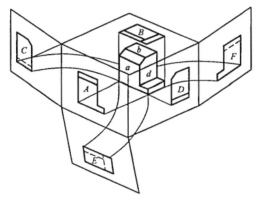

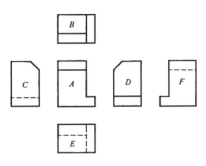

图 2-3　第三角画法　　　　　　　图 2-4　平面投影效果（2）

📖【例2-1】设置投影视角

扫一扫,看视频讲解

操作步骤

步骤一：在【默认】选项卡的【视图】功能面板中单击其右下角的 ⬏ 按钮，AutoCAD将弹出如图2-5所示的对话框。

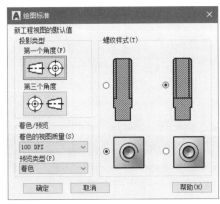

图 2-5　选择绘图标准

步骤二：选择投影类型标准。

步骤三：选择螺纹样式标准。

🔔 **操作提示**

该类型只对Inventor模型的工程视图有意义。

步骤四：单击【确定】按钮。

2.1.2　绘图单位设置

手工制图时，按照国家标准，图纸的大小有严格的规定。使用AutoCAD 2021可以在任意大小的屏幕中绘图，这需要按照国标规定建立一个绘图需要的环境、一个绘图区域，即工作区，包括度量单位和图纸尺寸等。

由于设计单位、项目的不同，有不同的度量系统，如英制、米制、工程单位制和建筑单位制等。如果在创建图纸时选择了相应的模板，如acadiso.dwt等，则直接使用相应的单位即可。但是如果在绘制过程中更改，则需要选择单位制。

📖【例2-2】设置图形单位及比例

操作步骤

步骤一： 选择 A 按钮→【图形实用工具】中的【单位】选项 0.0，或者在命令行窗口中输入UNITS命令，系统弹出【图形单位】对话框，如图2-6所示。

步骤二： 在【长度】选项组中选择长度类型和精度，长度类型包括分数、小数、工程、数学等；在【角度】选项组中选择角度类型和精度，角度类型包括百分度、弧度、十进制度数等。角度度量方向一般以逆时针方向为正。如果勾选【顺时针】复选框，则以顺时针方向为正。缩放插入内容的单位一般选择毫米即可。

步骤三： 设置初始零角度。角度的零度参照有一个方向选项，单击【方向】按钮，系统弹出【方向控制】对话框，如图2-7所示。在AutoCAD 2021中，零度角方向是相对于用户坐标系的方向，它影响整个角度测量，如角度的显示格式、对象的旋转角度等。默认时，【基准角度】为【东】，即X轴正方向，并且按逆时针方向测量角度。

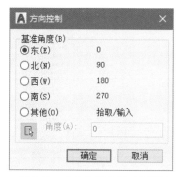

图2-6 【图形单位】对话框　　图2-7 【方向控制】对话框

🔔 **操作提示**

①用户可以选择其他的方向，如【北】【西】【南】等；②选中【其他】单选按钮后，用户可以在【角度】文本框中输入零度角方向与X轴沿逆时针方向的夹角；③单击【拾取角度】按钮，可以在绘图区拾取某角度作为基准角度。

步骤四： 确定比例。在【用于缩放插入内容的单位】下拉列表中选择一种比例即可。当插入的块等文件对象与当前文件单位不同时，将按照所选单位按比例缩放。

2.1.3 图形界限设置

绘图区决定手工绘图中图纸的尺寸。AutoCAD 2021是通过设置图形界限来设置绘图空间中的一个假想矩形绘图区域的。图形界限相当于用户选择的图纸图幅大小。通常，图形界限是通过屏幕绘图区的左下角和右上角的坐标规定的。图形界限用两个(X, Y)坐标表示：一个表示绘图区的左下角；另一个表示绘图区的右上角。

📖【例2-3】设置210mm×297mm绘图区

在命令行窗口中输入LIMITS命令，按下列操作执行。

命令：LIMITS

```
重新设置模型空间界限：
指定左下角点或 [开(ON)/关(OFF)] <0.0000,0.0000>:0,0(在命令行输入左下角坐标)
指定右上角点 <420.0000,297.0000>: 210,297(在命令行输入右上角坐标，完成设置)
```

🔔 **操作提示**

（1）开：打开图形界限检查。AutoCAD 2021将拒绝输入任何位于图形界限外部的点。但因为界限检查只检测输入点，所以其他的图形（如圆）的某些部分可能延伸出界限。

（2）关：关闭图形界限检查，但保留边界值，以备将来进行边界检查。这时允许在界限之外绘图，这是默认设置。

图纸宽度（B）和长度（L）组成的图面称为图纸幅面，如图2-8所示。在国标中，图纸幅面分为基本幅面和加长幅面，如图2-9所示。其中，粗实线表示国标中第一选择基本幅面；细实线表示国标中第二选择加长幅面；虚线表示国标中第三选择加长幅面。不管哪种幅面的图纸，其单位都是mm。绘制技术图样时，一般优先采用基本幅面。

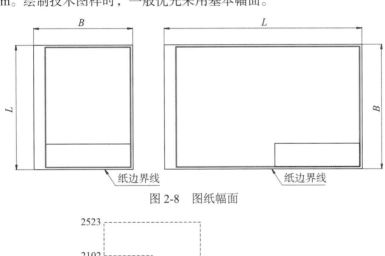

图 2-8　图纸幅面

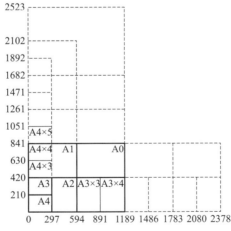

图 2-9　基本图幅和加长幅面

2.2　图线及其设置

2.2.1　国家标准中的图线

图线是起点和终点间以任意方式连接的一种几何图形，形状可以是直线或曲线、连续线或

33

不连续线。

在国家标准《机械制图 图样画法 图线》（GB/T 4457.4—2002）中，规定了15种基本线型及图线应用。绘制机械图样只用到其中的一小部分。常见的图线名称、型式、宽度及在图样中的一般应用应符合表2-1的规定。

表2-1 基本线型及应用（GB/T 4457.4—2002）

图线名称	图线型式	代码	一般应用
细实线	——————————	01.1	过渡线 尺寸线 尺寸界线 指引线及基准线剖面线 重合断面的轮廓线 短中心线 螺纹牙底线 尺寸线的起止线 表示平面的对角线 零件成型前的弯折线 范围线及分界线 重复要素表示线，如齿轮的齿根线 锥形结构的基面位置线 叠片结构位置线 辅助线 不连续同一表面的连线 成规律分布的相同要素连线 投影线 网格线
波浪线	～～～	01.1	断裂处的边界线；视图与剖视的分界线①
双折线	～～～	01.1	断裂处的边界线；视图与剖视的分界线①
粗实线	▬▬▬▬▬	01.2	可见棱边线 可见轮廓线 相贯线 螺纹牙顶线 螺纹长度终止线 齿顶圆（线） 表格图、流程图中的主要表示线 系统结构线 模样分型线 剖切符号用线
细虚线	— — — —	02.1	不可见轮廓线 不可见棱边线
粗虚线	▬ ▬ ▬ ▬	02.2	允许表面处理的表示线
细点划线	— — · — —	04.1	轴线 对称中心线 分度圆（线） 孔系分布的中心线 剖切线

图线名称	图线型式	代码	一般应用
粗点划线	━ · ━ · ━ · ━ （线长及间距同细点划线）	04.2	限定范围表示线
细双点划线	— · · — · · —	05.1	相邻辅助零件的轮廓线 可动零件的极限位置的轮廓线 重心线 成型前的结构轮廓线 剖切面前的结构轮廓线 轨迹线 毛坯图中制成品的轮廓线 特定区域线 延伸公差带表示线 工艺用结构的轮廓线 中断线

①在一张图样上一般采用一种线型，即采用波浪线或双折线。

图线宽度和图线组别见表2-2。在机械图样中采用粗细两种线宽，其比例为2:1。

表2-2　图线宽度和图线组别

图线组别	与线型代码对应的图线宽度	
	01.2、02.2、04.2	01.1、02.1、04.1、05.1
0.25	0.25	0.13
0.35	0.35	0.18
0.5①	0.5	0.25
0.7①	0.7	0.35
1	1	0.5
1.4	1.4	0.7
2	2	1

①优先采用的图线组别。

2.2.2　AutoCAD中的图线设置

图线设置包括线型、颜色、粗细等。

📖【例2-4】设置线型

案例分析

AutoCAD中提供LINETYPE命令用于加载、建立及设置线型。

操作步骤

步骤一： 在命令行窗口中输入LINETYPE命令，并按Enter键，系统弹出如图2-10所示的【线型管理器】对话框，列表中列出了当前图形中所有可用的线型。

步骤二：单击【加载】按钮，系统弹出如图2-11所示的对话框。从线型库文件中加载所需要的线型并确定，该线型将列于【线型管理器】对话框中。选择要设置为当前的线型并确定，然后在图2-10中单击【当前】按钮，则以后绘制的对象均使用此线型。如果选定图形中不再需要的线型，然后单击【删除】按钮即可将其从当前线型库中删除。

步骤三：选择某一线型，在图2-10中单击【显示细节】按钮，AutoCAD 2021将列出线型具体特性，该对话框如图2-12所示。可以调整该线型比例，在【全局比例因子】和【当前对象缩放比例】文本框中输入比例即可。

图 2-10 　【线型管理器】对话框

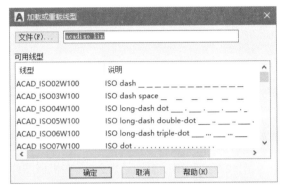
图 2-11 　【加载或重载线型】对话框

图 2-12 　【线型管理器】对话框的详细信息

📖【例2-5】设置图线宽度

案例分析

AutoCAD 2021提供了设置图线宽度的LWEIGHT命令。

操作步骤

步骤一：在命令行窗口中输入LWEIGHT命令，并按Enter键，系统弹出如图2-13所示的【线宽设置】对话框。在【线宽】下拉列表中列出了当前所有可用的线宽系列，用户可以根据需要选择。当前线宽设置显示在【线宽】下拉列表下面的【当前线宽】选项中。

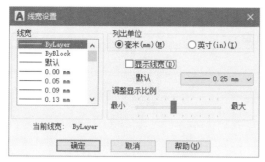

图 2-13　【线宽设置】对话框

步骤二：在该对话框中勾选【显示线宽】复选框，切换线宽显示状态。默认情况下，AutoCAD 2021不在图形中显示线宽。

步骤三：拖动【调整显示比例】滑块可以调整线宽的显示比例，该操作不会影响线的实际宽度。

步骤四：单击【确定】按钮完成线宽设置。

📖【例2-6】设置线条颜色

案例分析

图形中的每一个元素均具有自己的颜色，AutoCAD 2021提供了COLOR命令用于为新建实体设置颜色。

扫一扫，看视频讲解

操作步骤

步骤一：在命令行窗口中输入COLOR命令，并按Enter键，系统弹出【选择颜色】对话框，如图2-14所示。

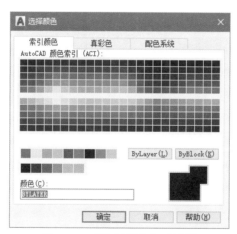

图 2-14　【选择颜色】对话框

步骤二：在【索引颜色】选项卡中单击某一种颜色进行选择。AutoCAD 2021会自动将选择的颜色名称或颜色号显示在【颜色】文本框中，用户可以直接在该文本框中输入颜色号。

步骤三：单击【确定】按钮。

🔔 操作提示

【配色系统】和【真彩色】选项卡主要用于填充，参见后面相关内容。

表2-3所示是GB/T 14665—2012中对AutoCAD中线型颜色的规定。

表 2-3　线型颜色对应

图 线 类 型	屏幕上的颜色
粗实线	白色
细实线	绿色
波浪线	
双折线	
细虚线	黄色
粗虚线	白色
细点划线	红色
粗点划线	棕色
细双点划线	粉红色

【例2-7】利用功能面板设置图线特性

操作步骤

选中一个图形对象，并在【特性】功能面板中选择相应的功能即可。

为了方便用户在绘图时的操作，AutoCAD 2021 提供了【默认】选项卡的【特性】功能面板，如图2-15所示。用户可以从中迅速改变或查看被选对象的线型、线宽和颜色。

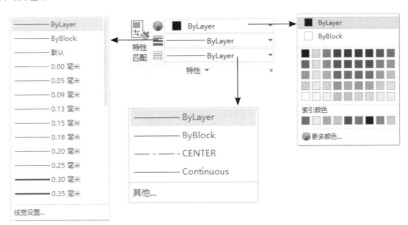

图 2-15　【特性】功能面板

2.3　图层及其设置

2.3.1　国家标准中的图层

所谓图层，最直观的理解方法是把它想象成为没有厚度的透明片，各层之间完全对齐。一层上的某一基准点准确地对应于其他各层上的同一基准点。在不同的图层上可以使用不同颜色、型号的画笔绘制线条样式不同的图形。在绘制同一个图形时可以使用不同的图层直接叠合完成。

在AutoCAD中，一般按表2-4设置图层和线型。而且，对于各种线型也有其相关颜色规定。表2-4中没有特别标出的，均为用户自行确定。

表2-4　图层与线型的对应关系（GB/T 18229—2000）

图层	线型描述	颜色
01	粗实线、剖切面的粗剖切线	白色
02	细实线、细波浪线、细折断线	红色、绿色、蓝色
03	粗虚线	黄色
04	细虚线	黄色
05	细点划线、剖切面的剖切线	蓝绿色／浅蓝色
06	粗点划线	棕色
07	细双点划线	粉红色／橘红色
08	尺寸线、投影连线、尺寸终端与符号细实线	白色
09	参考圆，包括引出线和终端（如箭头）	白色
10	剖面线	白色
11	文本（细实线）	白色
12	尺寸值和公差	白色
13	文本（粗实线）	白色
14、15、16	用户选用	

图层是一个效率工具，尤其在图纸构成元素复杂的情况下，可以暂时关闭一些图层，这样可以让图纸更加简洁明了，防止错误发生。最后可以将多图层同时打开，即完全叠加在一起，完成绘制。图层也可以单独打印。

2.3.2　AutoCAD中的图层设置

AutoCAD提供了LAYER命令，通过它进行有关图层操作，该命令可以透明执行。在命令行窗口中输入LAYER命令，并按Enter键，系统弹出如图2-16所示的【图层特性管理器】对话框。

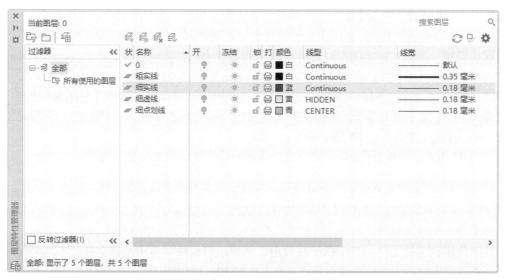

图2-16　【图层特性管理器】对话框

几个重要的选项意义如下。

● 【开】：可以切换图层开关状态。当图层打开时，它与其上的对象可见，并且可以打印；当图层关闭时，其上的对象不可见且不能打印。

● 【冻结】：控制图层的冻结与解冻。冻结图层及其上的对象不可见。

● 【锁定】：控制图层的加锁与解锁。加锁不影响图层上对象的显示，但不能对其进行其他编辑操作。如果锁定图层是当前图层，则仍可以在该图层上作图。当只想将某一图层作为参考图层而不想对其修改时，可以将该图层锁定。

● 【颜色】：设置图层的颜色。选定某图层，单击该图层对应的颜色项，系统弹出【选择颜色】对话框，从中选择并确定即可。

● 【线型】：设置图层的线型。选定某图层，单击该图层对应的线型项，系统弹出【选择线型】对话框，如图2-17所示。如果所需线型已经加载，则可以直接从【线型】列表框中选择后单击【确定】按钮；如果当前所列线型不能满足要求，则单击【加载】按钮，从弹出的【加载或重载线型】对话框中选择即可。

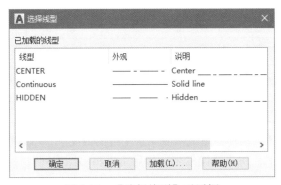

图 2-17 【选择线型】对话框

● 【线宽】：设置在图层上对象的线宽。选择某图层，单击图层的线宽项，AutoCAD 2021将弹出【线宽】对话框，从中选择即可。

下面介绍相关操作。

（1）创建新图层。单击【图层特性管理器】对话框中的【新建图层】按钮 ◢ 创建新图层。在列表框中将显示图层名，如【图层1】，并且可以更改图层名。图层取名应有实际意义，并且要简单易记。对于新建的图层，AutoCAD 2021使用在图层列表框中选择的图层设置作为新建图层的默认设置。如果在新建图层时没有在图层列表框中选择任何图层，那么AutoCAD将默认指定该图层的颜色为【白】，线型为实线（Continuous），线宽为默认。

（2）设置当前图层。用户只能在当前图层上绘制图形，AutoCAD 2021在图层列表框上显示当前图层名。对于含有多个图层的图形，必须在绘制对象之前将该图层设置为当前图层。选中某图层，单击【置为当前】按钮 ◢ 即可。

（3）删除图层。选择要删除的图层，单击【删除】按钮 ◢ 即可。

🔔 注意：不能删除0图层、当前图层以及包含图形对象的图层。

（4）合并选中的图层。图层管理器可以从图层列表中选择一个或多个图层并将在这些图层上的对象合并到另外的图层上去，而被合并的图层将会自动被图形清理掉。

其操作步骤为首先选中多个图层并右击，从弹出的快捷菜单中选择【将选定图层合并到】命令，系统弹出如图2-18所示的对话框。在【目标图层】列表中选择一个图层并确定即可。

图 2-18 【合并到图层】对话框

在AutoCAD 2021的【图层特性管理器】对话框中做出变更后，可以立即反映到整个图形中。

2.4 综合案例——定制自己的绘图样板

案例分析

本节将建立一个综合性的图层绘图环境，见表2-5，并练习一些简单的命令来体会图层的作用。

表 2-5 定义的图层

图 层	线型描述	颜色	线宽度 /mm
粗实线	粗实线	白色	0.35
细实线	细实线	红色	0.18
细虚线	细虚线	黄色	0.18
细点划线	细点划线	蓝色	0.18
尺寸线	尺寸线	白色	0.18
剖面线	剖面线（细实线）	白色	0.18
文本	文本（细实线）	白色	0.18

操作步骤

步骤一：创建粗实线图层。该图层采用线宽为0.35mm的白色粗实线。具体操作如下。

（1）启动【图层特性管理器】。打开【默认】选项卡，单击【图层】功能面板中的【图层特性】按钮，可以打开【图层特性管理器】对话框，如图2-19所示。

💬 **操作提示**

也可以在命令行窗口中直接输入LAYER命令，并确认。【图层特性管理器】启动后，只有一个0图层。为了更清楚地表达图形的线型、线宽，并且方便地控制某些对象的显示特性，需要定义新的图层。

（2）选择参考图层。在【名称】列表的0图层名称上单击，设置该图层为参考图层，该图层反白显示。

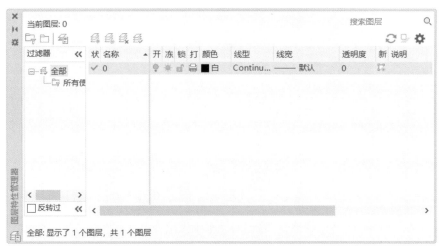

图 2-19　【图层特性管理器】对话框

（3）建立新图层。单击【新建图层】按钮，在图层列表参考图层的下面建立一个新的图层，图层的名称显示为【图层1】。

（4）命名新图层。光标显示在新建图层名称中，输入新的图层名【粗实线】并按Enter键，或者按Enter键使用系统自动创建的图层。建立的新图层特性与参考图层一致。

🔔 操作提示

当有多个图层时，用户可以选择一个最接近要创建的图层作为参考图层，然后创建新图层。

（5）设置线宽。单击【线宽】列表中的名称，打开如图2-20所示的【线宽】对话框。在【线宽】对话框中列出了当前所有可用的宽度。选择需要的线宽0.35mm后，在列表下部显示该图层原有线宽和新线宽。单击【确定】按钮，将该线宽应用于该图层，如图2-21所示。

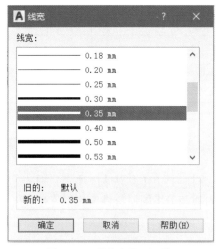

图 2-20　【线宽】对话框

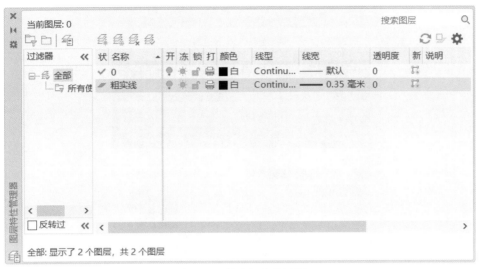

图 2-21   创建粗实线图层

步骤二：创建细实线图层。该图层采用线宽为0.18mm的红色细实线。具体操作如下。

（1）启动【图层特性管理器】。如果在步骤一基础上完成，则可以直接在【图层特性管理器】中继续操作。

（2）选择参考图层。在【名称】列表的0图层名称上单击作为参考图层。

（3）建立新图层。单击【新建图层】按钮，在图层列表参考图层的下面建立一个新的图层，图层的名称仍然显示为【图层1】。这是因为步骤一中的图层1已经改名了。

（4）命名新图层。输入新的图层名【细实线】并按Enter键。

（5）设置线宽。单击【线宽】列表中的名称，打开【线宽】对话框。选择需要的线宽0.18毫米后，单击【确定】按钮，将该线宽应用于该图层，如图2-22所示。

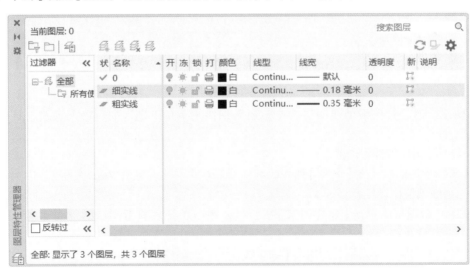

图 2-22   创建细实线图层（1）

（6）更改图层颜色。单击【颜色】列表中的颜色名称，此时为白色，打开【选择颜色】对话框，如图2-23所示。在【选择颜色】对话框中使用【索引颜色】，在调色板中选择红色后，单击【确定】按钮，将选定的颜色应用于该图层。结果如图2-24所示。

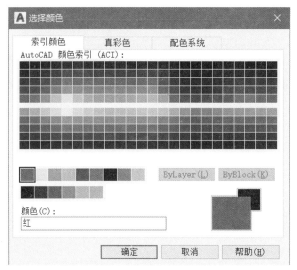

图 2-23　【选择颜色】对话框

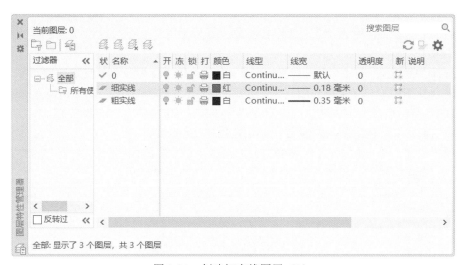

图 2-24　创建细实线图层（2）

步骤三：创建黄色细虚线图层。该图层采用线宽为0.18毫米的黄色细虚线。具体操作如下。

(1)启动【图层特性管理器】。

(2)选择参考图层。在【名称】列表的细实线图层名称上单击作为参考图层。因为细实线图层与细虚线图层比较接近。

(3)建立新图层。单击【新建图层】按钮 ，在图层列表参考图层的下面建立一个新的图层。

(4)命名新图层。输入新的图层名【细虚线】并按Enter键。

(5)更改图层颜色。单击【颜色】列表中的颜色名称，此时为红色，打开【选择颜色】对话框，在调色板中选择黄色后，单击【确定】按钮，将选定的颜色应用于该图层。结果如图2-25所示。

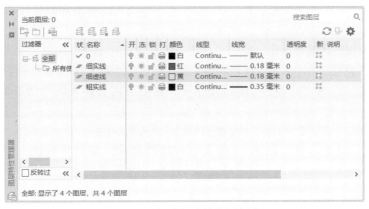

图 2-25　创建细虚线图层颜色

（6）设置图层线型。

① 单击【线型】列表中的线型名称，此时为Continuous（实线）类型，打开如图2-26所示的【选择线型】对话框。

② 如果所需要的线型已经加载，则可以直接从线型列表中选择；如果线型列表中没有需要的线型，则单击【加载】按钮，打开【加载或重载线型】对话框，如图2-27所示。该对话框列出了AutoCAD 2021提供的系统acadiso.lin线型库中所有的线型，用户可以从中选择一个，或者配合使用Ctrl键或Shift键选择多个线型。在此选择ISO dash类型，单击【确定】按钮，完成线型的加载。

图 2-26　【选择线型】对话框

图 2-27　【加载或重载线型】对话框

③ 返回到【选择线型】对话框中，选择刚加载的线型并确定，该图层以后将使用这个线型，如图2-28所示。

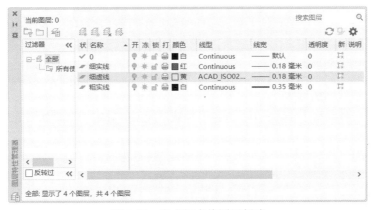

图 2-28　完成细虚线图层创建

步骤四：创建蓝色细点划线图层。该图层采用线宽为0.18毫米的蓝色细点划线。具体操作如下。

（1）启动【图层特性管理器】。

（2）选择参考图层。在【名称】列表的细实线图层名称上单击作为参考图层。

（3）建立新图层。单击【新建图层】按钮 ，在图层列表参考图层的下面建立一个新的图层。

（4）命名新图层。输入新的图层名【细点划线】并按Enter键。

（5）更改图层颜色。单击【颜色】列表中的颜色名称，此时为红色，打开【选择颜色】对话框，在调色板中选择蓝色后单击【确定】按钮，将选定的颜色应用于该图层。结果如图2-29所示。

图 2-29　更改图层颜色（1）

（6）设置图层线型。

① 单击【线型】列表中的线型名称，此时为Continuous（实线）类型，打开如图2-30所示的【选择线型】对话框。可以看到，步骤三中加载的虚线线型已经自动列于表中了。

图 2-30　加载好的线型

② 单击【加载】按钮，打开【加载或重载线型】对话框。在此选择ISO dash dot类型，单击【确定】按钮，完成线型的加载。

③ 返回到【选择线型】对话框中，选择刚加载的线型并确定。结果如图2-31所示。

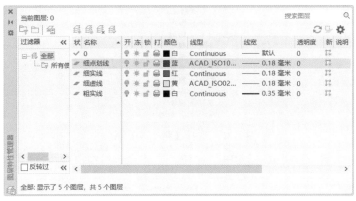

图 2-31　更改图层颜色（2）

步骤五：创建其他图层。参考步骤一至步骤四，创建其他图层，在此不再赘述。结果如图 2-32 所示。

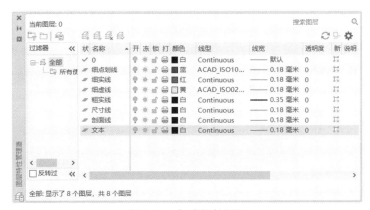

图 2-32　创建好的图层

🔔 **操作提示**

重新进入【图层特性管理器】，如图 2-33 所示，如果仔细观察，可以发现图层将按照英文字母顺序自动加以排列。

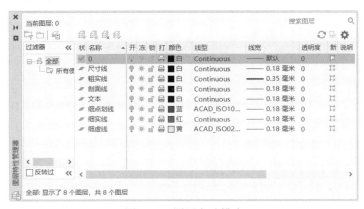

图 2-33　图层自动排序

步骤六：绘制一个带有中心线的光轴。具体操作如下。

（1）绘制 80×20 的光轴（矩形）。

① 在【图层】功能面板中单击【图层】下拉列表，选择【粗实线】图层，如图 2-34 所示。

图 2-34 选择【粗实线】图层

② 在【绘图】功能面板中单击【矩形】按钮□，在命令行窗口中执行以下操作。

命令：_RECTANG
指定第一个角点或[倒角(C)/标高(E)/圆角(F)/厚度(T)/宽度(W)]：(在绘图区指定任意一点)
指定另一个角点或[面积(A)/尺寸(D)/旋转(R)]：d(选择尺寸方式)
指定矩形的长度 <10.0000>:80(输入矩形长度)
指定矩形的宽度 <10.0000>:20(输入矩形宽度)
指定另一个角点或[面积(A)/尺寸(D)/旋转(R)]：(在第一点的右下方单击)

结果如图2-35所示。

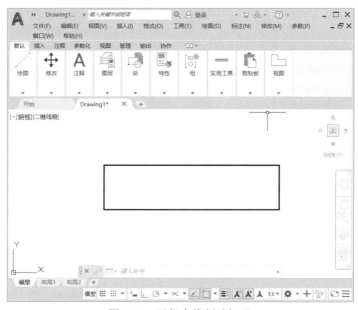

图 2-35 以粗实线创建矩形

🔔 **操作技巧：**如果用户没有看到图线粗细变化，则在状态栏中单击【线宽】按钮≡即可显示线宽。如果没有该按钮，则在状态栏右端单击【自定义】按钮，如图2-36所示，选择【线宽】选项，该按钮将出现在状态栏中。

(2)绘制长度为90的中心线(细点划线)。

① 在【图层】列表中选择【细点划线】图层。

② 单击状态栏中【对象捕捉】按钮□右侧的三角箭头按钮，系统弹出如图2-37所示的菜单。选择【中点】命令。

图 2-36　设置线宽显示　　　图 2-37　设置图形对象捕捉点

③ 在【绘图】功能面板中单击【直线】按钮 ，然后将鼠标移到矩形左边线上，移动鼠标到中点附近，则出现三角符号提示，然后水平拖动鼠标到所需要的位置，如图 2-38 所示。单击，在命令行窗口中执行以下操作。

命令：_LINE
指定第一个点：(按中点捕捉方式选择直线左侧点)
指定下一个点或[放弃(U)]：90(输入直线长度)
指定下一个点或[放弃(U)]：(按Enter键结束)

图 2-38　选择中心线起点

当输入长度时，矩形显示如图 2-39 所示。绘制结果如图 2-40 所示。

步骤七：标注矩形。

(1)在【图层】列表中选择尺寸线图层。

(2)在【注释】功能面板中单击【线性】按钮 ，在命令行窗口中执行以下操作。

命令：_DIMLINEAR
指定第一个尺寸界线原点或 <选择对象>：(选择矩形右上角点)
指定第二个尺寸界线原点：(选择矩形右下角点)
指定尺寸线位置或[多行文字(M)/文字(T)/角度(A)/水平(H)/垂直(V)/旋转(R)]：(水平拖动鼠标,
在适当位置单击放置尺寸线,如图2-41所示)
标注文字 = 20

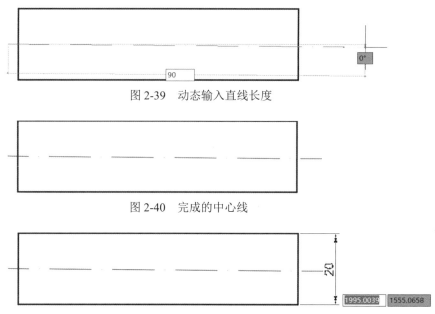

图 2-39　动态输入直线长度

图 2-40　完成的中心线

图 2-41　尺寸标注过程

（3）重复上述步骤，标注矩形下侧水平线长度80。结果如图 2-42 所示。

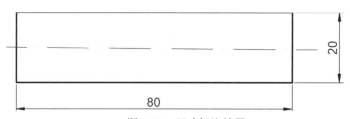

图 2-42　尺寸标注结果

步骤八： 图层工具操作练习。在上面的绘图与标注过程中，都是先选择图层后操作。如果绘图对象多了，或者有一些已经绘制完成的对象想更改图层，就必须考虑到图层匹配等问题。

（1）图层匹配。先选择尺寸线80，然后在【图层】功能面板中单击【匹配图层】按钮，在命令行窗口中执行以下操作。

```
命令： _LAYMCH
选择要更改的对象: (选择尺寸标注80并按Enter键)
选择目标图层上的对象或[名称(N)]: (选择中心线)
一个对象已更改到图层【细点划线】上
```

结果如图 2-43 所示。可以看到，尺寸线线型变为细点划线状态了。这种操作对于已绘制的对象调整图层非常重要。

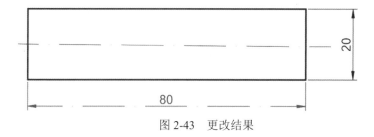

图 2-43　更改结果

（2）图层置为当前。如果绘制的对象多了，往往不记得到底是哪个图层，这样当想在该图层上绘制对象时就会出现混乱。可以将已有对象的图层直接设置为当前图层执行后续绘图操作。在【图层】功能面板中单击【置为当前】按钮 🖉，在命令行窗口中执行以下操作。

命令：_LAYMCUR
选择将使其图层成为当前图层的对象：（选择尺寸线80。注意，其图层已经更改为细点划线图层）
细点划线现在为当前图层

此时再次对矩形上边进行标注，结果如图2-44所示。

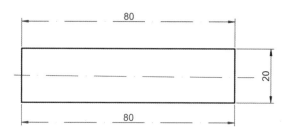

图 2-44　用当前图层进行尺寸标注

（3）图层关闭。当绘制的图形对象过多时，图纸会很混乱，此时可以关闭一些图层，图层上的对象则会自动全部关闭。如图2-45所示，在【图层】列表中将【粗实线】图层前面的黄色【开】按钮 💡 转为关闭状态蓝色按钮 💡，此时绘图区显示如图2-46所示。如果要打开该图层，则再次单击图层关闭按钮即可。

图 2-45　关闭粗实线图层

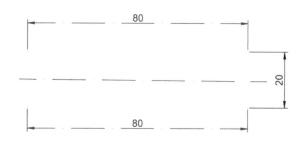

图 2-46　关闭图层对象不再显示

🔔 操作技巧：如果关闭的图层比较多，则可以通过单击【图层】功能面板中的【打开所有图层】按钮，一次性重新打开这些图层。

（4）锁定图层。如果不希望绘制的对象做任何修改，可以将该图层锁定。例如，在【图层】列表中将【粗实线】图层前面的黄色【解锁】按钮 🔓 转为锁定状态蓝色按钮 🔒，结果如图2-47所示。可以看到，该对象淡色显示，此时如果要删除矩形，则是无法进行的。

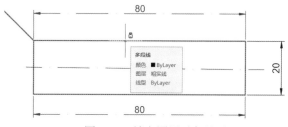

图 2-47　锁定图层对象显示

🔔 **操作提示**

对锁定图层对象不能进行删除等修改操作不意味着不能继续绘图。如果选择了锁定图层作为当前图层，则可以继续绘图。图2-47所示是继续绘制直线的结果。

🔔 **操作技巧**：如果锁定的图层比较多，则单击【图层】功能面板中的【解锁】按钮🔓，然后选择要解锁的对象，该对象所在图层将自动解锁。

习题二

1. 练习设置绘图界限为420×297，将该文件保存为A3.dwg。

2. 在A3.dwg文件基础上，建立以下图层。

细实线（白色）；粗实线（白色）；中心线（蓝色）；文本（红色）；尺寸线（黄色）

3. 练习将粗实线图层线宽设置为0.35mm，将中心线图层线型设置为center。

4. 打开一个AutoCAD自带的文件，练习将其中一些图层冻结/解冻、锁定/解锁，观察其不同的显示效果。

5. 在第4题基础上，练习如何将图元颜色设置为已有图层颜色，或者将其图层特性设置为当前图层，以便后面都以该对象属性绘制。

2

绘制平面图形
完成标准制图

第 3 章

平面视图的观察与对象编辑

学习目标

　　AutoCAD 2021 主要的操作对象为平面视图，它可以从不同的位置、以不同的比例观察平面图形。可以说，视图操作是绘图的基础。

　　通过本章的学习，掌握视图的缩放和平移，掌握常用的对象选择方式，并了解选择集模式，掌握夹点编辑方式，并通过【特性】功能面板来编辑对象特性。另外，可以进行对象的复制、删除与恢复。

本章要点

- 平面视图操作观察
- 对象的选择和特性更改
- 对象的删除和恢复
- 对象的复制和粘贴

内容浏览

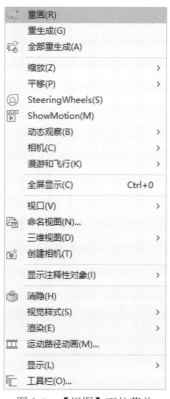

3.1 平面视图的观察

在绘制图形的过程中，图形位于视图中，视图与Windows标准窗口的基本操作没什么两样，但本身又带有一些不可替代的特色操作。用户可以对图形进行缩放、移动，还可以同时打开多个窗口，通过各个窗口观察图形的不同部分。本节主要介绍视图缩放和平移。

AutoCAD将视图控制命令集中放在如图3-1所示的【视图】下拉菜单中。

图 3-1   【视图】下拉菜单

3.1.1 缩放视图——ZOOM 命令的使用

当前视图可以放大或缩小，增大图像可以更详细地观察细节，称为放大；收缩图像以便更大面积地观察图形，称为缩小。但是请注意，对象的实际尺寸保持不变。这些就是AutoCAD 2021中ZOOM命令的功能。ZOOM命令的启动方式如下。

● 选项卡：打开【视图】选项卡，单击【导航】功能面板中的相应按钮。

● 菜单栏：在传统菜单栏中选择【视图】→【缩放】子菜单中的相应命令。

● 命令行：在命令行窗口中输入ZOOM命令，并按Enter键。

● 工具栏：单击【缩放】工具栏中的相应按钮。

● 快捷菜单：在空白处右击，从弹出的快捷菜单中选择【缩放】命令。

图3-2所示为【缩放】工具栏，图3-3所示为【缩放】操作中的快捷菜单。【缩放】工具栏中各个按钮的含义见表3-1。

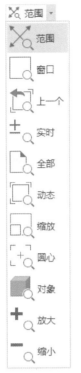

| 图 3-2 【缩放】工具栏 | 图 3-3 【缩放】快捷菜单 |

表 3-1 【缩放】工具栏中各个按钮的含义

按　钮	含　义
范围	显示图纸的范围
窗口	缩放用矩形框选取的指定区域
上一个	显示本次操作中的上一次视图
实时	实时放大或者缩小当前视图中的对象外观尺寸
全部	在当前视窗中显示整张图形
动态	动态缩放图形的生成部分
缩放	按所指定的比例缩放图形
圆心（应为中心）	以新建立的中心点和高度缩放图形
对象	缩放以便尽可能大地显示一个或多个选定的对象，并使其位于绘图区域中心
放大	以一定倍数放大图形
缩小	以一定倍数缩小图形

📖【例3-1】缩放直齿圆柱齿轮

源文件：源文件/第3章/直齿圆柱齿轮零件图.dwg，如图3-4所示。

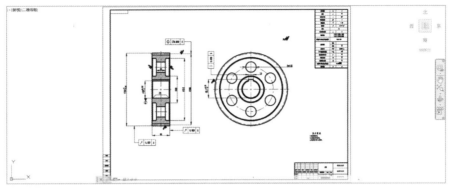

图 3-4　直齿圆柱齿轮

案例分析

由于直齿圆柱齿轮零件图的尺寸过大，无法直接呈现零件图中的全部细节，故可通过图形缩放命令对该零件图中的细节进行查看。具体操作通过缩放视图的相关命令完成。

操作步骤

步骤一： 将【草图与注释】工作空间设置为当前工作空间，单击【视图】选项卡【导航】功能面板【范围】下拉列表中的【窗口】按钮 ，根据系统提示，框选直齿圆柱齿轮参数表，对其中的参数进行查看。最终结果如图 3-5 所示。

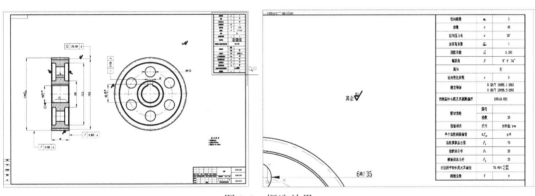

图 3-5　框选效果

命令行提示与操作如下：

```
命令：'_ZOOM
指定窗口的角点，输入比例因子(nX 或 nXP)，或者
[全部(A)/中心(C)/动态(D)/范围(E)/上一个(P)/比例(S)/窗口(W)/对象(O)] <实时>：_w
指定第一个角点：(选中"参数表"左上角点)
指定对角点：(选中"参数表"右上角点)
```

步骤二： 单击【视图】选项卡【导航】功能面板【窗口】下拉列表中的【上一个】按钮 ，系统返回至步骤一零件图状态。最终结果如图 3-4 所示。

步骤三： 单击【视图】选项卡【导航】功能面板【上一个】下拉列表中的【动态】按钮 ，按鼠标左键，通过左右移动鼠标可以对矩形视图框的大小进行控制，将矩形视图框调整至适当大小并移动至【标题栏】，按 Enter 键，系统会显示动态缩放后的图形，如图 3-6 所示。

图 3-6 通过动态框选方式缩放视图

步骤四：单击【视图】选项卡【导航】功能面板【动态】下拉列表中的【范围】按钮🔍，返回图3-4。

步骤五：单击【视图】选项卡【导航】功能面板【范围】下拉列表中的【对象】按钮🔍，选中需要查看细节的零件部位，按Enter键进行查看。结果如图3-7所示。

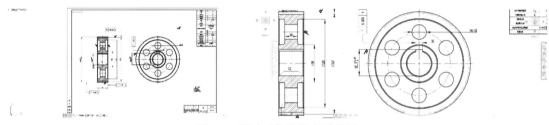

图 3-7 通过对象选择查看范围

命令行提示与操作如下：

```
命令：'_ZOOM
指定窗口的角点，输入比例因子(nX 或 nXP)，或者
[全部(A)/中心(C)/动态(D)/范围(E)/上一个(P)/比例(S)/窗口(W)/对象(O)] <实时>：_o
选择对象：(选中需要查看细节的零件部位齿轮中心)
选择对象：↙
```

步骤六：单击【视图】选项卡【导航】功能面板【对象】下拉列表中的【全部】按钮🔍。结果如图3-8所示。

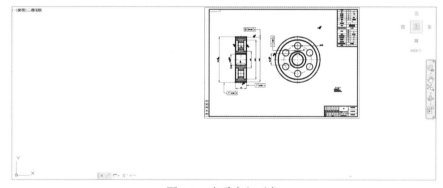

图 3-8 查看全部对象

🔔 **操作提示**

范围🔍命令与全部🔍命令的区别：全部🔍命令将图形界限和绘制的对象显示在绘图区中；范围🔍命令将所绘制的对象尽可能大地显示在绘图区中。若图形范围超出图形界限，则执行两个命令所显示的图形一致。

3.1.2 平移视图——PAN命令的使用

在绘图过程中，由于屏幕大小有限，当前文件中的图形不一定全部显示在屏幕内。AutoCAD提供了PAN命令，用于平移当前显示区域中的图形。它比ZOOM命令快，操作直观且简便，因此在绘图中常使用该命令。PAN命令的启动方式如下。

- 选项卡：打开【视图】选项卡，单击【导航】功能面板中的【平移】按钮🖐。
- 菜单栏：在传统菜单栏中选择【视图】→【平移】子菜单中的相应命令。图3-9所示为【平移】子菜单。
- 命令行：在命令行窗口中输入PAN命令，并按Enter键。
- 工具栏：单击【标准】工具栏中的【实时平移】按钮🖐。
- 快捷菜单：在空白处右击，从弹出的快捷菜单中选择【平移】命令。

图3-9 【平移】子菜单

📖【例3-2】观察锥齿圆柱齿轮减速器

源文件：源文件/第3章/锥齿圆柱齿轮减速器三视图.dwg，如图3-10（a）所示。

案例分析

在对锥齿圆柱齿轮减速器三视图进行缩放操作后，若在不改变此缩放比例的条件下对零件图进行细节的查看，可以通过【平移】命令完成。

操作步骤

将【草图与注释】工作空间设置为当前工作空间，单击【视图】选项卡【导航】功能面板中的【平移】按钮🖐，将主视图向上拖动，对锥齿圆柱齿轮减速器俯视图进行查看。结果如图3-10（b）所示。

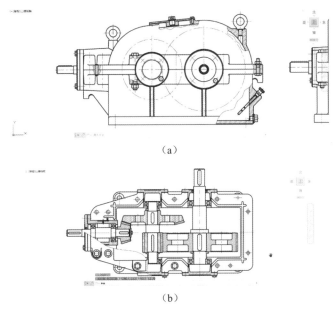

（a）

（b）

图3-10 锥齿圆柱齿轮减速器

🔔 **操作提示**

执行PAN命令后，光标变为如图3-11（a）所示的手形光标。可以用手形光标任意拖动视图，直到满足需要为止。当按住鼠标左键拾取当前位置时，光标变为如图3-11（b）所示的手形光标。如果光标移到了逻辑边界处，则在手形光标的相应边出现一条线段，表明到达了相应边界，此时手形光标如图3-11（c）所示，左上一是达到上边界的提示，左上二是达到右边界的提示，右上二是达到下边界的提示，右上一是达到左边界的提示。

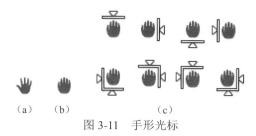

（a） （b） （c）

图3-11　手形光标

松开鼠标左键，则停止平移。用户可根据需要调整鼠标位置继续平移图形。任何时刻按Esc键或Enter键都可以结束平移操作。

3.2　对象的选择和特性更改

在对图形对象进行修改等操作的过程中，需要首先选中对象，其次才能对其进行修改。修改的内容往往比较繁杂，为此，AutoCAD 2021提供了【特性】功能面板。通过它，用户完全免去了只能利用命令行修改属性的麻烦。另外，还可以一次修改多个对象的共有特性。

3.2.1　对象的多种选择方式

在绘图或者修改对象时，AutoCAD 2021都会首先提示用户选择对象。同时，十字光标变成正方形，称为拾取框。选中的对象显示带有句柄方式的夹点，并高亮显示。如图3-12所示，可以直接看到选中对象和未选中对象的区别。

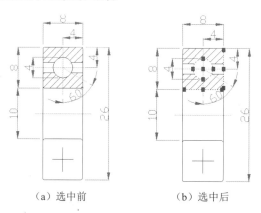

（a）选中前　　　　　　　　　　（b）选中后

图3-12　对象选中前后状态

常见的选择方式如下：

（1）直接选取。默认情况下，将光标移到要选取的对象上单击，即可选取该对象。用这种方式可以选择一个或多个对象。

（2）窗口方式。使用该方式可以选择一个矩形区域内的对象。需要首先指定左上角点，其次指定右下角点，AutoCAD 2021将用这两点作为对角点定义选择对象的窗口，并用实线矩形显示对象选择窗口，如图3-13（a）所示。只有完全位于窗口内的对象才被选中。

（3）窗交方式。该选择方式不但选取包含在矩形区域内的对象，而且选取与矩形边界相交的对象。提示操作同窗口方式基本一致，但窗交选择方式需要首先定义右下角点，而且窗口为虚线窗口，如图3-13（b）所示。

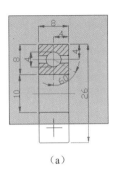 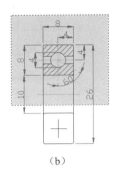

（a）　　　　　　　　　　　（b）

图 3-13　窗口选择与窗交选择方式

（4）相邻对象的选择。对于图形中的一些距离比较近的、相交或重叠的对象，直接选择某一个对象是很困难的。为此，可以按住Shift键不放，重复按空格键在这些对象间循环切换，直到要选择的对象高亮显示为止。

📖【例3-3】滚动轴承选择练习

源文件：源文件/第3章/滚动轴承.dwg，如图3-14所示。

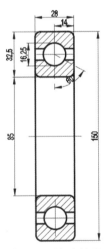

图 3-14　滚动轴承

案例分析

可以通过【窗交方式】对滚动轴承下方的十字中心线进行选取。

操作步骤

如图3-15（a）所示，将十字光标移动至右上角点并按鼠标左键，将十字光标移动至左下角点再次按鼠标左键。最终结果如图3-15（b）所示。

扫一扫，看视频讲解

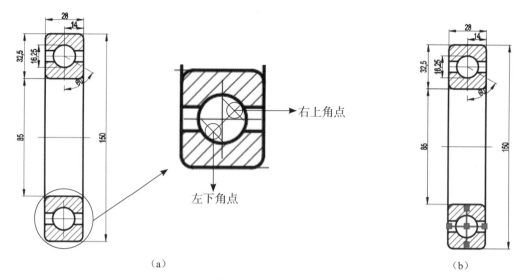

（a）

（b）

图 3-15　最终结果

3.2.2　选择集模式和夹点编辑

通过【选项】对话框中的【选择集】选项卡可以设置选择模式、拾取框尺寸和对象排序方法，从而控制选择对象的方式。如果能熟悉该对话框的各种选项并进行设置，则能显著提高绘图效率。建议读者熟练掌握该功能。启动方式如下。

● 菜单栏：在传统菜单栏中选择【工具】→【选项】命令。
● 命令行：在命令行窗口中输入OPTIONS命令，并按Enter键。
● 快捷菜单：在命令行窗口右击，从弹出的快捷菜单中选择【选项】命令。

系统弹出【选项】对话框，选择【选择集】选项卡，如图3-16所示。

图 3-16　【选项】对话框中的【选择集】选项卡

该选项卡有【选择集模式】【夹点】【预览】【功能区选项】4个选项组，分别介绍如下。

1.【选择集模式】选项组

在【选择集模式】选项组中有几个复选框，各选项意义分别如下。

- 【先选择后执行】：勾选该复选框，在调用命令前先选择对象，被调用的命令对先前选定的对象产生影响。
- 【用Shift键添加到选择集】：勾选该复选框，按Shift键选择对象，AutoCAD 2021将所选对象加入选择集，或从选择集中删除。未勾选该复选框，选中的对象会自动添加到选择集中。
- 【对象编组】：勾选该复选框与否，则打开或关闭自动组选择。打开时选中组中一个对象即可选中整个组。
- 【关联图案填充】：勾选该复选框，选择阴影线同时选择其边界。
- 【隐含选择窗口中的对象】：勾选该复选框，从左向右定义窗口，则选择窗口内的对象；从右向左定义窗口，则选择窗口内及与窗口边界相交的对象。
- 【允许按住并拖动对象】：勾选该复选框，则可以通过选择一点然后将定点设备拖动至第二点来绘制选择窗口；如果未勾选该复选框，则可以用定点设备分别选择两个点来绘制选择窗口。

另外，还有【拾取框大小】选项组，直接拖动其中的滑块，则拾取框大小随之变化。

2.【夹点】选项组

夹点就是一些特征控制点，是AutoCAD为每个对象预先定义的。图3-17给出了一些常用对象的夹点示例。对象夹点为用户提供了一种灵活方便的图形编辑方法。用户只需用光标拾取对象，即可将其加入选择集。此时，系统将对象以高亮显示，并标示出相应夹点。

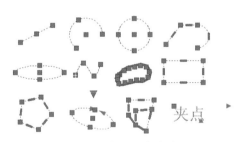

图 3-17   常用对象夹点

（1）基本操作。

① 单个夹点操作。用户在使用夹点编辑对象时，首先要用光标拾取待编辑的对象。对象被拾取后，AutoCAD将该对象加入选择集并用蓝色方框标出相应的夹点。用户可以使用光标在所有夹点中选择一个夹点作为基点进入夹点编辑模式，这个基点称为基准夹点，AutoCAD用红色实心方框标示出基准夹点。直接拖动该夹点，可以改变选中对象的长度、半径等特性。

② 多功能夹点操作。对于有些对象，也可以将光标悬停在夹点上以访问具有特定对象编辑选项的菜单。然后从中选择需要的选项即可操作。

在任意时刻，用户可以直接按Esc键退出夹点编辑操作，返回到命令行状态。

（2）夹点编辑模式的设置。AutoCAD允许用户控制是否使用夹点编辑功能并设置夹点标记的大小与颜色。

【选择集】选项卡中有关夹点的各选项意义如下。

- 【显示夹点】：打开/禁止夹点功能。勾选该复选框，打开夹点功能。夹点功能打开时，如果在没有任何命令处于活动状态下选择了对象，AutoCAD 2021将在选择的对象上显示夹点，用户可以通过夹点来编辑对象。

- 【在块中显示夹点】：使用块中夹点。勾选该复选框，打开块中的夹点。这时，如果选择了一个块，AutoCAD 2021将显示块中每一个对象上的所有夹点；否则，AutoCAD将只在块的插入点处显示夹点。有关块的概念参见第10章。
- 【显示夹点提示】：勾选该复选框，当光标悬浮在自定义对象上的夹点上时，显示夹点特定的提示。此选项不会影响AutoCAD对象。
- 【显示动态夹点菜单】：勾选该复选框，当光标悬浮在多功能夹点上时动态显示夹点菜单。
- 【允许按Ctrl键循环改变对象编辑方式行为】：勾选该复选框，允许按Ctrl键循环改变多功能夹点对象的编辑方式。
- 【对组显示单个夹点】：勾选该复选框，选择对象组的单个夹点。
- 【对组显示边界框】：勾选该复选框，围绕编组范围选择对象组的编辑框。
- 【选择对象时限制显示的夹点数】：确定显示夹点的最多对象数目。在该文本框中输入数值，当选择了多于该数值的对象时，禁止显示夹点。AutoCAD默认设置为100。
- 【夹点颜色】：单击该按钮，系统将显示如图3-18所示的对话框，从中可以设置夹点的不同状态颜色特性。

图 3-18 【夹点颜色】对话框

下面对图3-18中各选项进行说明。

- 【未选中夹点颜色】：AutoCAD用一个小方框来表示没有选中作为基点的夹点。在【未选中夹点颜色】下拉列表中选择一种颜色，AutoCAD将使用该颜色来显示那些没有选中作为基点的夹点。如果选择了【选择颜色】选项，则AutoCAD将弹出【选择颜色】对话框，从中可以进行颜色的选取。AutoCAD默认设置为蓝色。
- 【选中夹点颜色】：AutoCAD用一个填充颜色的小方块来表示作为基点的夹点。参照上面的操作，在【选中夹点颜色】下拉列表中选择一种颜色，AutoCAD将使用该颜色来显示那些作为基点的夹点。AutoCAD默认设置为红色。
- 【悬停夹点颜色】：在【悬停夹点颜色】下拉列表中选择一种颜色，确定当光标悬浮在夹点上时夹点显示的颜色。AutoCAD默认设置为绿色。
- 【夹点轮廓颜色】：设置夹点轮廓的颜色。AutoCAD默认设置为黑色。

另外，可设置夹点大小。在图3-16的【夹点尺寸】组框中，左、右移动滑块可以改变AutoCAD显示夹点大小，左侧动态显示夹点大小的变化。夹点的默认大小为3个像素，在【选项】对话框中可以设置夹点大小范围为1～2个像素。而在命令行中可以设置夹点大小的范围为1～255个像素。

3.【预览】选项组

在AutoCAD 2021中，当拾取框光标滚动过对象时，可以亮显对象。这可以通过【预览】选项组设置，有两个复选框可供选择。

（1）【命令处于活动状态时】。勾选该复选框，则仅当某个命令处于活动状态并显示【选择对象】提示时，才会显示选择预览。

（2）【未激活任何命令时】。勾选该复选框，即使未激活任何命令，也可以显示选择预览。

另外，可以进行选择集【视觉效果设置】。单击【视觉效果设置】按钮，弹出【视觉效果设置】对话框，如图3-19所示。

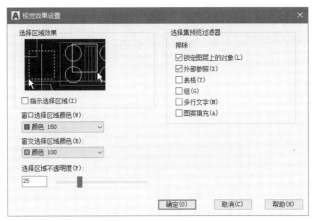

图 3-19 　【视觉效果设置】对话框

- 【指示选择区域】：勾选该复选框，进行窗口或窗交选择时，使用不同的背景颜色指示选择区域。
- 【窗口选择区域颜色】：在该下拉列表中选择控制窗口选择区域的背景颜色。
- 【窗交选择区域颜色】：在该下拉列表中选择控制窗交选择区域的背景颜色。
- 【选择区域不透明度】：控制窗口选择区域背景的透明度。直接在文本框中输入数值或者拖动滑块即可。
- 【选择集预览过滤器】：进行预览条件设置，对图层上的对象进行过滤，包括【锁定图层上的对象】【外部参照】【表格】【组】【多行文字】【图案填充】6个复选框。

在预览区域中可以直接观察当前设置的效果。

4.【功能区选项】选项组

【功能区选项】选项组中只有【上下文选项卡状态】按钮，它用来设置上下文选项卡状态。单击该按钮，系统弹出如图3-20所示的对话框，用户可以决定显示选项卡对象的最大数量，手工输入即可。另外，也可以决定在调用命令时是否保留预先选择的选定内容，如果勾选该复选框，则保留。

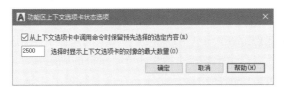

图 3-20 　【功能区上下文选项卡状态选项】对话框

3.2.3 编辑对象特性

1. 利用【特性】功能面板编辑特性

根据所选对象，AutoCAD 2021在【特性】功能面板中列出了该对象的全部特性，用户可以直接修改这些特性。但是，有些特性是无法编辑的。这需要读者在不断地学习中加以理解。

（1）启动方式

● 选项卡：打开【视图】选项卡，在【选项板】功能面板中单击【特性】按钮▦。

● 菜单栏：在传统菜单栏中选择【修改】→【特性】命令。

● 命令行：在命令行窗口中输入PROPERTIES命令，并按Enter键。

● 工具栏：单击【标准】工具栏中的【特性】按钮▦。

● 快捷菜单：选中所需编辑的对象，在空白处右击，从弹出的快捷菜单中选择【特性】命令。

在AutoCAD 2021中，【特性】功能面板有三种显示状态，即固定状态、浮动状态和隐藏状态，如图3-21所示。

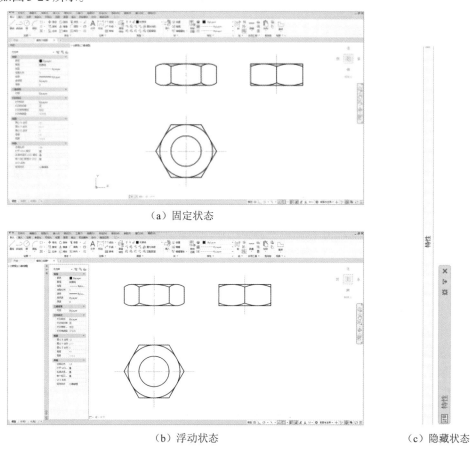

（a）固定状态

（b）浮动状态　　　（c）隐藏状态

图 3-21　【特性】功能面板

【特性】功能面板只能停靠在AutoCAD 2021绘图区的两侧。当用鼠标拖动功能面板的标题条到不同的位置时，则可以自由地切换【特性】功能面板的固定和浮动两种状态。单击功能面板右上角的关闭按钮，可以关闭该窗口。此外，在命令行窗口中输入PROPERTIESCLOSE命令也可以将功能面板关闭。用户在工作时可以将【特性】功能面板一直保持打开。由于考虑到打开状态下功能面板占用空间比较大，所以AutoCAD 2021提供了隐藏这一新功能。在标题条上单击【自动隐藏】按钮◂，整个【特性】功能面板将收缩为一个标题条。此时该按钮变为▸，单击它将重新展开该功能面板。该按钮是AutoCAD提供的多个新工具的共有按钮。

（2）【特性】功能面板操作

选择了某一图形对象后，AutoCAD会自动将该对象的特性显示在【特性】功能面板中。如果选择多个对象，将在【特性】功能面板中显示所选择对象的通用特性。选择某一特性后，在【特性】功能面板的底部将给出相应文字说明。

1）查看对象特性。步骤如下。

① 在绘图区中选择一个或多个要观察的对象。

② 在【特性】功能面板的下拉列表中选择【全部】或某一对象，即可查看相应特性。

③ AutoCAD 2021将选择的对象按照类型归类。如果选择【全部】选项，AutoCAD将在【特性】功能面板中列出所选择对象的基本通用特性，如图3-22所示；如果选择某一类对象，AutoCAD 2021将在【特性】功能面板中显示所选择对象的全部通用特性，如图3-23所示。在显示特性时，如果所有被选择对象的某一特性的特性值均相同，AutoCAD 2021将显示该特性的值；否则将不显示该特性的值。

图 3-22　对象的基本通用特性

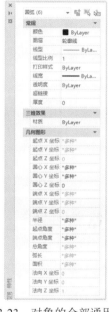

图 3-23　对象的全部通用特性

2）编辑对象特性。在【特性】功能面板中选择要编辑的特性，在相应特性框中输入或选择新值即可。

2. 对象特性匹配

AutoCAD 2021提供了对象特性匹配功能，它可以将一个对象的全部或部分对象特性复制给其他对象，也可以复制特殊特性。特性来源对象称为源对象，要赋予特性的对象称为目标对象。

（1）启动方式

● 选项卡：打开【默认】选项卡，在【特性】功能面板中单击【特性匹配】按钮。

● 菜单栏：在传统菜单栏中选择【修改】→【特性匹配】命令。

● 命令行：在命令行窗口中输入MATCHPROP/PAINTER命令，并按Enter键。

● 工具栏：单击【标准】工具栏中的【特性匹配】按钮。

（2）操作方法

对象特性匹配的操作过程如下。

命令：MATCHPROP/PAINTER
选择源对象：(选择对象)
当前活动设置：颜色 图层 线型 线型比例 线宽 透明度 厚度 打印样式 标注 文字 图案填充 多段线
视口 表格 材质 阴影显示 多重引线
选择目标对象或[设置(S)]:

各选项含义如下。

1)【选择目标对象】：选择后，将把源对象的特性复制给目标对象。目标对象可以是一个，也可以是多个，此时绘图区光标变为 。

2)【设置(S)】：在提示中输入S，AutoCAD将弹出如图3-24所示的【特性设置】对话框，在该对话框中可以设置需要复制的对象特性。

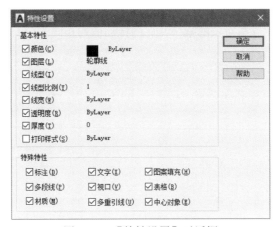

图 3-24   【特性设置】对话框

3.3   对象的常规编辑

对象的常规编辑是指类似Windows操作类型的复制、删除等。

3.3.1   对象的删除和恢复

除了可以在选择对象后直接按Delete键，还可以采用特定的一些操作。

1. 删除对象

使用ERASE命令，用户可以删除那些绘制失误的对象。

（1）启动方式。

● 选项卡：打开【默认】选项卡，在【修改】功能面板中单击【删除】按钮 。

● 菜单栏：在传统菜单栏中选择【修改】→【删除】命令。

● 命令行：在命令行窗口中输入ERASE命令，并按Enter键。

● 工具栏：单击【修改】工具栏中的【删除】按钮 。

● 快捷菜单：选中所需编辑的对象，在空白处右击，从弹出的快捷菜单中选择【删除】命令。

（2）操作方法。在启动了ERASE命令后，AutoCAD提示如下：

选择对象：(在选取实体时，既可用拾取框选取实体，也可用界选和窗交方式选择)

选择完对象后按Enter键，AutoCAD将所选择的对象从当前图形中删除。

2. 恢复删除的对象

使用OOPS命令，用户可以恢复最近一次被打断、定义成块或删除的对象。OOPS命令启动后，自动将最近一次使用过的ERASE、BLOCK或WBLOCK等命令删除的对象恢复到图形中。但是，对于以前删除的对象则无法恢复。用户若想要恢复前几次删除的实体，只能使用多重放弃命令。

3.3.2　对象的复制和粘贴

在AutoCAD 2021中，不但可以在当前工作的图形中复制对象，而且允许在打开的不同图形文件之间进行复制。

📖 【例3-4】绘制铣床铣头螺栓（对象复制）

源文件：源文件/第3章/铣床铣头侧视图.dwg和铣床铣头螺栓.dwg，分别如图3-25（a）和图3-25（b）所示。最终结果如图3-25（c）所示。

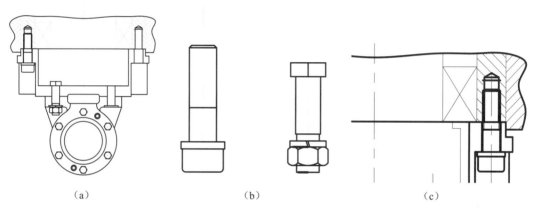

（a）　　　　　　　　（b）　　　　　　　　（c）

图 3-25　不同文件间螺栓复制

案例分析

铣床铣头侧视图和普通螺栓与铰制孔螺栓组在不同文件中，现需要将普通螺栓与铰制孔螺栓组装配到铣床铣头侧视图中。可以通过【复制剪裁】配合【粘贴】命令分别将普通螺栓与铰制孔螺栓组粘贴到铣床铣头侧视图文件中，再通过【复制】命令将普通螺栓与铰制孔螺栓组装配到铣床铣头侧视图中。具 体操作过程：打开【铣床铣头螺栓.dwg】文件，通过【复制剪裁】命令选择需要复制剪裁的对象，再打开【铣床铣头侧视图.dwg】文件，通过【粘贴】命令将复制剪裁的对象粘贴到当前文件中，再通过【复制】命令完成铣床铣头侧视图的绘制。

操作步骤

步骤一：打开【铣床铣头螺栓.dwg】文件，单击【默认】选项卡【剪贴板】功能面板中的【复制剪裁】按钮，通过【窗交方式】框选普通螺栓和铰制孔螺栓组，并按Enter键确认。

命令行提示与操作如下：

```
命令：_COPYCLIP
选择对象：（框选普通螺栓和铰制孔螺栓组）
选择对象：✓
```

步骤二：打开【铣床铣头侧视图.dwg】文件，单击【默认】选项卡【剪贴板】功能面板中的【粘贴】按钮🗐，将普通螺栓和铰制孔螺栓组粘贴在当前文件适当位置。结果如图3-26所示。

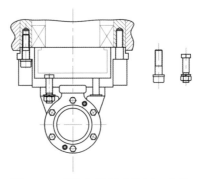

图3-26 螺栓与铣床成为同一文件

命令行提示与操作如下：

```
命令：_PASTECLIP
指定插入点：(指定适当的插入点)
```

步骤三：单击【默认】选项卡【修改】功能面板中的【复制】按钮🗐，通过【窗交方式】框选普通螺栓，指定点1为基点，指定点2为第二个点，如图3-27（a）所示。操作过程如图3-27（b）所示，绘制结果如图3-27（c）所示。

命令行提示与操作如下：

```
命令：_COPY
选择对象：(框选普通螺栓)
选择对象：↙
当前设置： 复制模式 = 多个
指定基点或 [位移(D)/模式(O)] <位移>：(选取"点1")
指定第二个点或 [阵列(A)] <使用第一个点作为位移>：(选取"点2")
指定第二个点或 [阵列(A)/退出(E)/放弃(U)] <退出>：↙
```

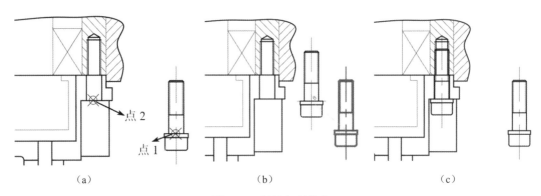

（a） （b） （c）

图3-27 螺栓复制操作

步骤四：参考步骤三，通过【窗交方式】框选铰制孔螺栓组，指定点3为基点，指定点4为第二个点，如图3-28（a）所示。操作过程如图3-28（b）所示，绘制结果如图3-28（c）所示。

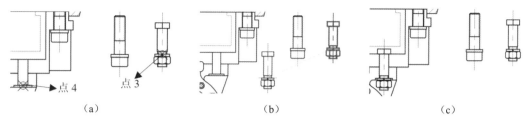

|（a）|（b）|（c）|

图 3-28　螺栓组复制操作

🔔 操作提示

复制只能在同一个文件中操作，且原对象仍然存在。【复制剪裁】和【粘贴】命令可以在不同文件之间操作。

📖 【例3-5】绘制铣床铣头螺栓（带基点复制）

源文件：源文件/第3章/铣床铣头侧视图.dwg和铣床铣头螺栓.dwg，分别如图3-25（a）和图3-25（b）所示。最终结果如图3-29所示。

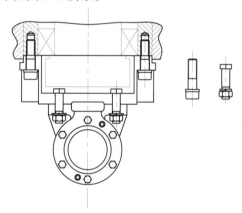

图 3-29　螺栓基点复制操作

案例分析

通过【带基点复制】命令，将普通螺栓与铰制孔螺栓组装配到铣床铣头侧视图中。

操作步骤

步骤一：打开【铣床铣头螺栓.dwg】文件，单击【编辑】菜单栏中的【带基点复制】选项，选取【点1】为基点，通过【窗交方式】框选普通螺栓，并按Enter键确认。

命令行提示与操作如下：

命令：_COPYBASE
指定基点：（选取点1）
选择对象：（框选普通螺栓）
选择对象：✓

步骤二：打开【铣床铣头侧视图.dwg】文件，单击【默认】选项卡【剪贴板】功能面板中的【粘贴】按钮📋，将普通螺栓粘贴在当前文件【点2】位置，如图3-30所示。

命令行提示与操作如下：

命令：_PASTECLIP
指定插入点：（指定点2为插入点）

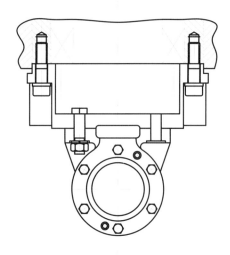

图 3-30 普通螺栓基点复制操作

步骤三：参考步骤一和步骤二，将铰制孔螺栓组装配到铣床铣头侧视图中。最终结果如图 3-29 所示。

习题三

一、选择题

1. 在绘制中，AutoCAD的选择方法有( )。
   A. WINDOW选择　　　B. CROSSING选择　　　C. ALL选择　　　D. 点选

2. 要快速显示整个图像范围内的所有图形，可以使用( )命令。
   A. 【视图】→【缩放】→【窗口】　　　　B. 【视图】→【缩放】→【动态】
   C. 【视图】→【缩放】→【全部】　　　　D. 【视图】→【缩放】→【范围】

3. 用COPY命令复制对象时，可以( )。
   A. 原地复制对象　　　　　　　　B. 同时复制多个对象
   C. 一次把对象复制到多个位置　　　　D. 复制对象到其他图层

4. 多次复制COPY对象的选项为( )。
   A. M　　　　　　B. D　　　　　　C. P　　　　　　D. C

5. 在下列命令中，不具有删除功能的命令是( )。
   A. 【撤销】　　　　B. 【删除】　　　　C. 【修剪】　　　　D. 【镜像】

6. 下列有关放弃、重做的说法正确的一项是( )。
   A. Ctrl+Z组合键可放弃最近命令的执行，但对部分命令无效，如SAVE、SAVEAS等
   B. 命令U或UNDO一次都可以放弃多步操作，U是命令UNDO的简写，实际上是一条命令
   C. REDO命令或Ctrl+Y组合键在任何时刻都能恢复最近一次删除的对象，但仅限于最近一次
   D. 恢复操作除可以使用放弃命令U或Ctrl+Z组合键外，也可以使用OOPS命令，一次也可以放弃多步操作

二、判断题

1. 图像的剪裁边框只能越变越小，且剪裁下去的部分再也不能恢复。　　　　( )

2. PAN和MOVE命令实质是一样的，都是移动图形。　　　　　　（　　）

3. COPY命令产生对象的副本，而保持原对象不变。　　　　　　（　　）

4. 范围缩放可以显示图形范围并使所有对象最大显示。　　　　　（　　）

5. 缩放命令ZOOM和缩放命令SCALE都可以调整对象的大小，可以互换使用。　（　　）

6. 可以通过输入一个点的坐标值或测量两个旋转角度定义观察方向。　（　　）

三、操作题

打开AutoCAD自带的sample文件夹中的示例文件，使用缩放工具、平移工具详细查看图形的不同部分。练习对象的夹点操作、对象的删除与恢复，熟练掌握对象的复制操作。

四、思考题

1. 简述视图缩放对图形的影响。

2. 刷新的作用是什么？

3. 哪些操作可以将视图显示范围放大？

4. 简述对象的主要选择方式，并说明窗选方式与窗交方式的区别。

5. 对象的删除与恢复操作如何进行？

6. AutoCAD共有哪些选择方式？

7. 如何快速选择对象？

8. 对象过滤器有何作用？

9. 什么是选择集？如何构造选择集？

10. 当对象比较密集时，如何进行选择？

11. 什么是夹点编辑？

12. 如果进行了错误的删除，如何恢复？

13. 使用剪贴板进行复制与使用COPY命令进行复制有什么异同？

第 4 章

基本图形与精确绘图

学习目标

在工程设计中，主要的交流方式有说、写和画三种。其中，画就是指通过图样方式分析工作意图。常见的图样有机械图样、建筑图样等。机械制图是采用正投影法绘制的。

通过本章的学习，掌握三视图的形成原理，三视图之间的投影关系与绘制步骤；掌握点的投影规律以及 AutoCAD 2021 的绘制方法；掌握直线的投影规律以及 AutoCAD 2021 的绘制方法；能够正确使用正交、捕捉、栅格、对象捕捉、极轴追踪与动态输入等工具进行精确绘图。

本章要点

- 三视图基础知识
- 点的投影与 AutoCAD 2021 中点的绘制
- 直线的投影与 AutoCAD 2021 中直线的绘制
- AutoCAD 2021 精确绘图辅助工具

内容浏览

4.1 三视图基础知识

用正投影法将物体向投影面投射所得的图形称为视图，如图4-1所示。

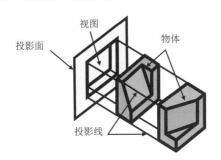

图 4-1　视图的概念

4.1.1 三视图的形成

1. 三投影面体系的建立

如图4-1所示，两个不同的物体在同一个投影面上的视图完全相同，所以，只用一个视图不能准确地表达物体结构。通常采用三个相互垂直相交的投影面组成三投影面体系来表达，如图4-2所示。

三个投影面两两相交的交线OX、OY、OZ称为投影轴，三个投影轴相互垂直且交于一点O称为原点。

2. 物体在三投影面体系中的投影

如图4-3所示，将物体置于三投影面体系中，然后按正投影法分别向V、H、W三个投影面进行投影，即可得到物体的相应投影。

图 4-2　三投影面体系

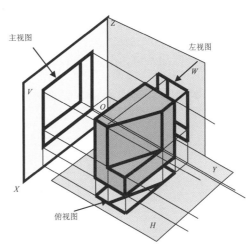

图 4-3　投影关系

其中，从前向后投射在V面上所得的投影称为主视图（也称为正面投影），从上向下投射在H面上所得的投影称为俯视图（也称为水平投影），从左向右投射在W面上所得的投影称为左视图（也称为侧面投影）。

　　为了便于画图，需要将三个互相垂直的投影面展开，V面保持不动，H面绕OX轴向下旋转90°，W面绕OZ轴向右旋转90°，使H面、W面与V面合成为一个平面。展开后，主视图、俯视图和左视图的相对位置如图4-4所示。

　　🔔 **注意**：当投影面展开时，OY轴被分处两面，随H面旋转的用YH表示，随W面旋转的用YW表示。

　　为简化作图，在画三视图时，不必画出投影面的边框线和投影轴，如图4-5所示。

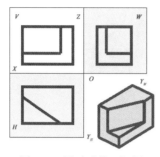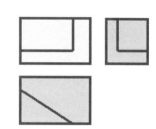

图 4-4　展开后的三视图　　　　图 4-5　去除投影轴后的三视图

4.1.2　三视图之间的关系

1. 三视图之间的位置关系

　　由投影面的原理和展开过程可以看出，三视图之间的位置关系是以主视图为准，俯视图在主视图的正下方，左视图在主视图的正右方。在绘制工程图时，必须按照这样的关系绘图。

2. 三视图之间的投影关系

　　从三视图的形成过程可以看出，主视图和俯视图同时反映物体长度，主视图和左视图同时反映物体高度，俯视图和左视图同时反映物体宽度。由此可以归纳出主、俯、左三个视图之间的投影关系如下：

　　（1）主、俯视图长对正。

　　（2）主、左视图高平齐。

　　（3）俯、左视图宽相等。

　　三视图之间的这种投影关系也称为视图之间的三等关系（三等规律）。简单而言，就是"长对正，高平齐，宽相等"。应当注意，无论对总体还是对物体的局部，乃至物体上的点、线、面，均应符合三等关系，如图4-6所示。

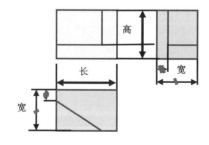

图 4-6　三等关系视图

3. 视图与物体之间的方位关系

　　处于三维空间中的物体，基本上是有上、下、左、右、前、后共6个方位关系。对于三视图而言，它们分别反映不同的方位关系。

（1）主视图反映物体的上、下和左、右位置关系。

（2）俯视图反映物体的前、后和左、右位置关系。

（3）左视图反映物体的上、下和前、后位置关系。

在看图和画图时，比较容易混淆俯视图、左视图中的前后关系，所以可以以主视图为中心，俯视图、左视图远离主视图的一侧表示物体的前面，靠近主视图的一侧表示物体的后面，即有"里后外前"之说。

4.1.3　三视图的绘制过程

当绘制三视图时，有些线段由于给出了足够的尺寸，可以直接画出，有些线段则要根据给定的几何条件作图。因此，学习工程图时，掌握了几何图形的分析方法，才能正确画出平面图形（即三视图）。

1. 平面图形的分析

（1）平面图形的尺寸分析。平面图形的尺寸分析，就是分析平面图形中每个尺寸的作用以及图形和尺寸之间的关系。平面图形中的尺寸按其作用分为定形尺寸和定位尺寸两种。

要理解定形尺寸、定位尺寸的意义，就需要了解"基准"的概念。所谓基准，就是标注尺寸的起点。对于平面图形来说，有左、右和上、下两个方向的基准。可以画出左、右和上、下两条基准线，相对于两个坐标轴。平面图形中的很多尺寸都是以基准为出发点的。基准线一般采用对称图形的对称线、较大圆的中心线、主要轮廓线等。

所谓定形尺寸，就是指确定平面图形中各部分形状和大小的尺寸，如线段长度、圆弧半径或直径、角度大小等。

所谓定位尺寸，就是指确定平面图形中各部分之间的相对位置关系的尺寸。

（2）平面图形的线段分析。平面图形是根据给定的尺寸绘制的。图形中的线段和给定的尺寸有着紧密关系。按它们之间的关系，平面图形中的线段分为已知线段、中间线段和连接线段三类。

1）已知线段。具有全部定形尺寸和定位尺寸，可以直接画出的线段。

2）中间线段。只有定形尺寸，定位尺寸不全，但可以根据与其他线段的连接关系画出的线段。

3）连接线段。只有定形尺寸而没有定位尺寸，只能在其他线段画出后，根据几何条件画出的线段。

进行平面图形分析的目的：一是分析图形中的尺寸有无多余或遗漏，以便确定图形是否可以画出；二是分析图形中的各线段的性质，以便确定画图步骤，即先画已知线段，再画中间线段，最后画连接线段。

2. 平面图形的绘图步骤

具体的绘图步骤如下：

（1）根据图形大小选择比例及图纸幅面。

（2）画出图形基准线，并根据各个封闭图形的定位尺寸确定其位置。

（3）绘制已知线段。

（4）绘制中间线段。

（5）绘制连接线段。

（6）检查或者去掉多余线段，然后将图线加深。在AutoCAD 2021中则为确定线宽并显示。加深的顺序为首先加深所有的粗实线圆和圆弧，然后再加深粗实线直线。先从上到下加深所有的粗实线，再从左到右加深所有垂直的粗实线，即先曲后直。其次按照线型要求与加深粗实线的同样顺序加深所有的虚线、点划线、细实线，即先粗后细。

（7）标注尺寸，完成图纸。标注尺寸应在底稿完成后即画出尺寸界线、尺寸线、尺寸箭头，图形加深后再标注尺寸数字，这样可以保证画图的质量。

图形与尺寸的关系极其密切，同一图形如果标注的尺寸不同，则画图的步骤也就不同，但能不能正确绘制图形，主要取决于所给的尺寸是否完全。

4.2　点的投影

三维空间中的物体是由点、线和面组成的，其中点是最基本的几何元素。本节介绍点的正投影建立及其基本原理。

4.2.1　点的投影原理

空间点只有其空间位置而无大小，而且点的一个投影不能确定其空间位置。如图4-7所示，三个物体有相同的正面投影和水平投影，只有确定其第三面投影，才能清楚地表示出该几何体的形状。

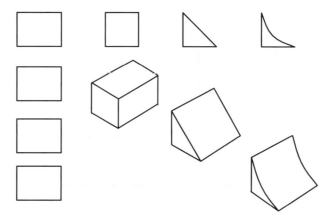

图 4-7　需用三面投影图表示的几何体

因此要表达一个空间点A，就需要将其置于三投影面体系之中，如图4-8（a）所示。过A点分别向三个投影面作垂线（即投射线），相交取得三个垂足a、a'和a''，即分别为A点的H面投影、V面投影和W面投影。

由图4-8（a）中可以看出，由于$Aa \perp H$、$Aa' \perp V$，而H与V相交于X轴，因此X轴必定垂直于平面Aaa_xa'，也就是aa_x和$a'a_x$同时垂直于OX轴。当H面绕OX轴旋转至与V面成为同一平面时，在投影图上a、a_x、a'三点共线，即$a_xa' \perp OX$轴。同理，$a'a'' \perp OZ$，$aa_x=Oa_x=a''a_x$。

由以上分析可以归纳出点的投影规律如下：

（1）点的两面投影连线垂直于相应的投影轴，即$aa' \perp OX$、$a'a'' \perp OZ$、$aa_{YH} \perp OY_H$、$a''a_{YW} \perp OY_W$。

（2）点的投影到投影轴的距离等于该点到相应投影面的距离，如点A的正面投影到OX轴的距离$a'a_x$等于点A到水平投影面的距离Aa。

点的空间位置也可以由直角坐标来确定，即把三投影面体系看成空间直角坐标系，把投影面当作坐标面，投影轴当作坐标轴，O即为坐标原点。

如图4-8（b）所示，空间点$A(x,y,z)$到三个投影面的距离可以用直角坐标表示如下：

（1）空间点A到W面的距离等于点A的x坐标，即$aa_{YH}=Oa_x=a'a_z=Aa''=x$。

（2）空间点A到V面的距离等于点A的y坐标，即$aa_x=Oa_y=a''a_z=Aa'=y$。

（3）空间点A到H面的距离等于点A的z坐标，即$a''a_y=Oa_z=a'a_x=Aa=z$。

由此可见，若已知点的直角坐标，就可以作出点的三面投影。点的任何一面投影都反映了点的两个坐标，点的两面投影即可以反映点的三个坐标，也就是确定了点的空间位置。因而，若已知点的任意两个投影，就可以作出点的第三面投影。

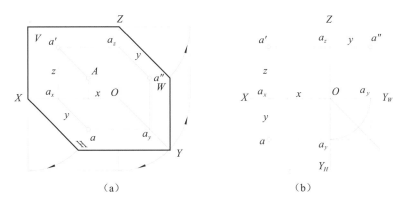

图4-8　三面投影图性质和画法

4.2.2　AutoCAD 2021中点的绘制

在按照第2章内容设置了单位与图纸界限后，就可以在AutoCAD 2021中确定具体点的位置并绘制。用户可以设置点的显示样式及大小，并且可以选择点的具体绘制方式。

在绘制图形的过程中，点对象是很有用的。例如，可以将点作为要捕捉和要偏移对象的节点或参考点。AutoCAD提供了4种画点的方法。用户可以根据屏幕大小或绝对单位设置点的样式及大小。

画点命令位于【绘图】功能面板中，如图4-9所示。

图4-9　【绘图】功能面板

1. 设置点的样式及大小

在AutoCAD中绘图前，首先需要知道要画什么样的点，点有多大。用户可以根据需要在【点样式】对话框中选择点对象的样式和大小。

（1）启动方式。

● 选项卡：打开【默认】选项卡，在【实用工具】功能面板中单击【点样式】按钮。

● 菜单栏：在传统菜单栏中选择【格式】→【点样式】命令。

● 命令行：在命令行窗口中输入DDPTYPE命令，并按Enter键。

执行DDPTYPE命令后，AutoCAD弹出如图4-10所示的【点样式】对话框。

图4-10中显示出所提供的点样式以及当前正在使用的点样式，用户可以根据需要选择。在【点大小】文本框中，可以设置点在绘制时的大小。选中【相对于屏幕设置大小】单选按钮，则点的大小随显示窗口的变化而变化；而选中【按绝对单位设置大小】单选按钮，则是按绝对绘图单位来设置。

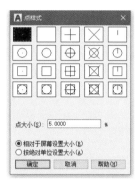

图4-10　【点样式】对话框

设置完成后，单击【确定】按钮结束操作。

（2）说明。

1）在改变了点对象的样式和大小后，用户所绘制的点对象将使用新设置的值。而对于所有已经存在的点，则要等到执行重生成命令后才会更改为设置的值。

2）如果选中【相对于屏幕设置大小】单选按钮，在缩放图形时点的显示不会改变；如果选中【按绝对单位设置大小】单选按钮，那么在缩放显示时点的大小将会相应改变。

2. 绘制单点

POINT命令用于在屏幕上画一个点。

（1）启动方式。

● 菜单栏：在传统菜单栏中选择【绘图】→【点】→【单点】命令。

● 命令行：在命令行窗口中输入POINT命令，并按Enter键。

● 工具栏：单击【绘图】工具栏【点】子菜单中的【单点】按钮。

（2）操作方法。

```
命令：_POINT
当前点模式：PDMODE=0  PDSIZE=0.0000
指定点：
```

此时，可以输入点坐标，也可以用鼠标直接在屏幕上拾取点。

3. 绘制多点

有时需要连续绘制多个点，如果每次都使用POINT命令，则工作效率就会很低。为此，可以使用多点命令来绘制。

（1）启动方式。

● 选项卡：打开【默认】选项卡，在【绘图】功能面板中单击【多点】按钮 ∴。

● 菜单栏：在传统菜单栏中选择【绘图】→【点】→【多点】命令。

● 命令行：在命令行窗口中输入MULTIPLE命令，并按Enter键，然后按提示继续输入
　POINT命令。

● 工具栏：单击【绘图】工具栏中的【点】按钮 ⁝。

（2）操作方法。系统提示与单个点的提示相同，只是在绘制完一点后AutoCAD会继续提示用户绘制点，直到按Esc键结束操作为止。

4. 定数等分

AutoCAD 2021 允许在一个对象上按指定的间距长度放置一些点。启动方式如下。

● 选项卡：打开【默认】选项卡，在【绘图】功能面板中单击【定数等分】按钮 ⁂。
● 菜单栏：在传统菜单栏中选择【绘图】→【点】→【定数等分】命令。
● 命令行：在命令行窗口中输入DIVIDE命令，并按Enter键。
● 工具栏：单击【绘图】工具栏【点】子菜单中的【定距等分】按钮。

📖【例4-1】绘制锯齿形刀片（定数等分）

源文件：源文件/第4章/锯齿形刀片.dwg，如图4-11（a）所示。最终绘制结果如图4-11（b）所示。

案例分析

锯齿形刀片如图4-12所示，其锯齿部分可以先通过【定数等分】命令进行点定位，再运用【直线】命令完成锯齿的绘制。具体操作过程：通过【定数等分】命令对线段1进行10等分，对线段2进行9等分。

✏ **温馨提示**：【直线】命令的操作方法在 4.3.2 小节进行介绍。

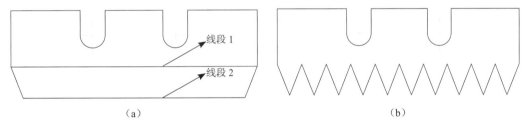

（a）　　　　　　　　　　　　　　　　（b）

图 4-11　锯齿形刀片

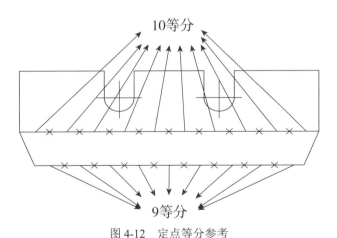

图 4-12　定点等分参考

操作步骤

步骤一：单击【默认】选项卡【实用工具】功能面板中的【点样式】按钮 ⁝，在打开的【点样式】对话框中选择 ⊠ 样式，其他采用默认配置，如图4-10所示，单击【确定】按钮，关闭该对话框。

步骤二：单击【默认】选项卡【绘图】功能面板中的【定数等分】按钮✧，对线段1和线段2进行定数等分，线段1等分线段数目为10，线段2等分线段数目为9。结果如图4-12所示。

命令行提示与操作如下：

```
命令：_DIVIDE
选择要定数等分的对象：(选择线段1)
输入线段数目或 [块(B)]：(输入线段数目10)
命令：_DIVIDE
选择要定数等分的对象：(选择线段2)
输入线段数目或 [块(B)]：(输入线段数目9)
```

进阶步骤：通过【直线】命令连接绘制的等分点。选中绘制的点和多余的线段，按Delete键删除。最终绘制结果如图4-11（b）所示。

✎ **温馨提示：**

（1）被等分的对象可以是直线、圆、圆弧、多段线和样条曲线等图形对象，但不能是块、尺寸标注、文本和剖面线等图形对象。

（2）DIVIDE命令一次只能等分一个对象。

5.定距等分

AutoCAD允许按指定的数目等分一个对象并放置一些点。启动方式如下。

● **选项卡**：打开【默认】选项卡，在【绘图】功能面板中单击【定距等分】按钮✧。

● **菜单栏**：在传统菜单栏中选择【绘图】→【点】→【定距等分】命令。

● **命令行**：在命令行窗口中输入MEASURE命令，并按Enter键。

📖 **【例4-2】绘制锯齿形刀片（定距等分）**

源文件：源文件/第4章/锯齿形刀片.dwg。

案例分析

对线段1和线段2通过【定距等分】命令进行等分，线段1和线段2的分段长度为20。最终绘制结果如图4-13所示。

扫一扫,看视频讲解

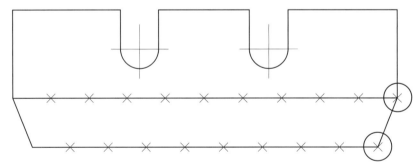

图4-13 【定距等分】命令绘制结果

操作步骤

步骤一：单击【默认】选项卡【实用工具】功能面板中的【点样式】按钮✧，在打开的【点样式】对话框中选择⊠样式，其他采用默认配置，单击【确定】按钮，关闭该对话框。

步骤二：单击【默认】选项卡【绘图】功能面板中的【定距等分】按钮✧，对线段1和线段2进行定距等分，对线段1和线段2指定线段长度为20。结果如图4-13所示，相比图4-12每条线右端多了一个等分点标志。

命令行提示与操作如下：

```
命令：_MEASURE
选择要定距等分的对象：(选择线段1)
指定线段长度或[块(B)]：20 (指定线段长度20)
命令：_MEASURE
选择要定距等分的对象：(选择线段2)
指定线段长度或[块(B)]：20 (指定线段长度20)
```

🔔 **操作提示**

如图4-14所示，如果对长为111的边进行定距为30的等分时，余下的长度21不够定距30长，直接保留且不出现等分点标记。

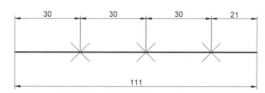

图4-14 【定距等分】距离不够的边长划分结果

✏️ **温馨提示：**

（1）被测量的对象可以是直线、圆、圆弧、多段线和样条曲线等图形对象，但不能是块、尺寸标注、文本和剖面线等图形对象。

（2）在放置点或块时，将离选择对象点较近的端点作为起始位置。如果用块代替点，那么在放置块的同时其属性被排除。

（3）若对象总长不能被指定间距整除，则选定对象的最后一段小于指定间距数值。

（4）MEASURE命令一次只能测量一个对象。

4.3 直线的投影

4.3.1 直线的投影特性

一般情况下，直线的投影仍是直线。两点确定唯一一条直线，只要作出属于直线上任意两点的投影，连线即可。需要注意的是，本书中提到的"直线"均是指由两端点所确定的直线段。因此，求作直线的投影，实际上就是求作直线两端点的投影，然后连接同面投影即可。

如图4-15所示，直线AB的三面投影ab、a'b'、a"b"均为直线。求作其投影时，首先作出A、B两点的三面投影a、a'、a"及b、b'、b"，然后连接a、b即可得到AB的水平投影ab，同理可以得到a'b'、a"b"。

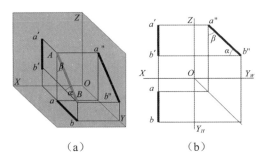

（a）　　　　　　　（b）

图 4-15　直线的三面投影

4.3.2　AutoCAD 2021中直线的绘制

在AutoCAD 2021中，可以绘制各种样式的线，如直线、构造线、射线等。一般情况下，用户可以通过指定坐标点、特性（如线型、颜色）和测量单位（如长度）来画线。AutoCAD 2021的默认线型是Continuous（实线）。

1.绘制单一直线

线可以是线段，也可以是一系列相连线段，但是每条线段都是独立的线对象。如果要编辑单条线段，可以使用【直线】命令。AutoCAD 2021允许通过连接起点和终点的线段而形成一个封闭图形。

启动方式如下。

● 选项卡：打开【默认】选项卡，在【绘图】功能面板中单击【直线】按钮／。
● 菜单栏：在传统菜单栏中选择【绘图】→【直线】命令。
● 命令行：在命令行窗口中输入LINE命令，并按Enter键。
● 工具栏：单击【绘图】工具栏中的【直线】按钮／。

【例4-3】绘制空心光轴主视图

源文件：源文件/第4章/空心光轴主视图.dwg，如图4-16（a）所示。最终绘制结果如图4-16（b）所示。

（a）　　　　　　　　　　　　　　　　　　　（b）

图 4-16　光轴

案例分析

空心光轴主视图轮廓线主要为直线，可以通过【直线】命令完成轮廓线的绘制。具体操作过程：在点划线上任取一点为起点，通过【直线】命令完成空心光轴主视图的绘制。

操作步骤

开启正交限制光标绘图方式，将【粗实线】图层设置为当前图层，单击【默认】选项卡【绘图】功能面板中的【直线】按钮／，以点划线上任意一点为起点，进行直线的绘制。结果如图4-16（b）所示。

命令行提示与操作如下：

```
命令：_LINE
```

指定第一个点：(任取点划线上任意一点)

指定下一个点或[放弃(U)]：(移动十字光标控制方向竖直向上，输入线段距离10)

指定下一个点或[放弃(U)]：(移动十字光标控制方向水平向右，输入线段距离200)

指定下一个点或[闭合(C)/放弃(U)]：(移动十字光标控制方向竖直向下，输入线段距离20)

指定下一个点或[闭合(C)/放弃(U)]：(移动十字光标控制方向水平向左，输入线段距离200)

指定下一个点或[闭合(C)/放弃(U)]：(输入C，并按Enter键结束)

✏️ **温馨提示：**

（1）输入线段端点坐标的方法可以是在窗口绘图区域中拾取点，或者直接输入坐标值。坐标值可以分为绝对直角坐标、相对直角坐标和极坐标。

（2）如果输入C，AutoCAD便将用户输入的最后一个点和第一个点连成一条直线，形成封闭图形，并结束直线绘制。

（3）如果输入U，AutoCAD则会擦去上一次绘制的线段。如果不断使用【放弃】选项，AutoCAD则会按绘制时相反的次序区域覆盖所绘制的线段。

（4）在【指定第一个点】提示下按Enter键，可以从上次刚画完的线段终点开始画一条新线段。如果上次刚画完的是圆弧，则新线段的起点为圆弧终点且线段在此点与圆弧相切。

（5）可以先用鼠标确定直线方向，然后用键盘输入直线长度。

2. 射线的绘制

射线是只有起点并延伸到无穷远的直线，它通常作为辅助作图线使用。启动方式如下。

● 选项卡：打开【默认】选项卡，在【绘图】功能面板中单击【射线】按钮 ✎。

● 菜单栏：在传统菜单栏中选择【绘图】→【射线】命令。

● 命令行：在命令行窗口中输入RAY命令，并按Enter键。

● 工具栏：单击【绘图】工具栏中的【射线】按钮。

📖 **【例4-4】绘制圆锥齿轮**

源文件：源文件/第4章/圆锥齿轮.dwg，如图4-17（a）所示。最终绘制结果如图4-17（b）所示。

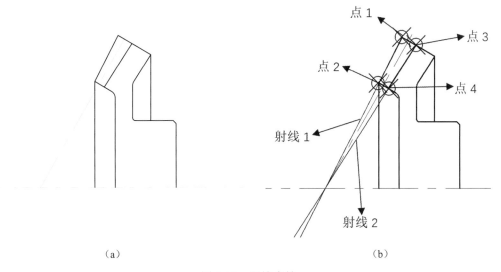

图4-17　圆锥齿轮

案例分析

在圆锥齿轮的绘制中，齿顶圆锥线和齿根圆锥线起到辅助定位的作用，可以通过【射线】命令完成齿顶圆锥线和齿根圆锥线的绘制。具体操作过程：以点1为起点，点2为通过点，以点3为起点，点4为通过点，通过【射线】命令完成射线1和射线2的绘制。

操作步骤

步骤一： 将【细实线】图层设置为当前图层，单击【默认】选项卡【绘图】功能面板中的【射线】按钮 ✓ ，完成射线1的绘制。结果如图4-18所示。

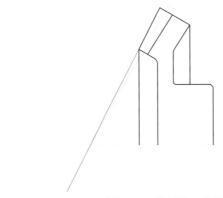

图 4-18　绘制第一条射线

命令行提示与操作如下：

```
命令：_RAY
指定起点：（选中点1）
指定通过点：（选中点2）
指定通过点： ✓
```

步骤二： 在命令行窗口中直接按Enter键，再次执行【射线】命令，完成射线2的绘制。结果如图4-17（b）所示。

命令行提示与操作如下：

```
命令：_RAY
指定起点：（选中点3）
指定通过点：（选中点4）
指定通过点： ✓
```

3. 构造线的绘制

构造线是没有始点和终点的无限长直线，也称为参照线。构造线主要用于辅助绘图。

启动方式如下。

● 选项卡：打开【默认】选项卡，在【绘图】功能面板中单击【构造线】按钮 ✓ 。

● 菜单栏：在传统菜单栏中选择【绘图】→【构造线】命令。

● 命令行：在命令行窗口中输入XLINE命令，并按Enter键。

● 工具栏：单击【绘图】工具栏中的【构造线】按钮 ✓ 。

📖 **【例4-5】绘制支撑座三视图**

源文件：源文件/第4章/支撑座三视图.dwg，如图4-19（a）所示。最终绘制结果如图4-19（b）所示。

案例分析

支撑座三视图只给出了支撑座的俯视图和左视图，需要画出主视图。可以通过【构造线】命令完成支撑座主视图的绘制。具体操作过程：以俯视图和左视图为对象，通过【构造线】命令绘制构造线，从而确定主视图的外轮廓线尺寸，结合【直线】命令完成支撑座主视图的绘制。

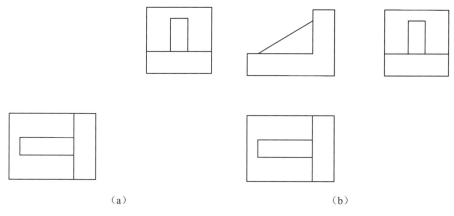

（a）　　　　　　　　　　　　　　　　　（b）

图 4-19　支撑座

操作步骤

步骤一： 将【细实线】图层设置为当前图层，单击【默认】选项卡【绘图】功能面板中的【构造线】按钮✎，以左视图的对象为参考，进行水平构造线的绘制。结果如图4-20所示。

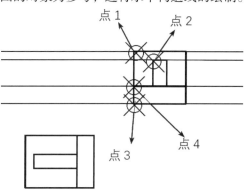

图 4-20　绘制水平构造线

命令行提示与操作如下：

```
命令：_XLINE
指定点或[水平(H)/垂直(V)/角度(A)/二等分(B)/偏移(O)]：（输入H）
指定通过点：（选中点1）
指定通过点：（选中点2）
指定通过点：（选中点3）
指定通过点：（选中点4）
指定通过点：✓
```

步骤二： 在命令行窗口中直接按Enter键，重复执行【构造线】命令，以俯视图的对象为参考，进行垂直构造线的绘制。结果如图4-21所示。

命令行提示与操作如下：

命令：_XLINE
指定点或[水平(H)/垂直(V)/角度(A)/二等分(B)/偏移(O)]：(输入V)
指定通过点：(选中点5)
指定通过点：(选中点6)
指定通过点：(选中点7)
指定通过点：(选中点8)
指定通过点：↙

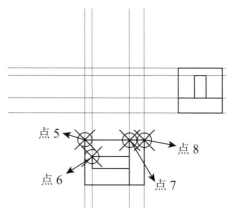

图 4-21　绘制垂直构造线

步骤三： 将【粗实线】图层设置为当前图层，单击【默认】选项卡【绘图】功能面板中的【直线】按钮╱，按照点的次序绘制出支撑座的主视图。结果如图4-22所示。

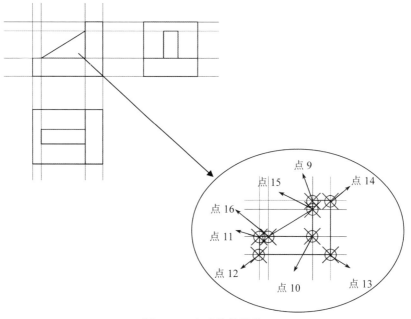

图 4-22　完成其他线条

🔔 **操作提示**

（1）角度：此选项用于绘制沿指定方向或与指定直线之间的夹角为指定角度的构造线。

（2）二等分：此选项用于绘制平分由指定三点所确定的角的构造线。

（3）偏移：此选项以输入偏移距离或指定通过点的方式绘制与指定直线平行的构造线。

4.4 AutoCAD 2021 精确绘图辅助工具

在前面学习了如何进行基本绘图，但是，在绘图时会遇到在两个对象之间有交叉内容的情况。例如，以一条线段的端点作为另一条线段的起点，如果只通过输入的方式就非常麻烦，需要准确知道该点坐标值。为此，AutoCAD 2021 为用户提供了精确绘图辅助工具和命令。

精确绘图主要有命令行操作、状态栏操作、快捷菜单和功能键等方式。建议用户使用状态栏设置。在状态栏中列出了有关的系统工作状态，如图4-23所示，单击相应按钮可以完成该状态的开/关切换。

图 4-23　状态栏

4.4.1　正交绘图

正交模式决定着光标只能沿水平或垂直方向移动，所以绘制的线条只能是完全水平或垂直的。这样无形中增加了绘图速度，免去了自己定位的麻烦。它是可以透明执行的。

1. 启动方式

- 命令行：在命令行窗口中输入ORTHO命令，并按Enter键。
- 状态栏：单击状态栏中的【正交】按钮 ⌐。
- 快捷键：F8。

2. 操作方法

命令行提示与操作如下：

```
命令：ORTHO
输入模式 [开(ON)/关(OFF)] <关>：
```

3. 说明

（1）当坐标系旋转时，正交模式做相应旋转。

（2）光标离哪根轴近，就沿着该轴移动。

（3）当在命令行窗口中输入坐标或指定对象捕捉时，AutoCAD 2021 忽略正交模式。

4.4.2　捕捉光标

捕捉是AutoCAD 2021提供的一种定位坐标点的功能，它使光标只能按照一定间距的大小移动。捕捉功能打开时，如果移动鼠标，十字光标只能落在距该点一定距离的某个点上，而不能随意定位。AutoCAD 2021提供的SNAP命令可以透明地完成该功能的设置。

1. 启动方式

- 命令行：在命令行窗口中输入SNAP命令，并按Enter键。
- 状态栏：单击状态栏中的【捕捉模式】按钮 ⬚。
- 快捷键：F9。

2. 操作方法

命令行提示与操作如下：

```
命令：SNAP
指定捕捉间距或[打开(ON)/关闭(OFF)/纵横向间距(A)/传统(L)/样式(S)/类型(T)]
<10.0000>:
```

（1）【捕捉间距】：系统默认值项。在提示中直接输入一个捕捉间距的数值，AutoCAD将使用该数值作为X轴和Y轴方向上的捕捉间距进行光标捕捉。

（2）【打开（ON）/关闭（OFF）】：在提示中输入ON/OFF来打开/关闭捕捉功能。

（3）【纵横向间距（A）】：在提示下输入A，AutoCAD提示用户分别设置X轴和Y轴方向上的捕捉间距。如果当前捕捉模式为【等轴测】，则不能分别设置。

（4）【传统（L）】：在提示下输入L，AutoCAD提示如下：

```
保持始终捕捉到栅格的传统行为吗？[是(Y)/否(N)] <否>:
```

选择【是】，光标将始终捕捉到捕捉栅格；选择【否】，光标仅在操作正在进行时捕捉到栅格。

（5）【样式（S）】：在提示中输入S，或在弹出的快捷菜单中选择【样式】命令。AutoCAD提示如下：

```
输入捕捉栅格类型[标准(S)/等轴测(I)] <当前值>:
```

AutoCAD 2021提供了两种标准模式：标准模式和等轴测模式。

● 【标准】：AutoCAD显示平行于当前UCS的XY平面的矩形栅格，X轴和Y轴的间距可以不同。

● 【等轴测】：AutoCAD显示等轴测栅格，此处栅格点初始化为30°和150°角。等轴测捕捉可以旋转，但不能有不同的X轴和Y轴捕捉间距值。

（6）【类型（T）】：在提示中输入T或在弹出的快捷菜单中选择【类型】命令。AutoCAD提示如下：

```
输入捕捉类型[极轴(P)/栅格(G)] <当前值>:
```

AutoCAD 2021提供了两种捕捉类型：极轴和栅格。

● 【极轴】：AutoCAD将捕捉设置成与【极轴追踪】相同的设置。

● 【栅格】：AutoCAD将捕捉设置成与【栅格】相同的设置。

在【草图设置】对话框中也可以设置捕捉栅格的功能。用户可以使用以下方法打开【草图设置】对话框：

● 菜单栏：在传统菜单栏中选择【工具】→【绘图设置】命令。

● 状态栏：在状态栏中的【捕捉模式】【栅格显示】【极轴追踪】【对象捕捉】【对象捕捉追踪】等按钮上右击，在弹出的快捷菜单中选择【设置】命令。

● 命令行：在命令行窗口中输入DSETTINGS命令，并按Enter键。

● 工具栏：单击【工具】工具栏中的【绘图设置】按钮。

在【草图设置】对话框中选择【捕捉和栅格】选项卡，如图4-24所示。

图 4-24　【捕捉和栅格】选项卡

在此选项卡中，可以勾选或取消勾选【启用捕捉】复选框来打开或关闭捕捉功能；在【捕捉间距】选项组中，可以设置 X 轴和 Y 轴方向的捕捉间距、捕捉旋转角度和捕捉基点等选项；在【捕捉类型】选项组中，可以设置捕捉类型和捕捉样式。

3. 说明

（1）捕捉模式功能可以让光标快速定位。

（2）捕捉栅格的改变只影响新点的坐标，图形中已有的对象保持原来的坐标。

（3）透视视图下捕捉模式无效。

4.4.3　栅格显示功能

与光标捕捉不同，显示栅格的目的仅仅是为绘图提供一个可见参考，它不是图形的组成部分。因此，AutoCAD 2021 在输出图形时并不会打印栅格。栅格不具有捕捉功能，但它是透明的。下面主要讲解其设置和特殊应用。

1. 启动方式

● 菜单栏：在传统菜单栏中选择【工具】→【绘图设置】→【捕捉和栅格】选项卡。

● 命令行：在命令行窗口中输入GRID命令，并按Enter键。

● 状态栏：单击状态栏中的【栅格显示】按钮▦。

● 快捷键：F7。

2. 操作方法

命令行提示与操作如下：

```
命令：GRID
指定栅格间距(X)或[开(ON)/关(OFF)/捕捉(S)/主(M)/自适应(D)/界限(L)/跟随(F)/纵横向间
距(A)] <10.0000>：
```

● 【指定栅格间距（X）】：系统默认值项。在提示中直接输入栅格显示的间距。如果数值后跟一个X，可以将栅格间距设置为捕捉间距的指定倍数。

● 【开（ON）/关（OFF）】：在提示中输入ON或OFF，或者在弹出的快捷菜单中选择【开】或【关】命令，即可以打开/关闭栅格。

- 【捕捉（S）】：在提示中输入S或在弹出的快捷菜单中选择【捕捉】命令，将栅格间距设置成当前的捕捉间距。
- 【主(M)】在提示中输入M，再按提示输入各主栅格线的栅格分块数。指定主栅格线与次栅格线比较的频率。将以除二维线框之外的任意视觉样式显示栅格线而非栅格点。
- 【自适应（D）】：控制放大或缩小时栅格线的密度。在提示中输入D，系统提示如下：

打开自适应行为 [是(Y)/否(N)] <是>: (输入 Y 或 N)

限制缩小时栅格线或栅格点的密度。系统提示如下：

允许以小于栅格间距的间距再拆分[是(Y)/否(N)] <是>

如果打开，则放大时将生成其他间距更小的栅格线或栅格点。这些栅格线的频率由主栅格线的频率确定。

- 【界限（L）】：显示超出LIMITS命令指定区域的栅格。
- 【跟随（F）】：更改栅格平面以跟随动态UCS的XY平面。
- 【纵横向间距（A）】：在提示中输入A，或者在绘图区中右击，在弹出的快捷菜单中选择【纵横向间距（A）】命令，AutoCAD会提示用户分别设置栅格的X向间距和Y向间距。如果输入值后有X，则AutoCAD 2021将栅格间距定义为捕捉间距的指定倍数。如果捕捉样式为【等轴测】，则不能分别设置X和Y方向的间距。

3. 说明

（1）如果栅格间距太小，则图形将不清晰，屏幕重画非常慢。

（2）栅格仅显示在图形界限区域内。

4.4.4 对象捕捉

使用AutoCAD 2021提供的对象捕捉功能，可以在对象上准确定位某个点。这种方法不必知道坐标或绘制构造线，在绘图需要使用已经绘制的图形上的几何点时显得尤其重要。

1. 启动方式

如果要绘制一个新的目标，利用输入坐标值的方法是十分有用的，但当需要通过已经绘制对象上的几何点定位新的点时，利用对象捕捉功能则是比较方便、快捷的。

对象捕捉用来选择图形的关键点，如端点、中点、圆心、节点、象限点、交点、插入点、垂足、切点、最近点、外观交点等。

对象捕捉模式的设定可以通过以下方法进行。

- 菜单栏：在传统菜单栏中选择【工具】→【绘图设置】→【对象捕捉】命令。
- 命令行：在命令行窗口中输入OSNAP命令，并按Enter键。
- 工具栏：单击【对象捕捉】工具栏中的【对象捕捉设置】按钮🔒。
- 状态栏：单击状态栏中的【对象捕捉】按钮□（仅限于打开或关闭）。
- 快捷键：F3（仅限于打开或关闭）。
- 快捷菜单：按住Shift键，右击，在弹出的快捷菜单中选择【对象捕捉设置】命令。

2. 说明

如图4-25所示，AutoCAD 2021共提供了14种对象捕捉模式。下面分别对每一种模式进行介绍。

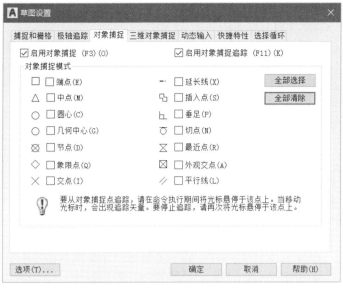

图 4-25　【对象捕捉】选项卡

- ●【端点】：捕捉直线、圆弧或多段线上离拾取点最近的点。
- ●【中点】：捕捉直线、多段线或圆弧的中点。
- ●【圆心】：捕捉圆弧、圆或椭圆的中心。
- ●【几何中心】：捕捉多段线、二维多段线和二维样条曲线的几何中心点。
- ●【节点】：捕捉点对象，包括尺寸的定义点。
- ●【象限点】：捕捉直线、圆或椭圆上0°、90°、180°或270°处的点。
- ●【交点】：捕捉直线、圆弧或圆、多段线和另一直线、多段线、圆弧或圆任何组合的最近交点。
- ●【延长线】：在直线或者圆弧的延长线上捕捉点。
- ●【插入点】：捕捉插入文件中的文本、属性和符号（块或形式）的原点。
- ●【垂足】：捕捉直线、圆弧、圆、椭圆或多段线上的一点对于用户拾取的对象相切的点。该点从最后一点到用户拾取的对象形成一条正交（垂直的）线，结果点不一定在对象上。
- ●【切点】：捕捉同圆、椭圆或圆弧相切的点，该点从最后一点到拾取的圆、椭圆或圆弧形成一条切线。
- ●【最近点】：捕捉对象上最近的点，一般是端点、垂足或交点。
- ●【外观交点】：该选项与交点相同，只是它还可以捕捉三维空间中两个对象的视图交点（这两个对象实际上不一定相交，但视觉上相交）。在二维空间中，外观交点和交点捕捉模式等效。注意该捕捉模式不能和交点捕捉模式同时有效。
- ●【平行线】：限制当前线性对象平行于已有线性对象，如多段线、线段等。

4.4.5　三维对象捕捉

AutoCAD 2021可以对三维对象执行对象捕捉。

1. 启动方式

- ● 菜单栏：在传统菜单栏中选择【工具】→【绘图设置】→【三维对象捕捉】命令。
- ● 命令行：在命令行窗口中输入3DOSNAP命令，并按Enter键。

● 状态栏：单击状态栏中的【三维对象捕捉】按钮▣（仅限于打开或关闭）。
● 快捷键：F4（仅限于打开或关闭）。
● 快捷菜单：按住Shift键，右击，在弹出的快捷菜单中选择【三维对象捕捉设置】命令。

2. 说明

如图4-26所示，AutoCAD 2021共提供了6种对象捕捉模式。下面分别对每一种模式进行介绍。

● 【顶点】：捕捉三维对象最近的顶点。
● 【边中点】：捕捉面边的中点。
● 【面中心】：捕捉面所在的中心。
● 【节点】：捕捉样条曲线上的节点。
● 【垂足】：捕捉垂直于面的点。
● 【最靠近面】：捕捉最靠近三维对象面上的点。

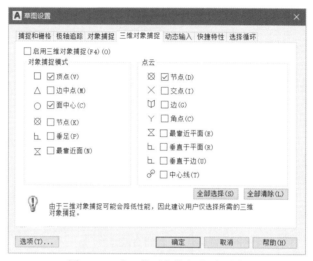

图 4-26　【三维对象捕捉】选项卡

4.4.6　极轴追踪

极轴追踪用来按照指定角度绘制对象。当在该模式下确定目标点时，光标附近将按照指定的角度显示对齐路径，并自动在该路径上捕捉距离光标最近的点，如图4-27所示。

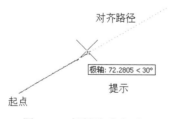

图 4-27　极轴追踪表示

1. 启动方式

● 菜单栏：在传统菜单栏中选择【工具】→【绘图设置】→【极轴追踪】命令。
● 状态栏：单击状态栏中的【极轴追踪】按钮⟳（仅限于打开或关闭）。
● 快捷键：F10（仅限于打开或关闭）。

2. 设置

用户可以在【草图设置】对话框的【极轴追踪】选项卡中设置该功能，如图4-28所示。各选项说明如下。

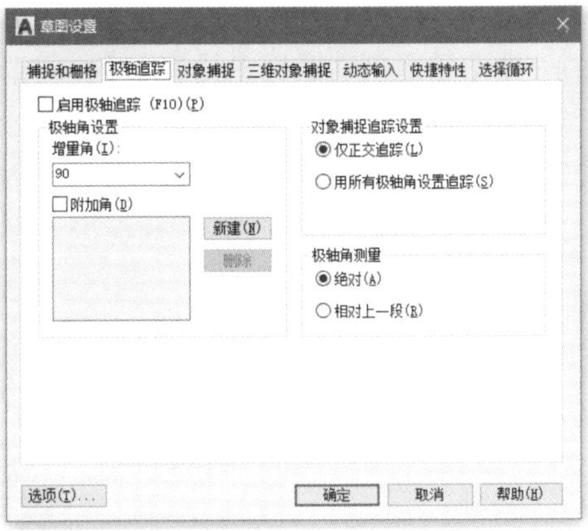

- 【启用极轴追踪】：确定是否启用极轴追踪。勾选或取消此复选框即可。
- 【增量角】：在该下拉列表中可以选择或者输入增量角度，极轴将按此角度追踪。例如，如果选择90°，则系统将按照0°、90°、180°、270°方向指定目标点位置。
- 【附加角】：可以设置附加追踪角度。勾选【附加角】复选框激活列表框，然后单击【新建】按钮创建一些新的角度，使用户可以在这些角度方向上指定追踪方向。该角度最多可以设置10个。
- 【仅正交追踪】：选中该单选按钮，则只在水平与垂直方向上显示相关提示，其他增量角和附加角均无效。

图 4-28 【极轴追踪】选项卡

- 【用所有极轴角设置追踪】：选中该单选按钮，所有增量角和附加角均有效。
- 【极轴角测量】——【绝对】：在该选项组中设置基准。选中该单选按钮，以当前坐标系为基准计算极轴追踪角。
- 【极轴角测量】——【相对上一段】：选中该单选按钮，以最后创建的两个点的连线作为基准。

4.4.7 自动捕捉与自动追踪

如果使用自动捕捉功能，当用户把光标放在一个对象上时，AutoCAD 2021 就会自动捕捉到该对象上符合条件的特征点，同时显示该捕捉方式的提示。

用户可以在【选项】对话框的【绘图】选项卡中设置自动捕捉功能，如图4-29所示。

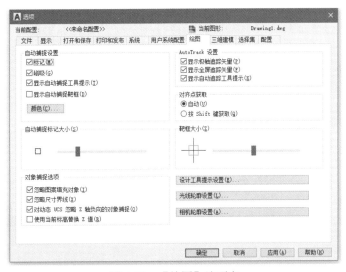

图 4-29 【绘图】选项卡

有关自动捕捉的选项具体含义如下。

- ●【标记】：勾选该复选框，AutoCAD 2021将显示自动捕捉的标记。当用户将光标移到一个对象上的某一捕捉点时，AutoCAD会以一个几何符号显示捕捉到的点的位置。
- ●【磁吸】：勾选该复选框，AutoCAD将打开自动捕捉的磁吸功能。磁吸功能打开后，AutoCAD自动将光标锁到与其最近的捕捉点上。此时，光标只能在捕捉点之间移动。
- ●【显示自动捕捉工具提示】：勾选该复选框，AutoCAD在对象上捕捉到点后，会在光标处显示文字，提示用户捕捉到的点的类型。
- ●【显示自动捕捉靶框】：勾选该复选框，AutoCAD 2021在捕捉对象点时以光标中心点为中心，显示一个小正方形，即靶框，如图4-30所示。

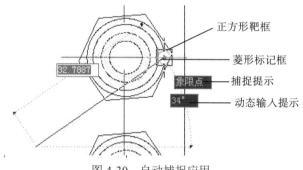

图 4-30　自动捕捉应用

- ●【颜色】：单击此按钮，弹出【图形窗口颜色】对话框，在该对话框中从【颜色】下拉列表中可以选择捕捉标记框的显示颜色，再单击【应用并关闭】按钮退出。
- ●【自动捕捉标记大小】：通过拖动滑块可以设置捕捉标记的大小。

默认设置中，当用户从命令行进入对象捕捉，或者使用【对象捕捉设置】对话框打开对象捕捉时，自动捕捉（AutoSnap）也自动打开。当捕捉到特征点时，将显示标记框和捕捉提示。

4.4.8　动态输入

在前面的讲解中，读者可能已经注意到，在有些情况下，绘制的图元上会出现一些提示、数据输入框、选项等，称为动态输入。相比之下，动态输入更加直接、方便，建议用户熟练掌握。

图4-31所示就是在动态条件下的输入情况。图4-31（a）所示为笛卡儿坐标系输入，图4-31（b）所示为极坐标系输入。从中可以看到，动态输入在光标附近提供了一个命令界面，以帮助用户专注于绘图区域。工具栏提示将在光标附近显示信息，该信息会随着光标移动而动态更新。当某条命令执行时，工具栏提示为用户提供输入的位置。

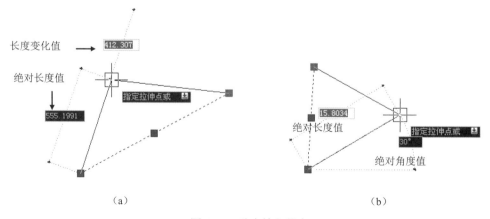

（a）　　　　　　　　　　　　　　　　　（b）

图 4-31　动态输入状态

在文本框中输入值并按Tab键后，文本框将显示一个锁定图标，并且光标会受用户输入的值约束。随后可以在第二个文本框中输入值。另外，如果用户输入值后按Enter键，则第二个文本框将被忽略，且该值将被视为直接距离输入。

完成命令或使用夹点所需的动作与命令提示中的动作类似。区别是用户的注意力可以保持在光标附近。

动态输入不会取代命令行窗口。用户可以隐藏命令行窗口以增加绘图屏幕区域，但是在有些操作中还是需要显示命令行窗口。按F2键可以根据需要隐藏或显示命令提示和错误消息。

1. 启动方式

● 菜单栏：在传统菜单栏中选择【工具】→【绘图设置】→【动态输入】命令。

● 状态栏：单击状态栏中的【动态输入】按钮 ▬ （仅限于打开或关闭）。

● 快捷键：F12（仅限于打开或关闭）。

2. 设置

用户可以在【草图设置】对话框的【动态输入】选项卡中设置该功能，如图4-32所示。在DYN按钮上右击，在弹出的快捷菜单中选择【设置】命令，弹出【草图设置】对话框，此时系统自动选择【动态输入】选项卡，以控制启用动态输入时每个组件所显示的内容。

图 4-32 【动态输入】选项卡

【动态输入】有三个组件：指针输入、标注输入和动态提示。

（1）指针输入。当启用指针输入且有命令在执行时，十字光标的位置将在光标附近的工具栏提示中显示为坐标。可以在工具栏提示中输入坐标值，而不用在命令行窗口中输入。

第二个点和后续点的默认设置为相对极坐标，不需要输入@。如果使用绝对坐标，则需要使用"#"前缀。例如，要将对象移到原点，请在提示输入第二个点时输入"#0,0"。

使用指针输入设置可以修改坐标的默认格式，并控制指针输入工具栏提示何时显示。

（2）标注输入。启用标注输入时，当命令提示输入第二个点时，工具栏提示将显示距离和角度值。在工具栏提示中的值将随着光标移动而改变。按Tab键可以移动到要更改的值。标注输入可用于ARC、CIRCLE、ELLIPSE、LINE和PLINE。

在使用夹点来拉伸对象或在创建新对象时，标注输入仅显示锐角，即所有角度都显示为小于或等于180°。因此，无论Angdir系统变量如何设置（在【图形单位】对话框中设置），270°

的角度都将显示为90°。创建新对象时指定的角度需要根据光标位置来决定角度的正方向。

（3）动态提示。启用动态提示时，提示会显示在光标附近的工具栏提示中。用户可以在工具栏提示（而不是在命令行）中输入响应。按"↓"键可以查看和选择选项，按"↑"键可以显示最近的输入。

🔔 操作提示

要在动态提示工具栏提示中使用Pasteclip，可以输入字母，然后在粘贴输入之前用空格键将其删除；否则，输入将作为文字粘贴到图形中。

本小节内容与图形绘制紧密相关，希望读者能够多加练习，以提高绘图效率。

习题四

一、选择题

1. 在需要输入点坐标时，用MIDPOINT目标捕捉方式可以捕捉实体中点，下列叙述错误的是（　　　）。

　　A. 可以用来捕捉圆的中点

　　B. 两次连续使用MID可以捕捉一条直线中点与端点之间的中点

　　C. 可以捕捉直线的中点

　　D. 可以捕捉圆弧的中点

　　E. 可以捕捉正多边形的中点

2. 在AutoCAD中画出图形"."的命令是（　　　）。

　　A. POINT　　　　　　　　B. DONUT　　　　　　　　C. HATCH　　　　　　　　D. SOLID

3. 在下列线型中，常用于作辅助线的线型是（　　　）。

　　A. 多段线　　　　　　　　B. 样条曲线　　　　　　　　C. 构造线　　　　　　　　D. 多线

4. 以坐标原点为起点，在X轴的负方向绘制一条长为200的直线，终点坐标定位错误的是（　　　）。

　　A. –200,0　　　　　　　　　　　　　　B. @200,0

　　C. 200<180　　　　　　　　　　　　　D. 打开正交，将光标移动到X负半轴，输入200

5. 选择【绘图】→【点】→【定数等分】命令时，命令行上要求输入的数值是（　　　）。

　　A. 点到点之间的距离　　　　　　　　B. 点的数目

　　C. 线段数目　　　　　　　　　　　　D. 点的数目减1

6. 执行LINE命令时，放弃下一点坐标的定位但不结束该命令的操作是（　　　）。

　　A. 在命令行中输入C

　　B. 在绘图区域中右击，从弹出的快捷菜单中选择【放弃】命令

　　C. 在绘图区域中右击，从弹出的快捷菜单中选择【确定】命令

　　D. 按Esc键

7. 用构造线（Xline）绘制等边三角形角平分线时，可以使用命令项（　　　）快速生成。

　　A. 角度　　　　　　B. 二等分　　　　　　C. 偏移　　　　　　D. 参照

8. 快速打开正交方式用（　　　）键。

　　A. ^D　　　　　　　B. F8　　　　　　　C. F6　　　　　　　D. F2

二、填空题

1. 在AutoCAD中，自动追踪功能是一个非常有用的辅助绘图工具，分为_____和_____两种。

2. 极轴追踪是按设定的_____来追踪特征点的，极轴追踪模式是在_____对话框的

【极轴追踪】选项卡中进行设置的。

三、判断题

    1. 正交功能打开时只能画水平或垂直的线段。   (   )

    2. 应用对象追踪时，应同时使用【对象追踪】和【对象捕捉】。   (   )

    3. 当启用正交命令时，只能画水平线和垂直线，不能画斜线。   (   )

    4. 构造线在绘图中既可以用作辅助线，又可以用绘图线。   (   )

    5. 在当前图形文件中修改点的样式后，已有的点不会发生变化。   (   )

    6. 在LINE命令【指定第一个点：】提示后输入空格或按Enter键，AutoCAD会自动将最后一次所画的直线或圆弧的端点作为新直线的起点，其中圆弧和直线是相切的。   (   )

四、操作题

    1. 新建一个文件，并采用正交方式绘制垂直相交的两条中心线。

    2. 打开一个旧文件，并采用捕捉方式确定起点和终点，绘制两点之间的直线。

    3. 新建一个文件，采用动态输入和非动态输入两种方式练习坐标的输入和直线绘制。

五、思考题

    1. 三视图的形成原理是什么？

    2. 如何绘制三视图并遵循其基本的三个原则？

    3. 点的绘制方法有哪些？其基本区别是什么？

    4. AutoCAD 2021中的直线类型有哪些？

    5. 绘图时设置的栅格间距和网格捕捉间距有关系吗？

    6. 如何快速、准确地绘制水平直线和垂直直线？

    7. 什么是对象捕捉？对象捕捉的作用是什么？有哪几种对象捕捉模式？

    8. 如何设置对象捕捉标记的大小和颜色？

    9. 极轴追踪在绘图中有何作用？如何设置追踪的增量角度？

    10. 什么是自动追踪？自动追踪有哪几种方式？

    11. 如何设置点样式？如何设置点的大小？

第 5 章

简单二维绘图命令

学习目标

AutoCAD 2021 中的复杂图形由一系列简单的图形元素组成，因此，学会了简单图形绘制后，其他问题就迎刃而解了。

通过本章的学习，能够进行圆、圆弧、圆环和椭圆（弧）4 种标准曲线的绘制；能够进行矩形、正多边形和区域填充的绘制；能够进行样条曲线的绘制，了解其编辑操作；掌握多段线的绘制方法，了解多段线的分解与编辑；掌握修订云线与区域覆盖工具。

本章要点

- 圆、圆弧和圆环
- 矩形、正多边形和区域填充
- 样条曲线
- 多段线
- 修订云线与区域覆盖

内容浏览

5.1 圆、圆弧和圆环

AutoCAD 2021将与绘图有关的命令放在【绘图】下拉菜单中，如图5-1所示。同时，【绘图】功能面板提供了菜单选项相应的命令按钮，如图5-2所示。

图 5-1 【绘图】下拉菜单

图 5-2 【绘图】功能面板

5.1.1 圆

AutoCAD 2021提供了6种绘制圆的方法，并将这些方法放在菜单栏中的【绘图】→【圆】子菜单中，如图5-3所示。启动方式如下。

- 选项卡：打开【默认】选项卡，在【绘图】功能面板中单击【圆】按钮 ⊙。
- 菜单栏：在传统菜单栏中选择【绘图】→【圆】命令，从中选择【画圆】命令。
- 命令行：在命令行窗口中输入CIRCLE命令，并按Enter键。

⊙	圆心、半径(R)
⊙	圆心、直径(D)
◯	两点(2)
◯	三点(3)
⊙	相切、相切、半径(T)
◯	相切、相切、相切(A)

图 5-3 【圆】子菜单

📖 【例5-1】绘制垫圈（圆）

源文件：源文件/第5章/垫圈.dwg，如图5-4（a）所示。最终绘制结果如图5-4（b）所示。

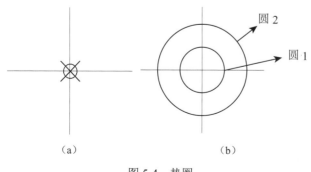

（a）   （b）

图 5-4 垫圈

案例分析

垫圈由同心圆形轮廓线构成，故可以通过【圆】命令完成。具体操作过程：以坐标原点为圆心，通过【圆】命令中的圆心–半径方式完成圆1和圆2的绘制。

操作步骤

步骤一：将【粗实线】图层设置为当前图层，单击【默认】选项卡【绘图】功能面板中【圆】下拉列表中的【圆心、半径】按钮⊙，在坐标原点处绘制半径为6.6的圆。结果如图5-5所示。

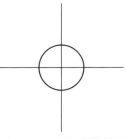

图5-5　半径方式绘制圆

命令行提示与操作如下：

```
命令：_CIRCLE
指定圆的圆心或 [三点(3P)/两点(2P)/切点、切点、半径(T)]：(选中圆心)
指定圆的半径或 [直径(D)]：(输入数字6.6，按Enter键结束)
```

🔔 **操作提示**

也可以通过输入直径方式绘制圆。单击【默认】选项卡【绘图】功能面板中【圆】下拉列表中的【圆心、直径】按钮⊙，完成操作。

命令行提示与操作如下：

```
命令：_CIRCLE
指定圆的圆心或 [三点(3P)/两点(2P)/切点、切点、半径(T)]：(选取适当位置)
指定圆的半径或 [直径(D)]：_d
指定圆的直径：(输入圆直径13.2)
```

步骤二：仍沿用步骤一的命令方式，在圆点处绘制半径为13.2的圆。结果如图5-4（b）所示。

🔔 **操作提示**

也可以通过两点相切结合半径或者三点相切方式来绘制圆。这两种方式更加灵活，定位方便、快捷。

（1）相切、相切、半径：单击【默认】选项卡【绘图】功能面板中【圆】下拉列表中的【相切、相切、半径】按钮⊙，完成操作。图5-6给出了该方式绘制圆的多种情形。加粗的圆为绘制的圆，其他为参考选择的相切对象。

图5-6　【相切、相切、半径】方式绘制圆

命令行提示与操作如下：

> 命令：_CIRCLE
> 指定圆的圆心或 [三点(3P)/两点(2P)/切点、切点、半径(T)]: _ttr
> 指定对象与圆的第一个切点：(选取适当位置)
> 指定对象与圆的第二个切点：(选取适当位置)
> 指定圆的半径：(输入圆半径)

（2）相切、相切、相切：如果已知圆上三个点，就可以准确绘制圆。最常见的情况是已知要绘制的圆与三个对象都相切。使用对象捕捉中的切点捕捉方式选择三个与圆相切的对象即可。单击【默认】选项卡【绘图】功能面板中【圆】下拉列表中的【相切、相切、相切】按钮○，完成操作。图5-7给出了该方式绘制圆的多种情形。加粗的圆为绘制的圆，其他为参考选择的相切对象。

图5-7　【相切、相切、相切】方式绘制圆

命令行提示与操作如下：

> 命令：_CIRCLE
> 指定圆的圆心或[三点(3P)/两点(2P)/切点、切点、半径(T)]: _3p
> 指定圆上的第一个点：_tan 到 (选取适当位置)
> 指定圆上的第二个点：_tan 到 (选取适当位置)
> 指定圆上的第三个点：_tan 到 (选取适当位置)

进阶知识

在对图形执行【缩放】命令ZOOM后，绘制的圆形轮廓线可能会呈现棱边而变得粗糙。可以在命令行中输入REGEN命令重新生成图形，圆形轮廓线会变光滑。也可以在【选项】对话框的【显示】选项卡中调整【圆弧和圆的平滑度】以提高显示精度，如图5-8所示。

图 5-8 显示设置

5.1.2 圆弧

AutoCAD提供了很多种画圆弧的方法,内容涉及圆心、半径、起始角和终止角。此外,还有顺时针与逆时针的方向区别。图5-9所示为菜单栏中的【绘图】→【圆弧】子菜单。启动方式如下。

- 选项卡:打开【默认】选项卡,在【绘图】功能面板中单击【圆弧】按钮 。
- 菜单栏:在传统菜单栏中选择【绘图】→【圆弧】命令。
- 命令行:在命令行窗口中输入ARC命令,并按Enter键。

图 5-9 【圆弧】子菜单

【例5-2】绘制连杆式膜片

源文件：源文件/第5章/连杆式膜片.dwg，如图5-10所示。最终绘制结果如图5-10（b）所示，具体尺寸信息如图5-10（c）所示。

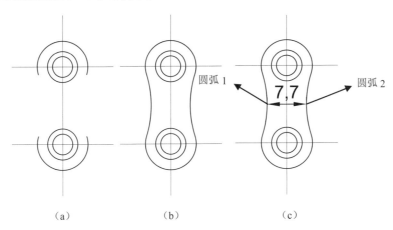

图5-10 膜片及其基本数据

案例分析

在绘制连杆式膜片时，要控制腰部两圆弧之间的最短距离为7.7mm。具体操作过程：使用对象捕捉中的中点捕捉方式结合【直线】命令绘制出辅助线，通过【圆弧】命令完成圆弧1和圆弧2的绘制。

操作步骤

步骤一： 开启【中点捕捉】方式，将【细虚线】图层设置为当前图层，单击【默认】选项卡【绘图】功能面板中的【直线】按钮 ╱，在竖直方向中心线的中点处分别水平向左和向右画线段，长度为3.85mm。结果如图5-11所示。

步骤二： 将【粗实线】图层设置为当前图层，单击【默认】选项卡【绘图】功能面板中【圆弧】下拉列表中的【三点】按钮 ╱，完成圆弧1和圆弧2的绘制。结果如图5-12所示。

命令行提示与操作如下：

命令：_ARC

指定圆弧的起点或[圆心(C)]：（选中点1）

指定圆弧的第二个点或[圆心(C)/端点(E)]：（选中点2）

指定圆弧的端点：（选中点3）

命令：_ARC

指定圆弧的起点或[圆心(C)]：（选中点4）

指定圆弧的第二个点或[圆心(C)/端点(E)]：（选中点5）

指定圆弧的端点：（选中点6）

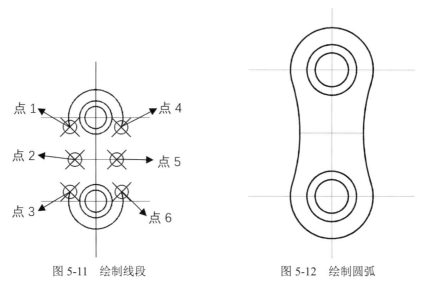

图 5-11　绘制线段　　　　　　　　图 5-12　绘制圆弧

步骤三：选中步骤一中所作的线段，通过鼠标右击删除，或者按Delete键删除。结果如图5-10（b）所示。

🔔 **命令提示**：绘制圆弧的方式有多种，需要根据实际情况灵活选择。

（1）起点、圆心、端点：通过指定起点、圆心和端点来绘制圆弧，如图5-13所示。单击【默认】选项卡【绘图】功能面板中【圆弧】下拉列表中的【起点、圆心、端点】按钮╭，即可完成操作。

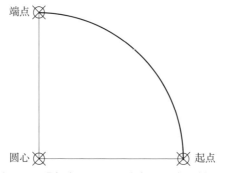

图 5-13　【起点、圆心、端点】方式绘制圆弧

命令行提示与操作如下：

```
命令：_ARC
指定圆弧的起点或[圆心(C)]：(选取适当位置)
指定圆弧的第二个点或 [圆心(C)/端点(E)]：_C
指定圆弧的圆心：(选取适当位置)
指定圆弧的端点(按住 Ctrl 键以切换方向)或 [角度(A)/弦长(L)]：(选取适当位置)
```

（2）起点、圆心、角度：通过指定起点、圆心和圆弧的包角角度来绘制圆弧，如图5-14所示。单击【默认】选项卡【绘图】功能面板中【圆弧】下拉列表中的【起点、圆心、角度】按钮╭，即可完成操作。

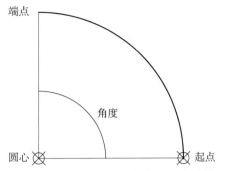

图 5-14　用【起点、圆心、角度】方式绘制圆弧

命令行提示与操作如下：

命令：_ARC
指定圆弧的起点或[圆心(C)]：(选取适当位置)
指定圆弧的第二个点或[圆心(C)/端点(E)]：_c
指定圆弧的圆心：(选取适当位置或输入适当距离)
指定圆弧的端点(按住 Ctrl 键以切换方向) 或 [角度(A)/弦长(L)]：_a
指定夹角(按住 Ctrl 键以切换方向)：(输入夹角角度)

（3）起点、圆心、长度：通过指定起点、圆心和圆弧的弦长来绘制圆弧，如图5-15所示。单击【默认】选项卡【绘图】功能面板中【圆弧】下拉列表中的【起点、圆心、长度】按钮 ⌒，即可完成操作。

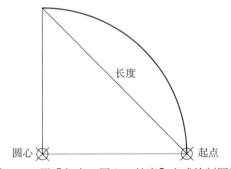

图 5-15　用【起点、圆心、长度】方式绘制圆弧

命令行提示与操作如下：

命令：_ARC
指定圆弧的起点或[圆心(C)]：(选取适当位置)
指定圆弧的第二个点或 [圆心(C)/端点(E)]：_c
指定圆弧的圆心：(选取适当位置)
指定圆弧的端点(按住 Ctrl 键以切换方向) 或 [角度(A)/弦长(L)]：_l
指定弦长(按住 Ctrl 键以切换方向)：(输入弦长长度)

（4）起点、端点、角度：通过指定起点、端点和圆弧的包角角度来绘制圆弧，如图5-16所示。单击【默认】选项卡【绘图】功能面板中【圆弧】下拉列表中的【起点、端点、角度】按钮 ⌒，即可完成操作。

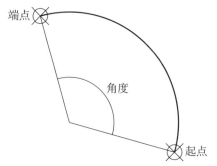

图 5-16 用【起点、端点、角度】方式绘制圆弧

命令行提示与操作如下：

命令：_ARC
指定圆弧的起点或[圆心(C)]：(选取适当位置)
指定圆弧的第二个点或 [圆心(C)/端点(E)]：_e
指定圆弧的端点：(选取适当位置)
指定圆弧的中心点(按住 Ctrl 键以切换方向)或 [角度(A)/方向(D)/半径(R)]：_a
指定夹角(按住 Ctrl 键以切换方向)：(输入夹角角度)

（5）起点、端点、方向：通过指定起点、端点和圆弧起点处的切线方向来绘制圆弧，如图 5-17 所示。单击【默认】选项卡【绘图】功能面板中【圆弧】下拉列表中的【起点、端点、方向】按钮，即可完成操作。

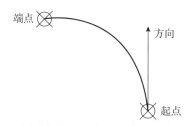

图 5-17 用【起点、端点、方向】方式绘制圆弧

命令行提示与操作如下：

命令：_ARC
指定圆弧的起点或[圆心(C)]：(选取适当位置)
指定圆弧的第二个点或 [圆心(C)/端点(E)]：_e
指定圆弧的端点：(选取适当位置)
指定圆弧的中心点(按住 Ctrl 键以切换方向)或 [角度(A)/方向(D)/半径(R)]：_d
指定圆弧起点的相切方向(按住 Ctrl 键以切换方向)：(选取适当方向)

（6）起点、端点、半径：通过指定起点、端点和圆弧的半径来绘制圆弧，如图 5-18 所示。单击【默认】选项卡【绘图】功能面板中【圆弧】下拉列表中的【起点、端点、半径】按钮，即可完成操作。

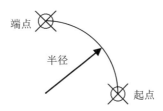

图 5-18　用【起点、端点、半径】方式绘制圆弧

命令行提示与操作如下：

命令：_ARC
指定圆弧的起点或[圆心(C)]：(选取适当位置)
指定圆弧的第二个点或 [圆心(C)/端点(E)]：_e
指定圆弧的端点：(选取适当位置)
指定圆弧的中心点(按住 Ctrl 键以切换方向)或 [角度(A)/方向(D)/半径(R)]：_r
指定圆弧的半径(按住 Ctrl 键以切换方向)：(选取半径长度)

（7）圆心、起点、端点：通过指定圆心、起点和端点来绘制圆弧，如图5-19所示。单击【默认】选项卡【绘图】功能面板中【圆弧】下拉列表中的【圆心、起点、端点】按钮 ，即可完成操作。

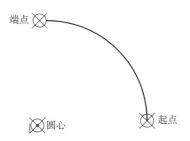

图 5-19　用【圆心、起点、端点】方式绘制圆弧

命令行提示与操作如下：

命令：_ARC
指定圆弧的起点或[圆心(C)]：_c
指定圆弧的圆心：(选取适当位置)
指定圆弧的起点：(选取适当位置)
指定圆弧的端点(按住 Ctrl 键以切换方向)或 [角度(A)/弦长(L)]：(选取适当位置)

（8）圆心、起点、角度：通过指定圆心、起点和圆弧的包角角度来绘制圆弧，如图5-20所示。单击【默认】选项卡【绘图】功能面板中【圆弧】下拉列表中的【圆心、起点、角度】按钮 ，即可完成操作。

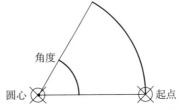

图 5-20　用【圆心、起点、角度】方式绘制圆弧

命令行提示与操作如下：

```
命令：_ARC
指定圆弧的起点或 [圆心(C)]：_C
指定圆弧的圆心：(选取适当位置)
指定圆弧的起点：(选取适当位置)
指定圆弧的端点(按住 Ctrl 键以切换方向)或 [角度(A)/弦长(L)]：_a
指定夹角(按住 Ctrl 键以切换方向)：(输入夹角角度)
```

（9）圆心、起点、长度：通过指定圆心、起点和圆弧的弦长来绘制圆弧，如图5-21所示。单击【默认】选项卡【绘图】功能面板中【圆弧】下拉列表中的【圆心、起点、长度】按钮 ，即可完成操作。

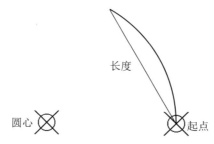

图 5-21　用【圆心、起点、长度】方式绘制圆弧

命令行提示与操作如下：

```
命令：_ARC
指定圆弧的起点或 [圆心(C)]：_C
指定圆弧的圆心：(选取适当位置)
指定圆弧的起点：(选取适当位置)
指定圆弧的端点(按住 Ctrl 键以切换方向)或 [角度(A)/弦长(L)]：_l
指定弦长(按住 Ctrl 键以切换方向)：(输入弦长长度)
```

（10）连续。在用户第（9）步操作的端点处默认为圆弧的起点，需指定圆弧的端点来绘制圆弧，如图5-22所示。单击【默认】选项卡【绘图】功能面板中【圆弧】下拉列表中的【连续】按钮 ，即可完成操作。

图 5-22　用【连续】方式绘制圆弧

命令行提示与操作如下：

```
命令：_ARC
指定圆弧的起点或 [圆心(C)]：
指定圆弧的端点(按住 Ctrl 键以切换方向)：(选取适当位置)
```

🔔 操作提示

（1）系统默认画弧的方向为逆时针方向。如果输入角度值为正，则按逆时针方向画弧；如果输入角度值为负，则按顺时针方向画弧。

（2）绘制圆弧时，如果输入正弦长或正半径值，则 AutoCAD 2021 强制绘制180°范围内的圆弧；而如果输入负弦长或负半径值，则画的是大于180°的圆弧。

（3）在绘制【圆弧】命令的第一个提示中按Enter键响应，则所画新弧与上次画的直线或弧相切。

5.1.3 圆环

圆环实际上就是两个半径不同的同心圆之间所形成的封闭图形。启动方式如下。

- 选项卡：打开【默认】选项卡，在【绘图】功能面板中单击【圆环】按钮◎。
- 菜单栏：在传统菜单栏中选择【绘图】→【圆环】命令。
- 命令行：在命令行窗口中输入DONUT命令，并按Enter键。

📖【例5-3】绘制垫圈（圆环）

仍然沿用圆里面的例子：垫圈。

命令行提示与操作如下：

```
命令: _DONUT
指定圆环的内径 <0.5000>:（输入内圆直径6.6）
指定圆环的外径 <1.0000>:（输入外圆直径13.2）
指定圆环的中心点或 <退出>:（选取适当位置）
```

🔔 **命令提示**：（1）在绘制圆环时，如果圆环内径值为 0，则 AutoCAD 2021 会画一个实心圆，如图 5-23（a）和图 5-23（b）所示。

（2）系统变量FILLMODE不同，圆环状态也不同，如图 5-24（a）和图 5-24（b）所示。

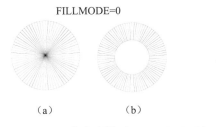

FILLMODE=0

（a）　（b）

图 5-23　DONUT 命令应用（FILLMODE=0）

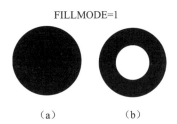

FILLMODE=1

（a）　（b）

图 5-24　DONUT 命令应用（FILLMODE=1）

5.2 矩形、正多边形和区域填充

5.2.1 矩形

矩形启动方式如下。

- 选项卡：打开【默认】选项卡，在【绘图】功能面板中单击【矩形】按钮▭。
- 菜单栏：在传统菜单栏中选择【绘图】→【矩形】命令。
- 命令行：在命令行窗口中输入REC、RECTANG或RECTANGLE命令，并按Enter键。

📖 【例5-4】绘制圆柱销

源文件：源文件/第5章/圆柱销.dwg，源文件为空白文档。绘制结果如图5-25所示。

线段1 ← → 线段2

图 5-25 圆柱销

案例分析

圆柱销主视图轮廓线是四个角为倒角的矩形。具体操作过程：通过【矩形】命令完成四角为倒角的矩形轮廓线，再通过【直线】命令完成线段1和线段2的绘制。

操作步骤

步骤一： 将【粗实线】图层设置为当前图层，单击【默认】选项卡【绘图】功能面板中的【矩形】按钮□，完成外轮廓线的绘制，其中倒角尺寸为1*45°，矩形长度为20，宽度为8。结果如图5-26所示。

图 5-26 圆柱销轮廓线

命令行提示与操作如下：

```
命令：_RECTANG
指定第一个角点或[倒角(C)/标高(E)/圆角(F)/厚度(T)/宽度(W)]：(输入C)
指定矩形的第一个倒角距离 <0.0000>：(输入数字1)
指定矩形的第二个倒角距离 <1.0000>：✓
指定第一个角点或[倒角(C)/标高(E)/圆角(F)/厚度(T)/宽度(W)]：(选取任意点处)
指定另一个角点或[面积(A)/尺寸(D)/旋转(R)]：(输入D)
指定矩形的长度 <0.0000>：(输入数字20)
指定矩形的宽度 <0.0000>：(输入数字8)
指定另一个角点或 [面积(A)/尺寸(D)/旋转(R)]：(选取任意点处)
```

步骤二： 单击【默认】选项卡【绘图】功能面板中的【直线】按钮╱，完成线段1和线段2的绘制。结果如图5-25所示。

🔔 **命令提示：** 如果在上述步骤中不选择倒角方式，则可以直接绘制矩形。另外，还有以下矩形绘制方式。

(1)【标高(E)】：在提示中输入E，设置矩形的标高值(Z坐标)，即把矩形放置在距Z坐标零点指定距离并与XOY坐标平面平行的平面上，并作为后续矩形的标高值，如图5-27(a)所示。

(2)【圆角(F)】：在提示中输入F，设置倒圆的圆角半径，绘制四个角为圆角的矩形，如图5-27(b)所示。

(3)【厚度(T)】：在提示中输入T，设置矩形边框线的厚度，用于绘制三维立方体，如图5-27(c)所示。

（4）【宽度(W)】：在提示中输入W，设置矩形边框线的绘制宽度，如图5-27（d）所示。

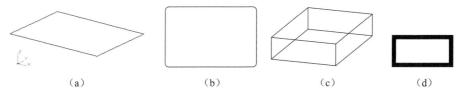

（a） （b） （c） （d）

图 5-27　不同矩形绘制方式

确定绘制方式后，可以进一步通过几何尺寸等进行矩形准确绘制。

（5）【面积（A）】：在提示中输入A，指定面积和长或宽创建矩形。命令行提示与操作如下：

```
命令：_RECTANG
指定第一个角点或[倒角(C)/标高(E)/圆角(F)/厚度(T)/宽度(W)]：(指定矩形的一个角点)
指定另一个角点或[面积(A)/尺寸(D)/旋转(R)]：(输入A)
输入以当前单位计算的矩形面积 <100.0000>：(输入矩形面积值)
计算矩形标注时依据[长度(L)/宽度(W)] <长度>：(输入L或W)
```

若在提示中输入L，则命令行提示与操作如下：

```
输入矩形长度 <10.0000>：(输入矩形长度)
```

若在提示中输入W，则命令行提示与操作如下：

```
输入矩形宽度 <10.0000>：(输入矩形宽度)
```

图 5-28 所示分别是面积均为160时长度和宽度各为20的结果。

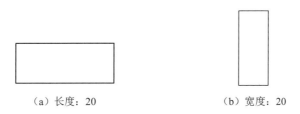

（a）长度：20 　　　　　（b）宽度：20

图 5-28　通过几何尺寸准确绘制矩形

（6）【尺寸（D）】：在提示中输入D，分别输入矩形长度和宽度来绘制矩形。命令行提示与操作如下：

```
指定矩形的长度 <10.0000>：(输入长度)
指定矩形的宽度 <10.0000>：(输入宽度)
```

（7）【旋转（R）】：在提示中输入R，使所绘制的矩形旋转一定角度。命令行提示与操作如下：

```
命令：_RECTANG
指定第一个角点或[倒角(C)/标高(E)/圆角(F)/厚度(T)/宽度(W)]：(指定矩形的一个角点)
指定另一个角点或[面积(A)/尺寸(D)/旋转(R)]：(输入R)
指定旋转角度或[拾取点(P)] <0>：(输入旋转角度或移动鼠标选取适当位置)
指定另一个角点或[面积(A)/尺寸(D)/旋转(R)]：(指定矩阵的另一个角点)
```

图 5-29 所示是旋转一定角度的矩形。

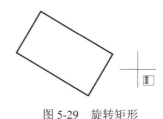

图 5-29　旋转矩形

5.2.2　正多边形

在AutoCAD 2021中，正多边形是具有等长边的封闭多线段，线段数目为3~1024。用户可以通过与假想圆内接或外切的方法来绘制正多边形，也可以指定正多边形某一边的端点来绘制它。启动方式如下。

- 选项卡：打开【默认】选项卡，在【绘图】功能面板中单击【正多边形】按钮⬠。
- 菜单栏：在传统菜单栏中选择【绘图】→【正多边形】命令。
- 命令行：在命令行窗口中输入POLYGON命令，并按Enter键。

📖【例5-5】绘制六角头螺栓（左视图）

源文件：源文件/第5章/六角头螺栓左视图.dwg，如图5-30（a）所示。最终绘制结果如图5-30（b）所示。

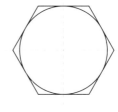

（a）原图　　　　　　　　（b）结果图

图 5-30　六角头螺栓左视图

案例分析

六角头螺栓左视图外轮廓线为正六边形。具体操作过程：首先通过【圆】命令绘制圆，再通过【正多边形】命令完成轮廓线的绘制。

操作步骤

步骤一：将【粗实线】图层设置为当前图层，单击【默认】选项卡【绘图】功能面板中的【圆心、半径】按钮⊙，在点划线交点处绘制半径为9mm的圆。结果如图5-31所示。

步骤二：单击【默认】选项卡【绘图】功能面板中的【多边形】按钮⬠，绘制正多边形。结果如图5-30（b）所示。

命令行提示与操作如下：

```
命令：_POLYGON
输入侧面数 <4>：(输入数字6)
指定正多边形的中心点或[边(E)]：(选取圆心)
输入选项[内接于圆(I)/外切于圆(C)]<I>：(输入C)
指定圆的半径：(选取点1)
```

🔔 **操作提示**

如果选择【内接于圆(I)】，则绘制的多边形内接于圆，如图5-32所示。

图 5-31　绘制圆　　　　　图 5-32　内接于圆

✏️ **温馨提示：**在【指定圆的半径】提示下，如果输入半径值，则多边形至少有一条边是水平放置；如果使用鼠标拾取，则多边形的放置方向可随意。

5.2.3　实体区域填充

在AutoCAD 2021中，可以创建带有颜色填充的三角形和四边形区域。同前面的三角形和四边形不同的是，它们的边线内部是充满的。

1. 启动方式

在命令行窗口中输入SOLID命令，并按Enter键。

2. 操作方法

绘制二维填充的命令行提示与操作如下：

```
命令：SOLID
指定第一点：(指定图形的第一点)
指定第二点：(指定图形的第二点)
指定第三点：(指定图形的第三点)
指定第四点或 <退出>：(指定图形的第四点或按Enter键结束命令)
```

3. 说明

（1）当提示【指定第四点】时按Enter键，AutoCAD 2021会绘制三角形区域，如图5-33（a）所示。

（2）画完四边形后，AutoCAD将分别以它的第三点、第四点作为下一个四边形的第一点、第二点，并提示输入新四边形第三点、第四点。该过程不断重复，直至按Enter键结束。

（3）第三点、第四点顺序不同，所绘图形也不一样，如图5-33（b）和图5-33（c）所示。

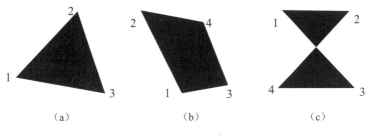

（a）　　　　　　（b）　　　　　　（c）

图 5-33　SOLID 命令应用

5.3　样条曲线

样条曲线是由多条线段光滑过渡组成。AutoCAD 2021可以进行样条曲线绘制与编辑。

5.3.1 绘制样条曲线

启动方式如下。

● 选项卡：打开【默认】选项卡，在【绘图】功能面板中单击【样条曲线】按钮 ~。
● 菜单栏：在传统菜单栏中选择【绘图】→【样条曲线】命令。
● 命令行：在命令行窗口中输入SPLINE命令，并按Enter键。

📖 【例5-6】绘制软轴

源文件：源文件/第5章/控制型K型软轴.dwg，如图5-34（a）所示。最终绘制结果如图5-34（b）所示。

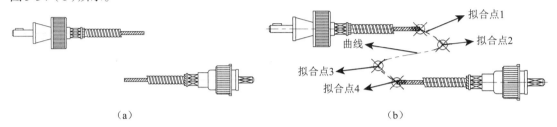

（a）　　　　　　　　　　　　　　　　　　（b）

图 5-34　软轴

案例分析

控制型K型软轴具有弯曲特性。具体操作过程：以拟合点1为起点，以拟合点4为终点，通过【样条曲线拟合】命令完成曲线绘制。

操作步骤

将【细点划线】图层设置为当前图层，单击【默认】选项卡【绘图】功能面板中的【样条曲线拟合】按钮 ~，依次选取各拟合点。结果如图5-34（b）所示。

命令行提示与操作如下：

```
命令：_SPLINE
当前设置：方式=拟合    节点=弦
指定第一个点或[方式(M)/节点(K)/对象(O)]：_M
输入样条曲线创建方式 [拟合(F)/控制点(CV)] <拟合>：_FIT
当前设置：方式=拟合    节点=弦
指定第一个点或[方式(M)/节点(K)/对象(O)]：(选取点1)
输入下一个点或[起点切向(T)/公差(L)]：(选取点2)
输入下一个点或[端点相切(T)/公差(L)/放弃(U)]：(选取点3)
输入下一个点或[端点相切(T)/公差(L)/放弃(U)/闭合(C)]：(选取点4)
输入下一个点或[端点相切(T)/公差(L)/放弃(U)/闭合(C)]：✓
```

🔔 **操作提示**

（1）【方式】：控制是使用拟合点还是使用控制点来创建样条曲线。拟合点方式是通过指定样条曲线必须经过的拟合点来创建3阶(三次)B样条曲线。控制点方式是通过指定控制点来创建1阶(线性)、2阶(二次)、3阶(三次)直到最高为10阶的样条曲线。通过移动控制点调整样条曲线形状通常可以提供比移动拟合点更好的效果。

（2）【节点】：指定节点参数化，它是一种计算方法，用来确定样条曲线中连续拟合点之间的零部件曲线如何过渡。有弦长、平方根和统一三种方式。

(3)【对象】：将二维或三维的二次或三次样条曲线拟合多段线转换成等效的样条曲线。根据DELOBJ系统变量的设置，保留或放弃原多段线。

在具体操作中，有多种样条曲线处理方式，分别如下。

（1）端点相切：通过指定终点的相切条件来绘制样条曲线，如图5-35所示。在拟合点3处执行【端点相切】命令，粗实线的样条曲线是以点4.2为终点，细实线的样条曲线是以点4.1为终点。可以看出，随着点4.1和点4.2不同的选择，样条曲线拟合点3处的相切情况也在发生变化。

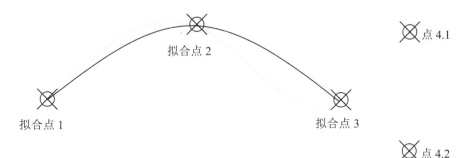

图5-35　【端点相切】方式绘制样条曲线

命令行提示与操作如下：

```
命令：_SPLINE
当前设置：方式=拟合　　节点=弦
指定第一个点或[方式(M)/节点(K)/对象(O)]：_M
输入样条曲线创建方式[拟合(F)/控制点(CV)]<拟合>：_FIT
当前设置：方式=拟合　　节点=弦
指定第一个点或[方式(M)/节点(K)/对象(O)]：(选取一点)
输入下一个点或[起点切向(T)/公差(L)]：(选取一点)
输入下一个点或[端点相切(T)/公差(L)/放弃(U)]：(选取一点)
输入下一个点或[端点相切(T)/公差(L)/放弃(U)/闭合(C)]：(输入T)
指定端点切向：(通过移动鼠标，确定端点处的相切情况，并按鼠标左键结束)
```

（2）公差：指定样条曲线可以偏离指定拟合点的距离。公差值0（零）要求生成的样条曲线直接通过拟合点。公差值适用于所有拟合点（拟合点的起点和终点除外），始终具有为0（零）的公差，如图5-36所示，粗实线样条曲线公差值为0，细虚线样条曲线公差值为5。

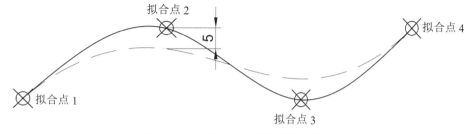

图5-36　【公差】方式绘制样条曲线

命令行提示与操作如下：

```
命令：_SPLINE
当前设置：方式=拟合　　节点=弦
```

指定第一个点或[方式(M)/节点(K)/对象(O)]：_M
输入样条曲线创建方式[拟合(F)/控制点(CV)] <拟合>：_FIT
当前设置：方式=拟合 节点=弦
指定第一个点或[方式(M)/节点(K)/对象(O)]：（选取一点）
输入下一个点或[起点切向(T)/公差(L)]：（选取一点）
输入下一个点或[端点相切(T)/公差(L)/放弃(U)]：（选取一点）
输入下一个点或[端点相切(T)/公差(L)/放弃(U)/闭合(C)]：（选取一点）
输入下一个点或[端点相切(T)/公差(L)/放弃(U)/闭合(C)]：（输入L）
指定拟合公差<0.0000>：（输入公差值）
输入下一个点或 [端点相切(T)/公差(L)/放弃(U)/闭合(C)]：✓

（3）闭合：封闭样条曲线，如图5-37所示，在拟合点4处进行【闭合】命令的操作。

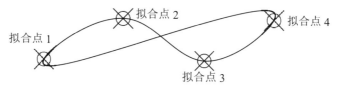

拟合点2　　　　　　　拟合点4

拟合点1

拟合点3

图5-37 【闭合】方式绘制样条曲线

命令行提示与操作如下：

命令：_SPLINE
当前设置：方式=拟合 节点=弦
指定第一个点或[方式(M)/节点(K)/对象(O)]：_M
输入样条曲线创建方式[拟合(F)/控制点(CV)] <拟合>：_FIT
当前设置：方式=拟合 节点=弦
指定第一个点或[方式(M)/节点(K)/对象(O)]：（选取一点）
输入下一个点或[起点切向(T)/公差(L)]：（选取一点）
输入下一个点或[端点相切(T)/公差(L)/放弃(U)]：（选取一点）
输入下一个点或[端点相切(T)/公差(L)/放弃(U)/闭合(C)]：（选取一点）
输入下一个点或[端点相切(T)/公差(L)/放弃(U)/闭合(C)]：（输入C，按Enter键结束）

5.3.2 编辑样条曲线

AutoCAD 2021可以进行样条曲线的编辑，从而改变其相关参数与形状。

1. 启动方式

● 选项卡：打开【默认】选项卡，在【修改】功能面板中单击【编辑样条曲线】按钮 。
● 菜单栏：在传统菜单栏中选择【修改】→【对象】→【样条曲线】命令。
● 命令行：在命令行窗口中输入SPLINEDIT命令，并按Enter键。

2. 操作步骤

单击样条曲线对象或样条曲线拟合多段线时，夹点将出现在控制点上。命令行提示与操作如下：

命令：_SPLINEDIT
选择样条曲线：（选中样条曲线）
输入选项[闭合(C)/合并(J)/拟合数据(F)/编辑顶点(E)/转换为多段线(P)/反转(R)/放弃(U)/退
出(X)] <退出>：

🔔 **操作提示**

　　如果选定样条曲线为闭合，则【闭合】选项变为【打开】。如果选定样条曲线无拟合数据，则不能使用【拟合数据】选项。拟合数据由所有的拟合点、拟合公差以及与由 SPLINEDIT 命令创建的样条曲线相关联的切线组成。

　　各选项操作分别如下。

　　（1）【合并】：将选定的样条曲线与其他样条曲线、直线、多段线和圆弧在重合端点处合成，形成一条单一样条曲线。图 5-38 给出了在【合并】选项下，将多个对象合并为一条样条曲线的情形。

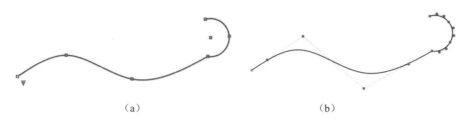

| （a） | （b） |

图 5-38　合并曲线

命令行提示与操作如下：

命令：_SPLINEDIT
选择样条曲线：（选中一条样条曲线）
输入选项[闭合(C)/合并(J)/拟合数据(F)/编辑顶点(E)/转换为多段线(P)/反转(R)/放弃(U)/退出(X)] <退出>:（J）
选择要合并到源的任何开放曲线：（选中一条其他样条曲线）
选择要合并到源的任何开放曲线：（继续选中另一条要合并的曲线）
选择要合并到源的任何开放曲线：✓

　　（2）【拟合数据】：编辑拟合数据。

命令行提示与操作如下：

命令：_SPLINEDIT
选择样条曲线：（选取样条曲线）
输入选项[闭合(C)/合并(J)/拟合数据(F)/编辑顶点(E)/转换为多段线(P)/反转(R)/放弃(U)/退出(X)] <退出>:（输入F）
输入拟合数据选项
[添加(A)/闭合(C)/删除(D)/扭折(K)/移动(M)/清理(P)/切线(T)/公差(L)/退出(X)] <退出>:

　　在【拟合数据】选项下有以下几种情况。

　　① 添加：在样条曲线中增加拟合点，如图 5-39 所示。

图 5-39　添加拟合点

命令行提示与操作如下：

命令：_SPLINEDIT

选择样条曲线：(选中样条曲线)

输入选项[闭合(C)/合并(J)/拟合数据(F)/编辑顶点(E)/转换为多段线(P)/反转(R)/放弃(U)/退出(X)] <退出>：(输入F)

输入拟合数据选项

[添加(A)/闭合(C)/删除(D)/扭折(K)/移动(M)/清理(P)/切线(T)/公差(L)/退出(X)] <退出>：(输入A)

在样条曲线上指定现有拟合点 <退出>：(选中样条曲线上的一个拟合点)

指定要添加的新拟合点 <退出>：(指定新的拟合点的位置)

指定要添加的新拟合点 <退出>：✓

② 删除：从样条曲线中删除拟合点并且用其余点重新拟合样条曲线，如图5-40所示。

（a）　　　　　　　　　　　　　　　　　　（b）

图 5-40　删除拟合点

命令行提示与操作如下：

命令：_SPLINEDIT

选择样条曲线：(选取样条曲线)

输入选项[闭合(C)/合并(J)/拟合数据(F)/编辑顶点(E)/转换为多段线(P)/反转(R)/放弃(U)/退出(X)] <退出>：(输入F)

输入拟合数据选项

[添加(A)/闭合(C)/删除(D)/扭折(K)/移动(M)/清理(P)/切线(T)/公差(L)/退出(X)] <退出>：(输入D)

在样条曲线上指定现有拟合点 <退出>：(选取拟合点)

在样条曲线上指定现有拟合点 <退出>：✓

③ 扭折：在样条曲线上的指定位置添加节点和拟合点，但不保持在该点的相切或曲率连续性，如图5-41所示。

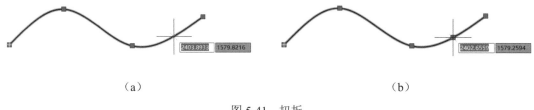

（a）　　　　　　　　　　　　　　　　　　（b）

图 5-41　扭折

命令行提示与操作如下：

命令：_SPLINEDIT

选择样条曲线：(选取样条曲线)

输入选项[闭合(C)/合并(J)/拟合数据(F)/编辑顶点(E)/转换为多段线(P)/反转(R)/放弃(U)/退出(X)] <退出>：(输入F)

输入拟合数据选项

[添加(A)/闭合(C)/删除(D)/扭折(K)/移动(M)/清理(P)/切线(T)/公差(L)/退出(X)] <退出>：(输入K)

在样条曲线上指定点<退出>：(在样条曲线上指定一点)

在样条曲线上指定点<退出>： ↙

④ 移动：把拟合点移动到新位置，如图5-42所示。

图 5-42　移动拟合点

命令行提示与操作如下：

命令： _SPLINEDIT

选择样条曲线：(选取样条曲线)

输入选项[闭合(C)/合并(J)/拟合数据(F)/编辑顶点(E)/转换为多段线(P)/反转(R)/放弃(U)/退出(X)] <退出>：(输入F)

输入拟合数据选项

[添加(A)/闭合(C)/删除(D)/扭折(K)/移动(M)/清理(P)/切线(T)/公差(L)/退出(X)] <退出>：(输入M)

指定新位置或[下一个(N)/上一个(P)/选择点(S)/退出(X)] <下一个>：(指定新位置)

指定新位置或[下一个(N)/上一个(P)/选择点(S)/退出(X)] <下一个>：(输入X)

✏️ **温馨提示：**

● 选择【指定新位置】是将选定的点移动到指定的新位置。重复前一个提示。

● 选择【下一个】是将选定点移动到下一点。

● 选择【上一个】是将选定点移回前一点。

● 选择【选择点】是从拟合点集中选择点。

⑤ 清理：从图形数据库中删除样条曲线的拟合数据。清理样条曲线的拟合数据后，将显示不包括【拟合数据】选项的SPLINEDIT主提示。

⑥ 切线：编辑样条曲线的起点和端点切向，如图5-43所示。

图 5-43　编辑切线方向

命令行提示与操作如下：

命令： _SPLINEDIT

选择样条曲线：(选取样条曲线)

输入选项[闭合(C)/合并(J)/拟合数据(F)/编辑顶点(E)/转换为多段线(P)/反转(R)/放弃(U)/退出(X)] <退出>：(输入F)

输入拟合数据选项

[添加(A)/闭合(C)/删除(D)/扭折(K)/移动(M)/清理(P)/切线(T)/公差(L)/退出(X)] <退出>：(输入T)

指定起点切向或[系统默认值(S)]：(通过移动十字光标，指定起点切向)

指定端点切向或[系统默认值(S)]：(通过移动十字光标，指定端点切向)

输入拟合数据选项

[添加(A)/闭合(C)/删除(D)/扭折(K)/移动(M)/清理(P)/切线(T)/公差(L)/退出(X)] <退出>：↙

⑦ 反转：反转样条曲线的方向。此选项主要适用于第三方应用程序。

● 转换为多段线：将样条曲线转换为多段线。精度值决定生成的多段线与样条曲线的接近程度。有效值为介于0～99的任意整数。

● 精度：精密调整样条曲线定义。

5.4 多段线

用基本线条、弧、圆等绘制图形后，还要能区分各种实体。其中，使它们有不同线宽是区分实体的最好方法之一。多段线的一个显著特点就是可以控制线宽。多段线是由一系列线段和弧组成的，其中每段线段都是整体的一部分，在执行【编辑】命令时，只要选取其中的一段，整个多段线都将发生变化。除了能控制线宽，还可以画锥形线、封闭多段线、用不同的方法画多段线弧，而且利用多段线可以方便地改变形状和进行曲线拟合。

启动方式如下。

● 选项卡：打开【默认】选项卡，在【绘图】功能面板中单击【多段线】按钮⌐。

● 菜单栏：在传统菜单栏中选择【绘图】→【多段线】命令。

● 命令行：在命令行窗口中输入PL或PLINE命令，并按Enter键。

【例5-7】绘制挡板

源文件：源文件/第5章/挡板.dwg，如图5-44（a）所示。最终绘制结果如图5-44（b）所示，各项尺寸如图5-44（c）所示。

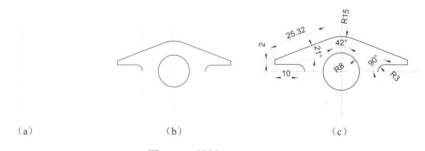

（a）　　　　　　（b）　　　　　　（c）

图5-44 挡板

案例分析

从图5-44中可以看到，该挡板轮廓线可以采用直线结合圆弧等操作完成。如果采用多段线方式，则可以一次性完成，前提是所有尺寸要明确。

操作步骤

步骤一： 将【粗实线】图层设置为当前图层，开启【正交限制光标】命令。

步骤二： 单击【默认】选项卡【绘图】功能面板中的【多段线】按钮⌐，从点1处开始绘制轮廓线1，如图5-45所示。

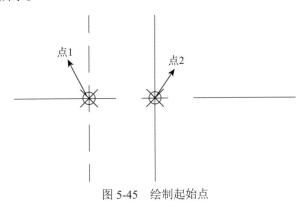

图5-45　绘制起始点

命令行提示与操作如下：

命令：_PLINE
指定起点：(选中点1)
当前线宽为 0.0000
指定下一个点或[圆弧(A)/半宽(H)/长度(L)/放弃(U)/宽度(W)]：(输入A，开始绘制圆弧)
指定圆弧的端点(按住 Ctrl 键以切换方向)或[角度(A)/圆心(CE)/方向(D)/半宽(H)/直线(L)/半径(R)/第二个点(S)/放弃(U)/宽度(W)]：(输入A)
指定夹角：(输入夹角角度90)
指定圆弧的端点(按住 Ctrl 键以切换方向)或 [圆心(CE)/半径(R)]：(输入R)
指定圆弧的半径：(输入圆弧半径3)
指定圆弧的弦方向(按住 Ctrl 键以切换方向) <0>：(输入弦方向135)
指定圆弧的端点(按住 Ctrl 键以切换方向)或[角度(A)/圆心(CE)/闭合(CL)/方向(D)/半宽(H)/直线(L)/半径(R)/第二个点(S)/放弃(U)/宽度(W)]：(输入L，开始绘制连续直线)
指定下一个点或[圆弧(A)/闭合(C)/半宽(H)/长度(L)/放弃(U)/宽度(W)]：(控制十字光标，使线段的方向水平向左，并输入线段距离10)
指定下一个点或[圆弧(A)/闭合(C)/半宽(H)/长度(L)/放弃(U)/宽度(W)]：(控制十字光标，使线段的方向竖直向上，并输入线段距离2)
指定下一个点或[圆弧(A)/闭合(C)/半宽(H)/长度(L)/放弃(U)/宽度(W)]：(输入极坐标@25.32<21)
指定下一个点或[圆弧(A)/闭合(C)/半宽(H)/长度(L)/放弃(U)/宽度(W)]：(输入A，开始绘制圆弧)
指定圆弧的端点(按住 Ctrl 键以切换方向)或[角度(A)/圆心(CE)/闭合(CL)/方向(D)/半宽(H)/直线(L)/半径(R)/第二个点(S)/放弃(U)/宽度(W)]：(输入A)
指定夹角：(输入夹角318)
指定圆弧的端点(按住 Ctrl 键以切换方向)或 [圆心(CE)/半径(R)]：(输入R)
指定圆弧的半径：(输入圆弧半径15)
指定圆弧的弦方向(按住 Ctrl 键以切换方向) <21>：(按住Ctrl键，通过移动十字光标，使弦方向水平向右，并确认圆弧为劣弧)
指定圆弧的端点(按住 Ctrl 键以切换方向)或[角度(A)/圆心(CE)/闭合(CL)/方向(D)/半宽(H)/直线(L)/半径(R)/第二个点(S)/放弃(U)/宽度(W)]：(输入L，绘制连续直线)
指定下一个点或[圆弧(A)/闭合(C)/半宽(H)/长度(L)/放弃(U)/宽度(W)]：(输入极坐标@25.32<-21)
指定下一个点或[圆弧(A)/闭合(C)/半宽(H)/长度(L)/放弃(U)/宽度(W)]：(控制十字光标，使线段的方向竖直向下，并输入线段距离2)

指定下一个点或[圆弧(A)/闭合(C)/半宽(H)/长度(L)/放弃(U)/宽度(W)]：(控制十字光标，使线段的方向水平向左，并输入线段距离10)

指定下一个点或[圆弧(A)/闭合(C)/半宽(H)/长度(L)/放弃(U)/宽度(W)]：(输入A，开始绘制圆弧)

指定圆弧的端点(按住 Ctrl 键以切换方向)或[角度(A)/圆心(CE)/闭合(CL)/方向(D)/半宽(H)/直线(L)/半径(R)/第二个点(S)/放弃(U)/宽度(W)]：(输入A)

指定夹角：(输入夹角角度90)

指定圆弧的端点(按住 Ctrl 键以切换方向)或 [圆心(CE)/半径(R)]：(输入R)

指定圆弧的半径：(输入圆弧半径3)

指定圆弧的弦方向(按住 Ctrl 键以切换方向) <180>：(输入弦方向-135)

指定圆弧的端点(按住 Ctrl 键以切换方向)或[角度(A)/圆心(CE)/闭合(CL)/方向(D)/半宽(H)/直线(L)/半径(R)/第二个点(S)/放弃(U)/宽度(W)]：✓

至此，图5-44（b）中的轮廓线绘制完成。

🔔 操作提示

对于带有一定角度的线条，建议采用相对极坐标法，表示方法为@长度<倾斜角度(以直角坐标x轴正向为0°，逆时针旋转)。

步骤三：将【粗实线】图层设置为当前图层，单击【默认】选项卡【绘图】功能面板中的【圆心、半径】按钮，在点2处绘制半径为8mm的圆。结果如图5-44（c）所示。

进阶步骤：可以通过【镜像复制】命令对轮廓线进行镜像对称绘制，完成整个挡板的绘制。结果如图5-46所示。

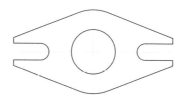

图 5-46   绘制完整挡板

5.4.1 控制多段线的宽度

多段线的一个显著特点就是可以控制线宽。当线宽为0时，多段线和一般的直线没有区别，要改变多段线的线宽，就要在【多段线】命令中操作。该命令中，除了用【宽度】选项控制线宽，还可以使用【半宽】选项。

下面的例子绘制半宽为4mm的多段线。半宽是指从多段线中心到线边缘的宽度，如图5-47所示。

图 5-47 绘制半宽多段线

命令行提示与操作如下：

命令：_PLINE

指定起点：(选取起点)

当前线宽为 0.0000

指定下一个点或[圆弧(A)/半宽(H)/长度(L)/放弃(U)/宽度(W)]：(输入H)

指定起点半宽 <0.0000>: (输入起点半宽)
指定端点半宽 <4.0000>: (输入端点半宽)
指定下一个点或[圆弧(A)/半宽(H)/长度(L)/放弃(U)/宽度(W)]: (选取下一个点)
指定下一个点或[圆弧(A)/闭合(C)/半宽(H)/长度(L)/放弃(U)/宽度(W)]: ✓

下面的例子绘制宽度为4的多段线, 如图5-48所示。

图 5-48 绘制全宽多段线

命令行提示与操作如下:

命令: _PLINE
指定起点: (选取起点)
当前线宽为 0.0000
指定下一个点或[圆弧(A)/半宽(H)/长度(L)/放弃(U)/宽度(W)]: (输入W)
指定起点宽度 <0.0000>: (输入起点宽度)
指定端点宽度 <4.0000>: (输入端点宽度)
指定下一个点或[圆弧(A)/半宽(H)/长度(L)/放弃(U)/宽度(W)]: (选取下一个点)
指定下一个点或[圆弧(A)/闭合(C)/半宽(H)/长度(L)/放弃(U)/宽度(W)]: ✓

🖊 **温馨提示:** 如果起点和端点的【半宽(H)】和【宽度(W)】值不一致, 将会出现渐变线。比较结果如图5-49所示。而且, 如果不继续改变宽度值, 则后续的多段线将延续当前线宽宽度。

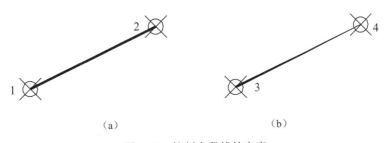

（a）   （b）

图 5-49 控制多段线的宽度

5.4.2 分解多段线

编辑多段线的优点是选取其中一段就能编辑整条多段线, 但有些时候需要编辑其中一段。系统提供了EXPLODE命令, 执行此命令可以把多段线分解成单个的对象。

1. 启动方式

● 选项卡: 打开【默认】选项卡, 在【修改】功能面板中单击【分解】按钮 。
● 菜单栏: 在传统菜单栏中选择【修改】→【分解】命令。
● 命令行: 在命令行窗口中输入X或EXPLODE命令, 并按Enter键。

2. 操作步骤

使用【分解】命令的步骤如下:

(1)用以上的任一方法进入EXPLODE命令。

（2）选取要编辑的多段线，则多段线各部分转化为独立的线段或弧段。

（3）如果多段线具有指定的宽度，将出现提示，可以恢复原有状态。要根据具体情况而定，看这个宽度对多段线是否重要。

在命令提示行中输入UNDO命令，将恢复到分解以前的状态。

分解前后多段线被选中的效果如图5-50所示。分解前为单一的多段线，分解后为三条线段。

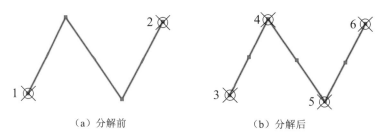

（a）分解前　　　　　　　　　　（b）分解后

图 5-50　控制多段线的宽度

5.4.3　编辑多段线

除了用标准的编辑方法，还可以使用PEDIT命令来编辑多段线。PEDIT命令中的编辑选项包括【打开】【闭合】【合并】【宽度】【编辑顶点】【拟合】【样条曲线】【非曲线化】【线型生成】【反转】【放弃】，使用这些命令可以打开封闭的多段线，可以在封闭的多段线中添加线、弧等多段线，还可以改变多段线的形状。

1. 启动方式

● 选项卡：打开【默认】选项卡，在【修改】功能面板中单击【编辑多段线】按钮 。

● 菜单栏：在传统菜单栏中选择【修改】→【对象】→【多段线】命令。

● 命令行：在命令行窗口中输入PE或PEDIT命令，并按Enter键。

2. 操作步骤

进入PEDIT命令后，命令提示行中提示【选择多段线】，选取要编辑的多段线。它的编辑选项将根据所选多段线是否闭合而不同，当所选多段线闭合时，选项中第一项为【打开】；当所选多段线为非闭合时，则【打开】被【闭合】代替。

```
命令：_PE✓
PEDIT
选择多段线或[多条(M)]：(选取非封闭的多段线，如果输入M，则可以选择多条多段线)
输入选项[闭合(C)/合并(J)/宽度(W)/编辑顶点(E)/拟合(F)/样条曲线(S)/非曲线化(D)/线型生
成(L)/反转(R)/放弃(U)]：
```

各选项含义如下。

（1）【打开】：此选项主要用于打开封闭的多段线，删除多段线的封闭段。封闭段是指用CLOSE命令画出的段，如果没有用CLOSE命令而直接返回到起点，则【打开】选项将不会有效果。

（2）【闭合（C）】：此选项用于形成闭合的多段线。若选取的多段线本来就是闭合的，则此选项使该多段线被打开。

（3）【合并（J）】：此选项用于在指定的多段线中添加线、弧和其他的多段线。

（4）【宽度（W）】：此选项用于改变当前多段线的宽度。

（5）【编辑顶点（E）】：此选项用于改变多段线的顶点位置，以便于改变多段线的形状。进入此状态后，所选多段线的第一个顶点将出现一个X，并出现以下提示。

> [下一个(N)/上一个(P)/打断(B)/插入(I)/移动(M)/重生成(R)/拉直(S)/切向(T)/宽度(W)/退出(X)]<N>:

- ●【下一个（N）】：此选项用于选择多段线的下一个顶点。当输入N时，多段线端点的X标记将移到下一个顶点，再一次执行，X标记将继续移动，一直移到需要的顶点。
- ●【上一个（P）】：此选项用于选择多段线的前一个顶点。当输入P时，可以使X标记向【下一个】的相反方向移动。P和N是顶点编辑最基本的选项，有了它们，其他选项才能进行。
- ●【打断（B）】：此选项用于删除两顶点间的多段线。

执行该选项的步骤如下：

> [下一个<N>/上一个(P)/打断(B)/插入(I)/移动(M)/重生成(R)/拉直(S)/切向(T)/宽度(W)/退出(X)]<N>:B✓
>
> 输入选项[下一个(N)/上一个(P)/执行(G)/退出(X)]<N>:

其中，输入N或P选项，移动X标记到所需的位置，输入G用来执行【删除】命令，输入X用来退出【打断】命令。

> 🔔 **注意**：如果在一条闭合的多段线上使用【打断】选项，则将删除闭合段。

- ●【插入（I）】：此选项用于插入一个新顶点，新顶点插入在当前标有X的顶点之后。

执行该选项的步骤如下：

> [下一个(N)/上一个(P)/打断(B)/插入(I)/移动(M)/重生成(R)/拉直(S)/切向(T)/宽度(W)/退出(X)]<N>:I✓
>
> 为新顶点指定位置:(确定新的顶点)

此时多段线将出现一个新顶点，系统自动退出【插入】选项。

- ●【移动（M）】：此选项用于把多段线的当前顶点移到新的位置。

执行该选项的步骤如下：

> [下一个(N)/上一个(P)/打断(B)/插入(I)/移动(M)/重生成(R)/拉直(S)/切向(T)/宽度(W)/退出(X)]<N>:M✓
>
> 为标记顶点指定新位置:(确定新的顶点)

此时多段线的当前顶点将移到新位置，系统自动退出该选项。

- ●【重生成（R）】：此选项用于重新生成被编辑的多段线。
- ●【拉直（S）】：此选项用于在两顶点间插入一条直线段，并删除原有的若干线段。

执行该选项的步骤如下：

> [下一个(N)/上一个(P)/打断(B)/插入(I)/移动(M)/重生成(R)/拉直(S)/切向(T)/宽度(W)/退出(X)]<N>:S✓
>
> 输入选项[下一个(N)/上一个(P)/执行(G)/退出(X)]<N>:

其各选项含义请参见【打断】选项。

- ●【切向（T）】：此选项用于在当前点添加一个切线方向。

执行该选项的步骤如下：

[下一个(N)/上一个(P)/打断(B)/插入(I)/移动(M)/重生成(R)/拉直(S)/切向(T)/宽度(W)/退出(X)]<N>:T↙

指定顶点切向:(拾取一个点或输入一个角度)

此时当前点上出现一个表示切线方向的箭头。系统自动退出该选项。

● 【宽度（W）】：此选项用于改变当前顶点后的多段线的起点和终点宽度。执行该选项的步骤如下：

[下一个(N)/上一个(P)/打断(B)/插入(I)/移动(M)/重生成(R)/拉直(S)/切向(T)/宽度(W)/退出(X)]<N>:W↙

指定下一条线段的起点宽度<0.0000>:(输入起始点宽度)

指定下一条线段的端点宽度<0.0000>:(输入端点宽度)

以X标记为起点的多段线的宽度将改变。系统自动退出该选项。

● 【退出（X）】：此选项用于退出【编辑顶点】模式。只要直接输入X就可以执行此命令。

（6）【拟合（F）】：此选项用于把一条直线段转化为曲线段，弧线的端点穿过直线段的端点，每条弧线弯曲的方向依赖于相邻圆弧的方向，因此产生了平滑曲线的效果，如图5-51所示。

（a）拟合前　　　　　　　　　　（b）拟合后

图 5-51　多段线拟合

（7）【样条曲线（S）】：此选项用于把一条直线段转化为一条样条曲线。样条曲线就是只通过起点和终点，中间点无限接近的曲线，如图5-52所示。样条曲线比用【拟合】选项生成的曲线更平滑，也更容易控制。

（a）使用前　　　　　　　　　　（b）使用后

图 5-52　多段线样条化处理

（8）【非曲线化（D）】：此选项用于删除【拟合】选项和【样条曲线】选项产生的顶点，并使多段线恢复原有的直线段，其效果为图5-51和图5-52相反效果。

（9）【线型生成（L）】：此选项用于调整线型式样的显示。当用户输入l时，系统将提示如下：

输入多段线线型生成选项[开(ON)/关(OFF)]<关>:

其中，OFF为此选项的默认值，表明每种线型图案都以每个定点为基点开始绘制；当选择ON时，绘制线型图案将不考虑顶点问题。

🔔 **注意**：此选项对有锥度的多段线不产生影响。

（10）【反转（R）】：此选项用于反转多段线顶点的顺序，也包括文字线型的对象的方向，从曲线外观上无法看出其变化。

（11）【放弃（U）】：此选项用于撤销PEDIT命令最近一个指令，并没有退出PEDIT命令，还可以继续执行PEDIT命令的其他选项。而EXIT用于退出PEDIT命令，不会影响已执行PEDIT命令的任何一次操作。EXIT是PEDIT命令的默认选项，只要直接按Enter键，就可以回到命令提示状态下。

5.5　修订云线与区域覆盖

在AutoCAD 2021中，用户可以随时对有问题的部分进行标记，以便绘图人员能够很快知道需要修改的地方。修订云线和区域覆盖就是这样的功能。

5.5.1　修订云线

在检查或用红线圈阅图形时，可以使用修订云线功能亮显标记以提高工作效率，如图5-53所示。REVCLOUD命令用于创建由连续圆弧组成的多段线以构成云线形对象。

图 5-53　云线

用户可以从头开始创建修订云线，也可以将闭合对象（如圆、椭圆、闭合多段线或闭合样条曲线）转换为修订云线。将闭合对象转换为修订云线时，如果DELOBJ系统变量设置为1（默认值），原始对象将被删除。

用户可以为修订云线的弧长设置默认的最小值和最大值。绘制修订云线时，可以使用拾取点选择较短的弧线段来更改圆弧的大小；也可以通过调整拾取点来编辑修订云线的单个弧长和弦长。

REVCLOUD命令用于存储上一次使用的圆弧长度作为多个DIMSCALE系统变量的值，这样就可以统一使用不同比例因子的图形。

1. 启动方式

● 选项卡：打开【默认】选项卡，在【绘图】功能面板中单击【修订云线】按钮◌。
● 菜单栏：在传统菜单栏中选择【绘图】→【修订云线】命令。
● 命令行：在命令行窗口中输入REVCLOUD命令，并按Enter键。

2. 操作步骤

系统提示与操作如下：

```
最小弧长:0.5000 最大弧长：0.5000 样式:普通
指定第一个点或[弧长(A)/对象(O)/矩形(R)/多边形(P)/徒手画(F)/样式(S)/修改(M)] <对象>:
```

（拖动以绘制云线，输入选项，或按Enter键）
沿云线路径引导十字光标...

常用选项含义如下。

● 【弧长（A）】：此选项用于指定云线中弧线的长度。输入A，系统提示如下：

指定最小弧长 <0.5000>：（指定最小弧长的值）
指定最大弧长 <0.5000>：（指定最大弧长的值）
沿云线路径引导十字光标...
修订云线完成

最大弧长不能大于最小弧长的3倍。

● 【对象（O）】：此选项用于指定要转换为云线的闭合对象。输入O，系统提示如下：

选择对象：（选择要转换为云线的闭合对象）
反转方向 [是(Y)/否(N)]：（输入Y以反转云线中的弧线方向，或者按Enter键保留弧线的原样）
修订云线完成

● 【样式（S）】：此选项用于指定修订云线的样式。输入S，系统提示如下：

选择圆弧样式 [普通(N)/手绘(C)] <普通>： （选择修订云线的样式，继续进行绘制）

5.5.2 区域覆盖

【区域覆盖】命令可以在现有对象上生成一个空白区域，用于添加注释或详细的屏蔽信息。此区域由擦除边框进行绑定，可以打开此区域进行编辑，也可以关闭此区域进行打印，如图5-54所示。

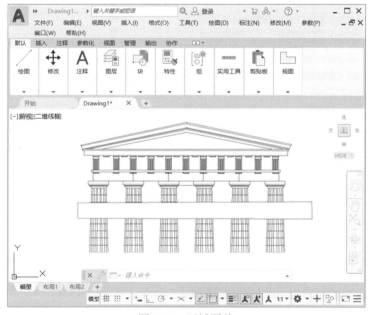

图 5-54 区域覆盖

1. 启动方式

● 选项卡：打开【默认】选项卡，在【绘图】功能面板中单击【区域覆盖】按钮▨。
● 菜单栏：在传统菜单栏中选择【绘图】→【区域覆盖】命令。

● 命令行：在命令行窗口中输入WIPEOUT命令，并按Enter键。

2. 操作步骤

系统提示操作如下：

指定第一个点或[边框(F)/多段线(P)]<多段线>:(指定点或输入选项)

各选项含义如下。

● 【指定第一个点】：根据一系列点确定区域覆盖对象的封闭多边形边界。系统提示如下：

指定下一点:(指定下一点或按Enter键退出)

● 【边框（F）】：确定是否显示所有区域覆盖对象的边。输入F，系统提示如下：

输入模式[开(ON)/关(OFF)/显示但不打印(D)]<开>:（输入ON或OFF）
输入ON，将显示所有区域覆盖边框；输入OFF，将禁止显示所有区域覆盖边框。

● 【多段线（P）】：根据选定的多段线确定区域覆盖对象的多边形边界。输入P，系统提示
　如下：

选择闭合多段线:(使用对象选择方式选择闭合的多段线)
是否要删除多段线？[是(Y)/否(N)]<否>:(输入Y或N)

输入Y，将删除用于创建区域覆盖对象的多段线；输入N，将保留多段线。
如果使用多段线创建区域覆盖对象，则多段线必须闭合、只包括直线段且宽度为零。

习题五

一、选择题

1. 如果要通过依次指定与圆相切的三个对象来绘制圆形，则应选择【绘制】功能面板【圆】
菜单中的（　　　）子命令。

　　A.【圆心、半径】　　　　　　　　　　　　B.【相切、相切、相切】

　　C.【三点】　　　　　　　　　　　　　　　D.【相切、相切、半径】

2. 既可以绘制直线，又可以绘制曲线的命令是（　　　）。

　　A.【样条曲线】　　　　B.【多线】　　　　C.【多段线】　　　　D.【构造线】

3. 在绘制圆环时，当环管的半径大于圆环的半径时，会生成（　　　）。

　　A. 圆环　　　　　　　　B. 球体　　　　　　　C. 纺锤体　　　　　　D. 不能生成

4. 在下列绘图工具中，（　　　）工具可以用来绘制变宽度的线。

　　A. LINE　　　　　　　　B. PLINE　　　　　　C. XLINE　　　　　　D. RAY

5. 圆（Circle）和圆弧（Arc）共有的命令项是（　　　）。

　　A.【两点】　　　　　　　　　　　　　　　B.【相切、相切、相切】

　　C.【起点、端点、圆心】　　　　　　　　　D.【三点】

6. 使用圆环（Donut）绘制填充的实心圆，除了将内径设置为0，还需设置参数（　　　）。

　　A. FILL=ON　　　　　　　　　　　　　　B. FILL=OFF

　　C. FILLERAD=0　　　　　　　　　　　　D. FILLERAD=1

7. 徒手画线绘制行政地形图时，落笔后不记录草图，并结束命令的选项是（　　　）。

　　A. 按Enter键　　　　　　B. 退出　　　　　　C. 结束　　　　　　D. 删除

8. 多段线是由多条直线段和圆弧相连而成的单一对象，为方便快捷地激活此命令，在命令
行中应输入（　　　）。

A. MLINE   B. PLINE   C. XLINE   D. SPLINE

9. 画多段线时，输入C意味着（　　　）。

  A. 绘制直线段切换到绘制弧线段并提示选项

  B. 用直线段或圆弧封闭多段线

  C. 删除刚绘制的一段多段线

  D. 指定多段线宽度

10. 在AutoCAD中，在执行某个命令期间插入执行另一个命令，则后一个命令称为透明命令，以下可作透明命令的是（　　　）。

  A. POLYLINE   B. PAN   C. REDRAW

  D. ZOOM   E. HELP

11. 用RECTANDLE命令画成一个矩形，它包含（　　　）个图元。

  A. 1   B. 2   C. 不确定   D. 4

12. 使用【多段线】命令能创建（　　　）类型的对象。

  A. 直线   B. 曲线

  C. 有宽度的直线和曲线   D. 以上皆是

二、填空题

1. 矩形阵列的基本图形及起始对象放在左下角，以向_____、向_____为正方向。

2. 画正多边形的命令是_____；延伸的命令是_____。

3. 正多边形命令用来绘制边数在_____和_____之间的正多边形。

4. 圆用点的等分操作时，输入6，会出现_____个点；直线用点的等分操作时，输入7，会出现_____个点。

三、操作题

1. 绘制如图5-55所示的轴承端盖平面图，设置两个图层，图层1颜色为红色，线型为Center，线宽为0.2mm；图层2颜色为蓝色，线型为Continuous，线宽为0.5mm。

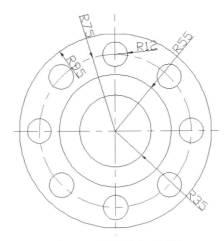

图5-55　轴承端盖平面图

2. 绘制如图5-56所示的底板平面图，设置两个图层，图层1颜色为红色，线型为Center，线宽为0.2mm；图层2颜色为蓝色，线型为Continuous，线宽为0.5mm。

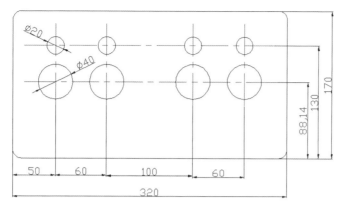

图 5-56　底板平面图

3. 设置端点、中点、圆点、切点、垂直点、交点捕捉模式，绘制如图 5-57 所示的轴承端盖平面图。

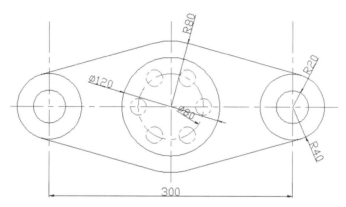

图 5-57　轴承端盖平面图

4. 绘制如图 5-58 所示的底座主视图。

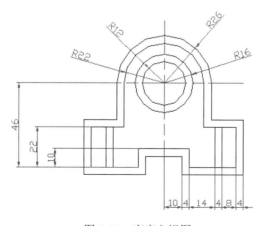

图 5-58　底座主视图

四、思考题

1. 常用绘制圆与圆弧的方法有哪些?

2. 绘制矩形与绘制正多边形的操作区别在哪里?

3. 多线的对齐基础是什么？如何定义多线样式？

4. 简述样条曲线的封闭绘制与夹点控制方式。

5. 简述多段线的类型和分解方式。

6. AutoCAD提供了哪些绘制椭圆弧的方法？

7. 如何绘制具有厚度、宽度的矩形？

8. 多边形的边数最少是多少？最多是多少？

9. 多线有哪些对齐方式？

10. 样条曲线的拟合点和控制点各有什么样的作用？

11. 与直线相比，多段线有何特性？如何控制多段线的线宽？

第 6 章

二维对象编辑——复制、方位 与变形处理

学习目标

一张图纸往往要经过反复的修改才能达到用户的要求，所以，掌握必要的图形编辑功能是必不可少的。

通过本章的学习，掌握镜像、偏移、阵列三种复制方式；掌握旋转、移动、对齐三种对象方位处理方法；掌握比例缩放、拉伸、拉长、延伸和修剪等对象变形处理方法。

本章要点

● 复制操作
● 对象方位处理
● 对象变形处理

内容浏览

除了前面已经讲解过的对象操作方法，AutoCAD 2021平面图形对象的基本编辑方法还包括复制、移动、旋转、剪裁、延伸、缩放、拉伸、偏移、镜像、阵列、对齐等。大部分编辑命令集中放置在【修改】下拉菜单中，另外，也可以通过【修改】功能面板选择，分别如图6-1和图6-2所示。

图6-1　【修改】下拉菜单

图6-2　【修改】功能面板

6.1　复制操作

复制操作包括镜像、偏移和阵列等操作。

6.1.1　镜像复制

在绘图过程中常需要绘制对称图形，调用【镜像】命令可以帮助完成该操作。使用【镜像】命令，可以围绕用两点定义的轴线镜像对象。在进行操作时，用户可以选择删除或保留原对象。镜像作用于与当前UCS的 XY 平面平行的任何平面。启动方式如下。

● 选项卡：打开【默认】选项卡，在【修改】功能面板中单击【镜像】按钮△。
● 菜单栏：在传统菜单栏中选择【修改】→【镜像】命令。
● 命令行：在命令行窗口中输入MIRROR命令，并按Enter键。
● 工具栏：单击【修改】工具栏中的【镜像】按钮△。

📖【例6–1】绘制法兰盘（左视图）

源文件：源文件/第6章/法兰盘左视图.dwg，如图6-3（a）所示。最终绘制结果如图6-3（b）所示，各项尺寸如图6-3（c）所示。

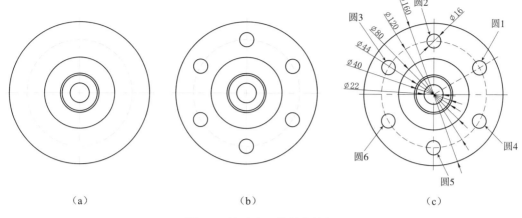

（a） （b） （c）

图 6-3　法兰盘及其基本数据

案例分析

从图 6-3 中可以看到，该法兰包含 6 个螺栓孔圆，为对称结构，故可以通过镜像复制来绘制。具体操作过程：首先用【直线】命令结合【圆】命令完成右上圆 1 和正上圆 2；其次通过一次镜像操作完成左上圆 3，再通过二次镜像操作完成下面圆 4、圆 5、圆 6。

扫一扫,看视频讲解

操作步骤

步骤一：将【细虚线】图层设置为当前图层。单击【默认】选项卡【绘图】功能面板中的【直线】按钮，选中圆心，输入@85<30。操作过程和结果如图 6-4 所示。

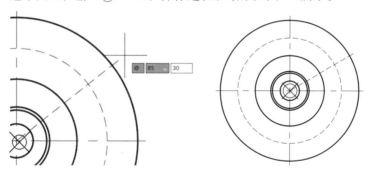

图 6-4　绘制圆心线

步骤二：将【粗实线】图层设置为当前图层。单击【默认】选项卡【绘图】功能面板中的【圆】按钮，在点 1 和点 2 处绘制半径为 8mm 的圆。结果如图 6-5 所示。

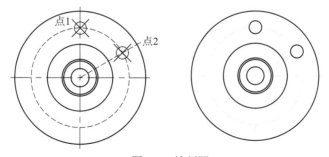

图 6-5　绘制圆

步骤三：单击【默认】选项卡【修改】功能面板中的【镜像】按钮，以竖直中心线为对称轴镜像圆1。结果如图6-6所示。

命令行提示与操作如下：

命令：_MIRROR ✓
选择对象：(选中圆1)
选择对象：✓
指定镜像线的第一点：(竖直中心线的上端点)
指定镜像线的第二点：(竖直中心线的下端点)
要删除源对象吗？[是(Y)/否(N)] <否>：✓

🔔 **操作提示**

如果在【要删除源对象吗？[是(Y)/否(N)] <否>：】提示下输入Y，则源对象将被删除。如果在图6-6中进行此操作，则圆1将消失。结果如图6-7所示。

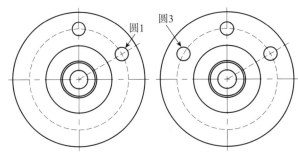

图 6-6 镜像绘制圆 3

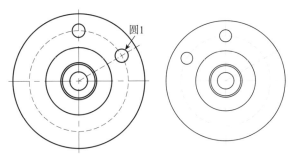

图 6-7 镜像删除源对象

步骤四：继续单击【默认】选项卡【修改】功能面板中的【镜像】按钮⚠，以水平中心线为对称轴镜像圆1、圆2、圆3。结果如图6-8所示。

命令行提示与操作如下：

命令：_MIRROR ✓
选择对象：(选中圆1)
选择对象：(选中圆2)
选择对象：(选中圆3)
选择对象：✓
指定镜像线的第一点：(水平中心线的左端点)
指定镜像线的第二点：(水平中心线的右端点)
要删除源对象吗？[是(Y)/否(N)] <否>：✓

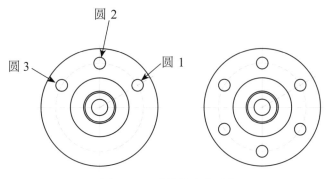

图 6-8　一次镜像多个对象

进阶知识

相比图形元素，文本比较特殊，存在颠倒和原状两种状态，该状态可以通过系统变量MIRRTEXT进行控制。在命令行直接输入以下命令：

命令: MIRRTEXT ✓
输入 MIRRTEXT 的新值 <0>: (输入数字1或0，按Enter键，结束)

当MIRRTEXT=1时，如在图中标注"螺栓孔"文字并进行镜像，结果如图6-9所示，可以看到文字完全颠倒。当MIRRTEXT=0时，文字镜像结果如图6-10所示，文字保持原状，位置完全对称。默认情况下，MIRRTEXT=0。

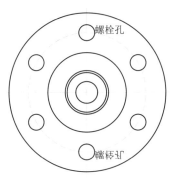
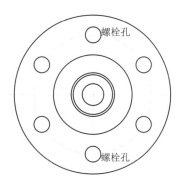

图 6-9　文字颠倒　　　　　　　　　图 6-10　文字保持原状

6.1.2　偏移复制

用OFFSET命令可以建立一个与原实体相似的另一个实体，同时偏移指定的距离。在AutoCAD 2021中，可以偏移的对象包括直线、圆弧、圆、二维多段线、椭圆、椭圆弧、参照线、射线和平面样条曲线。启动方式如下。

- 选项卡：打开【默认】选项卡，在【修改】功能面板中单击【偏移】按钮⊆。
- 菜单栏：在传统菜单栏中选择【修改】→【偏移】命令。
- 命令行：在命令行窗口中输入OFFSET命令，并按Enter键。
- 工具栏：单击【修改】工具栏中的【偏移】按钮⊆。

📖【例6-2】绘制法兰盘（主视图，直线偏移复制）

源文件：源文件/第6章/法兰盘主视图.dwg，如图6-11（a）所示。最终绘制结果如图6-11（b）所示，具体尺寸信息如图6-11（c）所示。

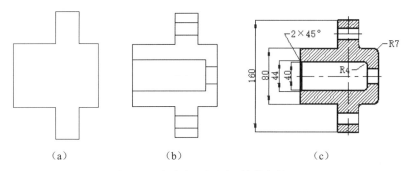

（a） （b） （c）

图 6-11 法兰盘主视图及其基本数据

知识点延伸

可以采用多段线结合【镜像】命令绘制法兰盘主视图外层轮廓。除此之外，
最终的剖面图还要用到倒直角、倒圆角和图案填充三个知识点，将会在第7章
沿用本例讲解。

案例分析

法兰盘主视图轮廓线多为平行线，故可以通过偏移复制命令完成。具体操作过程：如
图 6-12 所示，通过对水平轴线偏移操作绘制上端水平轴线 1，用【直线】命令绘制线段 1~3，然
后对线段 1~3 通过偏移操作绘制线段 4~9。再对线段 4 和线段 5 通过镜像操作完成线段 10 和线
段 11 的绘制。最后用【直线】命令结合【删除】命令完成法兰盘主视图的部分绘制。

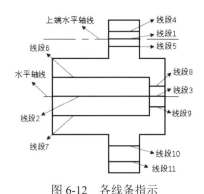

图 6-12 各线条指示

操作步骤

步骤一： 单击【默认】选项卡【修改】功能面板中的【偏移】按钮 ⊆，将水平轴线向上偏
移，偏移距离为 60mm。结果如图 6-13 所示。

命令行提示与操作如下：

```
命令：_OFFSET ✓
当前设置：删除源=否 图层=源 OFFSETGAPTYPE=0
指定偏移距离或 [通过(T)/删除(E)/图层(L)] <通过>：(输入数字 60)
选择要偏移的对象或 [退出(E)/放弃(U)] <退出>：(选中水平中心线)
指定要偏移的那一侧上的点或 [退出(E)/多个(M)/放弃(U)] <退出>：(将十字光标移到水平中心线
的上侧，按鼠标左键，确认)
选择要偏移的对象或 [退出(E)/放弃(U)] <退出>：✓
```

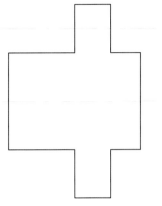

图 6-13　偏移获取第一条中心线

🔔 **操作提示**

上述是以数值为距离进行偏离的，若输入 T，则表示物体要通过一个定点进行偏移。

步骤二：将【粗实线】图层设置为当前图层。单击【默认】选项卡【绘图】功能面板中的【直线】按钮 ╱，以点 1 为起始点绘制线段 1，其长度为 30mm；以点 2 为起始点，连续绘制线段 2 和线段 3，长度分别为 95mm 和 15mm。结果如图 6-14 所示。

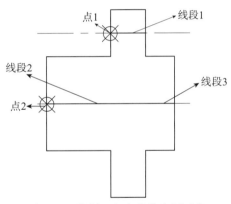

图 6-14　绘制 3 条实线作为源对象

步骤三：再次单击【默认】选项卡【修改】功能面板中的【偏移】按钮 ⊆，将线段 1 向上、下两侧偏移，偏移距离为 8mm；重复【偏移】命令，将线段 2 和线段 3 向上、下两侧偏移，偏移距离分别为 20mm、11mm。结果如图 6-15 所示。

命令行提示与操作如下：

命令：_OFFSET ╱
当前设置：删除源=否　图层=源　OFFSETGAPTYPE=0
指定偏移距离或[通过(T)/删除(E)/图层(L)]<通过>：(输入E)
要在偏移后删除源对象吗？[是(Y)/否(N)]<否>：(输入Y)
指定偏移距离或[通过(T)/删除(E)/图层(L)]<通过>：(输入数字8)
选择要偏移的对象或[退出(E)/放弃(U)]<退出>：(选中线段1)
指定要偏移的那一侧上的点或 [退出(E)/多个(M)/放弃(U)]<退出>：(输入M)
指定要偏移的那一侧上的点或 [退出(E)/放弃(U)]<下一个对象>：(将十字光标移到线段1的上侧，
按鼠标左键，确认)

指定要偏移的那一侧上的点或[退出(E)/放弃(U)] <下一个对象>:(将十字光标移到线段1的下侧，按鼠标左键，确认)

指定要偏移的那一侧上的点或[退出(E)/放弃(U)] <下一个对象>:✓

选择要偏移的对象或 [退出(E)/放弃(U)] <退出>:✓

🔔 操作提示

上述操作通过选项E决定是否对源对象进行删除，并通过选项M进行多个线条的连续偏移操作。可以看到，源对象线段1不见了。

重复上面的步骤，分别对线段2、线段3在各自上下方20mm、11mm的距离处偏移获得中心孔线。结果如图6-16所示。

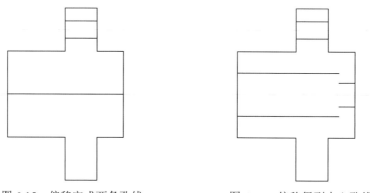

图6-15 偏移完成两条孔线　　　　图6-16 偏移得到中心孔线

🔔 操作提示

若输入L，则确定将偏移对象创建在当前图层上还是源对象所在图层上。此时AutoCAD 2021会有以下提示：

输入偏移对象的图层选项 [当前(C)/源(S)] <源>:(输入选项)

步骤四：单击【默认】选项卡【绘图】功能面板中的【直线】按钮，连接线段6和线段7的右端点。

步骤五：单击【默认】选项卡【修改】功能面板中的【镜像】按钮，以水平中心线为对称线镜像线段4和线段5，得到线段10、线段11。结果 如图6-17所示。

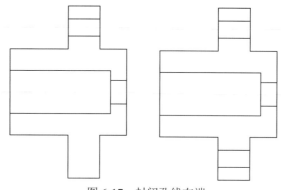

图6-17 封闭孔线右端

📖 【例6-3】绘制法兰盘(左视图，圆偏移复制)

在法兰盘主视图的案例中，是将【偏移复制】命令应用在直线上，如果应用在圆上呢？

源文件：源文件/第6章/法兰盘左视图.dwg，如图6-18（a）所示。最终绘制结果如图6-18（b）所示，尺寸信息如图6-18（c）所示。

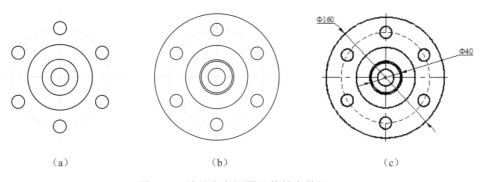

图6-18　法兰盘左视图及其基本数据

案例分析

法兰盘左视图轮廓线多为圆，除了可以用【圆】命令完成，还可以通过【偏移复制】命令完成。具体操作过程：对圆1通过一次偏移操作完成圆2，再对圆1通过二次偏移操作完成圆3，如图6-19所示。

扫一扫，看视频讲解

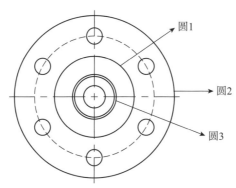

图6-19　进行圆偏移操作

自己动手做一做（详细步骤可以扫二维码观看）。

6.1.3　阵列复制

在一张图形中，当需要利用一个实体组成含有多个相同实体的矩形阵列或环形阵列时，ARRAY命令是非常有效的。对于环形阵列，用户可以控制复制对象的数目；对于矩形阵列，用户可以控制行和列的数目、它们之间的距离和是否旋转对象。启动方式如下。

● 选项卡：打开【默认】选项卡，在【修改】功能面板中单击【矩形阵列】按钮 ▦ /【路径阵列】按钮 ⬚ /【环形阵列】按钮 ❖。
● 菜单栏：在传统菜单栏中选择【修改】→【阵列】命令。
● 命令栏：在命令行窗口中输入ARRAY命令，并按Enter键。
● 工具栏：单击【修改】工具栏中的【矩形阵列】按钮 ▦ /【路径阵列】按钮 ⬚ /【环形阵列】按钮 ❖。

在命令行窗口中输入ARRAY命令，会有以下操作命令提示：

```
命令: ARRAY
选择对象: (选择对象)
选择对象: ↙
输入阵列类型 [矩形(R)/路径(PA)/极轴(PO)] <矩形>: (输入字母R/PA/PO选择需要的阵列类型)
```

【例6-4】绘制槽轮(环形阵列)

环形阵列是以圆为阵列参考的多对象复制操作方式,可以通过角度和个数对阵列进行设置。

源文件:源文件/第6章/槽轮.dwg,如图6-20(a)所示。最终绘制结果如图6-20(b)所示。

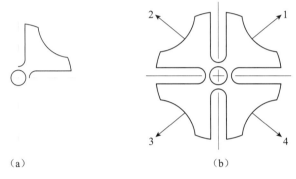

（a）   (b)

图 6-20 槽轮原图及结果

知识点延伸

(1)槽轮机构的运行方式(扫二维码观看)。

(2)源文件的画法(扫二维码观看)。回顾:【直线】【圆】【镜像】命令和相对极坐标。预习:【修剪】命令。

案例分析

槽轮为对称结构,且绕圆心有规律排列,故可以通过环形阵列操作来绘制。具体操作过程:选中对象1通过环形阵列操作完成对象2、对象3、对象4的绘制。

操作步骤

单击【默认】选项卡【修改】功能面板中的【环形阵列】按钮 ,将对象1以圆心为中心点旋转360°,其阵列的项目数为4。结果如图6-20所示。

命令行提示与操作如下:

```
命令: _ARRAYPOLAR
选择对象: (选择对象1)
选择对象: ↙
类型 = 极轴   关联 = 是
指定阵列的中心点或[基点(B)/旋转轴(A)]: (选择圆心)
选择夹点以编辑阵列或[关联(AS)/基点(B)/项目(I)/项目间角度(A)/填充角度(F)/行(ROW)/层
(L)/旋转项目(ROT)/退出(X)] <退出>: (输入I)
输入阵列中的项目数或[表达式(E)] <6>: (输入数字4)
选择夹点以编辑阵列或[关联(AS)/基点(B)/项目(I)/项目间角度(A)/填充角度(F)/行(ROW)/层
(L)/旋转项目(ROT)/退出(X)] <退出>: (输入F)
指定填充角度(+=逆时针、-=顺时针)或 [表达式(EX)] <360>: (输入数字360)
```

选择夹点以编辑阵列或[关联(AS)/基点(B)/项目(I)/项目间角度(A)/填充角度(F)/行(ROW)/层(L)/旋转项目(ROT)/退出(X)] <退出>: ↙

🔔 **操作提示**

（1）填充角度：在文本框中通过定义阵列中第一个和最后一个元素的基点之间的包含角来设置阵列大小。逆时针旋转为正，顺时针旋转为负。默认值为360，不允许为0。

（2）项目间角度：在文本框中设置阵列对象的基点之间包含角和阵列的中心。只能是正值，默认方向值为90。

（3）旋转项目：在文本框中输入ROT，出现询问是否旋转阵列项目时若输入N，则对象将相对中心点不旋转。若输入Y，则对象将相对中心点旋转。默认值为Y。

选择夹点以编辑阵列或[关联(AS)/基点(B)/项目(I)/项目间角度(A)/填充角度(F)/行(ROW)/层(L)/旋转项目(ROT)/退出(X)] <退出>:（输入ROT）
是否旋转阵列项目？[是(Y)/否(N)] <是>:（输入N）

当输入N时，最终绘制结果如图6-21所示。

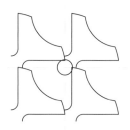

图6-21　不旋转阵列结果

📖 **【例6-5】绘制减速器视孔盖（矩形阵列）**

矩形阵列将对象沿着水平和垂直方向进行多个对象同时复制，其阵列方向可控。

源文件：源文件/第6章/减速器视孔盖俯视图.dwg，如图6-22（a）所示。最终绘制结果如图6-22（b）所示。

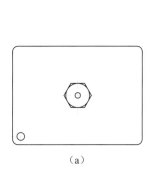

（a）

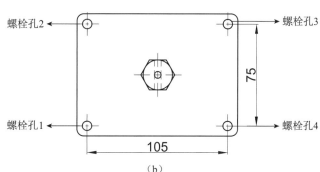

（b）

图6-22　视孔盖原图及结果

案例分析

可以看到，减速器视孔盖俯视图的4个螺栓孔对称且有规律分布，故可以通过矩形阵列操作来绘制。具体操作过程：选中螺栓孔1及其中心线，通过矩形阵列操作完成螺栓孔2～4的绘制。

操作步骤

单击【默认】选项卡【修改】功能面板中的【矩形阵列】按钮▦，以螺栓孔1的圆心为基点阵列成2行2列。其中，行间距为75mm，列间距为105mm。

命令行提示与操作如下：

命令：＿ARRAYRECT

选择对象：(选中螺栓孔1及其中心线)

选择对象：✓

类型 = 矩形　关联 = 是

选择夹点以编辑阵列或 [关联(AS)/基点(B)/计数(COU)/间距(S)/列数(COL)/行数(R)/层数(L)/退出(X)]<退出>：(输入B)

指定基点或[关键点(K)] <质心>：(选中螺栓孔1的圆心)

选择夹点以编辑阵列或 [关联(AS)/基点(B)/计数(COU)/间距(S)/列数(COL)/行数(R)/层数(L)/退出(X)]<退出>：(输入COU)

输入列数或[表达式(E)] <4>：(输入数字2)

输入行数或[表达式(E)] <3>：(输入数字2)

选择夹点以编辑阵列或 [关联(AS)/基点(B)/计数(COU)/间距(S)/列数(COL)/行数(R)/层数(L)/退出(X)]<退出>：(输入S)

指定列之间的距离或 [单位单元(U)] <25.5>：(输入数字105)

指定行之间的距离 <25.5>：(输入数字75)

选择夹点以编辑阵列或 [关联(AS)/基点(B)/计数(COU)/间距(S)/列数(COL)/行数(R)/层数(L)/退出(X)]<退出>：✓

✏ **温馨提示**：若行间距为正，则由原图向上复制生成阵列；反之向下复制生成阵列。若列间距为正，则由原图向右复制生成阵列；反之向左复制生成阵列。

📖 【例6-6】绘制路径阵列

路径阵列是将选中对象沿选定的路径或部分路径均匀分布。图6-23所示为选择矩形为源对象，沿着样条曲线完成的操作。

命令行提示与操作如下：

命令：＿ARRAYPATH

选择对象：(选择矩形)

选择对象：✓

类型 = 路径　关联 = 是

选择路径曲线：(选择样条曲线)

选择夹点以编辑阵列或[关联(AS)/方法(M)/基点(B)/切向(T)/项目(I)/行(R)/层(L)/对齐项目(A)/Z 方向(Z)/退出(X)] <退出>：I

指定沿路径的项目之间的距离或 [表达式(E)] <150>：(按Enter键，采用路径均分方式)

最大项目数 = 21

指定项目数或[填写完整路径(F)/表达式(E)] <21>：30 (确定阵列个数)

选择夹点以编辑阵列或 [关联(AS)/方法(M)/基点(B)/切向(T)/项目(I)/行(R)/层(L)/对齐项目(A)/Z 方向(Z)/退出(X)] <退出>：(按Enter键，接收)

扫一扫,看视频讲解

也可以按照输入起点和端点之间的总距离方式来确定阵列长度。另外，可以通过表达式方式来决定阵列对象的排列规律。

图 6-23　路径阵列

6.2　对象方位处理

6.2.1　旋转对象

使用ROTATE命令，用户可以将图形对象绕某一基准点旋转，改变图形对象的方向。启动方式如下。

- 选项卡：打开【默认】选项卡，在【修改】功能面板中单击【旋转】按钮 ○。
- 菜单栏：在传统菜单栏中选择【修改】→【旋转】命令。
- 命令行：在命令行窗口中输入ROTATE命令，并按Enter键。
- 工具栏：单击【修改】工具栏中的【旋转】按钮 ○。
- 快捷菜单：选择要旋转的对象，在绘图区域中右击，从弹出的快捷菜单中选择【旋转】命令 ○。

📖【例6-7】绘制连接板

源文件：源文件/第6章/连接板主视图.dwg，如图6-24（a）所示。最终绘制结果如图6-24（b）所示。

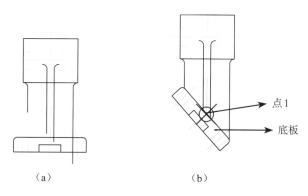

（a）　　　　　（b）

图 6-24　连接板及前转结果

案例分析

连接板主视图底板为倾斜状态，不易绘制。可以先在水平方向上画出底板，再通过【旋转】命令完成绘制。具体操作过程：通过【旋转】命令让底板围绕点1旋转完成绘制。

操作步骤

单击【默认】选项卡【修改】功能面板中的【旋转】按钮↺，以点1为基点，旋转角度为312°或–48°。结果如图6-24（b）所示。

命令行提示与操作如下：

```
命令：_ROTATE
UCS 当前的正角方向：ANGDIR=逆时针 ANGBASE=0
选择对象：(选中底板)
选择对象：✓
指定基点：(选中点1)
指定旋转角度，或[复制(C)/参照(R)] <48>：(输入数字312或-48)
```

🔔 **操作提示**

（1）参照：实际旋转角度=新角度–参考角度，该操作可以避免较为烦琐的计算。

命令行提示与操作如下：

```
指定旋转角度或 [复制(C)/参照(R)] <0>：(输入R)
指定参照角 <0>：(输入原始角度值)
指定新角度或 [点(P)] <0>：(输入最终角度)
```

以连接板主视图为例，具体操作扫二维码观看。

（2）复制：源对象不动，只旋转复制的副本。

命令行提示与操作如下：

```
指定旋转角度或 [复制(C)/参照(R)] <0>：(输入C)
旋转一组选定对象。
指定旋转角度或 [复制(C)/参照(R)] <0>：
```

以连接板主视图为例，具体操作扫二维码观看。

🔔 **操作技巧**：可以通过移动鼠标的方式来实现旋转对象。选中要旋转的对象后指定基点，此时移动鼠标，选中要旋转的对象会跟着旋转，通过选中某一参考点来确定旋转角度。

仍然以连接板主视图为例。

操作步骤

单击【默认】选项卡【修改】功能面板中的【旋转】按钮↺，以点1为基点，以点2为参考点完成连接板主视图的绘制，如图6-25所示。

命令行提示与操作如下：

```
命令：_ROTATE
UCS 当前的正角方向：ANGDIR=逆时针 ANGBASE=0
选择对象：(选中底板)
选择对象：✓
指定基点：(选中点1)
指定旋转角度或 [复制(C)/参照(R)] <0>：(选中点2)
```

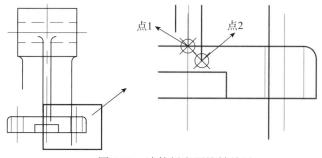

图 6-25   连接板参照旋转结果

6.2.2   移动对象

为了调整图纸上各实体的相对位置和绝对位置，常常需要移动图形或文本实体的位置。使用MOVE命令，可以不改变对象的方向和大小就将其由原位置移动到新位置。启动方式如下。

- 选项卡：打开【默认】选项卡，在【修改】功能面板中单击【移动】按钮 ✣。
- 菜单栏：在传统菜单栏中选择【修改】→【移动】命令。
- 命令行：在命令行窗口中输入MOVE命令，并按Enter键。
- 工具栏：单击【修改】工具栏中的【移动】按钮 ✣。
- 快捷菜单：选择要移动的对象，在绘图区右击，从弹出的快捷菜单栏中选择【移动】命令 ✣。

📖【例6-8】绘制减速器油尺装配

源文件：源文件/第6章/齿轮减速器油尺装配图.dwg，如图6-26（a）所示。最终绘制结果如图6-26（b）所示。

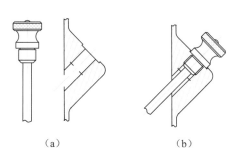

（a）   （b）

图 6-26   减速器油尺及装配结果

案例分析

在齿轮减速器油尺装配图中，油尺处于倾斜状态，不易绘制。所以选择先水平方向或竖直方向绘制油尺，再通过【旋转】结合【移动】命令完成齿轮减速器油尺装配图的绘制。具体操作过程：先通过【旋转】命令完成油尺1的绘制，再通过【移动】命令完成齿轮减速器油尺装配图的绘制。

扫一扫，看视频讲解

操作步骤

步骤一：单击【默认】选项卡【修改】功能面板中的【旋转】按钮 ↻，选择油尺为旋转对象，输入旋转角度为315或-45。结果如图6-27所示。

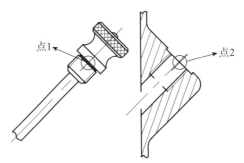

图 6-27　旋转减速器油尺

步骤二： 单击【默认】选项卡【修改】功能面板中的【移动】按钮✛，以油尺点1为基点移动至点2。结果如图6-26（b）所示。

命令行提示与操作如下：

```
命令：_MOVE
选择对象：(选中油尺)
选择对象：✓
指定基点或[位移(D)] <位移>：(选中油尺点1)
指定第二个点或 <使用第一个点作为位移>：(选中点2)
```

🔔 **操作提示**

（1）指定基点：选取一点为基点，即位移的基点。此时AutoCAD将继续提示如下：

```
指定第二个点或 <使用第一个点作为位移>：(选取另外一点)
```

则AutoCAD将所选对象沿当前位置按照给定两点确定的位移矢量移动。

（2）位移（D）：直接输入目标参照点相对于当前参照点的位移。此时AutoCAD将继续提示如下：

```
指定位移 <0.0000, 0.0000, 0.0000>：(输入3个坐标的位移值)
指定第二个点或 [退出(E)/放弃(U)] <退出>：
```

则AutoCAD将所选对象从当前位置按所输入位移矢量移动。

6.2.3　对齐对象

ALIGN命令是MOVE命令与ROTATE命令的组合。使用它，用户可以通过将对象移动、旋转和按比例缩放，使其与其他对象对齐。启动方式如下。

● 选项卡：打开【默认】选项卡，在【修改】功能面板中单击【对齐】按钮 。

● 命令行：在命令行窗口中输入ALIGN命令，并按Enter键。

📖 **【例6-9】绘制螺栓装配**

源文件：源文件/第6章/螺纹紧固件.dwg，如图6-28（a）所示。最终绘制结果如图6-28（b）所示。

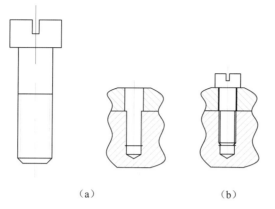

（a）　　　　　（b）

图 6-28　螺纹紧固件及装配结果

案例分析

在图6-28中，两个零件需要紧固，并且两个零件已经等比例缩小，而紧固件开槽圆柱头螺栓是标准尺寸。可以通过【对齐】命令完成紧固件的装配。具体操作过程：首先选中螺栓对象；其次通过【对齐】命令，分别选择源点1、2和目标点1、2完成对齐，如图6-29所示。

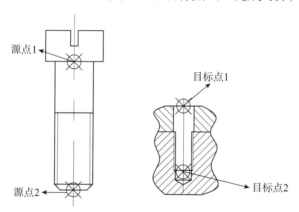

图 6-29　对齐参照点

操作步骤

单击【默认】选项卡【修改】功能面板中的【对齐】按钮 ，选中开槽圆柱头螺栓，确定两对源点与目标点，完成螺纹紧固件的绘制。结果如图6-28（b）所示。

命令行提示与操作如下：

```
命令：_ALIGN
选择对象：（选中开槽圆柱头螺钉）
选择对象：↙
指定第一个源点：（选中源点1）
指定第一个目标点：（选中目标点1）
指定第二个源点：（选中源点2）
指定第二个目标点：（选中目标点2）
指定第三个源点或 <继续>：↙
是否基于对齐点缩放对象？[是(Y)/否(N)] <否>：Y
```

6.3 对象变形处理

6.3.1 比例缩放

SCALE命令是一个非常有用的节省时间命令，它可以按照用户需要将图形任意放大或缩小，而不需要重画，但不能改变它的宽高比。启动方式如下。

- 选项卡：打开【默认】选项卡，在【修改】功能面板中单击【缩放】按钮□。
- 菜单栏：在传统菜单栏中选择【修改】→【缩放】命令。
- 命令行：在命令行窗口中输入SCALE命令，并按Enter键。
- 工具栏：单击【修改】工具栏中的【缩放】按钮□。
- 快捷菜单：选择要缩放的对象，在绘图区右击，在弹出的快捷菜单中选择【缩放】命令□。

【例6-10】绘制六角螺栓装配

源文件：源文件/第6章/六角螺栓紧固件装配图.dwg，如图6-30（a）所示。最终绘制结果如图6-30（b）所示。

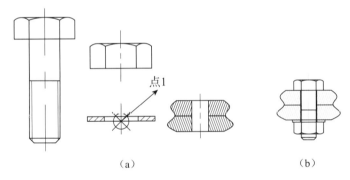

图6-30 六角螺栓紧固件及装配结果

案例分析

在图6-30中，已知两个紧固件已经等比例缩小0.5倍，而六角螺栓、垫片和螺母都是原尺寸绘制。此时需要将它们通过【缩放】命令进行比例缩放。具体操作过程：首先对螺栓、垫片和螺母通过【缩放】命令进行比例缩放，再对螺母通过【旋转】命令进行180°旋转，最后通过【移动】命令完成装配图的绘制。

操作步骤

步骤一：单击【默认】选项卡【修改】功能面板中的【缩放】按钮，分别选中螺栓、垫片和螺母，以点1为基点，比例因子为0.5进行缩放。结果如图6-31所示。

命令行提示与操作如下：

```
命令：_SCALE
选择对象：(选中六角头螺栓)
选择对象：(选中垫片)
选择对象：(选中螺母)
选择对象：✓
```

指定基点：(选中点1)
指定比例因子或 [复制(C)/参照(R)]：(输入数字0.5，并按Enter键)

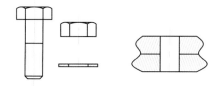

图 6-31   六角螺栓紧固件缩放结果

🔔 **操作提示**

（1）复制：将所选对象以复制方式进行缩放，即源对象不动，只缩放复制的副本，如图6-32所示。命令行提示与操作如下：

指定比例因子或 [复制(C)/参照(R)]：(输入字母C)
缩放一组选定对象。
指定比例因子或 [复制(C)/参照(R)]：(输入数字0.5，并按Enter键)

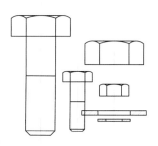

图 6-32   复制缩放结果

（2）参照：可以通过数值参照进行比例缩放，也可以通过实体参照进行比例缩放。

① 通过数值参照进行比例缩放，结果如图6-31所示。命令行提示与操作如下：

指定比例因子或[复制(C)/参照(R)]：(输入字母R)
指定参照长度 <1.0000>：(输入数字1)
指定新的长度或 [点(P)] <1.0000>：(输入数字0.5，并按Enter键)

② 通过实体参照进行比例缩放，参照对象如图6-33所示，结果如图6-31所示。命令行提示与操作如下：

指定比例因子或[复制(C)/参照(R)]：(输入字母R)
指定参照长度 <1.0000>：(选中点2)
指定第二个点：(选中点3)
指定新的长度或 [点(P)] <1.0000>：(输入字母P)
指定第一个点：(选中点4)
指定第二个点：(选中点5)

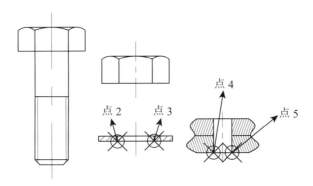

图 6-33 参照对象

步骤二：单击【默认】选项卡【修改】功能面板中的【旋转】按钮↻，选择螺母为旋转对象，以点 6 为旋转中心旋转 180°。结果如图 6-34 所示。

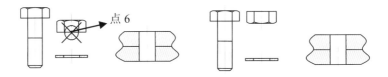

图 6-34 螺母旋转结果

步骤三：单击【默认】选项卡【修改】功能面板中的【移动】按钮✛，通过移动螺栓、垫片和螺母，完成装配体的绘制。结果如图 6-30 所示改为结果如图 6-30（b）所示。

6.3.2 拉伸对象

使用STRETCH命令可以在一个方向上按用户指定的尺寸拉伸图形。但是，首先要为拉伸操作指定一个基点，然后指定两个位移点。启动方式如下。

● 选项卡：打开【默认】选项卡，在【修改】功能面板中单击【拉伸】按钮。
● 菜单栏：在传统菜单栏中选择【修改】→【拉伸】命令。
● 命令行：在命令行窗口中输入STRETCH命令，并按Enter键。
● 工具栏：单击【修改】工具栏中的【拉伸】按钮。

📖【例6-11】绘制锥形套筒

源文件：源文件/第6章/锥形套筒主视图.dwg，如图6-35（a）所示。最终绘制结果如图6-35（b）所示。

案例分析

在保证锥形套筒上下底边尺寸不变的同时，需要修改锥形套筒的高度，此时可以通过【拉伸】命令完成锥形套筒主视图的绘制。具体操作过程：如图6-35所示，将线段1～6通过【拉伸】命令完成锥形套筒的拉伸。

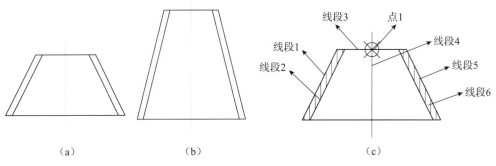

图 6-35　锥形套筒及拉伸结果

操作步骤

单击【默认】选项卡【修改】功能面板中的【拉伸】按钮，选择线段1~6为拉伸对象并对其进行拉伸操作。

命令行提示与操作如下：

```
命令: _STRETCH
以交叉窗口或交叉多边形选择要拉伸的对象...
选择对象:（交叉选择线段1~6）
选择对象: ↙
指定基点或[位移(D)] <位移>:（选择点1）
指定第二个点或 <使用第一个点作为位移>:（竖直上移十字光标，输入数字20，按Enter键）
```

🔔 **操作提示**

位移表示通过输入X、Y、Z轴位移值，即三维坐标点的形式。命令行提示与操作如下：

```
指定基点或[位移(D)] <位移>:（输入字母D）
指定位移 <0.0000, 0.0000, 0.0000>:（输入X、Y、Z轴位移值）
```

✏️ **温馨提示**：在选取对象时，对于由 LINE、ARC、TRACE、SOLID、PLINE 等命令绘制的直线段或圆弧段，若其整个对象均在窗口内，则执行结果是对其移动；若一端在选取窗口内，另一端在外，则有以下拉伸规则：

（1）直线、区域填充。窗口外端点不动，窗口内端点移动。

（2）圆弧。窗口外端点不动，窗口内端点移动，并且在圆弧的改变过程中，圆弧的弦高保持不变，由此来调整圆心位置。

（3）轨迹线、区域填充。窗口外端点不动，窗口内端点移动。

（4）多段线。与直线或圆弧相似，但多段线的两端宽度、切线方向和曲线拟合信息都不变。

（5）对于圆、形、块、文本和属性定义，如果其定义点位于选取窗口内，则对象移动；否则对象不动。圆的定义点为圆心，形和块的定义点为插入点，文本和属性定义的定义点为字符串的基线左端点。

6.3.3　拉长对象

使用拉长命令LENGTHEN可以延伸或缩短非闭合直线、圆弧、非闭合多段线、椭圆弧和非闭合样条曲线的长度，也可以改变圆弧的角度。启动方式如下。

● 选项卡：打开【默认】选项卡，在【修改】功能面板中单击【拉长】按钮／。
● 菜单栏：在传统菜单栏中选择【修改】→【拉长】命令。
● 命令行：在命令行窗口中输入LENGTHEN命令，并按Enter键。
● 工具栏：单击【修改】工具栏中的【拉长】按钮／。

📖【例6-12】绘制六角普通螺母俯视图

源文件：源文件/第6章/六角普通螺母俯视图.dwg，如图6-36（a）所示。最终绘制结果如图6-36（b）所示。

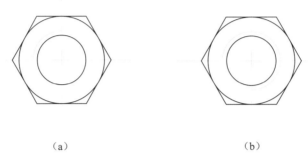

（a）   （b）

图6-36 六角普通螺母俯视图及拉长结果

案例分析

六角普通螺母螺纹部分大径只需3/4圈圆，图6-36中大径已画出1/4圈，可以通过【拉长】命令完成六角普通螺母俯视图的绘制。具体操作过程：选中1/4圈大径通过【拉长】命令完成3/4圈大径的绘制。

操作步骤

单击【默认】选项卡【修改】功能面板中的【拉长】按钮／，选择1/4圈大径为拉长对象并对其进行拉长操作。结果如图6-36（b）所示。

命令行提示与操作如下：

```
命令：_LENGTHEN
选择要测量的对象或[增量(DE)/百分比(P)/总计(T)/动态(DY)]<总计(T)>：(输入字母DE)
输入长度增量或[角度(A)]<0.0000>：(输入字母A)
输入角度增量<0>：(输入数字180)
选择要修改的对象或[放弃(U)]：(选中1/4圈大径)
```

🔔 **操作提示**

（1）增量：通过输入弧长或线段的增量来改变弧长或线段长度。
（2）百分比：以总长百分比的形式改变圆弧角度或直线长度。
（3）总计：输入直线新长度或圆弧的新角度改变二者长度。
（4）动态：通过动态拖动模式改变对象的长度。

✏️ **温馨提示：**

（1）【拉伸】命令既可以改变尺寸，又可以改变形状，【拉长】命令只能改变尺寸。
（2）多段线只能被缩短，不能被加长。
（3）直线由长度控制加长或缩短，圆弧由圆心角控制。

6.3.4 延伸对象

使用EXTEND命令可以拉长或延伸直线或弧，使它与其他对象相接，也可以使它精确地延伸至由其他对象定义的边界。启动方式如下。

● 选项卡：打开【默认】选项卡，在【修改】功能面板中单击【延伸】按钮。
● 菜单栏：在传统菜单栏中选择【修改】→【延伸】命令。
● 命令行：在命令行窗口中输入EXTEND命令，并按Enter键。
● 工具栏：单击【修改】工具栏中的【延伸】按钮。

📖【例6-13】绘制锥齿轮轴主视图

源文件：源文件/第6章/锥齿轮轴主视图.dwg，如图6-37（a）所示。最终绘制结果如图6-37（b）所示。

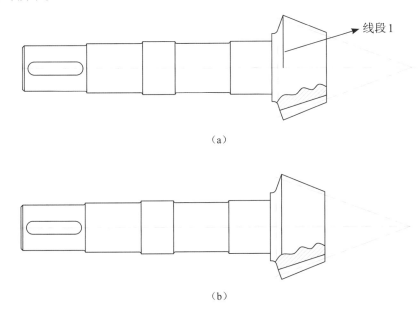

图 6-37　锥齿轮轴主视图及延伸结果

案例分析

在锥齿轮轴主视图中，在绘制锥齿轮部分时出现不规则边界线，在保证线段1角度不变的情况下与不规则线段相交，构成封闭图形。可以通过【延伸】命令完成锥齿轮轴主视图的绘制。具体操作过程：在【快速】模式下，通过【延伸】命令指定所需延伸的对象完成绘制；在【标准】模式下，通过【延伸】命令指定边界边和所需延伸的对象完成绘制。【快速】模式为默认模式。

操作步骤

单击【默认】选项卡【修改】功能面板中的【延伸】按钮，以线段1为延伸的对象，选中线段1靠下的部分。结果如图6-37所示。

命令行提示与操作如下：

```
命令：_EXTEND
当前设置：投影=UCS,边=无,模式=快速
选择要延伸的对象或按住 Shift 键选择要修剪的对象或[边界边(B)/窗交(C)/模式(O)/投影(P)]:
```

（选择线段1靠下部分）
选择要延伸的对象或按住 Shift 键选择要修剪的对象或[边界边(B)/窗交(C)/模式(O)/投影(P)/放弃(U)]：✓

【标准】模式可以通过命令更改。方法：单击【默认】选项卡【修改】功能面板中的【延伸】按钮，根据系统提示选项进行模式的更改。

命令行提示与操作如下：

命令：_EXTEND
当前设置：投影=UCS,边=无,模式=快速
选择要延伸的对象或按住 Shift 键选择要修剪的对象或[边界边(B)/窗交(C)/模式(O)/投影(P)]：（输入O）
输入延伸模式选项 [快速(Q)/标准(S)] <快速(Q)>：（输入S）
选择要延伸的对象或按住 Shift 键选择要修剪的对象或[边界边(B)/栏选(F)/窗交(C)/模式(O)/投影(P)/边(E)/放弃(U)]：✓

单击【默认】选项卡【修改】功能面板中的【延伸】按钮，选择线段1为延伸的对象，将其延伸到不规则边界线上。结果如图6-37（b）所示。

命令行提示与操作如下：

命令：_EXTEND
当前设置：投影=UCS,边=延伸,模式=标准
选择边界边...
选择对象或 [模式(O)] <全部选择>：（选择不规则边界线）
选择对象：
选择要延伸的对象或按住 Shift 键选择要修剪的对象或[边界边(B)/栏选(F)/窗交(C)/模式(O)/投影(P)/边(E)]：（选择线段1靠下部分）
选择要延伸的对象或按住 Shift 键选择要修剪的对象或[边界边(B)/栏选(F)/窗交(C)/模式(O)/投影(P)/边(E)/放弃(U)]：✓

✏️ 温馨提示：

（1）在【快速】模式下也可以运用【标准】模式对图形进行延伸，具体操作过程：在【选择要延伸的对象或按住 Shift 键选择要修剪的对象或[边界边(B)/窗交(C)/模式(O)/投影(P)]：】命令中选择【边界边】选项或输入B，便可以运用【标准】模式对图形进行延伸操作，但只限本次操作。

（2）在【延伸】命令的使用中，可以被延伸的对象包括圆弧、椭圆圆弧、直线、开放的二维多段线和三维多段线以及射线，有效的边界对象包括二维多段线、三维多段线、圆弧、圆、椭圆、浮动视口、直线、射线、面域、样条曲线、文字和构造线。如果选择二维多段线作为边界对象，AutoCAD将忽略其宽度并将对象延伸到多段线的中心线处。

（3）选取延伸目标时，只能用点选方式，距离最近的拾取点一端被延伸。

（4）多段线中有宽度的直线段与圆弧会按原倾斜度延伸，如延伸后其末端出现负值，则该端宽度为零。不封闭的多段线才能延长，封闭的多段线则不能。宽多段线作为边界时，其中心线为实际的边界线。

6.3.5 修剪对象

用户操作图形对象时，若要在由一个或多个对象定义的边上精确地剪切对象，逐个剪切很

显然需要很多时间，而【修剪】命令TRIM可以很容易地剪去对象上超过交点的部分。TRIM命令可以看作EXTEND命令的反命令。启动方式如下。

● 选项卡：打开【默认】选项卡，在【修改】功能面板中单击【修剪】按钮 ⁎。
● 菜单栏：在传统菜单栏中选择【修改】→【修剪】命令。
● 命令行：在命令行窗口中输入TRIM命令，并按Enter键。
● 工具栏：单击【修改】工具栏中的【修剪】按钮 ⁎。

📖 【例6-14】绘制摇柄

源文件：源文件/第6章/摇柄轮廓图.dwg，如图6-38（a）所示。最终绘制结果如图6-38（b）所示。

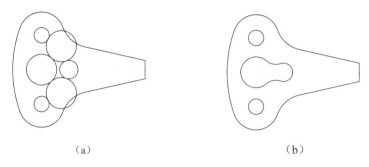

（a）   （b）

图6-38　摇柄轮廓图及修剪结果

案例分析

在绘制摇柄轮廓图时，会出现超出边界的多余部分，可以通过【修剪】命令完成摇柄轮廓图的绘制。具体操作过程：在【快速】模式下，通过【修剪】命令完成圆弧1、圆弧2、圆弧3和圆弧4的绘制；在【标准】模式下，选中圆3、圆4，通过【修剪】命令完成圆弧1、圆弧2的绘制；选中圆弧1、圆弧2，对圆1、圆2通过【修剪】命令完成圆弧3、圆弧4的绘制，如图6-39所示。本案例使用【标准】模式下的【修剪】命令。

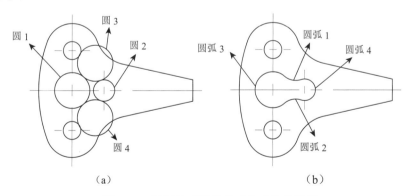

（a）   （b）

图6-39　摇柄轮廓图选择对象及修剪结果

操作步骤

步骤一：单击【默认】选项卡【修改】功能面板中的【修剪】按钮 ⁎，以圆1、圆2作为边界对象，对圆3、圆4进行修剪操作。结果如图6-40所示。

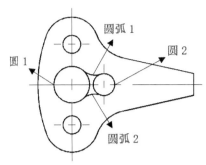

图 6-40 修剪生成圆弧 1、圆弧 2

命令行提示与操作如下：

```
命令：_TRIM
当前设置：投影=UCS，边=延伸
选择剪切边...
选择对象或 <全部选择>：(选择圆1)
选择对象：(选择圆2)
选择对象：✓
选择要修剪的对象或按住 Shift 键选择要延伸的对象或[栏选(F)/窗交(C)/投影(P)/边(E)/删除
(R)]：(选择圆3需要修剪的部分)
选择要修剪的对象或按住 Shift 键选择要延伸的对象或[栏选(F)/窗交(C)/投影(P)/边(E)/删除
(R)/放弃(U)]：(选择圆4需要修剪的部分)
选择要修剪的对象或按住 Shift 键选择要延伸的对象或[栏选(F)/窗交(C)/投影(P)/边(E)/删除
(R)/放弃(U)]：✓
```

步骤二：单击【默认】选项卡【修改】功能面板中的【修剪】按钮，以圆弧1、圆弧2作为边界对象，对圆1、圆2进行修剪操作。结果如图6-39所示。

命令行提示与操作如下：

```
命令：_TRIM
当前设置：投影=UCS，边=延伸
选择剪切边...
选择对象或 <全部选择>：(选中圆弧1)
选择对象：(选中圆弧2)
选择对象：✓
选择要修剪的对象或按住 Shift 键选择要延伸的对象或[栏选(F)/窗交(C)/投影(P)/边(E)/删除
(R)]：(选中圆1需要修剪的部分)
选择要修剪的对象或按住 Shift 键选择要延伸的对象或[栏选(F)/窗交(C)/投影(P)/边(E)/删除
(R)/放弃(U)]：(选中圆2需要修剪的部分)
选择要修剪的对象或按住 Shift 键选择要延伸的对象或[栏选(F)/窗交(C)/投影(P)/边(E)/删除
(R)/放弃(U)]：✓
```

✏️ **温馨提示：**

（1）在【快速】模式下也可以运用【标准】模式对图形进行修剪。具体操作过程：在【选择要修剪的对象或按住 Shift 键选择要延伸的对象或[剪切边(T)/窗交(C)/模式(O)/投影(P)/删除(R)]：】命令中选择【剪切边】选项或输入T，便可以运用【标准】模式对图形进行修剪操作，但只限本次操作。

（2）指定被剪切对象的拾取点，决定对象被剪切部分。剪切边自身也可以作为被剪切边。

（3）使用【修剪】命令可以剪切尺寸标注线。

（4）带有宽度的多段线作为被剪切边时，剪切交点按中心线计算，并保留宽度信息，剪切边界与多段线的中心线垂直。

习题六

一、选择题

1. 对于同一个平面上的两条不平行且无交点的线段，可以仅通过（   ）命令来延长原线段使两条线段相交于一点。

    A. EXTEND   B. FILLET

    C. STRETCH   D. LENGTHEN

2. 一组同心圆可以由一个画好的圆用（   ）命令来实现。

    A. STRETCH   B. MOVE   C. EXTEND   D. OFFSET

3. 在AutoCAD中，对象的阵列方式有（   ）。

    A. 环形   B. 圆形   C. 线型   D. 矩形

4. 在修改编辑时，只能采用交叉或交叉多边形窗口选取的编辑命令是（   ）。

    A.【拉长】   B.【延伸】   C.【比例】   D.【拉伸】

5. 下列编辑工具中，不能实现改变位置功能的是（   ）。

    A. 移动   B. 比例   C. 旋转   D. 阵列

6. 在下列命令中，可以改变对象大小或长度的命令是（   ）。

    A.【比例收缩】   B.【拉伸】   C.【拉长】   D. 3个答案全对

7. 下面的（   ）操作可以完成移动、复制、旋转和缩放所选对象的多种编辑功能。

    A. MOVE   B. ROTATE   C. COPY   D. MOCORO

8. 下列（   ）命令不能快速生成完全相同的对象。

    A.【偏移】   B.【阵列】   C.【复制】   D.【镜像】

9.（   ）对象不能利用偏移OFFSET命令偏移。

    A. 多段线   B. 圆弧   C. 文本   D. 样条曲线

10. 不是环形阵列定义阵列对象数目和分布方法的是（   ）。

    A. 项目总数和填充角度   B. 项目总数和项目间的角度

    C. 项目总数和基点位置   D. 填充角度和项目间的角度

11. 用【旋转】命令ROTATE旋转对象时，（   ）。

    A. 必须指定旋转角度   B. 必须指定旋转基点

    C. 必须使用参考方式   D. 可以在三维空间缩放对象

12. 用【拉伸】命令STRETCH拉伸对象时，不能（   ）。

    A. 把圆拉伸为椭圆   B. 把正方形拉伸为长方形

    C. 移动对象特殊点   D. 整体移动对象

13.【拉长】命令LENGTHEN修改开放曲线的长度时有很多选项，除了（   ）。

    A. 增量   B. 封闭   C. 百分数   D. 动态

14. 不能应用【修剪】命令TRIM进行修剪的对象是（   ）。

    A. 圆弧   B. 圆   C. 直线   D. 文字

15. 用【偏移】命令OFFSET偏移对象时，（　　　　）。
　　A. 必须指定偏移距离　　　　　　　　　B. 可以指定偏移通过特殊点
　　C. 可以偏移开口曲线和封闭线框　　　　D. 源对象的某些特征可能在偏移后消失

16. 用【镜像】命令MIRROR镜像对象时，（　　　　）。
　　A. 必须创建镜像线　　　　　　　　　　B. 可以镜像文字，但镜像后文字不可读
　　C. 镜像后可以选择是否删除源对象　　　D. 用系统变量MIRRTEXT控制文字是否可读

17. 下列命令中没有复制功能的是（　　　　）。
　　A.【移动】　　　　　　　　　　　　　B.【阵列】
　　C.【偏移】　　　　　　　　　　　　　D.【镜像】

18. 下列命令中具有修剪功能的是（　　　　）。
　　A.【修剪】　　　　　　　　　　　　　B.【倒角】
　　C.【圆角】　　　　　　　　　　　　　D. 3个答案全对

二、填空题

1. 在对编辑对象进行修剪时，应首先选择_____，按Enter键结束此项选择后，再选择_____。

2. 矩形阵列的基本图形和起始对象放在左下角，以向_____、向_____为正方向。

3. 在编辑工具中，阵列工具分为_____和_____。

4.【镜像】命令的功能是_____。

5. 在使用【拉伸】命令STRETCH时，与选取窗口相交的对象会_____，完全在选取窗口外的对象会_____，而完全在选取窗口内的对象会_____。

三、判断题

1.【倒角】命令只对直线、多段线和多边形进行倒角，不能对弧、椭圆弧倒角。　　（　　　）
2. 在矩形阵列过程中，行间距为正值时，所选对象向下阵列。　　　　　　　　　　（　　　）
3. 若对文本进行镜像，在MIRRTEXT=0时对文本做完全镜像。　　　　　　　　　（　　　）
4. 单独的一条线也可以通过修剪来删除。　　　　　　　　　　　　　　　　　　　（　　　）

四、操作题

1. 绘制如图6-41所示的链轮平面图。

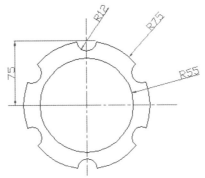

图 6-41　链轮平面图

2. 绘制如图 6-42 所示的轴承图。

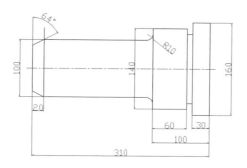

图 6-42　轴承图

3. 绘制如图 6-43 所示的模板平面图。

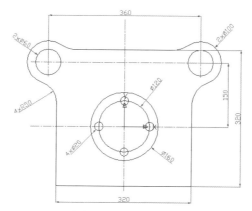

图 6-43　模板平面图

4. 绘制如图 6-44 所示的密封圈图。

5. 绘制如图 6-45 所示的弹簧图（剖面部分可以不进行填充）。

图 6-44　密封圈图

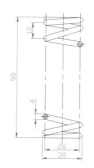

图 6-45　弹簧图

五、思考题

1. 对象的偏移和镜像操作有什么区别与联系？

2. 为什么【修剪】命令无法修剪对齐线段？

3. 阵列与矩形阵列的基本设置包括哪些？

第 7 章

二维对象编辑——断合、倒角与图案填充

学习目标

　　一张图纸往往要经过反复的修改才能达到用户的要求，所以，掌握必要的图形编辑功能是必不可少的。

　　通过本章的学习，掌握打断和合并方法；掌握倒棱角和倒圆角方法；掌握图案填充方法；掌握面域造型操作方法。

本章要点

- 对象打断与合并
- 对象倒角
- 剖视图与图案填充
- 面域造型

内容浏览

除了前面已经讲解过的对象操作方法，AutoCAD 2021平面图形对象的基本编辑方法还包括打断、合并和倒角等。另外，图案填充和面域造型等功能也非常重要，经常组合起来进行剖面线绘制等。

7.1 对象打断与合并

对于建立的连续对象，可以将其打断成多段；对于不同的对象，则可以合并为一体。打断方式有两种，直接将拾取点之间的部分去掉，或者在拾取点处断开。

7.1.1 打断

使用BREAK命令可以把实体中某一部分在拾取点处打断，进而删除。可以打断的对象包括直线、圆、圆弧、多段线、椭圆、样条曲线、参照线和射线。启动方式如下。

- 选项卡：打开【默认】选项卡，在【修改】功能面板中单击【打断】按钮 。
- 菜单栏：在传统菜单栏中选择【修改】→【打断】命令。
- 命令行：在命令行窗口中输入BREAK命令，并按Enter键。
- 工具栏：单击【修改】工具栏中的【打断】按钮 。

📖【例7-1】绘制锥齿轮

源文件：源文件/第7章/大锥齿轮二视图.dwg，如图7-1（a）所示。最终绘制结果如图7-1（b）所示。

案例分析

在绘制大锥齿轮二视图时，主视图（剖视图）和左视图共用一条水平点划线，根据国家标准《技术制图与机械制图》一般规定，点划线应超出轮廓线2~5mm。可以通过【打断】命令完成大锥齿轮二视图的绘制。具体操作过程：首先以大锥齿轮主视图（剖视图）为修改对象，通过【打断】命令完成主视图水平点划线的绘制；其次以大锥齿轮左视图为修改对象，通过【打断】命令完成左视图水平点划线和竖直点划线的绘制。

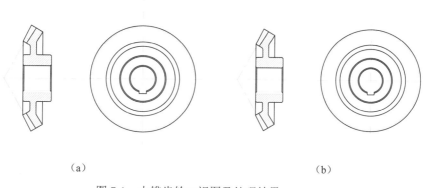

（a） （b）

图7-1 大锥齿轮二视图及处理结果

操作步骤

步骤一：单击【默认】选项卡【修改】功能面板中的【打断】按钮 ，打断大锥齿轮主视图水平点划线左右两侧多余部分，使点划线超出轮廓线2~5mm。结果如图7-1（b）左侧图所示。

命令行提示与操作如下：

```
命令：_BREAK
选择对象：(选择主视图水平点划线左侧适当一点)
指定第二个打断点或[第一点(F)]：(选择主视图水平点划线左侧适当另一点)
命令：_BREAK
选择对象：(选择主视图水平点划线右侧适当一点)
指定第二个打断点或[第一点(F)]：(选择主视图水平点划线右侧适当另一点)
```

步骤二： 重复步骤一，打断大锥齿轮左视图水平点划线左右两侧多余部分和竖直点划线上下两侧多余部分，使点划线超出轮廓线2~5mm。结果如图7-1（b）右侧图所示。

命令行提示与操作如下：

```
命令：_BREAK
选择对象：(选择左视图水平点划线左侧适当一点)
指定第二个打断点或[第一点(F)]：(选择左视图水平点划线左侧适当另一点)
命令：_BREAK
选择对象：(选择左视图水平点划线右侧适当一点)
指定第二个打断点或[第一点(F)]：(选择左视图水平点划线右侧适当另一点)
命令：_BREAK
选择对象：(选择左视图水平点划线上侧适当一点)
指定第二个打断点或[第一点(F)]：(选择左视图水平点划线上侧适当另一点)
命令：_BREAK
选择对象：(选择左视图水平点划线下侧适当一点)
指定第二个打断点或[第一点(F)]：(选择左视图水平点划线下侧适当另一点)
```

🔔 **操作提示**

如果选择【第一点】选项，系统将丢弃前面的第一个选择点，重新提示用户指定两个打断点。
命令行提示与操作如下：

```
指定第一个打断点：(选取一点作为第一点)
指定第二个打断点：(选取第二点)
```

✏️ **温馨提示：**

（1）若直接拾取对象上的一点或在对象外面的一端方向处拾取一点，则将对象上所拾取的两点之间的部分删除。

对于圆或椭圆来说，将从第一点开始沿逆时针打断对象。

（2）若输入@，则将对象在选取点一分为二。

7.1.2　打断于点

【打断于点】功能是【打断】功能的特殊情况，只需选择一点，它将对象在选择点处直接打断。在【修改】功能面板中单击【打断于点】按钮□即可启动。

7.1.3　合并

对于圆弧、椭圆弧、直线、多段线、样条曲线和螺旋对象，可以将其合并为一体，但是要合并的对象必须位于相同的平面上。

1. 启动方式

● 选项卡：打开【默认】选项卡，在【修改】功能面板中单击【合并】按钮 ↠ 。

● 菜单栏：在传统菜单栏中选择【修改】→【合并】命令。

● 命令行：在命令行窗口中输入JOIN命令，并按Enter键。

● 工具栏：单击【修改】工具栏中的【合并】按钮 ↠ 。

2. 操作方法

启动【合并】命令后，系统提示如下：

命令：_JOIN

选择源对象或要一次合并的多个对象:(选择源对象)

选择要合并的对象：(可以多选，也可以按Enter键后确认)

选择要合并的对象： ✓

✎ 温馨提示：

（1）直线对象必须共线（位于同一无限长的直线上），但是它们之间可以有间隙。

（2）源对象为多段线时，合并对象可以是直线、多段线或圆弧。对象之间不能有间隙，并且必须位于与UCS的XY平面平行的同一平面上。

（3）圆弧、椭圆弧对象必须位于同一假想的圆上，但是它们之间可以有间隙。合并两条或多条圆弧时，将从源对象开始按逆时针方向合并圆弧。

（4）样条曲线必须相接（端点对端点），结果对象是单条样条曲线。

7.2 对象倒角

对象倒角操作包括倒棱角（倒角）和倒圆角操作。多段线的倒角操作比较特殊，所以在此单独列出。

7.2.1 倒棱角

在绘制工程图纸时，使用CHAMFER命令定义一个倾斜面可以避免出现尖锐的角。在AutoCAD 2021中，可以进行倒角操作的对象包括直线、多段线、参照线和射线。有关三维操作将在第12章中讲解。启动方式如下。

● 选项卡：打开【默认】选项卡，在【修改】功能面板中单击【倒角】按钮 ⌐ 。

● 菜单栏：在传统菜单栏中选择【修改】→【倒角】命令。

● 命令行：在命令行窗口中输入CHAMFER命令，并按Enter键。

● 工具栏：单击【修改】工具栏中的【倒角】按钮 ⌐ 。

📖 【例7-2】绘制螺塞

源文件：源文件/第7章/螺塞主视图.dwg，如图7-2（a）所示。最终绘制结果如图7-2（b）所示。

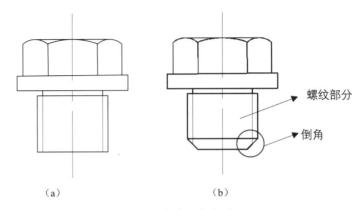

螺纹部分

倒角

（a）   （b）

图 7-2　螺塞及倒角结果

案例分析

螺塞下端是螺纹部分，倒角是重要的一步，是为了去除零件上因机器加工生产的毛刺，同时更利于零件的装配。具体操作过程：如图 7-3 所示，首先以角 1 和角 2 为修改对象，通过【倒角】命令完成倒角的绘制；其次以两细实线为修剪对象，通过【修剪】命令完成两细实线的绘制；最后通过【直线】命令完成螺塞的绘制。

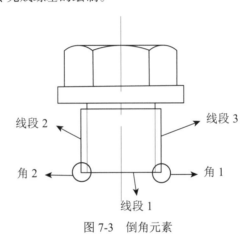

线段 2

线段 3

角 2

角 1

线段 1

图 7-3　倒角元素

操作步骤

步骤一：单击【默认】选项卡【修改】功能面板中的【倒角】按钮 ⌐，分别以角 1 和角 2 为修改对象，进行【倒角】操作。结果如图 7-4 所示。

命令行提示与操作如下：

命令：_CHAMFER
（【修剪】模式）当前倒角距离 1 = 0.0000，距离 2 = 0.0000
选择第一条直线或 [放弃(U)/多段线(P)/距离(D)/角度(A)/修剪(T)/方式(E)/多个(M)]：(输入字母D)
指定第一个倒角距离 <0.0000>：(输入数字2.1)
指定第二个倒角距离 <2.1000>：✓
选择第一条直线或 [放弃(U)/多段线(P)/距离(D)/角度(A)/修剪(T)/方式(E)/多个(M)]：(输入字母M)
选择第一条直线或 [放弃(U)/多段线(P)/距离(D)/角度(A)/修剪(T)/方式(E)/多个(M)]：(选中线段1)

选择第二条直线或按住 Shift 键选择直线以应用角点或 [距离(D)/角度(A)/方法(M)]:(选中线段2)
选择第一条直线或[放弃(U)/多段线(P)/距离(D)/角度(A)/修剪(T)/方式(E)/多个(M)]:(选中线段1)
选择第二条直线或按住Shift键选择直线以应用角点或 [距离(D)/角度(A)/方法(M)]:(选中线段3)
选择第一条直线或[放弃(U)/多段线(P)/距离(D)/角度(A)/修剪(T)/方式(E)/多个(M)]:✓

步骤二:单击【默认】选项卡【修改】功能面板中的【修剪】按钮，对左右两细实线多出部分进行修剪。结果如图7-5所示。

步骤三:将【粗实线】图层设置为当前图层。单击【默认】选项卡【绘图】功能面板中的【直线】按钮，完成螺塞的绘制。结果如图7-2（b）所示。

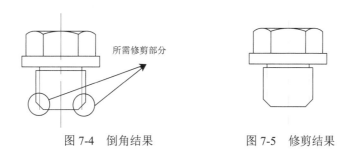

所需修剪部分

图7-4　倒角结果　　　　　图7-5　修剪结果

🔔 操作提示

（1）多段线:表示对整条多段线倒角。相交多段线线段在每个多段线顶点被倒角。倒角成为多段线的新线段。如果多段线包含的线段过短以至于无法容纳倒角距离，则不对这些线段倒角。

（2）角度:根据一个倒角距离和一个角度进行倒角。

（3）修剪:确定倒角是否对相应的倒角进行修剪。

（4）方式:确定倒角方式。

✏️ **温馨提示:**如果将倒角的距离设置成0，则所选两直线段相交。

CHAMFER命令的应用情况如图7-6所示。

取消倒角　　指定距离　不修剪　　修剪

图7-6　CHAMFER 命令的应用情况

7.2.2　倒圆角

使用AutoCAD提供的FILLET命令，即可以用光滑的弧把两个实体连接起来。可以进行倒圆角操作的对象主要包括直线、圆弧、椭圆弧、多段线、射线、构造线和样条曲线。另外，相比以前版本，现在可以进行多次连续倒圆角。启动方式如下。

● 选项卡:打开【默认】选项卡，在【修改】功能面板中单击【圆角】按钮。

● 菜单栏:在传统菜单栏中选择【修改】→【圆角】命令。

● 命令行:在命令行窗口中输入FILLET命令，并按Enter键。

● 工具栏：单击【修改】工具栏中的【圆角】按钮 。

📖 【例7-3】绘制底座

源文件：源文件/第7章/底座俯视图.dwg，如图7-7（a）所示。最终绘制结果如图7-7（b）所示。

　　（a）　　　　　　　　　　　　　　　　　　　　　（b）

图 7-7　底座及倒圆角结果

案例分析

此底座需要进行倒圆角操作。具体操作过程：以两个直角为修改对象，通过【倒圆角】命令完成倒圆角，再通过【镜像】命令完成底座的绘制。

88 扫一扫,看视频讲解

操作步骤

步骤一：单击【默认】选项卡【修改】功能面板中的【圆角】按钮 ，以两个角为修改对象，进行倒圆角操作。结果如图7-8所示。

命令行提示与操作如下：

```
命令：_FILLET
当前设置：模式 = 修剪，半径 = 0.0000
选择第一个对象或[放弃(U)/多段线(P)/半径(R)/修剪(T)/多个(M)]：(输入字母R)
指定圆角半径 <0.0000>：(输入数字20)
选择第一个对象或[放弃(U)/多段线(P)/半径(R)/修剪(T)/多个(M)]：(输入字母M)
选择第一个对象或[放弃(U)/多段线(P)/半径(R)/修剪(T)/多个(M)]：(选中线段1)
选择第二个对象或按住 Shift 键选择对象以应用角点或 [半径(R)]：(选中线段2)
选择第一个对象或[放弃(U)/多段线(P)/半径(R)/修剪(T)/多个(M)]：(选中线段3)
选择第二个对象或按住 Shift 键选择对象以应用角点或 [半径(R)]：(选中线段4)
选择第一个对象或[放弃(U)/多段线(P)/半径(R)/修剪(T)/多个(M)]：✓
```

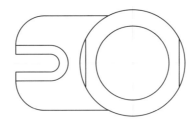

图 7-8　倒圆角结果

步骤二：单击【默认】选项卡【修改】功能面板中的【镜像】按钮 ，通过镜像操作完成底座俯视图的绘制。结果如图7-7所示。

🔔 **操作提示**

（1）多段线：对二维多段线倒圆角。按指定的圆角半径在该多段线各个顶点处倒圆角。对于封闭多段线，若是用C选项命令封闭的，则各个转折处均倒圆角；若是用目标捕捉封闭的，则最后一个转折处将不倒圆角。

（2）修剪：确定倒圆角的方法，包括修剪和不修剪两种。

✏️ **温馨提示：**

（1）如果倒圆角的半径太大，则不能进行倒圆角。

（2）对两条平行线倒圆角时，AutoCAD自动将倒圆角半径定为两条平行线间距的一半。

（3）如果指定半径为零，则不产生圆角，只是将两个对象延长相交。

（4）如果倒圆角的两个对象具有相同的图层、线型和颜色，则圆角对象也与其相同；否则，圆角对象采用当前图层、线型和颜色。

（5）图形界限检查打开时，不能给在图形界限之外相交的线段加圆角，只能给多段线的直线线段加圆角。

FILLET命令的应用情况如图7-9所示。

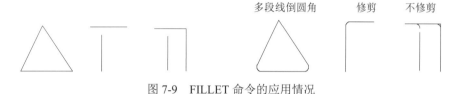

图 7-9　FILLET 命令的应用情况

7.3　剖视图与图案填充

当机件的内部结构比较复杂时，视图上会出现较多虚线，这样既不便于看图，也不便于标注尺寸。为了解决这个问题，常采用剖视图来表示机件的内部结构。绘制剖视图的方法往往采用图案填充工具。

7.3.1　剖视图的形成与画法

假想用剖切平面剖开机件，将处在观察者和剖切平面之间的部分移去，将其余部分向投影面投影，所得到的投影图称为剖视图，如图7-10所示。采用剖视后，机件上原来一些看不见的内部形状和结构变为可见，并用粗实线表示，这样便于看图和标注尺寸。

剖视图是假想将机件剖切后画出的图形。图7-11所示是图7-10剖分后的剖视图。

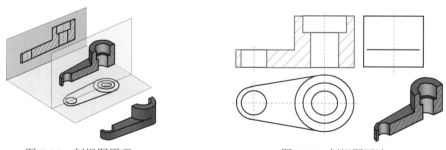

图 7-10　剖视图原理　　　　　　　　　图 7-11　剖视图画法

7.3.2　图案填充

图案填充是指把选定的某种图案填充在指定的范围内。在手工绘图中，填充图案是一项繁重而单调的工作,同一个图案往往要不断地重复操作,占用许多时间。AutoCAD 2021为设计者提供了极大的方便,不但拥有多种填充图案供选择,而且允许用户根据自己的需要定义填充图案,满足各种要求。图案填充启动方式如下。

● 选项卡:打开【默认】选项卡,在【绘图】功能面板中单击【图案填充】按钮▨。
● 菜单栏:在传统菜单栏中选择【绘图】→【图案填充】命令。
● 命令行:在命令行窗口中输入BHATCH命令,并按Enter键。
● 工具栏:单击【绘图】工具栏中的【图案填充】按钮▨。

📖【例7-4】绘制盘盖

源文件:源文件/第7章/盘盖剖视图.dwg,如图7-12(a)所示。最终绘制结果如图7-12(b)所示。

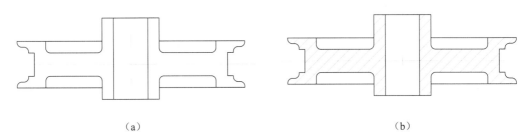

（a）   （b）

图 7-12   盘盖及其填充结果

案例分析

在绘制盘盖时,为了更好地描述零件的内部结构,通常采用剖视图。因此可以通过【图案填充】命令完成盘盖剖视图的绘制。具体操作过程:如图7-13所示,以区域1~4为填充区域,通过【图案填充】命令完成区域的填充。

扫一扫,看视频讲解

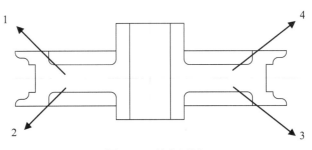

图 7-13   填充区域

操作步骤

单击【默认】选项卡【绘图】功能面板中的【图案填充】按钮▨,打开【图案填充创建】功能面板,选择ANSI31图案,设置角度为默认0,比例为1,如图7-14所示。分别选中区域1、区域2、区域3、区域4,单击【关闭图案填充编辑器】按钮✔,关闭【图案填充创建】功能面板。结果如图7-12所示。

图 7-14   【图案填充创建】功能面板

命令行提示与操作如下：

命令：_BHATCH
拾取内部点或[选择对象(S)/放弃(U)/设置(T)]：(选中区域1)正在选择所有对象...
正在选择所有可见对象...
正在分析所选数据...
正在分析内部孤岛...
拾取内部点或[选择对象(S)/放弃(U)/设置(T)]：(选中区域2)正在选择所有对象...
正在选择所有可见对象...
正在分析所选数据...
正在分析内部孤岛...
拾取内部点或[选择对象(S)/放弃(U)/设置(T)]：(选中区域3)正在选择所有对象...
正在选择所有可见对象...
正在分析所选数据...
正在分析内部孤岛...
拾取内部点或[选择对象(S)/放弃(U)/设置(T)]：(选中区域4)正在选择所有对象...
正在选择所有可见对象...
正在分析所选数据...
正在分析内部孤岛...
拾取内部点或[选择对象(S)/放弃(U)/设置(T)]：✓

🔔 操作提示

在图7-14所示的功能面板中，用户可以直接进行需要的对象属性设置，这样可以大大提高用户的绘图效率。只是对于初学者而言，可能这样顺序会比较乱。所以，这里还是主要以对话框操作方式进行讲解，读者熟悉了各选项含义后可以采用功能面板方式进行修改。

在功能面板显示的同时，系统也将显示如下提示：

拾取内部点或[选择对象(S)/放弃(U)/设置(T)]：

输入T，或者在功能面板中单击【选项】面板右侧的下拉箭头，AutoCAD 2021弹出【图案填充和渐变色】对话框，可以进行两种填充操作。图7-15所示是该对话框中的【图案填充】选项卡。

图7-15 【图案填充】选项卡

1.图案填充

【图案填充】选项卡中常用参数的含义如下。

(1)【颜色】:在该下拉列表中选择填充图案的颜色。

(2)【图案】:在该下拉列表中选择填充图案的样式。

单击【图案】右边的…按钮,弹出如图7-16所示的【填充图案选项板】对话框,显示AutoCAD 2021中已有的填充样式。可以选择ANSI和ISO标准,也可以进行自定义。

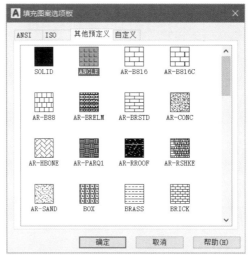

图 7-16 【填充图案选项板】对话框

在实际绘图中,必须按照国标来绘制各种剖视图案,如表7-1所示。

表 7-1 常用填充图案

名　　称	图　案	名　　称	图　案
金属材料(已有规定符号者除外)		混凝土	
线圈绕组元件		钢筋混凝土	
转子、电枢、变压器和电抗器等的迭钢片		砖	
非金属材料(已有规定符号者除外)		基础周围的泥土	
型沙、填沙、粉末冶金、砂轮、陶瓷刀片、硬质合金等		格网(筛网、过滤网等)	
玻璃及供观察用的其他透明材料		液体	

(3)【比例】:在该下拉列表中选择填充图案的比例值。每种图案的比例值都从1开始,用户可以根据需要放大或缩小。用户也可以直接输入所确定的比例值。

(4)【角度】:在该下拉列表中选择确定图案填充时的旋转角度。每种图案的旋转角度都从0开始,用户可以根据需要在此直接输入任意值。

(5)【间距】:在该文本框中设置指定剖面线之间的距离。

(6)【边界】:在该选项组中包含以下5个按钮。

● 【添加：拾取点】：以拾取点的形式自动确定填充区域的边界。单击该按钮团时，AutoCAD 2021 自动切换到绘图窗口，同时提示【选择内部点：】。在希望填充的区域内任意拾取一点，如图 7-17（a）所示，AutoCAD 2021 自动确定包围该点的填充边界，且以高亮度显示，如图 7-17（b）所示。结果如图 7-17（c）所示。

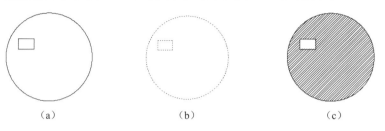

图 7-17　利用拾取点选项进行填充

● 【添加：选择对象】：以选取对象的方式确定填充区域的边界。单击该按钮团时，AutoCAD 会自动切换到绘图窗口，并有以下提示。

选择对象或[拾取内部点(K)/放弃(U)/设置(T)]：

用户可以根据需要选取构成区域边界的对象。图 7-18（b）所示是在选择后高亮显示的图案填充边界，图 7-18（c）所示是执行图案填充的结果。

● 【删除边界】：假如在一个边界包围的区域内又定义了另一个边界，若不选取该项，则可以实现对两个边界之间的填充，即形成所谓的非填充"孤岛"。若单击该按钮团，AutoCAD 2021 会自动切换到绘图窗口，同时给出以下提示。

选择要删除的边界：(选择要删除的边界)
选择要删除的边界或[放弃(U)]：

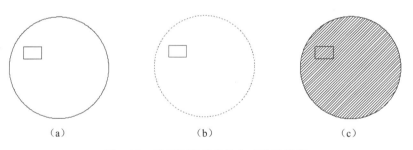

图 7-18　利用选取对象的方式进行填充

执行完以上操作后，AutoCAD 2021 会根据用户的设置绘制图形。在图 7-19（a）中选取填充边界，在图 7-19（b）中选取删除的"孤岛"矩形，图 7-19（c）是删除孤岛后的图案填充结果。

● 【重新创建边界】：单击该按钮团，在进行了删除边界等操作后，可以重新创建新的边界。该命令主要用在对已有图案填充进行编辑上。

● 【查看选择集】：查看当前填充区域的边界。单击该按钮团时，AutoCAD 2021 自动切换到绘图窗口，将所选择的填充边界和对象高亮度显示。若没有先选取填充边界，则该选项灰色显示。

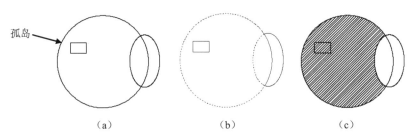

孤岛

（a） （b） （c）

图 7-19 删除"孤岛"的图案填充

（7）【孤岛显示样式】：描述【孤岛】类型，有三个单选按钮可供选择。

● 【普通】：标准的填充方式。

● 【外部】：只填充外部。

● 【忽略】：忽略所选的实体。

2. 渐变填充

在AutoCAD 2021中，图案填充还提供了一个【渐变色】选项卡，可以对封闭区域进行适当的渐变填充，形成比较好的修饰效果，如图7-20所示。

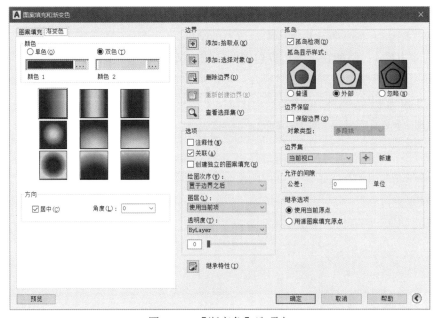

图 7-20 【渐变色】选项卡

【渐变色】选项卡中常用参数含义如下。

（1）【单色】：选中该单选按钮，指定使用从较深着色到较浅色调平滑过渡的单色填充。

（2）【浏览】：单击...按钮，弹出【选择颜色】对话框，从中可以选择【索引颜色】【真彩色】【配色系统】三个选项卡。显示的默认颜色为图形的当前颜色，如图7-21所示。

【配色系统】选项卡如图7-22所示。可以使用第三方配色系统（如 Pantone）或用户自定义的配色系统指定颜色。

用户可以在【配色系统】下拉列表中选择配色系统，每页最多包含10种颜色。如果配色系统没有编页，则会将颜色编页，每页包含7种颜色。

图 7-21 【选择颜色】对话框

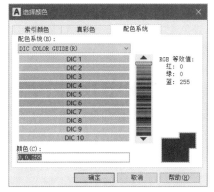

图 7-22 【配色系统】选项卡

（3）【双色】：选中该单选按钮，指定在两种颜色之间平滑过渡的双色渐变填充。此时，【渐变色】选项卡如图7-23所示。

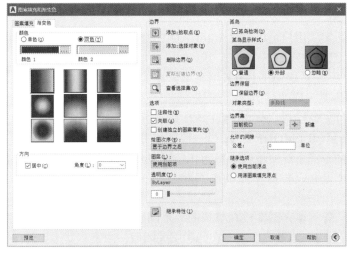

图 7-23 【双色】状态下的【渐变色】选项卡

（4）【居中】：勾选该复选框，指定对称的渐变配置。如果不勾选，则渐变填充将朝左上方变化，创建光源在对象左边的图案。

（5）【角度】：在该下拉列表中选择相对当前UCS渐变填充的角度。该角度与指定给图案填充的角度互不影响。

（6）【渐变图案】：在此显示用于渐变填充的9种固定图案，包括线性扫掠状、球状和抛物面状图案。渐变填充的操作过程和图案填充一样，其最终的效果如图7-24所示。

(a) 图案填充　　**(b) 单色渐变**　　**(c) 双色渐变**

图 7-24 图案填充和渐变填充效果

在预览图案填充或渐变填充期间，可以右击后按Enter键接受预览，不必再返回【图案填充和渐变色】对话框并单击【确定】按钮；如果不想接受预览，可以单击或按Esc键返回【图案填充和渐变色】对话框并修改设置。

【渐变色】方式的作用非常大。以前用户需要将AutoCAD文件导入Photoshop等专业软件中进行渲染，以演示给客户。但是，当源文件发生变化时，就需要完全重复这个过程，所以效率非常低下。通过【渐变色】方式可以在AutoCAD中进行一些渲染处理，得到最终结果。其渲染效果相当不错。图7-25所示是AutoCAD提供的一个例子。

图 7-25 渐变填充效果

3. 图案填充编辑

（1）编辑填充图案。用户可以通过AutoCAD 2021提供的【图案填充编辑器】功能面板重新设置填充的图案。启动方式如下：

单击已填充图案，系统弹出【图案填充编辑器】功能面板。该功能面板内容与【图案填充创建】功能面板内容是一样的。

（2）填充图案可见性控制。AutoCAD 2021控制填充图案可见性的方法有两种：一种是利用FILL命令或系统变量FILLMODE实现；另一种是利用图层实现。

① 利用FILL命令或系统变量FILLMODE。将命令FILL设为OFF或将系统变量FILLMODE设为1，则图形重新生成时所填充的图案将会消失。图7-26所示为设置不同FILL状态的图形。

② 利用图层。若将填充图案放在单独的一个图层，在不需要显示该图案时，则将图案所在图层关闭或冻结即可。当填充图案所在的图层关闭后，图案与其边界仍保持着关联关系。

边界修改后，填充图案会自动根据新边界进行调整。但若填充图案所在图层被冻结，图案与其边界脱离关联关系，则当边界修改后，填充图案不会根据新的边界自动调整。

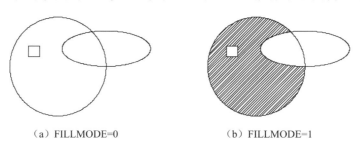

（a）FILLMODE=0   （b）FILLMODE=1

图 7-26 设置不同 FILL 状态的图形

7.4 面域造型

剖面线必须放置在封闭区域中，而封闭区域有时是不规则的，这就涉及面域的操作。面域的创建位于二维草图与注释空间中，它的相关操作位于三维建模空间中。

面域是封闭区域所形成的二维实体对象，可以将它看成一个平面实心区域。AutoCAD 2021可以将一些对象围成的封闭区域建立成面域，这些围成封闭区域的对象称为封闭界线，封闭界线可以是圆线、弧线、椭圆线、椭圆弧线、二维多段线、样条曲线等。在此提醒读者注意一点，尽管AutoCAD 2021中有许多命令可以生成封闭形状（如圆、多边形等），但面域和它们有本质的不同。

1. 建立面域

下面具体介绍面域的建立及对面域进行的布尔运算。

（1）命令操作方式。启动【面域】命令有下列方式。

● 选项卡：打开【默认】选项卡，在【绘图】功能面板中单击【面域】按钮 。
● 菜单栏：在传统菜单栏中选择【绘图】→【面域】命令。
● 命令行：在命令行窗口中输入REGION命令，并按Enter键。
● 工具栏：单击【绘图】工具栏中的【面域】按钮 。

激活该命令后，命令行提示如下：

选择对象:(选择欲建立面域的边界)
选择对象:(可继续选择对象)
选择对象: ✓

（2）使用【边界】命令建立面域。启动【边界】命令有下列方式。

● 选项卡：打开【默认】选项卡，在【绘图】功能面板中单击【边界】按钮 。
● 菜单栏：在传统菜单栏中选择【绘图】→【边界】命令。
● 命令行：在命令行窗口中输入BOUNDARY命令，并按Enter键。

执行上面操作，系统弹出【边界创建】对话框，如图7-27所示。从【对象类型】下拉列表中选择【面域】选项。单击【拾取点】按钮 ，转换到绘图区，按照命令提示进行以下操作。

拾取内部点:(点取封闭区域中任意一点)
拾取内部点: ✓

图 7-27　【边界创建】对话框

2. 面域间的布尔运算

通过命令建立的面域可以参加布尔运算；而通过对话框建立的面域是不可以的，但其建立的面域可以作为填充边界。布尔运算就是在各面域间进行并、差、相交运算，从而构造出一定的图形。

（1）并运算。并运算就是将两个或多个面域进行合并成为一个面域。可以通过下列方法激活【并集】命令。

- 选项卡：在三维基础工作空间下打开【默认】选项卡，在【编辑】功能面板中单击【并集】按钮 。
- 菜单栏：在传统菜单栏中选择【修改】→【实体编辑】→【并集】命令。
- 命令行：在命令行窗口中输入UNION命令，并按Enter键。
- 工具栏：单击【实体编辑】工具栏中的【并集】按钮 。

（2）差运算。所谓差运算，就是从一些面域中去掉一些面域而得到一个新面域。可以通过下列方法激活【差集】命令。

- 选项卡：在三维基础工作空间下打开【默认】选项卡，在【编辑】功能面板中单击【差集】按钮 。
- 菜单栏：在传统菜单栏中选择【修改】→【实体编辑】→【差集】命令。
- 命令行：在命令行窗口中输入SUBTRACT命令，并按Enter键。
- 工具栏：单击【实体编辑】工具栏中的【差集】按钮 。

（3）相交运算。所谓相交运算，就是求两个或多个面域的交集，即它们的公共部分。可以通过下列方法激活【交集】命令。

- 选项卡：在三维基础工作空间下打开【默认】选项卡，在【编辑】功能面板中单击【交集】按钮 。
- 菜单栏：在传统菜单栏中选择【修改】→【实体编辑】→【交集】命令。
- 命令行：在命令行窗口中输入INTERSECT命令，并按Enter键。
- 工具栏：单击【实体编辑】工具栏中的【交集】按钮 。

📖【例7-5】绘制泵盖

源文件：源文件/第7章/泵盖.dwg，如图7-28（a）所示。最终绘制结果如图7-28（b）所示。

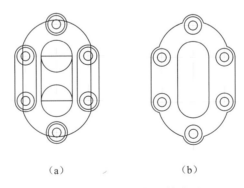

(a)　　　　　(b)

图 7-28　泵盖及布尔运算结果

案例分析

在泵盖绘制中，会出现不规则轮廓线，需要辅助图形绘制。为了更方便地截取辅助图形完成泵盖的绘制，可以运用布尔运算通过【并集】【差集】【交集】命令完成不规则轮廓线的绘制。具体操作过程：如图7-29所示，首先选中轮廓线1~8，通过【面域】命令创建8个面域，再对这8个面域进行布尔运算，通过【并集】结合【差集】命令完成泵盖轮廓线的绘制。

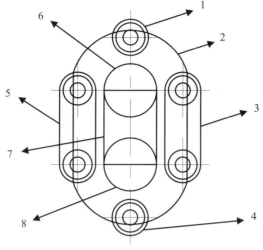

图 7-29　布尔运算选择对象

操作步骤

步骤一：单击【默认】选项卡【绘图】功能面板中的【面域】按钮 ，对 8 条轮廓线进行面域的创建。

步骤二：在三维基础工作空间下单击【默认】选项卡【编辑】功能面板中的【并集】按钮 ，对轮廓线 1~5 进行并集操作。结果如图 7-30 所示，形成面域 1 和轮廓线 9。

命令行提示与操作如下：

```
命令：_UNION
选择对象：（选中轮廓线1）
选择对象：（选中轮廓线2）
选择对象：（选中轮廓线3）
选择对象：（选中轮廓线4）
选择对象：（选中轮廓线5）
选择对象：✓
```

步骤三：在三维基础工作空间下单击【默认】选项卡【编辑】功能面板中的【差集】按钮 ，以步骤二并集对象为主体对象（即轮廓线 9），轮廓线 6、轮廓线 8 为对象进行差集处理。结果如图 7-31 所示，形成面域 2 和轮廓线 10。

命令行提示与操作如下：

```
命令：_SUBTRACT
选择要从中减去的实体、曲面和面域...
选择对象：（选中轮廓线9）
选择对象：✓
选择要从中减去的实体、曲面和面域...
选择对象：（选中轮廓线6）
选择对象：（选中轮廓线8）
```

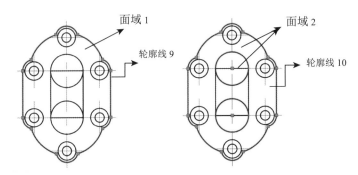

图 7-30 形成轮廓线 9　　图 7-31 形成轮廓线 10

步骤四： 在三维基础工作空间下单击【默认】选项卡【编辑】功能面板中的【差集】按钮，以步骤三中的差集对象为主体对象（即轮廓线 10），轮廓线 7 为对象进行差集处理。结果如图 7-28（b）所示。

命令行提示与操作如下：

```
命令：_SUBTRACT
选择要从中减去的实体、曲面和面域...
选择对象：(选中轮廓线10)
选择对象：✓
选择要从中减去的实体、曲面和面域...
选择对象：(选中轮廓线7)
选择对象：✓
```

习题七

一、选择题

1. 在下列命令中，可以绘制出圆角矩形的命令是（　　　）。
　　A.【倒角】　　　　　　　　　　　B.【宽度】
　　C.【标高】　　　　　　　　　　　D.【圆角】

2. 在下列命令中，含有倒角项的命令是（　　　）。
　　A.【多边形】　　　　　　　　　　B.【矩形】
　　C.【椭圆】　　　　　　　　　　　D.【样条曲线】

3. 使用【倒角】命令CHAMFER进行倒角操作时，（　　　）。
　　A. 不能对多段线对象进行倒角　　　B. 可以对样条曲线对象进行倒角
　　C. 不能对文字对象进行倒角　　　　D. 不能对三维实体对象进行倒角

4. 使用【圆角】命令对多条线段进行圆角操作时，（　　　）。
　　A. 可以一次指定不同圆角半径
　　B. 如果一条弧线段隔开两条相交的直线段，将删除该段而替代指定半径的圆角
　　C. 必须分别指定每个相交处
　　D. 圆角半径可以任意指定

5. 以下有关BHATCH命令的叙述，不正确的是（　　　）。
　　A. 要进行图案填充的区域必须是封闭区域
　　B. 其设置窗口内的【拾取点】按钮就是用来自动查找封闭区域的

C. 若要执行其设置窗口内的【选择对象】按钮，则表示已经有一条封闭区域的线，单击该线条即可

D. 将填充图案设置为【非关联】，可以节省图形文件空间

二、判断题

1. 图案填充的命令为BHATCH。 （　　）

2.【倒角】命令只对直线、多段线和多边形进行倒角，不能对弧、椭圆弧进行倒角。 （　　）

3. 多线可以直接倒角或圆角。 （　　）

4. 填充区域内的封闭区域称作孤岛。 （　　）

5. 没有封闭的图形也可以直接填充。 （　　）

三、操作题

绘制圆、矩形、多边形等多种常规图形，然后通过【图案填充】命令进行多种图案的填充，再进行渐变色等方案的练习，掌握工具选项板的应用方法。

四、思考题

1. AutoCAD提供了哪几类预定义图案？

2. 预定义图案可以修改吗？

3. 选择填充区域的方式有哪几种？各有什么特点？

4. 图案填充的关联有什么作用？

5. 图案填充有哪几种孤岛检测样式？

6. 圆角、倒角和多段线的区别是什么？

7. 使用命令与使用对话框建立面域有何不同？

8. 面域间可以进行哪几种布尔运算？

9. 关于布尔运算有哪几种编辑方式？

第 8 章

尺寸标注与公差

学习目标

　　尺寸标注是工程图的重要组成部分。它描述了图纸上的一些重要几何信息，是工程制造和施工中的重要依据。可以说，一个没有尺寸标注的工程图是没有任何实际意义的。为此，AutoCAD 提供了功能强大的半自动尺寸标注。

　　通过本章的学习，掌握尺寸标注的组成、类型，了解标注尺寸的步骤与工具；掌握线性尺寸标注、连续尺寸标注与基线尺寸标注、径向尺寸标注、角度标注、引线标注，了解其他尺寸标注；熟练掌握设置文字样式、尺寸标注样式和多重引线样式的方法；掌握编辑尺寸标注和放置文本的方法；掌握几何公差标注方法。

本章要点

- 尺寸标注的基础
- 尺寸标注的方法
- 设置样式
- 编辑尺寸标注和放置文本
- 公差标注

内容浏览

8.1 尺寸标注的基础

零件图和装配图有所不同。零件图基本上只涉及基本尺寸、形位公差等，而装配图则侧重装配关系、整体尺寸和配合公差等，基本概念参见第10章。在此只对AutoCAD 2021中的尺寸标注功能进行讲解。

8.1.1 尺寸标注的组成

一个典型的尺寸标注通常由标注线、尺寸界线、箭头、尺寸文字等要素组成。有些尺寸标注还有引线、圆心标记和公差等要素。各要素如图8-1所示。

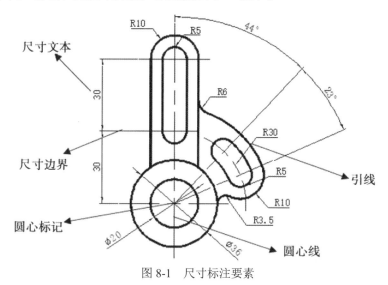

图 8-1　尺寸标注要素

为了更好地使用AutoCAD 2021的标注尺寸功能，在介绍尺寸标注命令之前，首先介绍以下关键术语。

（1）尺寸。尺寸表明被绘制目标的距离、角度、半径或其他信息。

（2）标注尺寸。标注尺寸通过测量被绘制的目标，对被测量图形标注距离、角度、半径或其他信息等。

（3）尺寸线。尺寸线表明被描述对象的长度，通常用细实线表示。因尺寸线的作用不同，精确的位置也有所不同。但是在每一种标注方法中，尺寸线都应留有进行注释的地方，并且足够靠近被描述的特征，不能影响这些特征的清晰度。

（4）尺寸界线。也称为尺寸延伸线。尺寸界线是从选择标注尺寸的点到尺寸线的延长线，通常离开实体一段距离，并且超过尺寸线一段距离，这些小的距离可以根据需要来设置。

（5）尺寸文本。尺寸文本用来指明被标注对象的距离、角度、半径等，它可以放在尺寸线的上方、下方或中间。在小区域进行尺寸标注时，常常遇到没有足够空间放置文本的情况，这时可以把尺寸文本放置在尺寸界线的外面。

（6）尺寸标注命令。只能在DIM命令提示符下输入尺寸标注命令。

（7）尺寸变量。尺寸变量控制AutoCAD 2021尺寸的大部分特性，包括尺寸文本高度、尺寸文本位置、点标记和箭头大小等。这些通过设置对话框和DIM命令来控制。

（8）箭头。箭头添加于尺寸线的两端，用于指明尺寸线的起点和终点。用户可以选择箭头或斜线等多种形式，也可以使用自定义的形式。对于我国用户，绘制机械图纸多使用箭头形式，绘制建筑图纸多使用斜线形式。

8.1.2　尺寸标注的类型

AutoCAD 2021为用户提供了4种基本类型的尺寸标注，即线性尺寸标注（包括连续标注、基线标注、水平标注、垂直标注等）、径向尺寸标注（包括半径标注和直径标注）、角度尺寸标注和其他尺寸标注（包括旋转标注、对齐标注和坐标标注等）。

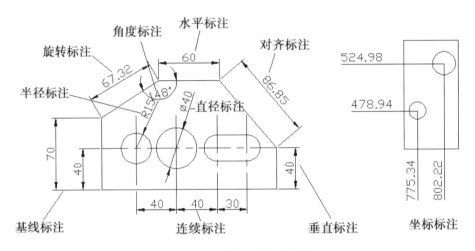

图 8-2　不同的尺寸标注类型

8.1.3　尺寸标注的步骤与工具

一般来说，图形标注应遵循下面的步骤。

（1）为尺寸标注创建一个独立的图层，使之与图形的其他信息分隔开。

（2）为尺寸标注文本建立专门的文本类型。按照我国对机械制图中尺寸标注数字的要求，应将字体设置为斜体。如果在整个图形对象的标注中不改变尺寸文本的高度，就需要将高度设置为定值；如果在图形对象的标注中需要修改尺寸文本的高度，就需要将高度设置为0。我国规定字体的宽度与高度比为2/3，所以将【宽度比例】设置为0.67。

（3）在【标注样式】对话框中设置尺寸线、尺寸界线、比例因子、尺寸格式、尺寸文本、尺寸单位、尺寸精度和公差等，并保存所做的设置使其生效。

（4）利用目标捕捉方式快速拾取定义点。

AutoCAD 2021提供了一套完整的尺寸标注命令，可以很方便地放置、改变或调整尺寸，方便地标注画面上的各种尺寸和公差，可以把绘制尺寸的界线放置为各种样式。尺寸标注命令全部放在【标注】下拉菜单和【注释】选项卡下的【标注】功能面板中，分别如图8-3和图8-4所示。

图 8-3 【标注】下拉菜单

图 8-4 【标注】功能面板

8.2 尺寸标注的方法

AutoCAD 2021 提供了多种尺寸标注命令，包括线性尺寸标注、角度尺寸标注、径向尺寸标注、引线尺寸标注等，分别对应不同的对象。

8.2.1 线性尺寸标注

1. 线性标注

线性标注用来标注直线和两点间的距离。启动方式如下。

- 选项卡：打开【注释】选项卡，在【标注】功能面板中单击【线性】按钮 ⊢ 。
- 菜单栏：在传统菜单栏中选择【标注】→【线性】命令。
- 命令行：在命令行窗口中输入DIMLINEAR命令，并按Enter键。
- 工具栏：单击【标注】工具栏中的【线性】按钮 ⊢ 。

激活该命令后，状态行提示如下：

```
命令: _DIMLINEAR
指定第一条尺寸界线原点或 <选择对象>:(拾取点)
指定第二条尺寸界线原点: (拾取点)
指定尺寸线位置或[多行文字(M)/文字(T)/角度(A)/水平(H)/垂直(V)/旋转(R)]:
标注文字 =(所标注图形的尺寸)
```

📖 【例8-1】绘制定位套剖视图

源文件：源文件/第8章/定位套剖视图.dwg，如图8-5（a）所示。最终绘制结果如图8-5（b）所示。

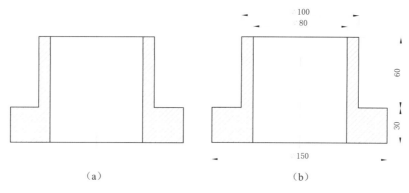

图 8-5　定位套

案例分析

定位套的图素主要由直线和直角构成，故在进行尺寸标注时可以通过【线性】命令完成。具体操作过程：通过【线性】命令，指定所需标注线段的两端点，完成线段 1、2、3、4、5 的标注即可，图 8-6 所示为参考点和线段。

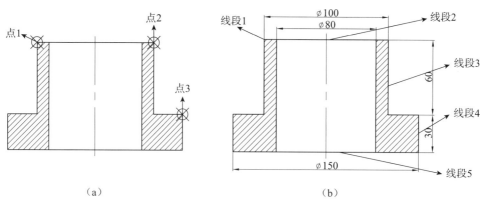

图 8-6　线性尺寸标注（1）

操作步骤

步骤一：将【细实线】图层设置为当前图层。单击【注释】选项卡【标注】功能面板中的【线性】按钮 ⊢，通过指定点 1 和点 2 完成线段 1 的尺寸标注。结果如图 8-7 所示。

命令行提示与操作如下：

```
命令: _DIMLINEAR
指定第一条尺寸界线原点或 <选择对象>: (选中点1)
指定第二条尺寸界线原点: (选中点2)
指定尺寸线位置或[多行文字(M)/文字(T)/角度(A)/水平(H)/垂直(V)/旋转(R)]: (输入T)
输入标注文字 <100>: (输入%%c100，数值100可通过所标注线段的尺寸文本中得到)
指定尺寸线位置或[多行文字(M)/文字(T)/角度(A)/水平(H)/垂直(V)/旋转(R)]: (选取适当的尺寸线位置)
标注文字 = 100
```

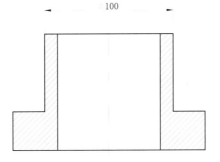

图 8-7　线性尺寸标注（2）

步骤二：单击【注释】选项卡【标注】功能面板中的【线性】按钮 ⊢，通过指定点2和点3完成线段3的尺寸标注。结果如图8-8所示。

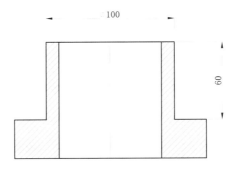

图 8-8　线性尺寸标注（3）

命令行提示与操作如下：

```
命令：_DIMLINEAR
指定第一条尺寸界线原点或 <选择对象>：(选中点2)
指定第二条尺寸界线原点：(选中点3)
指定尺寸线位置或[多行文字(M)/文字(T)/角度(A)/水平(H)/垂直(V)/旋转(R)]：(选取适当的尺
寸线位置)
标注文字 = 60
```

步骤三：单击【注释】选项卡【标注】功能面板中的【线性】按钮 ⊢，完成线段2、线段4和线段5的标注，方法可以参考步骤一和步骤二。最终绘制结果如图8-5（b）所示。

🔔 **操作提示**

（1）多行文字：用文本编辑器标注注释文本并定制文本格式，有关操作将在第9章中讲解。【文字编辑器】功能面板如图8–9所示。

图 8-9　【文字编辑器】功能面板

（2）角度：此选项用于设定尺寸文本的倾斜角度。

（3）水平：此选项在标注任何方向的线段时，尺寸线总保持水平放置，尺寸文本会发生相应的改变。

（4）垂直：此选项在标注任何方向的线段时，尺寸线总保持垂直放置，尺寸文本会发生相应的改变。

（5）旋转：此选项用于改变尺寸线的角度，尺寸文本会发生相应的改变。

2. 对齐标注

【对齐标注】命令可以标注一条与两条尺寸界线的起点对齐的尺寸线。启动方式如下。

● 选项卡：打开【注释】选项卡，在【标注】功能面板中单击【线性】下拉列表中的【对齐】按钮。

● 菜单栏：在传统菜单栏中选择【标注】→【对齐】命令。

● 命令行：在命令行窗口中输入DIMALIGNED命令，并按Enter键。

● 工具栏：单击【标注】工具栏中的【对齐】按钮。

【例8-2】标注拉杆侧视图

源文件：源文件/第8章/拉杆侧视图.dwg，如图8-10（a）所示。最终绘制结果如图8-10（b）所示。

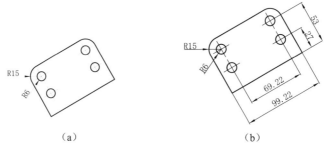

（a）　　　　　　　　　　　　（b）

图8-10　拉杆侧视图

案例分析

如图8-11所示，在拉杆三视图中，其侧视图并非水平放置图形，为了获取与所标注的轮廓线平行的尺寸线，可以通过【对齐】命令完成尺寸标注。具体操作过程：通过【对齐】命令指定起点与终点，完成尺寸线1~4的标注。

操作步骤

步骤一：开启对象捕捉中的垂足捕捉方式，将【细实线】图层设置为当前图层，单击【注释】选项卡【标注】功能面板【线性】下拉列表中的【对齐】按钮，以点1为起点，点1在线段1上的垂足点为终点，完成尺寸线1。结果如图8-12所示。

命令行提示与操作如下：

```
命令:_DIMALIGNED
指定第一条尺寸界线原点或 <选择对象>:(选取点1)
指定第二条尺寸界线原点:(选取点1在线段1上的垂足点)
指定尺寸线位置或[多行文字(M)/文字(T)/角度(A)]:(选取适当的尺寸线位置)
标注文字 = 53
```

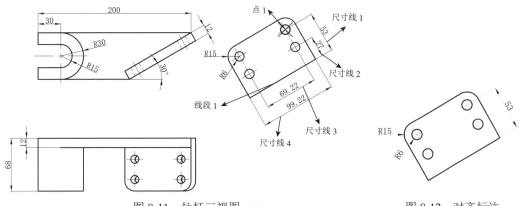

图 8-11　拉杆三视图　　　　　　　图 8-12　对齐标注

步骤二：继续【对齐】操作，完成尺寸线2、3、4的绘制。最终绘制结果如图8-10（b）所示。

3. 坐标标注

坐标点标注沿一条简单的引线显示指定点的 X 或 Y 坐标，也称为坐标标注。AutoCAD 2021 使用当前 UCS 决定测量的 X 或 Y 坐标，并且在与当前 UCS 轴正交的方向绘制引线。按照流行的坐标标注标准，采用绝对坐标值。

启动方式如下。

● 选项卡：打开【注释】选项卡，在【标注】功能面板中单击【线性】下拉列表中的【坐标标注】按钮 。

● 菜单栏：在传统菜单栏中选择【标注】→【坐标】命令。

● 命令行：在命令行窗口中输入DIMORDINATE命令，并按Enter键。

● 工具栏：单击【标注】工具栏中的【坐标】按钮 。

📖【例8-3】标注坐标

利用坐标标注图8-13中点的坐标。

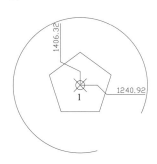

图 8-13　坐标标注

命令行提示与操作如下：

```
命令：_DIMORDINATE
指定点坐标：(拾取点1)
指定引线端点或[X 基准(X)/Y 基准(Y)/多行文字(M)/文字(T)/角度(A)]：(水
平拖动并单击)
标注文字 = 1240.92
命令：_DIMORDINATE
```

8

尺寸标注与公差

191

```
指定点坐标: (拾取点1)
指定引线端点或[X 基准(X)/Y 基准(Y)/多行文字(M)/文字(T)/角度(A)]:(垂直拖动并单击)
标注文字 = 1406.32
```

其中，X基准/Y基准选项分别测量X/Y坐标，并确定引线和标注文字的方向。

8.2.2 连续尺寸标注与基线尺寸标注

1. 连续尺寸标注

连续尺寸标注可以方便、迅速地标注同一列或行上的尺寸，生成连续尺寸线。在生成连续尺寸线前，首先应对第一条线段建立尺寸标注。启动方式如下。

- 选项卡：打开【注释】选项卡，在【标注】功能面板中单击【连续】按钮⊩。
- 菜单栏：在传统菜单栏中选择【标注】→【连续】命令。
- 命令行：在命令行窗口中输入DIMCONTINUE命令，并按Enter键。
- 工具栏：单击【标注】工具栏中的【连续】按钮⊩。

📖【例8-4】绘制导向轴

源文件：源文件/第8章/导向轴.dwg，如图8-14（a）所示。最终绘制结果如图8-14（b）所示。

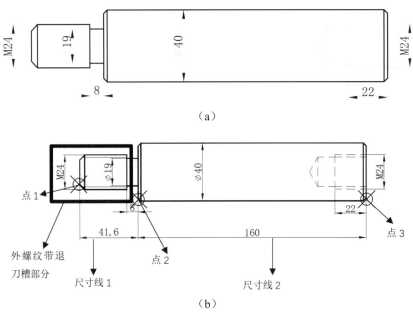

图 8-14 导向轴

案例分析

导向轴的轴长分为两个部分，即外螺纹带退刀槽部分和剩余部分，在对这首尾相接的两部分进行一系列尺寸标注时，可以通过【连续】命令高效完成尺寸标注。具体操作过程：首先通过【线性】命令指定起点和终点，完成尺寸标注1的绘制；其次通过【连续】命令指定终点，完成尺寸标注2的绘制。

操作步骤

步骤一：将【细实线】图层设置为当前图层，单击【注释】选项卡【标注】功能面板中的【线性】按钮⊢，以点1为起点，点2为终点，完成尺寸标注。结果如图8-15所示。

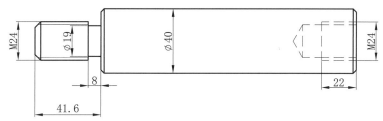

图 8-15　标注尺寸

步骤二：单击【注释】选项卡【标注】功能面板中的【连续】按钮 ⊨，点3为终点，完成尺寸标注2。结果如图8-14（b）所示。

命令行提示与操作如下：

```
命令: _DIMCONTINUE
指定第二条尺寸界线原点或[选择(S)/放弃(U)] <选择>：(选取点3)
标注文字 = 160
指定第二条尺寸界线原点或[选择(S)/放弃(U)] <选择>：✓
选择连续标注：✓
```

2. 基线尺寸标注

基线是指任何尺寸标注的尺寸界线。在基线尺寸标注之前，应先标注出一个相应尺寸，这一点类似于【连续标注】命令。启动方式如下。

- 选项卡：打开【注释】选项卡，在【标注】功能面板中单击【基线】按钮 ⊨（该按钮和【连续】按钮放在同一列表中）。
- 菜单栏：在传统菜单栏中选择【标注】→【基线】命令。
- 命令行：在命令行窗口中输入DIMBASELINE命令，并按Enter键。
- 工具栏：单击【标注】工具栏中的【基线】按钮 ⊨。

📖【例8–5】标注螺纹阶梯轴

源文件：源文件/第8章/螺纹阶梯轴.dwg，如图8-16（a）所示。最终绘制结果如图8-16（b）所示。

🔲扫一扫,看视频讲解

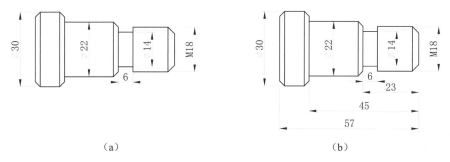

（a）　　　　　　　　　　　　　　　　（b）

图 8-16　螺纹阶梯轴

案例分析

在螺纹阶梯轴的绘制中，为了减少各部分公差的影响，可以通过【基线】命令完成尺寸标注。具体操作过程：如图8-17所示，首先通过【线性】命令指定起点和终点，完成尺寸线1的绘制；其次通过【基线】命令指定终点，完成尺寸线2和尺寸线3的绘制。

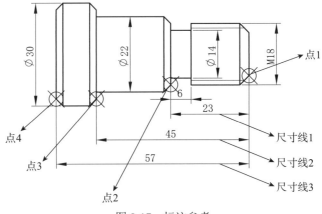

图 8-17　标注参考

操作步骤

步骤一：将【细实线】图层设置为当前图层，单击【注释】选项卡【标注】功能面板中的【线性】按钮，以点1为起点，点2为终点，完成尺寸线1的标注。结果如图8-18所示。

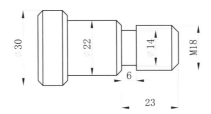

图 8-18　完成尺寸标注

步骤二：单击【注释】选项卡【标注】功能面板【连续】下拉列表中的【基线】按钮，分别以点3和点4为终点，完成尺寸线2和尺寸线3的绘制。结果如图8-17所示。

命令行提示与操作如下：

```
命令：_DIMBASELINE
指定第二条尺寸界线原点或[选择(S)/放弃(U)] <选择>：(选中点3)
标注文字 = 45
指定第二条尺寸界线原点或[选择(S)/放弃(U)] <选择>：(选中点4)
标注文字 = 57
指定第二条尺寸界线原点或[选择(S)/放弃(U)] <选择>：
```

✏️ **温馨提示：**在使用【基线】或【连续】命令之前，必须首先创建线性、对齐或角度尺寸标注（视具体情况而定）。

8.2.3　径向尺寸标注

1. 半径标注

半径标注用来标注圆弧和圆的半径。启动方式如下。

● 选项卡：打开【注释】选项卡，在【标注】功能面板中单击【线性】下拉列表中的【半径】按钮。

● 菜单栏：在传统菜单栏中选择【标注】→【半径】命令。

● 命令行：在命令行窗口中输入DIMRADIUS命令，并按Enter键。
● 工具栏：单击【标注】工具栏中的【半径】按钮。

【例8-6】绘制起重钩

源文件：源文件/第8章/眼型起重钩半径标注.dwg，如图8-19（a）所示。
最终绘制结果如图8-19（b）所示。

案例分析

眼型起重钩轮廓线主要以圆弧和圆为主，在对圆弧或圆进行标注时，可以
通过【半径】命令完成。具体操作过程：通过【半径】命令指定所需标注的圆弧或圆，完成圆弧
1的标注。

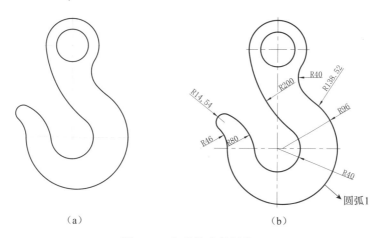

（a）　　　　　　　　　　（b）

图 8-19　起重钩半径标注

操作步骤

步骤一：将【细实线】图层设置为当前图层，单击【注释】选项卡【标注】功能面板【线性】
下拉列表中的【半径】按钮，选中圆弧1，完成尺寸标注。结果如图8-20所示。

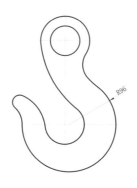

图 8-20　标注圆弧1

命令行提示与操作如下：

```
命令: _DIMRADIUS
选择圆弧或圆:
标注文字 = 96
指定尺寸线位置或[多行文字(M)/文字(T)/角度(A)]:（选取适当的尺寸线位置）
```

步骤二：单击【注释】选项卡【标注】功能面板【线性】下拉列表中的【半径】按钮，完成其他尺寸线标注。最终绘制结果如图8-19（b）所示。

2. 直径标注

直径标注用来标注圆或圆弧的直径。启动方式如下。

- 选项卡：打开【注释】选项卡，在【标注】功能面板中单击【线性】下拉列表中的【直径】按钮。
- 菜单栏：在传统菜单栏中选择【标注】→【直径】命令。
- 命令行：在命令行窗口中输入DIMDIAMETER命令，并按Enter键。
- 工具栏：单击【标注】工具栏中的【直径】按钮。

📖 **【例8-7】绘制起重钩直径标注**

源文件：源文件/第8章/眼型起重钩直径标注.dwg，如图8-21（a）所示。
最终绘制结果如图8-21（b）所示。

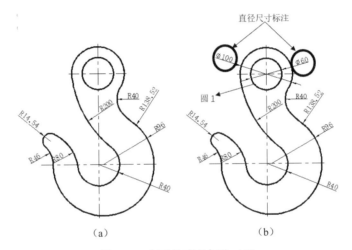

图 8-21　起重钩直径标注（1）

案例分析

眼型起重钩轮廓线主要以圆弧和圆为主，在对圆进行标注时，可以通过【直径】命令完成标注的绘制。具体操作过程：通过【直径】命令，指定所需标注的圆或圆弧，完成圆或圆弧的标注。

操作步骤

步骤一：将【细实线】图层设置为当前图层，单击【注释】选项卡【标注】功能面板【线性】下拉列表中的【直径】按钮，选中圆1，完成尺寸标注绘制。结果如图8-22所示。

命令行提示与操作如下：

```
命令：_DIMDIAMETER
选择圆弧或圆：
标注文字 = 60
指定尺寸线位置或[多行文字(M)/文字(T)/角度(A)]：（选取适当的尺寸线位置）
```

步骤二：单击【注释】选项卡【标注】功能面板【线性】下拉列表中的【直径】按钮，完成尺寸标注绘制。最终绘制结果如图8-21（b）所示。

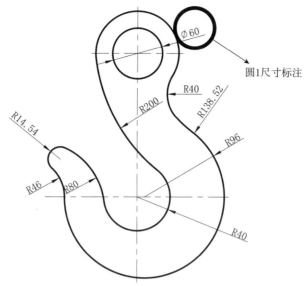

图 8-22　起重钩直径标注（2）

3. 弧长标注

弧长标注标注圆弧长度。启动方式如下。

● 选项卡：打开【注释】选项卡，在【标注】功能面板中单击【线性】下拉列表中的【弧长】按钮 ⌒。

● 菜单栏：在传统菜单栏中选择【标注】→【弧长】命令。

● 命令行：在命令行窗口中输入DIMARC命令，并按Enter键。

● 工具栏：单击【标注】工具栏中的【弧长】按钮 ⌒。

📖 **【例8-8】绘制弧长标注**

命令行提示与操作如下：

命令：_DIMARC
选择弧线段或多段线圆弧段：（选取所需标注的圆弧）
指定弧长标注位置或[多行文字(M)/文字(T)/角度(A)/部分(P)/引线(L)]：（选
取适当的尺寸线位置，或根据选项进行所需操作）
标注文字 ＝

微信扫码
🔲 扫一扫,看视频讲解

🔔 **操作提示**

【部分(P)】选项用于标注部分圆弧的长度，区别如图8-23所示。其中，尺寸线1为弧长标注，尺寸线2为部分弧长标注，尺寸线3为引线弧长标注。

4. 折弯标注

折弯标注也称为缩放标注。测量选定对象的半径，并显示前面带有一个半径符号的标注文字。可以在任意合适的位置指定尺寸线的原点。启动方式如下。

● 选项卡：打开【注释】选项卡，在【标注】功能面板中单击【线性】下拉列表中的【已折弯】按钮 ⌐。

● 菜单栏：在传统菜单栏中选择【标注】→【折弯】命令。

● 命令行：在命令行窗口中输入DIMJOGGED命令，并按Enter键。

● 工具栏：单击【标注】工具栏中的【折弯】按钮 ⌐。

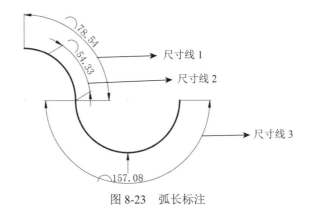

图 8-23 弧长标注

📖【例8-9】标注折弯标注

命令行提示与操作如下：

命令：_DIMJOGGED
选择圆弧或圆：(选取所需标注的圆弧或圆)
指定图示中心位置：(指定中心位置)
标注文字 =
指定尺寸线位置或[多行文字(M)/文字(T)/角度(A)]：(选取适当的尺寸线位置，或根据选项进行所需操作)
指定折弯位置：(选取适当的折弯位置)

示意图如图8-24所示。

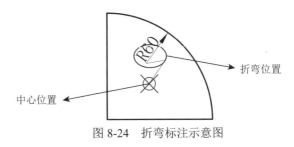

图 8-24 折弯标注示意图

8.2.4 角度标注

【角度标注】命令用来标注圆弧的圆心角、圆上某段弧对应的圆心角、两条相交直线的夹角，也可以根据三点标注夹角。启动方式如下。

- 选项卡：打开【注释】选项卡，在【标注】功能面板中单击【线性】下拉列表中的【角度】按钮△。
- 菜单栏：在传统菜单栏中选择【标注】→【角度】命令。
- 命令行：在命令行窗口中输入DIMANGULAR命令，并按Enter键。
- 工具栏：单击【标注】工具栏中的【角度】按钮△。

📖【例8-10】标注燕尾槽（两直线夹角标注）

源文件：源文件/第8章/燕尾槽.dwg，如图8-25（a）所示。最终绘制结果如图8-25（b）所示。

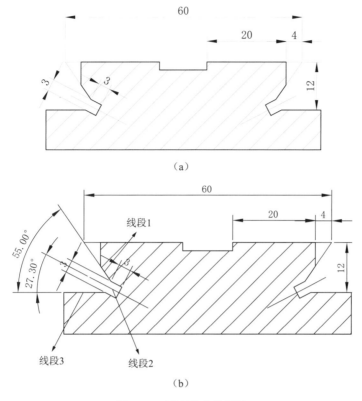

（a）

（b）

图 8-25　两直线夹角标注

案例分析

　　燕尾槽主要由水平、竖直线段和斜线段组成，在对斜线段标注时，不仅要
标注出其长度，也要对其倾斜角度进行标注。可以通过【角度】命令完成标注操
作。具体操作过程：通过【角度】命令指定组成角的两相邻边，完成角度标注。

操作步骤

　　步骤一： 将【细实线】图层设置为当前图层，单击【注释】选项卡【标注】功能面板【线性】
下拉列表中的【角度】按钮△，选中线段1和线段3，完成尺寸标注绘制。结果如图8-26所示。

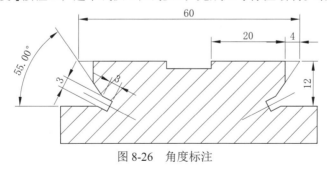

图 8-26　角度标注

命令行提示与操作如下：

```
命令：_DIMANGULAR
选择圆弧、圆、直线或 <指定顶点>：(选中线段1)
选择第二条直线：(选中线段3)
指定标注弧线位置或[多行文字(M)/文字(T)/角度(A)/象限点(Q)]：(选取适当的标注弧线位置)
标注文字 = 55
```

8

尺寸标注与公差

199

步骤二：单击【注释】选项卡【标注】功能面板【线性】下拉列表中的【角度】按钮，选中线段2和线段3，完成尺寸标注绘制。结果如图8-25（b）所示。

命令行提示与操作如下：

命令：_DIMANGULAR
选择圆弧、圆、直线或 <指定顶点>：（选中线段2）
选择第二条直线：（选中线段3）
指定标注弧线位置或[多行文字(M)/文字(T)/角度(A)/象限点(Q)]：（选取适当的标注弧线位置）
标注文字 = 27.3

🔔 操作提示

（1）象限点：指定标注应锁定到的象限。打开象限点后，将标注文字放置在角度标注外时，尺寸线会延伸超过尺寸界线，如图8-27所示。

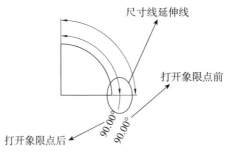

图 8-27　象限点角度标注

（2）选择圆弧：用于标注圆弧的中心角。用户可以直接选取所需标注的圆弧，如图8-28所示。

图 8-28　选择圆弧角度标注

命令行提示与操作如下：

命令：_DIMANGULAR
选择圆弧、圆、直线或 <指定顶点>：（选取圆弧）
指定标注弧线位置或[多行文字(M)/文字(T)/角度(A)/象限点(Q)]：（选取适当的标注弧线位置）
标注文字 = 90

（3）选择圆：用于标注圆上某段圆弧的中心角。用户可以选择圆上两点，AutoCAD 2021将会对两点所截取的圆弧进行圆心角标注，如图8-29所示。

命令行提示与操作如下：

命令：_DIMANGULAR
选择圆弧、圆、直线或 <指定顶点>：（选取圆上一点）
指定角的第二个端点：（选取圆上另一点）

指定标注弧线位置或[多行文字(M)/文字(T)/角度(A)/象限点(Q)]:(选取适当的标注弧线位置)
标注文字 = 90.16

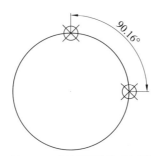

图 8-29　局部圆弧角度标注

（4）指定顶点：直接按Enter键后，执行默认选项，如图8-30所示。

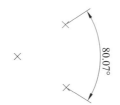

图 8-30　指定顶点角度标注

命令行提示与操作如下：

命令：_DIMANGULAR
选择圆弧、圆、直线或 <指定顶点>: ✓
指定角的顶点:(指定角的顶点)
指定角的第一个端点:(指定角的第一个端点)
指定角的第二个端点:(指定角的第二个端点)
指定标注弧线位置或 [多行文字(M)/文字(T)/角度(A)/象限点(Q)]:(选取适当的标注弧线的位置)
标注文字 = 80.07

8.2.5　引线标注

1. 引线标注

引线标注利用引线指示一个特征，然后给出它的信息。与【尺寸标注】命令不同，引线标注不测量距离，引线由一个箭头（起始位置）、一条直线段或一条样条曲线及一条水平线组成。
启动方式如下。
在命令行窗口中输入LEADER命令，并按Enter键。

【例8-11】标注钩头楔键

源文件：源文件/第8章/钩头楔键主视图.dwg，如图8-31（a）所示。最终绘制结果如图8-31（b）所示。

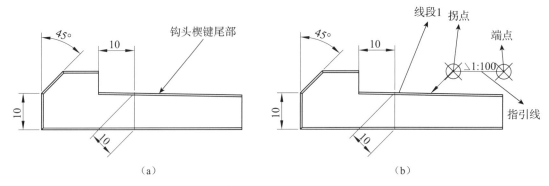

图 8-31 钩头楔键

案例分析

钩头楔键尾部并非水平，具有一定的坡度，在绘制标注尺寸时，可以通过【引线标注】命令。具体操作过程：通过【引线标注】命令指定引线起点，根据系统提示完成坡度标注。

操作步骤

将【细实线】图层设置为当前图层，在命令行窗口中输入LEADER命令，指定适当的引线起点，完成尺寸标注绘制。结果如图8-31（b）所示。

命令行提示与操作如下：

```
命令：_LEADER
指定引线起点：(在线段1上选取适当的位置)
指定下一点：(选取适当的拐点位置)
指定下一点或[注释(A)/格式(F)/放弃(U)] <注释>：(选取适当的端点位置)
指定下一点或[注释(A)/格式(F)/放弃(U)] <注释>：↙
输入注释文字的第一行或 <选项>：↙
输入注释选项[公差(T)/副本(C)/块(B)/无(N)/多行文字(M)] <多行文字>：(输入B)
输入块名或[?] <坡度1:100>：(输入坡度1:100)
单位：毫米    转换：1.0000
指定插入点或[基点(B)/比例(S)/X/Y/Z/旋转(R)]：(在指引线上选取适当的插入点使块在指引线上)
输入 X 比例因子，指定对角点或[角点(C)/xyz(XYZ)] <1>：↙
输入 Y 比例因子或 <使用 X 比例因子>：↙
指定旋转角度 <0>：↙
```

🔔 **操作提示**

（1）注释（A）：输入注释文本，为默认选项。在命令【指定下一点或[注释（A）/格式（F）/放弃（U）]<注释>：】中输入A或按Enter键，AutoCAD 2021提示如下：

```
输入注释文本的第一行或 <选项>：
```

直接输入注释文本：根据系统提示，输入第一行文本后按Enter键，可以继续输入第二行文本，此步骤可以重复进行，直至输入全部注释文本，然后根据系统提示按Enter键，结束LEADER命令。并且输入的多行注释文本会在指引线终端标注出。

直接按Enter键，AutoCAD 2021提示如下：

```
输入注释选项[公差(T)/副本(C)/块(B)/无(N)/多行文字(M)] <多行文字>：
```

① 公差(T)：标注形位公差。

② 副本(C)：根据系统提示，将创建好的注释文本复制到当前指引线终端，如图8-32所示。

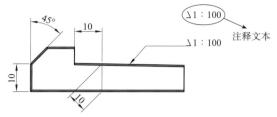

图 8-32　复制创建好的注释文本

③ 块(B)：将创建好的块复制到当前指引线终端。

④ 无(N)：不进行注释，没有注释文本。

⑤ 多行文字(M)：用多行文本编辑器标注注释文本并定制文本格式，此选项为默认选项。

（2）格式(F)：此选项用于指定指引线的形式。选择此选项后，AutoCAD 2021提示如下：

输入引线格式选项[样条曲线(S)/直线(ST)/箭头(A)/无(N)]＜退出＞：

① 样条曲线(S)：此选项将指引线设置为样条曲线。

② 直线(ST)：此选项将指引线设置为折线。

③ 箭头(A)：在指引线的初始位置画箭头。

④ 无(N)：在指引线的初始位置不画箭头。

2.快速引线标注

使用QLEADER命令可以快速创建引线和引线注释。它使用【引线设置】对话框进行自定义，以便提示用户适合绘图需要的引线点数和注释类型。启动方式如下：在命令行窗口中输入QLEADER命令，并按Enter键。在大多数情况下，建议使用MLEADER命令创建引线对象。

激活该命令后，命令行提示如下：

指定第一个引线点或[设置(S)]＜设置＞：

在此提示下直接按Enter键，弹出【引线设置】对话框，如图8-33所示。

在此对话框中包含【注释】【引线和箭头】【附着】3个选项卡，可以在其中确定引线的注释类型、多行文字选项、引线端点形状及引线的其他设置。现分别介绍如下。

（1）【注释】选项卡：用来标注某特征的有关信息，从中可以选择5种【注释类型】及其对应的操作选项。

（2）【引线和箭头】选项卡：如图8-34所示。此选项卡用来设置引线及其箭头的有关信息，包括【引线】【箭头】【点数】【角度约束】4个选项组，下面分别对其作简单介绍。

图 8-33　【引线设置】对话框

图 8-34　【引线和箭头】选项卡

203

- ●【引线】选项组：该选项组包含【直线】和【样条曲线】两个单选按钮。选中【直线】单选按钮，表示将指引线变成直线的形式；选中【样条曲线】单选按钮，表示旁注指引线为样条曲线。
- ●【箭头】选项组：系统设置了19种箭头，用户可以根据自己的需要在该选项组的下拉列表中进行选择。除此之外，还有【无】和【用户箭头】两个选项。选择【无】选项，表示在旁注指引线的起始位置没有箭头；利用【用户箭头】选项可以建立自己的箭头，选择该选项，弹出如图8-35所示的【选择自定义箭头块】对话框，通过此对话框建立箭头。

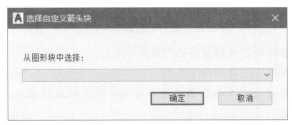

图 8-35 【选择自定义箭头块】对话框

- ●【点数】选项组：该选项组包含【无限制】复选框和【最大值】文本框。如果勾选【无限制】复选框，那么在执行【引线标注】命令时，命令行可以无休止地提示【指定下一点】，直到按Enter键为止。【最大值】文本框中可以设置最多提示【指定下一点】的次数，既可以通过下拉箭头选取，也可以输入，取值范围是2~999。
- ●【角度约束】选项组：该选项组包含【第一段】和【第二段】两个下拉列表，在每个下拉列表中均有【任意角度】【水平】【90°】【45°】【30°】【15°】6个选项，分别用来确定第一段引线和第二段引线的角度值。

📖【例8-12】绘制快速引线标注

按图8-36所示的图形和参数进行尺寸标注。

```
命令: _QLEADER
指定第一个引线点或 [设置(S)] <设置>: ✓
```

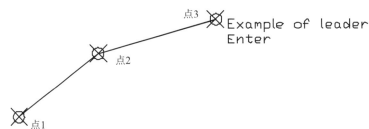

图 8-36 快速引线标注

系统弹出如图8-33所示的对话框。选中【多行文字】单选按钮，再打开【附着】选项卡，如图8-37所示，决定文字放置的相对位置。单击【确定】按钮，系统继续提示如下：

```
指定第一个引线点或[设置(S)] <设置>:(拾取点1)
指定下一点:(拾取点2)
指定下一点:(拾取点3)
指定文字宽度 <0>: 15
输入注释文本的第一行 <多行文字(M)>: Example of leader Enter
输入注释文本的下一行: ✓
```

图 8-37 【附着】选项卡

8.2.6 其他尺寸标注

除了上面比较常用的尺寸标注，AutoCAD 2021还提供了圆心标记、折弯线性标注和间距标注。

1. 圆心标记

使圆或圆弧的中间对齐，并以一定的记号进行标记，而不是用文字。启动方式如下。

● 选项卡：打开【注释】选项卡，在【标注】功能面板中单击【圆心标记】按钮⊙。
● 菜单栏：在传统菜单栏中选择【标注】→【圆心标记】命令。
● 命令行：在命令行窗口中输入DIMCENTER命令，并按Enter键。
● 工具栏：单击【标注】工具栏中的【圆心标记】按钮⊙。

激活此命令后，命令行提示如下：

选择圆弧或圆：(选取欲标记圆心的圆或圆弧)

2. 折弯线性标注

AutoCAD 2021可以将折弯线添加到线性标注。折弯线用于表示不显示实际测量值的标注值。通常，标注的实际测量值小于显示的值。

折弯由两条平行线和一条与平行线成40°的交叉线组成。折弯的高度由标注样式的线性折弯大小值决定，如图8-38所示。

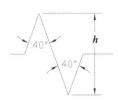

图 8-38 折弯线性标注

将折弯添加到线性标注后，可以使用夹点定位折弯。要重新定位折弯，请选择标注，然后选择夹点，沿着尺寸线将夹点移至另一点。用户也可以在【特性】功能面板的【直线和箭头】选项下调整线性标注的折弯符号的高度。可以通过以下方式启动该命令。

● 选项卡：打开【注释】选项卡，在【标注】功能面板中单击【折弯线性】按钮√。
● 菜单栏：在传统菜单栏中选择【标注】→【折弯线性】命令。
● 命令行：在命令行窗口中输入DIMJOGLINE命令，并按Enter键。
● 工具栏：单击【标注】工具栏中的【折弯线性】按钮√。

【例8-13】标注长轴

源文件：源文件/第8章/长轴折弯标注.dwg，如图8-39（a）所示。最终绘制结果如图8-39（b）所示。

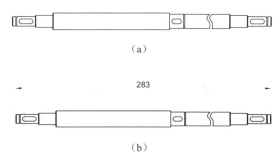

（a）

283

（b）

图 8-39　长轴

案例分析

在有限的图纸中，由于长轴的长度过长，无法完全在图纸中表示出来，根据国家标准《机械制图 图样画法 视图》（GB/T 4458.1—2002）中规定：较长的机件（轴、杆、型材、连杆等）沿长度方向的形状一致或按一定规律变化时，可以断开绘制，如图8-40所示。在对断开绘制的长轴进行标注时，可以通过【标注，折弯标注】完成。具体操作过程：首先通过【线性】命令指定两端点，并修改尺寸文本，完成尺寸标注；其次通过【标注，折弯标注】命令，在尺寸线的适当位置添加折弯标注，完成折弯线性标注。

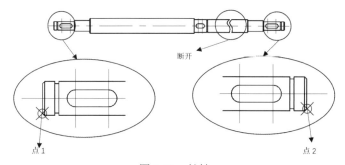

图 8-40　长轴

操作步骤

步骤一： 将【细实线】图层设置为当前图层，单击【注释】选项卡【标注】功能面板中的【线性】按钮，选中点1和点2，编辑尺寸文本为283。结果如图8-41所示。

283

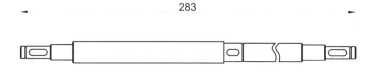

图 8-41　长轴线性标注

步骤二： 单击【注释】选项卡【标注】功能面板中的【标注，折弯标注】按钮，完成尺寸线的绘制。结果如图8-39（b）所示。

命令行提示与操作如下：

命令：_DIMJOGLINE
选择要添加折弯的标注或[删除(R)]：(选中需要进行折弯标注的尺寸线)
指定折弯位置(或按 Enter 键)：(通过移动十字光标，指定折弯位置)

3.间距标注

读者从前面的操作中可能已经注意到，当进行多个标注时，它们之间的距离往往不能均匀，影响了绘图美观性。虽然对于基线标注有系统默认变量进行控制，可对于其他标注而言就无法满足要求了。所以，AutoCAD 2021提供了一个新的间距标注工具，它可以对平行线性标注和角度标注之间的间距进行调整。启动方式如下。

● 选项卡：打开【注释】选项卡，在【标注】功能面板中单击【调整间距】按钮。
● 菜单栏：在传统菜单栏中选择【标注】→【调整间距】命令。
● 命令行：在命令行窗口中输入DIMSPACE命令，并按Enter键。
● 工具栏：单击【标注】工具栏中的【调整间距】按钮。

📖【例8-14】调整长轴标注间距

源文件：源文件/第8章/长轴标注间距调整.dwg，如图8-42（a）所示。最终绘制结果如图8-42（b）所示。

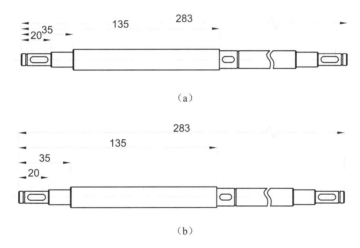

（a）

（b）

图 8-42　长轴标注间距调整

案例分析

在对长轴进行尺寸标注时，会出现由于尺寸线放置不合适，多条尺寸线相互干扰的情况，此时可以调整其间距使其符合工程图标准。具体操作过程：通过【调整间距】命令，依次选择尺寸文本为20、35、135和283的尺寸线，完成尺寸线的调整。

扫一扫，看视频讲解

操作步骤

单击【注释】选项卡【标注】功能面板中的【调整间距】按钮，依次选择尺寸文本为20、35、135和283的尺寸线，完成尺寸线的修改。结果如图8-42（b）所示。

命令行提示与操作如下：

命令：_DIMSPACE
选择基准标注：(选中尺寸文本为20的尺寸线)

选择要产生间距的标注:(选中尺寸文本为35的尺寸线)
选择要产生间距的标注:(选中尺寸文本为135的尺寸线)
选择要产生间距的标注:(选中尺寸文本为283的尺寸线)
选择要产生间距的标注:✓
输入值或[自动(A)] <自动>: ✓

✏️ **温馨提示:**

(1)可以使用间距值0(零)将对齐选定的线性标注和角度标注的末端对齐。

(2)采用【自动】方式,则根据在选定基准标注的标注样式中指定的文字高度自动计算间距,所得的间距值是标注文字高度的2倍。

动手做一做

通过【调整间距】命令,依次选择尺寸文本为283、135、35和20的尺寸线,会产生什么结果?

8.3 设置样式

8.3.1 设置文字样式

在传统菜单栏中选择【格式】→【文字样式】命令,或者在命令行窗口中输入STYLE命令,系统弹出【文字样式】对话框,如图8-43所示。

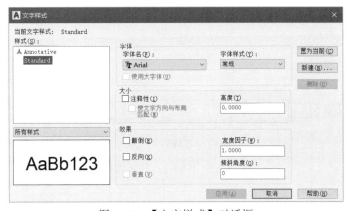

图8-43 【文字样式】对话框

在图8-43中可以设置字体字形。一般把用于尺寸标注的文本【高度】设为0,以便用【注释】选项卡中的文本高度来设置尺寸标注的文本高度;如果不将该值设置为0,它将取代【注释】选项卡中的设置,使DIMTXT变量无法控制文本的高度。

在图8-43中,还可以根据需要新建文本样式或更改样式的名称。设置好之后,单击【应用】按钮和【关闭】按钮,使全部设置生效。

8.3.2 设置尺寸标注样式

在AutoCAD 2021中可以利用对话框设置尺寸标注样式,它比以前版本利用DIM、DIM1

等标注命令设置要简单、快捷。

1. 启动方式

● 选项卡：打开【注释】选项卡，在【标注】功能面板中单击【标注样式】按钮 ↘。
● 菜单栏：在传统菜单栏中选择【标注】→【标注样式】命令。
● 命令行：在命令行窗口中输入DIMSTYLE或DDIM命令，并按Enter键。
● 工具栏：单击【标注】工具栏中的【标注样式】按钮 ↘。

2. 操作方法

激活该命令后，系统弹出如图8-44所示的【标注样式管理器】对话框。

该对话框中各选项的含义如下。

（1）【样式】：列表图形中的标注样式。当前样式被亮显。

（2）【列出】：控制【样式】列表中的显示样式。选择【所有样式】选项，查看图形中所有的标注样式；选择【正在使用的样式】选项，只能查看图形中当前使用的标注样式。

（3）【不列出外部参照中的样式】：勾选该复选框，在【样式】列表框中将不显示外部参照图形的标注样式。

（4）【预览】：显示【样式】列表框中选中样式的图示。

（5）【置为当前】：该按钮用来设置当前尺寸样式。在【样式】列表框中选取要作为当前设置的尺寸样式，然后单击【置为当前】按钮，就把所选设置作为当前的尺寸样式。

（6）【新建】：该按钮用来创建新的尺寸样式。单击【新建】按钮，系统弹出【创建新标注样式】对话框，如图8-45所示。

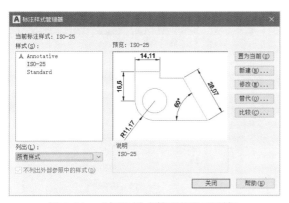

图8-44　【标注样式管理器】对话框

图8-45　【创建新标注样式】对话框

● 【新样式名】：在该文本框中输入创建的尺寸样式的名字。例如，在其中输入【副本ISO-25】作为新的尺寸样式的名字。

● 【基础样式】：包含所有的尺寸样式，作为新尺寸样式的设置基础。在此下拉列表中选取基准样式选项，然后单击【继续】按钮，弹出如图8-46所示的【新建标注样式：副本ISO-25】对话框。

● 【用于】：在该文本框中包含【所有标注】【线性标注】【角度标注】【半径标注】【直径标注】【坐标标注】【引线和公差标注】7个选项，分别标注所有尺寸、线性尺寸、角度尺寸、半径尺寸、直径尺寸、坐标标注、引线和公差标注。若只选取【半径标注】选项，则仅对半径尺寸进行标注。

（7）【修改】：单击此按钮，系统弹出【修改标注样式】对话框，打开【线】选项卡，如图8-47所示。该图与图8-46基本一致。

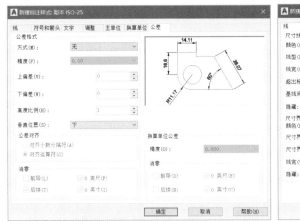 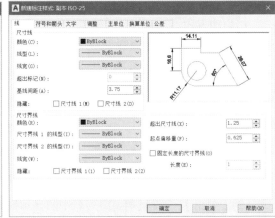

图 8-46　【新建标注样式：副本 ISO-25】对话框　　　　图 8-47　【线】选项卡

此对话框中有7个用来设置标注样式的选项卡，分别是【线】【符号和箭头】【文字】【调整】【主单位】【换算单位】【公差】。下面简单介绍它们的含义。

- 【线】：利用该选项卡可以设定【尺寸线】【尺寸界线】等，如图8-47所示。
- 【符号和箭头】：利用该选项卡可以设定【箭头】【圆心标记】【弧长符号】等，如图8-48所示。
- 【文字】：利用该选项卡可以设定【文字外观】【文字位置】【文字对齐】等，如图8-49所示。

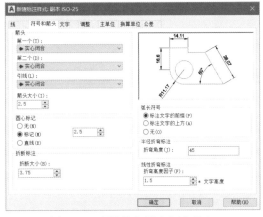 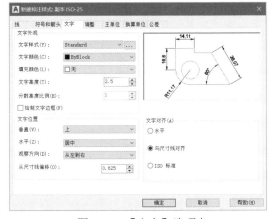

图 8-48　【符号和箭头】选项卡　　　　图 8-49　【文字】选项卡

- 【调整】：该选项卡有【调整选项】【文字位置】【标注特征比例】【优化】等选项组，如图8-50所示。
- 【主单位】：该选项卡有【线性标注】【测量单位比例】【消零】【角度标注】等选项组，如图8-51所示。
- 【换算单位】：该选项卡用来对替换对象进行设置。勾选【显示换算单位】复选框，可以对其中的【换算单位】【消零】【位置】选项组进行设置，否则不能对其进行设置，如图8-52所示。

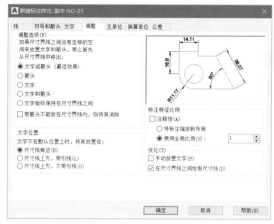

图 8-50 【调整】选项卡

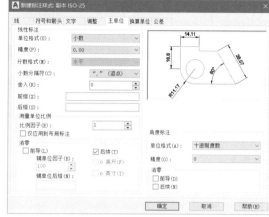

图 8-51 【主单位】选项卡

● 【公差】：该选项卡用来确定公差标注的方式，有【公差格式】【公差对齐】【消零】【换算单位公差】等选项组，如图8-53所示。

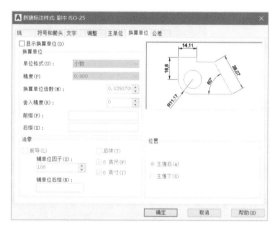

图 8-52 【换算单位】选项卡

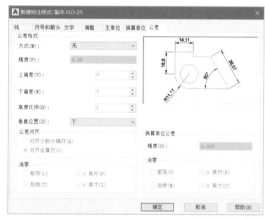

图 8-53 【公差】选项卡

8.3.3 设置多重引线样式

对于多重引线而言，其样式也是可以进行设置的，这样更加能够标注出符合自己单位设计情况的引线标注。

1. 启动方式

● 选项卡：打开【注释】选项卡，在【引线】功能面板中单击【多重引线样式】按钮 。
● 菜单栏：在传统菜单栏中选择【格式】→【多重引线样式】命令。
● 命令行：在命令行窗口中输入MLEADERSTYLE命令，并按Enter键。
● 工具栏：单击【多重引线】工具栏中的【多重引线样式】按钮 。

2. 操作方法

激活该命令后，系统弹出如图8-54所示的【多重引线样式管理器】对话框。

该对话框中各选项的含义如下。

（1）【样式】：显示多重引线列表。当前样式被亮显。

（2）【列出】：控制【样式】列表框的内容。选择【所有样式】选项，可以显示图形中可用的所有多重引线样式；选择【正在使用的样式】选项，仅显示被当前图形中的多重引线参照的多重引线样式。

图 8-54 【多重引线样式管理器】对话框

（3）【预览】：显示【样式】列表框中选定样式的预览图像。

（4）【置为当前】：将【样式】列表框中选定的多重引线样式设置为当前样式。所有新的多重引线都将使用此多重引线样式进行创建。

（5）【新建】：单击【新建】按钮，系统弹出【创建新多重引线样式】对话框，如图8-55所示。从中可以定义新多重引线样式。

（6）【删除】：删除【样式】列表框中选定的多重引线样式，但不能删除图形中正在使用的样式。

图 8-55 【创建新多重引线样式】对话框

（7）【修改】：单击【修改】按钮，系统弹出【修改多重引线样式:Standard】对话框，如图8-56所示。从中可以修改多重引线样式。

该对话框包含【引线格式】【引线结构】【内容】三个选项卡，分别如图8-56～图8-58所示。各选项卡中选项的含义如下。

● 【常规】：该选项组位于【引线格式】选项卡，控制多重引线的基本外观，包括【类型】【颜色】【线型】【线宽】等选项。

● 【箭头】：该选项组位于【引线格式】选项卡，控制多重引线箭头的外观，包括【符号】【大小】等选项。

图 8-56 【修改多重引线样式：Standard】对话框

图 8-57 【引线结构】选项卡

● 【引线打断】：该选项组位于【引线格式】选项卡，控制将折断标注添加到多重引线时使用的设置。

- 【约束】：该选项组位于【引线结构】选项卡，控制多重引线的约束。
- 【基线设置】：该选项组位于【引线结构】选项卡，控制多重引线的基线设置。
- 【比例】：该选项组位于【引线结构】选项卡，控制多重引线的缩放。
- 【多重引线类型】：该选项组位于【内容】选项卡，确定多重引线是包含文字还是包含块。
- 【文字选项】：该选项组位于【内容】选项卡，控制多重引线文字的外观，包括【文字样式】【文字角度】【文字颜色】【文字高度】等选项。
- 【引线连接】：该选项组位于【内容】选项卡，控制多重引线的引线连接设置。
- 【块选项】：如果多重引线包含块，则【内容】选项卡如图8-59所示，【块选项】选项组可用于控制多重引线对象中块内容的特性，包括【源块】【附着】【颜色】【比例】选项。

图 8-58　【内容】选项卡

图 8-59　【内容】选项卡（块）

8.4　编辑尺寸标注和放置文本

可以随时修改所建立的尺寸标注的内容、放置位置和决定尺寸的具体关联性。

8.4.1　编辑尺寸标注

启动方式：在命令行窗口中输入DIMEDIT命令，并按Enter键。

【例8-15】编辑尺寸标注

在图8-60（a）中修改正方形的长度与宽度尺寸值。

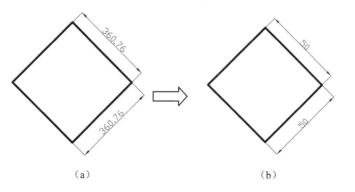

（a）　　　　　　　　　　　（b）

扫一扫，看视频讲解

图 8-60　改变文本尺寸

命令行提示与操作如下：

命令：_DIMEDIT
输入标注编辑类型[默认(H)/新建(N)/旋转(R)/倾斜(O)] <默认>：N↙

系统弹出【文字编辑器】功能面板，如图8-61所示，在绘图区输入新的尺寸文本50，在绘图区任意位置单击确定。命令行提示与操作如下：

选择对象：找到1个(选取长度尺寸)
选择对象：找到1个，总计2个(选取宽度尺寸)
选择对象：↙

结果如图8-60（b）所示，尺寸发生变化。

图 8-61　多行文字格式编辑

🔔 **操作提示**

（1）旋转（R）：此选项用来标注文字旋转。
命令行提示与操作如下：

输入标注文字的高度：(输入一个角度)
选择对象：↙

（2）倾斜（O）：此选项用来对长度型标注的尺寸进行编辑，使尺寸界线以一定的角度倾斜。输入O，命令行提示与操作如下：

选择对象：(选取尺寸对象)
选择对象：↙
输入倾斜角度(按 Enter键表示无)：

8.4.2　放置尺寸文本位置

本小节主要讲述尺寸文本位置的改变，可以把文本放置在尺寸线的中间、左对齐、右对齐，或把尺寸文本旋转一定的角度。

1. 启动方式
● 菜单栏：在传统菜单栏中选择【标注】→【对齐文字】子菜单中的相应命令。
● 命令行：在命令行窗口中输入DIMTEDIT命令，并按Enter键。

2. 操作方法
激活该命令后，命令行提示如下：

选择标注：(选择尺寸标注)
为标注文字指定新位置或[左对齐(L)/右对齐(R)/居中(C)/默认(H)/角度(A)]：

各选项的含义分别如下。
●【为标注文字指定新位置】：此选项为默认选项，拖动光标可以把尺寸文本拖放到任意位置。

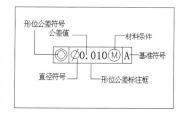

●【角度（A）】：此选项用来使尺寸文本旋转一定的角度。输入A，执行该选项，命令行提示如下：

指定标注文字的角度：

在此提示下输入尺寸文本的旋转角度值，如果输入正角度值，则尺寸文本以逆时针方向旋转；反之以顺时针方向旋转。

●【默认（H）】：此选项的功能是把用【角度】选项修改的文本恢复到原来的状况。

●【左对齐(L)/右对齐(R)/居中(C)】：这3个选项的功能是使尺寸文本靠近尺寸左边界/右边界/中心。执行该选项，尺寸文本自动放置到左边界/右边界/中心。

8.4.3　尺寸关联

在AutoCAD 2021中，尺寸标注可以同标注对象相关联，这样当对象形状发生变化时，尺寸也随之变化。具体操作过程如下。

（1）在传统菜单栏中选择【工具】→【选项】命令，系统弹出【选项】对话框，选择【用户系统配置】选项卡，如图8-62所示。

图 8-62　【用户系统配置】选项卡

（2）在【关联标注】选项组中勾选【使新标注可关联】复选框，单击【确定】按钮。它将对以后的尺寸标注产生影响。

（3）选择【标注】→【快速标注】命令，标注后通过拖动等方式更改被标注对象，观察其尺寸标注效果。

8.5　公差标注

在机械制图中，有些零件仅给出尺寸公差是不能满足要求的。如果零件在加工过程中产生过大的形状误差和位置误差，同样会影响零件的质量，因此需要对一些图纸进行形位公差的标注。AutoCAD提供了形位公差标注功能，其组成要素如

图 8-63　形位公差组成要素

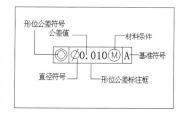

图 8-63　形位公差组成要素

图8-63所示。启动方式如下。

- 选项卡：打开【注释】选项卡，在【标注】功能面板中单击【公差】按钮⊞。
- 菜单栏：在传统菜单栏中选择【标注】→【公差】命令。
- 命令行：在命令行窗口中输入TOLERANCE命令，并按Enter键。
- 工具栏：单击【标注】工具栏中的【公差】按钮⊞。

【例8-16】标注圆柱直齿轮公差

源文件：源文件/第8章/圆柱直齿轮.dwg，如图8-64（a）所示。最终绘制结果如图8-64（b）所示。

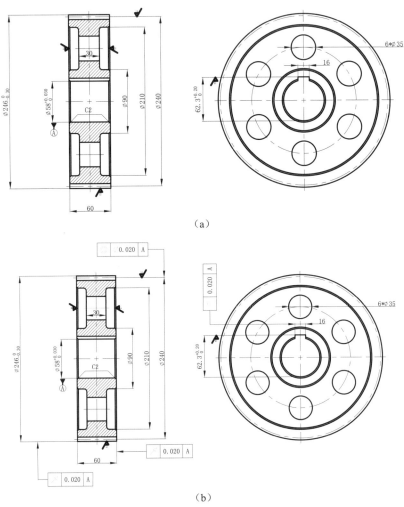

（a）

（b）

图 8-64　标注圆柱直齿轮公差

案例分析

圆柱直齿轮在加工过程中可能会产生形状或位置的误差，导致圆柱直齿轮无法正常工作，需要进行形位公差等标注。具体操作过程：首先通过【公差】命令，完成对零件形位公差的编辑；其次通过【快速引线标注】命令完成形位公差标注。

操作步骤

步骤一： 将【细实线】图层设置为当前图层，单击【注释】选项卡【标注】功能面板中的

【公差】按钮 ⊞,打开如图8-65所示的【形位公差】对话框,单击【符号】栏的第一个黑色色块,打开如图8-66所示的【特征符号】对话框,选择同轴度符号◎,单击同一行【公差1】栏的黑色色块,显示直径符号∅,在其后的白色方框中输入公差值0.020,在同一行的【基准1】栏的白色方框中输入A,如图8-67所示。单击【确定】按钮,将形位公差注释方框放置到图中适当位置。结果如图8-68所示。

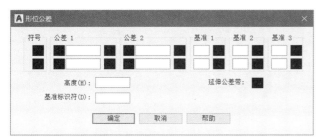

图 8-65 【形位公差】对话框

图 8-66 【特征符号】对话框

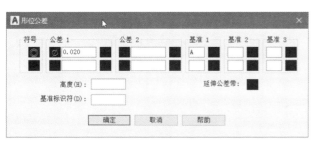

图 8-67 添加公差符号

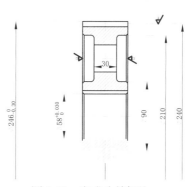

图 8-68 完成公差标注

步骤二:单击【注释】选项卡【标注】功能面板中的【公差】按钮 ⊞,具体操作方法参照步骤一,完成两个圆跳动形位公差,圆跳动形位公差符号为 ↗,公差值为0.020,基准为A;完成一个对称度形位公差,对称度形位公差符号为 ═,公差值为0.020,基准为A,并将形位公差注释方框放置到图中适当位置。结果如图8-69所示。

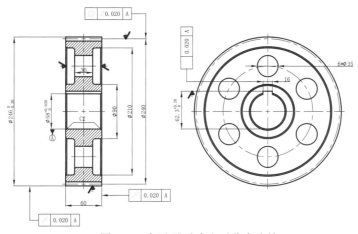

图 8-69 标注跳动度和对称度公差

步骤三: 在命令行窗口中输入QLEADER命令,打开【引线设置】对话框,在【注释】选项卡【注释类型】选项区中选中【无(O)】单选按钮。最终设置结果如图8-70所示。单击【确定】按钮,在图中指定形位公差的指引线位置。最终绘制结果如图8-64(b)所示。

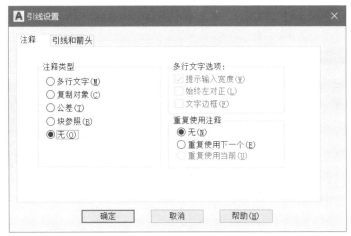

图 8-70 【引线设置】对话框

命令行提示与操作如下:

```
命令:_QLEADER
指定第一条引线点或[设置(S)]<设置>:(按Enter键,打开【引线设置】对话框)
指定第一条引线点或[设置(S)]<设置>:(指定第一个引线点)
指定下一点:(指定下一点)
指定下一点:(指定下一点)
指定下一点:(按Enter键,打开【形位公差】对话框)
```

✏️ **温馨提示:** 通过【快速引线标注】命令,在【引线设置】对话框(见图8-70)中,直接选择【注释类型】为公差,单击【确定】按钮,指定引线后根据系统提示可以直接打开【形位公差】对话框,如图8-71所示。从中可以进行形位公差标注编辑,高效完成形位公差的标注。

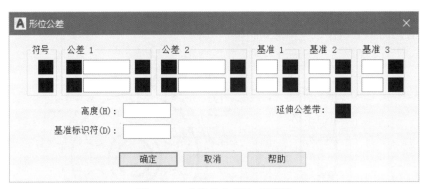

图 8-71 【形位公差】对话框

🔔 **操作提示**

(1)符号:用于设定公差符号。

(2)公差1/公差2:单击文本框左侧的黑色色块可以添加或删除直径符号。在文本框中输入形位公差的数值。单击文本框右侧的黑色色块，AutoCAD将弹出【附加符号】对话框，如图8-72所示。

（3）高度：用于确定投影公差带的数值。

（4）延伸公差带：如果要在投影公差带数值后插入投影公差带的符号，则通过单击【延伸公差带】后的黑色色块可以显示或隐藏该符号。示意图如图8-73所示。

图8-72　【附加符号】对话框　　　图8-73　延伸公差带示意图

习题八

一、选择题

1. 在AutoCAD中，用于设置尺寸延伸线超出尺寸线距离的变量是（　　　）。

   A. DIMCLRE　　　　　　B. DIMLWE　　　　　　C. DIMEXE　　　D. DIMEXO

2. 能真实反映倾斜对象实际尺寸的标注命令是（　　　）。

   A. 对齐标注　　　　　　B. 线性标注　　　　　　C. 引线标注　　　D. 连续标注

3. 在机械工程图中，标注圆弧的弧度为45°时，特殊字符"。"的输入应使用（　　　）。

   A. %%O　　　　　　　B. %%D　　　　　　　C. %%P　　　　　D. %%C

4. 使用下列（　　　）标注，必须先标注出一尺寸。

   A. 线性　　　　　　　B. 对齐　　　　　　　C. 基线　　　　　D. 引线

5. 下列表示 ∅ 120 的字符代码是（　　　）。

   A. %%u120　　　　　　B. %%o120　　　　　　C. %%c120　　　D. %%d120

二、填空题

1. 一个完整的尺寸包括＿＿＿＿＿＿、＿＿＿＿＿＿、＿＿＿＿＿和＿＿＿＿＿4部分。

2. 在进行尺寸标注时，AutoCAD提供的样式包括＿＿＿＿＿＿、＿＿＿＿＿＿、＿＿＿＿＿＿、＿＿＿＿＿＿、＿＿＿＿＿＿和＿＿＿＿＿＿等。

3. 线性尺寸标注形式有＿＿＿＿＿＿、＿＿＿＿＿＿、对齐和旋转等。

4. 尺寸变量DIMTXT的功能是＿＿＿＿＿＿＿＿＿＿＿＿＿＿＿＿＿＿＿＿＿＿＿＿＿＿＿＿＿＿＿＿＿。

三、判断题

1. 快速引线标注的最大端点数为3。　　　　　　　　　　　　　　　　　　（　　　）

2. 所有尺寸标注都应该在视图中给出。　　　　　　　　　　　　　　　　　（　　　）

3. 不能为尺寸文字添加后缀。　　　　　　　　　　　　　　　　　　　　　（　　　）

4. 在没有任何标注的情况下，也可以用基线标注和连续标注。　　　　　　　（　　　）

四、操作题

1.对底板图进行标注，如图8-74所示。

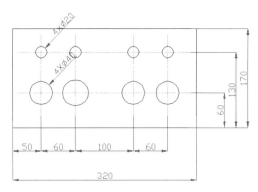

图 8-74　标注底板图

2.按照图8-75所示绘制高速轴图并进行标注。

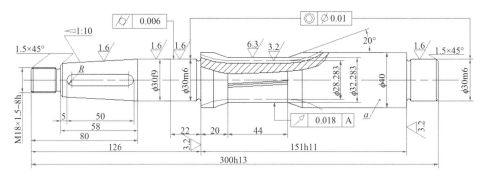

图 8-75　高速轴图

五、思考题

1.尺寸标注由哪些部分组成?

2.AutoCAD提供了多少种尺寸标注类型?

3.自动标注和半自动标注有何不同?

4.如何改变尺寸标注的样式?

5.什么是尺寸标注的关联性?

6.如何进行公差标注?

第 9 章

文字与表格

学习目标

在一张完整的工程机械图中，文字是图纸的重要组成部分，它表达了图纸上的重要信息。AutoCAD 2021 提供了完善的文字生成和文本编辑功能。不但可以直接用键盘输入，而且可以使用不同的字形、定义不同的字高、使用不同的对齐方式，使不同行业的用户都能很好地运用。

通过本章的学习，掌握文本基本概念，并且能够输入简单文字；掌握文字样式的处理方法，选择字体，确定文字大小和效果；利用 MTEXT 命令标注多行文字；掌握编辑文字的方法以及注释性之间的处理方法；掌握工程图表格基础知识及其处理方法。

本章要点

- 技术要求与文字标注
- 构造文字样式
- 标注多行文字
- 编辑文字、注释与注释性
- 工程图表格及其处理

内容浏览

9.1 技术要求与文字标注

在实际绘图时，为了使图形易于阅读，需要为图形进行文字标注和说明，无论机械的零件图、装配图，还是建筑的平面图、立面图，都需要标注技术要求。

9.1.1 文本的基本概念

在文本放置中，最基本的单位就是文本和字体。文本就是图形设计中的技术说明和图形注释等文字。在手工绘图中，为了整个画面的美观，设计者要精心书写，甚至由于设计单位、设计项目的不同，要求的字体也不同，AutoCAD 2021解决了这些问题，不但可以快速添加文字，而且提供了丰富的字库。

在图形上添加文字前，考虑的问题是文本所使用的字体、文本所确定的信息、文本的比例，以及文本的类型和位置。涉及的概念如下。

（1）文本所用的字体。字体是指文字的不同书写形式，包括所有的大小写文本，数字以及宋体、仿宋体等文字。

（2）文本所确定的信息。也就是文本的内容，这是文本放置前的主要要求。确定了它，才能确定文本的具体位置、使用类型和字体类型等。

（3）文本的位置。在一般的图形绘制中，文本应该和所描述的实体平行，放置在图形的外部，并尽量不与图形的其他部分相交。可以用一条细线引出文本，把文本和图形联系起来；也可以放置在图纸的一角。为了清晰、美观，文本要尽量对齐。

（4）文本的类型。文本一般包括通用注释和局部注释两种。通用注释就是整个项目的一个特定说明；局部注释是项目中的某一部分的说明，或具体到哪一张图的文字说明。

（5）文本的比例。在一张图中，其中的文字部分不协调，将影响到整张图的布局。在输入一段文字时，系统将提示用户输入文字高度。但为了方便并且能够得到理想的文本高度，可以定义一个比例系数。文本比例系数可以和图形比例系数互用，当图形比例系数变化时，文本比例系数也会随着改变。它们之间的具体关系则随用户的不同而有所改变。

AutoCAD 2021为文字行定义了4条定位线，即顶线、中线、基线和底线，如图9-1所示。

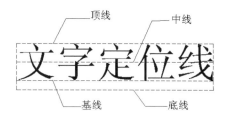

图 9-1 文字的 4 条定位线

9.1.2 输入简单文字——TEXT 命令

在AutoCAD 2021中，可以用不同的方式放置文本。对于一些简单、不需要复杂字体的部分，可以用TEXT命令来放置动态文本。启动方式如下。

● 功能区：单击【默认】选项卡，在【注释】功能面板中单击【单行文字】按钮A。
● 选项卡：打开【注释】选项卡，在【文字】功能面板中单击【单行文字】按钮A。

- 菜单栏: 在传统菜单栏中选择【绘图】→【文字】→【单行文字】命令。
- 命令行: 在命令行窗口中输入TEXT或DTEXT命令，并按Enter键。
- 工具栏: 单击【绘图】工具栏中【文字】子菜单中的【单行文字】按钮。

📖【例9-1】粗糙度标注

源文件: 源文件/第9章/其余粗糙度标注.dwg，如图9-2（a）所示。最终绘制结果如图9-2（b）所示。

（a）　　　　　　　（b）

图 9-2　粗糙度标注

案例分析

在绘制一些机械构件时，其构件的部分表面粗糙度有相应的需求应分别标注出来，其余的表面粗糙度应统一表示在图右上角部分，如图9-3所示。在进行【其余】文字的编辑时，可以通过【单行文字】命令完成文字编辑。具体操作过程: 首先在【文字】功能面板中选择【其余】文字样式；其次通过【单行文字】命令，确定文字起点与旋转角度，输入【其余】完成单行文字输入；最后通过【移动】命令结束单行文字标注。

扫一扫，看视频讲解

操作步骤

步骤一: 单击【注释】选项卡【文字】功能面板中的【其余】文字样式，如图9-4所示。

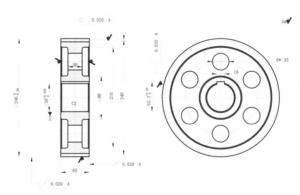

图 9-3　添加【其余】注释

图 9-4　选择【文字】功能面板中的【其余】文字样式

✏️ **温馨提示**: 具体文字样式编辑请参照 9.2 节。

步骤二： 开启【正交限制光标】命令，单击【注释】选项卡【文字】功能面板中的【单行文字】按钮**A**，标注文字"其余"。结果如图9-5所示。

命令行提示与操作如下：

```
命令：_TEXT
当前文字样式：【其余】文字高度： 4.5000  注释性： 否  对正： 中间
指定文字的中间点 或 [对正(J)/样式(S)]：（输入J）
输入选项 [左(L)/居中(C)/右(R)/对齐(A)/中间(M)/布满(F)/左上(TL)/中上(TC)/右上(TR)/
左中(ML)/正中(MC)/右中(MR)/左下(BL)/中下(BC)/右下(BR)]：（输入M）
指定文字的中间点：（选取适当位置）
指定文字的旋转角度 <0>：（输入旋转角度为0）
```

步骤三： 单击【其余】单行文字，出现如图9-6所示的样式，通过单击图中蓝色句柄，改变【其余】单行文字位置，如图9-7所示。将单行文字移至适当的位置，最终绘制结果如图9-2（b）所示。

蓝色句柄

图 9-5 标注文字

图 9-6 编辑文字

图 9-7 移动文字

🔔 **操作提示**

（1）对正（J）。用于确定文本的对齐方式，便于灵活地组织图纸上的文本。命令行提示与操作如下：

```
输入选项 [左(L)/居中(C)/右(R)/对齐(A)/中间(M)/布满(F)/左上(TL)/中上(TC)/右上(TR)/
左中(ML)/正中(MC)/右中(MR)/左下(BL)/中下(BC)/右下(BR)]：
```

① 对齐（A）：通过指定文字基线的两个端点来指定文字宽度和文字方向。命令行提示与操作如下：

```
指定文字基线的第一个端点：（选取文字基线的第一个端点）
指定文字基线的第二个端点：（选取文字基线的第二个端点，输入文字即可）
```

用户依次确定文字基线的两个端点并输入文字后，系统自动将输入的文字写在两点之间，如图9-8所示。文字行的斜角由两点的连线确定，根据两点的距离、字符数自动调节文字的宽度。字符串越长，字符就越小。

② 布满（F）：通过指定两点和文字高度来确定显示文字的区域与方向，如图9-9所示。命令行提示与操作如下：

```
指定文字基线的第一个端点：（选取文字基线的第一个端点）
指定文字基线的第二个端点：（选取文字基线的第二个端点）
指定高度 <2.5000>：（指定高度后，输入文字即可）
```

其中，文字的高度是指以绘图单位表示的大写字母从基线垂直延伸的距离。在【调整】方式下，文字的高度是一定的，此时字符串越长，字符就越小。

③ 居中（C）：通过指定文字基线的中点来定位文字，如图9-10所示。命令行提示与操作如下：

指定文字的中心点：(选取文字的中心点)
指定高度 <2.5000>：(指定高度)
指定文字的旋转角度 <0>：(指定角度后，输入文字即可)

图 9-8　对齐文字　　　图 9-9　【布满】方式对齐文字　　　图 9-10　居中对齐文字

④ 中间（M）：通过指定文字外框的中心来定位文字，如图9-11所示，文本行的高度和宽度都以此点为中心。命令行提示与操作如下：

指定文字的中间点：(选取文字的中间点)
指定高度 <2.5000>：(指定高度)
指定文字的旋转角度 <0>：(指定角度后，输入文字即可)

图 9-11　中间定位

其余的几种定位方式分别以文字的顶线，中线，底线的左、中、右三点定位文字，如图9-12所示。

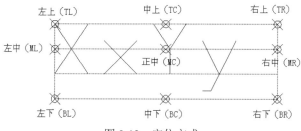

图 9-12　定位方式

（2）样式（S）。命令行提示与操作如下：

输入样式名或 [?] <Standard>：

可以按Enter键接收当前样式，或者输入一个文字样式名将其设置为当前样式。当输入"?"后，AutoCAD 2021将打开文本窗口，列出当前图形某个文字样式或全部文字样式，以及

225

一些设置信息。

🔔 **实用技巧**：如果最后使用的是 TEXT 命令，当再次使用 TEXT 命令时，按 Enter 键响应提示，则系统不再要求输入高度和角度，而直接提示输入文字。该文字将放置在前一行文字的下方，且高度、角度和对齐方式均相同。

9.2 构造文字样式

文本放置内容包括文本的字体、高度、宽度和角度等。当所绘制的图越来越大时，每次设置这些特性很麻烦，用户可以使用STYLE命令组织文字。STYLE存储了最常用的文字格式，如高度、字体信息等。用户可以自己创建文字样式，或调用图形模板中的文字样式，使用STYLE命令把文字添加到图形中。

在创建新样式时，有三个因素很重要，即指定样式名、选择字体和定义样式属性。样式是利用如图9-13所示的【文字样式】对话框进行设置的。

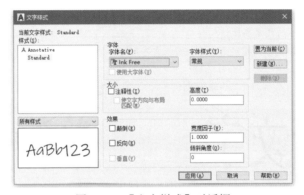

图 9-13 【文字样式】对话框

启动方式如下。
- 选项卡：打开【注释】选项卡，在【文字】功能面板中单击【文字样式】按钮 ▾。
- 菜单栏：在传统菜单栏中选择【格式】→【文字样式】命令。
- 命令行：在命令行窗口中输入ST或STYLE命令，并按Enter键。
- 工具栏：单击【格式】工具栏中的【文字样式】按钮。

【文字样式】对话框包含样式、字体、大小、效果和预览五方面内容，在创建新样式时指定样式名是最基本的。

9.2.1 样式处理

有关样式处理的操作有以下几种。

（1）创建样式。在【文字样式】对话框中单击【新建】按钮，将弹出【新建文字样式】对话框，如图9-14所示。接收默认值【样式1】或直接输入用户命名的名字，单击【确定】按钮。

（2）删除样式。在【文字样式】对话框的【样式】列表框中选择要删除的样式，单击【删除】按钮，删除所选样式。

（3）重命名样式。样式重命名可以直接利用【文字样式】对话框，也可以使用RENAME命令重命名。

① 使用【文字样式】对话框重新命名样式的步骤如下：在【文字样式】对话框的【样式】列表框中选择要重命名的样式，右击，在弹出的快捷菜单中选择【重命名】命令，输入新的样式名，按Enter键，重命名生效。

② 使用RENAME命令重新命名样式的步骤如下：在传统菜单栏中选择【格式】→【重命名】命令，或者在命令行窗口中输入REN或RENAME命令，并按Enter键，将弹出如图9-15所示的【重命名】对话框。在【命名对象】列表框中选择【文字样式】选项，【项数】列表框中将列出已有的所有样式名。选取要重命名的样式，该项将出现在【旧名称】文本框中。在【重命名为】文本框中输入新名字，单击【重命名为】按钮，再单击【确定】按钮，关闭此对话框。

图 9-14　【新建文字样式】对话框

图 9-15　【重命名】对话框

9.2.2　选择字体

从图9-13所示的【文字样式】对话框中可以看到，【字体】选项组中有一个【使用大字体】复选框，【字体】选项组中的选项随这个选项的开、闭而变化。用户需要在此选择正确的汉字字体方能输入汉字。

勾选【使用大字体】复选框，系统将提供计算机内所有程序的字体，包括【SHX字体】和【大字体】；不勾选【使用大字体】复选框，则系统只提供AutoCAD 2021内的字体，用户只能从新提供的【字体名】下拉列表中选取。

9.2.3　确定文字大小

在【文字样式】对话框中，文字的大小可以直接进行设置。

● 【注释性】：勾选该复选框，指定文字为【可注释性】。
● 【使文字方向与布局匹配】：指定图纸空间视口中的文字方向与布局方向匹配。如果不勾选【注释性】复选框，则该选项不可用。
● 【高度】或【图纸文字高度】：根据输入的值设置文字高度。如果输入0.0的高度值，则每次用该样式输入文字时，文字默认高度值为0.2；如果输入大于0.0的高度值，则为该样式设置固定的文字高度。在相同的高度设置下，TrueType字体显示的高度要小于SHX字体。如果勾选【注释性】复选框，则将设置在图纸空间中显示的文字高度；否则，直接确定显示文字高度。

9.2.4　效果

【文字样式】对话框的【效果】选项组中有5个选项，包括【颠倒】【反向】【垂直】3个复选框以及【宽度因子】【倾斜角度】2个文本框。下面分别进行介绍。

● 【颠倒】：使文本颠倒放置。系统设置的文本放置方式的默认值是正放文本，勾选该复选框，文本将倒置。效果如图9-16所示。

● 【反向】：使文本从右到左放置。该选项默认值是从左到右放置文本，勾选该复选框，文本将从右到左放置文本。效果如图9-17所示。

图 9-16 颠倒效果 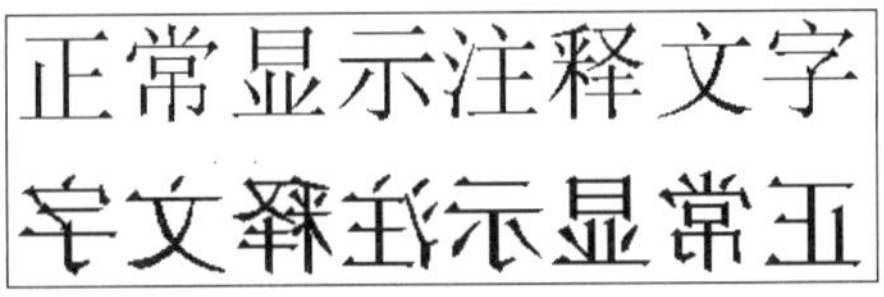   图 9-17 反向效果

● 【垂直】：使文本垂直放置。对于TrueType字体，该选项不可用；对于SHX字体，仅当所选字体支持垂直方向时可用。勾选该复选框的效果如图9-18所示。

● 【宽度因子】：在高度和宽度的比例基础上显示与绘制字体的字符。宽度因子的默认值为1，它使宽度和高度相等。效果如图9-19所示。

图 9-18 垂直效果 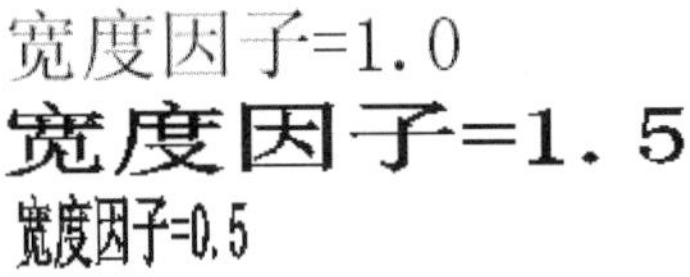   图 9-19 不同宽度因子效果

● 【倾斜角度】：使文本从竖直位置开始倾斜。其默认值为0，显示正常的文本。当输入正值时，文本右倾斜；当输入负值时，文本左倾斜。效果如图9-20所示。

🔔 操作提示

如果用户改变已有字形的字体或者方向，则当前图形中所有使用该字形的文本对象在重生成时都使用新设置；但如果改变文本高度、宽度比例和倾斜角度，将不影响已有文本对象，只影响后面的字体。

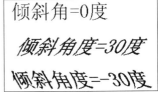

图 9-20 不同倾斜角度的效果

9.3 标注多行文字

TEXT和DTEXT命令的文字功能比较弱，每行文字都是独立的对象，这就给编辑明细表和技术要求等大段文字带来麻烦。因此，AutoCAD提供了MTEXT命令来增强对文字的支持。该命令可以处理整段文字，尤其在AutoCAD 2021中，很像Word处理程序。启动方式如下。

● 选项卡：打开【注释】选项卡，在【文字】功能面板中单击【多行文字】按钮A。
● 菜单栏：在传统菜单栏中选择【绘图】→【文字】→【多行文字】命令。
● 命令行：在命令行窗口中输入MTEXT命令，并按Enter键。
● 工具栏：单击【绘图】工具栏中【文字】子菜单中的【多行文字】按钮A。

📖【例9-2】标注圆柱直齿轮文字

源文件：源文件/第9章/圆柱直齿轮技术要求.dwg。最终绘制
结果如图9-21所示。

案例分析

技术要求是对零件图中未标注部分的补充，以及对零件加工
处理时的要求说明。具体操作过程：首先通过【文字样式】对话框
编辑文字样式；其次通过【多行文字】命令，根据系统操作提示完
成多行文字输入。

技 术 要 求

1.其余倒角为C2。

2.未注圆角半径为R4。

3.调质处理220~250HBW。

图 9-21 圆柱直齿轮技术要求

扫一扫，看视频讲解

操作步骤

步骤一：单击【注释】选项卡【文字】功能面板中的【文字样式】按钮 ↘，
弹出【文字样式】对话框，新建文字样式，设置新样式参数，【字体名】为【宋
体】，【高度】为3.5000，【宽度因子】为0.7000，如图9-22所示。单击【应用】
按钮，应用当前文字样式，并单击【关闭】按钮，关闭该对话框。

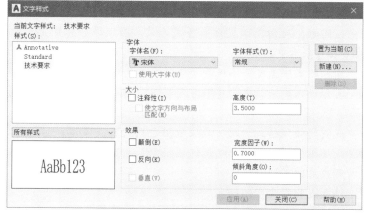

图 9-22 【文字样式】对话框

步骤二：单击【注释】选项卡【文字】功能面板中的【多行文字】按钮 A，在空白处单击，
指定第一角点，向右下角拖动适当距离，按鼠标左键，指定对角点，系统会进入【多行文字编
辑器】并打开【文字编辑器】功能区，此时输入技术要求等相关文字，并调整【多行文字编辑
器】的宽度，如图9-23所示。

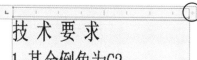

当十字光标变为↔时，
可以通过左右移动改变
多行文字编辑器的宽度

图 9-23 多行文字编辑器

命令行提示与操作如下：

命令：_MTEXT
当前文字样式：【技术要求】 文字高度： 3.5 注释性： 否
指定第一角点：(指定第一角点)
指定对角点或 [高度(H)/对正(J)/行距(L)/旋转(R)/样式(S)/宽度(W)/栏(C)]：(指定对角点，
输入文字即可，可以通过关闭【文字编辑器】，结束多行文字标注。)

💬 **注意：** 在输入 220 与 250 之间的"波浪号"字符时，在中文输入法下需开启半角模式，
从键盘中输入"~"即可。

💬 **操作提示**

【文字编辑器】功能区和【多行文字编辑器】对话框的各项含义及功能如图9-24所示，各
选项功能如下。

(1)文字样式：对多行文字对象应用文字样式。如果将新样式应用到现有多行文字对象中，
用于字体、高度、粗体或斜体属性的字符格式将被替代。堆叠、下划线和颜色属性将保留在应
用新样式的字符中，同时，反向或倒置效果样式无效。在SHX字体中定义为垂直效果的样式
将在【多行文字编辑器】中水平显示。

(2)字体：为新输入的文字指定字体或改变选定文字的字体。

(3)文字高度：可以输入或选择新文字的字符高度。在AutoCAD 2021中，多行文字对象可
以包含不同高度的字符。

(4)粗体：打开或关闭粗体格式。此功能仅适用于TrueType字体。

(5)斜体：打开或关闭斜体格式。此功能仅适用于TrueType字体。

(6)下划线：打开或关闭下划线格式。

(7)文字颜色：修改或指定文字的颜色。

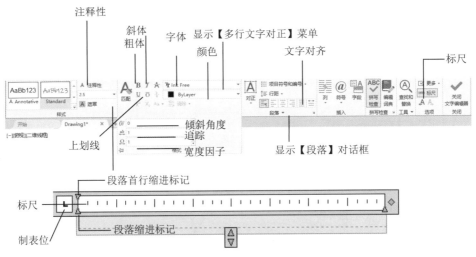

图 9-24 文字编辑器

另外，【多行文字编辑器】中还有几个比较特殊的选项：

(1)插入字段。单击【插入】功能面板中的【字段】按钮🖹，系统弹出如图9-25所示的对话
框，从【字段类别】下拉列表中选择类型，然后在【字段名称】列表中选择字段，可以在右侧
表达式中直接看到效果。确定后即可插入文字边框内。

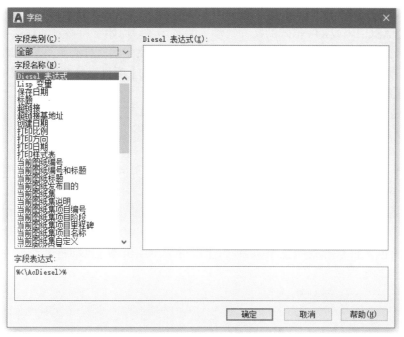

图 9-25 【字段】对话框

（2）符号。单击【插入】功能面板中的【符号】按钮@，如图 9-26 所示，在光标位置插入列出的符号或不间断空格，也可以同 Word 等字处理软件一样手动插入符号。如果选择【其他】选项，系统弹出【字符映射表】对话框，如图 9-27 所示，从中可以选择特殊字符。

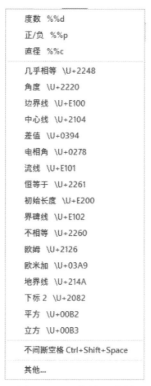

图 9-26 【字符】菜单 图 9-27 【字符映射表】对话框

（3）输入文字。单击【工具】功能面板中的【输入文字】按钮，系统弹出【选择文件】对话框。选择任意ASCII码或RTF格式的文件，输入的文字保留原始字符格式和样式特性，但可以在【多行文字编辑器】中编辑和格式化输入的文字。输入文字的文件必须小于32KB。

（4）插入项目符号和编号。单击【段落】功能面板中的【项目符号和编号】按钮，如图9-28所示，从中选择相应选项即可。

（5）背景遮罩。单击【遮罩】按钮，系统弹出如图9-29所示的【背景遮罩】对话框。在其中可以决定文字遮挡的区域、遮挡背景等。结果如图9-30所示。

（6）段落对齐。设置多行文字对象的对正和对齐方式。在一行的末尾输入的空格也是文字的一部分，并会影响该行文字的对正。文字根据其左右边界进行居中对正、左对正或右对正。

（7）查找和替换。在【替换】对话框中进行替换即可。

（8）合并段落。在【段落】功能面板中将选定的段落合并为一段，并用空格替换每段的回车。

当插入黑色字符且背景颜色是黑色时，【多行文字编辑器】自动将其改变为白色或当前颜色。

图9-28　插入项目符号和编号

图9-29　【背景遮罩】对话框

图9-30　遮罩效果

步骤三：在步骤二的【多行文字编辑器】中，选中【技术要求】，单击【样式】功能面板中的【文字高度】文本框，更改【文字高度】为5，继续单击【段落】功能面板中的【居中】按钮。结果如图9-31所示。

图9-31　更改结果

步骤四：在步骤三的【多行文字编辑器】中，选中大写字母C和R，单击【格式】功能面板中的【斜体】按钮 *I*，将大写字母更改为斜体，并单击【关闭】功能面板中的【关闭文字编辑器】按钮，完成多行文字标注。最终标注结果如图9-21所示。

🔔 **操作提示**

（1）指定对角点：在指定对角点后，系统会结合第一角点构成一个顶部带有标尺的多行文字编辑器，见前面操作提示。

（2）对正：主要用于确定文本的对齐方式，便于灵活地组织图纸上的文本。该选项以及该选项下的对正方式与【单行文字】命令中的【对正】及其对正方式相同。选择一种对齐方式后按Enter键，系统会回到上一级提示。

（3）行距：主要用于确定相邻文本行基线之间的垂直距离，即多行文本的行间距。命令行提示与操作如下：

输入行距类型[+至少(A)/精确(E)] <至少(A)>:

①至少：系统将会根据每行文本中最大的字符自动调整行间距。

②精确：系统将会采用用户输入的确切的间距值对行间距进行调整。

（4）旋转：用于确定多行文本的倾斜角度。

（5）样式：用于确定当前的文本文字样式。

（6）宽度：用于确定多行文本标注的宽度，即【多行文字编辑器】中标尺的宽度。

（7）栏：根据栏宽、栏间距宽度和栏高组成矩形框。

🔔 温馨提示：单行文字与多行文字的区别如下。

（1）单行文字的每行文字是独立对象，往往用于文字较少的场合，尤其对于标签非常方便。

（2）多行文字是一组文字，用于内容较多、较长的场合。文字由任意数目的文字行段落组成，布满指定的宽度，还可以沿垂直方向无限延伸。多行文字的单个段落构成单个对象，用户可以对其进行移动、旋转、删除、复制、镜像或缩放操作。

9.4 编辑文字、注释与注释性

9.4.1 编辑文字

可以对输入文字的属性或文字内容进行编辑，包括DDEDIT命令和DDMODIFY命令两种方式。

1. DDEDIT方式

● 菜单栏：在传统菜单栏中选择【修改】→【对象】→【文字】命令。

● 命令行：在命令行窗口中输入DDEDIT命令，并按Enter键。

● 工具栏：单击【修改】工具栏中【对象】子菜单中的【文字】按钮。

激活该命令后，命令行提示如下：

选择注释对象或[放弃(U)]:

如果选择单行文字，则直接进入输入状态文本框，在其中输入新文字即可。

如果选择多行文字，AutoCAD 2021将弹出【文字编辑器】功能面板，在【多行文字】功能面板中可修改所选择的文字。修改完毕，单击【关闭文字编辑器】按钮使之生效。

2. DDMODIFY方式

直接在命令行中输入该命令，系统将弹出【特性】功能面板。在绘图区选择文字后，用户就可以在【特性】功能面板中修改文字的基本特性，包括【颜色】【线型】【图层】【文字样式】【对齐】【宽度】等。多行文字【特性】功能面板和单行文字【特性】功能面板分别如图9-32（a）和图9-32（b）所示。

（a）　　　　　　　（b）

图 9-32　文字的【特性】功能面板

🔔 操作提示

单行文字和多行文字之间可以相互转换。多行文字用【分解】命令分解成单行文字；选中单行文字，然后输入TEXT2MTEXT命令，即可将单行文字转换为多行文字。

9.4.2　注释与注释性

通常用于注释图形的对象有一个特性，称为注释性。使用此特性，用户可以自动完成缩放注释的过程，从而使注释能够以正确的大小在图纸上打印或显示。用户可以在图形状态栏中进行简单设置，如图9-33所示。

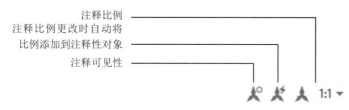

图 9-33　图形状态栏

在【特性】功能面板中可以更改注释性特性，还可以将现有对象更改为注释性对象，如图9-34所示。将光标悬停在支持一个注释比例的注释性对象上时，光标将显示图标 。如果该对象支持多个注释比例，它将显示 图标。

用户为布局视口和模型空间设置注释比例以确定这些空间中注释性对象的大小，即为缩放注释操作。

在【模型】选项卡中设置注释比例的步骤如下。

（1）在图形状态栏或应用程序状态栏的右侧，单击显示的注释比例旁边的箭头，如图9-35所示。

图 9-34　特性设置　　　　图 9-35　选择注释比例

（2）从列表中选择一个比例。如果是在【布局】选项卡下，则首先选择需要设置比例的视口，然后遵循上面的步骤。

将注释比例添加到注释性对象中的步骤如下。

（1）在传统菜单栏中选择【修改】→【注释性对象比例】→【添加/删除比例】命令，如图 9-36 所示。

（2）在绘图区中，选择一个或多个注释性对象，按Enter键结束，系统弹出如图 9-37 所示的对话框。

图 9-36　【注释性对象比例】子菜单　　　图 9-37　【编辑图形比例】对话框

（3）在【编辑图形比例】对话框中，单击【添加】按钮，系统弹出如图 9-38 所示的对话框。

图 9-38　【添加比例】对话框

（4）在【添加比例】对话框中，选择要添加到对象的一个或多个比例（按住Shift键可以选择多个比例）。

（5）单击【确定】按钮。

（6）在【编辑图形比例】对话框中，单击【确定】按钮。

如果用户要删除注释性对象比例，则在图9-36中选择【删除当前比例】命令，然后选择对象即可。

在【布局】选项卡中，如果要将注释旋转某个角度，可以在【特性】功能面板的【旋转】文本框中进行设置，如图9-39所示。

图 9-39 【特性】功能面板

9.5 工程图表格及其处理

在AutoCAD 2021中，提供了【表格】工具，用来将一些规律性注释内容排列好。这些操作有些类似于Word和Excel中的表格操作。例如，明细表就可以采用这种方式。启动方式如下。

● 选项卡：打开【默认】选项卡，在【注释】功能面板中单击【表格】按钮▦。
● 菜单栏：在传统菜单栏中选择【绘图】→【表格】命令。
● 命令行：在命令行窗口中输入TABLE命令，并按Enter键。
● 工具栏：单击【绘图】工具栏中的【表格】按钮。

📖 【例9-3】绘制A3样板图（定义表格样式）

源文件：源文件/第9章/A3样板图.dwg，如图9-40所示。

案例分析

在A3样板图标题栏中，不但需要绘制表格，而且需要在表格中进行文字标注，可以通过【表格】命令方便、快捷地完成标题栏的绘制与编辑，在绘制表格前首先定义表格样式。具体操作过程：首先通过【文字样式】对话框新建文字样式；其次通过【表格】命令完成表格样式的修改。

操作步骤

步骤一：单击【注释】选项卡【文字】功能面板中的【文字样式】按钮 ↘，系统弹出【文字样式】对话框。新建文字样式（命名：表格文字），设置新样式参数，【字体名】为【宋体】，【高度】为2.5000，【宽度因子】为0.7000，如图9-41所示。

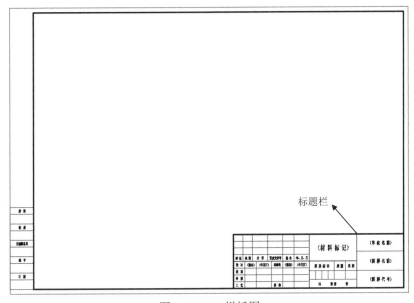

图9-40　A3样板图

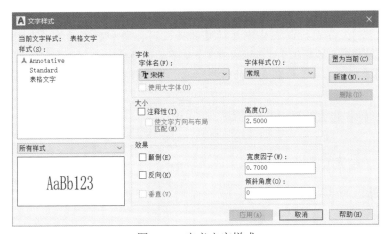

图9-41　定义文字样式

步骤二：将【细实线】图层设置为当前图层，单击【默认】选项卡【注释】功能面板中的【表格样式】按钮 ▦，打开【表格样式】对话框，如图9-42所示。单击【新建】按钮，系统弹出

【创建新的表格样式】对话框，如图9-43所示，编辑【新样式名】为【标题栏】，单击【继续】按钮。打开【新建表格样式：标题栏】对话框，如图9-44所示。在该对话框中进行以下设置：在【常规】选项卡中将【对齐】改为【正中】；在【文字】选项卡中将文字样式改为【表格文字】。

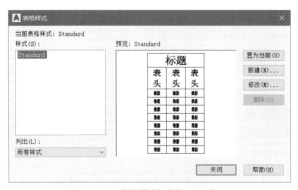

图 9-42 【表格样式】对话框

图 9-43 【创建新的表格样式】对话框

图 9-44 【新建表格样式：标题栏】对话框

🔔 操作提示

【新建表格样式：标题栏】对话框的【单元样式】下拉列表中有3个重要的选项，即【标题】【表头】【数据】，分别控制表格中总标题数据、列标题和数据的有关参数，如图9-45所示。在【新建表格样式：标题栏】对话框中有3个重要的选项卡，分别为【常规】【文字】【边框】。

(1)【常规】选项卡：用于控制表格的常规信息，即【特性】和【页边距】，如图9-46所示。

图 9-45 插入的表格

图 9-46 【常规】选项卡

（2）【文字】选项卡：用于设置文字属性。在该选项卡下，可在【文字样式】列表框中选择已定义的文字样式应用于数据文字，同时也可以单击右侧的…按钮重新定义文字样式。若选择已定义的文字样式，则【特性】栏中【文字高度】不可更改，如图9-47所示。

（3）【边框】选项卡：用于设置表格的边框属性。在该选项卡下，【间距】文本框用于控制单元格边界和内容之间的间距；【特性】栏中最下方一排按钮为边框线的各种形式，如所有边框、外边框、内边框等，如图9-48所示。

图 9-47 【文字】选项卡 　　　图 9-48 【边框】选项卡

📖【例9–4】标题栏

在设置好表格样式后，用户可以利用【表格】命令创建表格。

源文件：源文件/第9章/标题栏.dwg。最终绘制结果如图9-49所示。

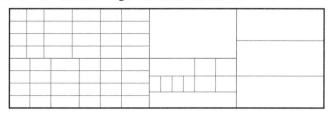

图 9-49 新建标题栏样式

案例分析

在绘制标题栏时，其中表格的高度和宽度并不统一，因此可以将标题栏分成4部分来绘制，如图9-50所示。由于步骤操作具有相似性，本例中只对表格3进行详细讲解。具体操作过程：首先通过【表格】命令完成表格3的创建；其次通过表格的【特性】功能面板完成表格编辑操作；最后通过【移动】命令将表格1、表格2、表格3和表格4拼接在一起，完成标题栏的绘制。

扫一扫，看视频讲解

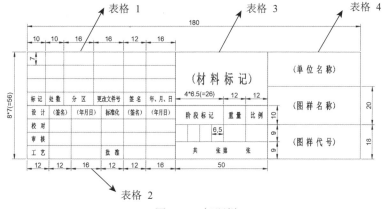

图 9-50 标题栏

操作步骤

步骤一：将【细实线】图层设置为当前图层，单击【默认】选项卡【注释】功能面板中的【表格】按钮，系统弹出【插入表格】对话框，如图9-51所示。在【列和行设置】选项组中，行数和列数分别设置为2和6；在【设置单元样式】选项组中，将第一行和第二行单元样式统一设置为【数据】。单击【确定】按钮，在适当位置插入表格后，按Esc键表格进入选中状态，如图9-52所示。

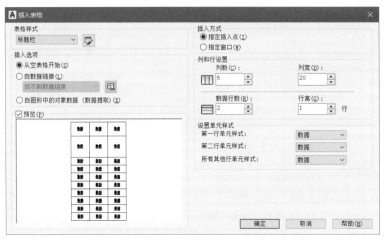

图 9-51 【插入表格】对话框

图 9-52 选中单元

步骤二：同时选中表格A、B、C、D列，并右击，在弹出的快捷菜单中选择【特性】命令，系统弹出【特性】功能面板，如图9-53所示。工具选项板将单元栏中的【单元宽度】改为6.5。利用相同的方法，将表格中E列和F列的【单元宽度】改为12；将1、2、3、4行的【单元高度】分别改为28、10、9、9，如图9-54所示。

图 9-53 【特性】功能面板

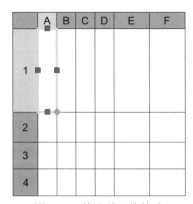

图 9-54 修改单元格格式

步骤三：选中表格第1行，在【特性】功能面板中选中单元栏中的【边界线型】选择框，如图9-55所示。单击【单元边框特性】按钮，系统弹出【单元边框特性】对话框，如图9-56所示。在【边框特性】选项组中，将【线宽】设置为0.35；在下方的边框选择栏中，单击【上边框】按钮，单击【确定】按钮。表格效果如图9-57所示。

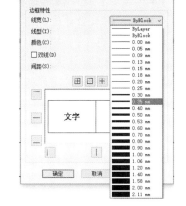

图9-55　【特性】功能面板　　　　图9-56　【单元边框特性】对话框

步骤四：选中表格第1行，单击【表格单元】选项卡【合并】功能面板【合并单元】下拉列表中的【按行合并】按钮，合并单元格。利用相同的方法合并其他单元。效果如图9-58所示。

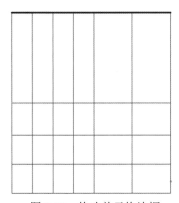

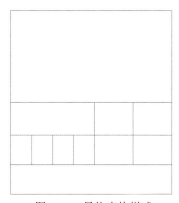

图9-57　修改单元格边框　　　　图9-58　最终表格样式

步骤五：单击【默认】选项卡【注释】功能面板中的【表格】按钮，参考步骤一、步骤二和步骤三的方法，完成其他表格的绘制。再通过单击【默认】选项卡【修改】功能面板中的【移动】按钮，对表格进行拼接完成标题栏的绘制。最终绘制结果如图9-49所示。

🔔 **操作提示**

（1）【表格样式】选项组：在下拉列表中选择表格样式，单击启动【表格样式】对话框按钮，系统会打开【表格样式】对话框，建立新的表格样式。

（2）【插入选项】选项组：在该选项组指定插入表格的方式。包含三个单选按钮。

①【从空表格开始】单选按钮：选中该单选按钮，创建可以手动填充数据的空表格。

②【自数据连接】单选按钮：选中该单选按钮，用外部电子表格中的数据创建表格。

③【自图形中的对象数据(数据提取)】单选按钮:选中该单选按钮,启动【数据提取】向导。

(3)【插入方式】选项组:在该选项组指定表格位置。包含两个单选按钮。

①【指定插入点】单选按钮:选中该单选按钮,可以设置表格左上角的位置。可以使用定点设备,也可以在命令提示下输入坐标值。如果表格样式将表格的方向设置为由下而上读取,则插入点位于表格的左下角。

②【指定窗口】单选按钮:选中该单选按钮,可以设置表格的大小和位置。可以使用定点设备,也可以在命令提示下输入坐标值。选定此选项时,行数、列数、列宽和行高取决于窗口的大小以及列和行设置。

(4)【列和行设置】选项组:在该选项组设置列和行的数目与大小。

(5)【设置单元样式】选项组:对于那些不包含起始表格的表格样式,在该选项组设置新表格中行的单元样式。其中,【第一行单元样式】【第二行单元样式】【所有其他行单元样式】都有【标题】【表头】【数据】三个选项。

习题九

一、填空题

1. 单行文字的命令是＿＿＿＿＿＿,多行文字的命令是＿＿＿＿＿＿。

2. 在文字样式中,宽度比例因子是指＿＿＿＿＿＿。

3. 在文字输入的特殊符号中,标注正负公差(±)符号应输入%%P,标注直径(∅)符号应输入%%C,标注度(°)符号应输入＿＿＿＿＿＿。

二、判断题

1. 使用MTEXT命令输入文本时,每一行文字是一个独立的对象。 ( )

2. 使用DDEDIT命令可以修改各种类型文字的文字样式、宽度和内容等。 ( )

3. 【多行文字】和【单行文字】命令都能创建文字对象,本质是一样的。 ( )

4. AutoCAD无法实现类似Word的文字查找或者替换功能。 ( )

5. 使用DTEXT命令写的多行文本,每行文本成为一个图元,可以独立进行编辑。( )

三、操作题

1. 绘制A4图框和标题栏,如图9-59所示。

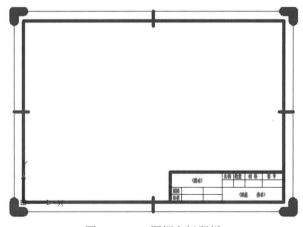

图 9-59 A4 图框和标题栏

2. 以表格操作的方式插入图9-58中的表格。

四、思考题

1. 如何设置文字样式？

2. 单行文字和多行文字分别适用于什么地方？

3. 如何输入特殊符号，如直径∅？

4. 如何输入并编辑多行文字？

5. 多行文字的堆叠有哪几种方式？

6. 使用单行文字工具输入文字。

7. 使用多行文字工具输入文字。

8. 如何使用DDEDIT命令以及【文字编辑器】功能面板对已有文字进行修改？

第 10 章

装配效率工具

学习目标

表达机器或部件整体结构、工作原理及其零部件中间装配连接关系等内容的图样称为装配图。

通过本章的学习，了解装配图的作用和内容；掌握装配图的规定画法和特殊画法，了解装配图的尺寸标注、零部件序号和明细栏（表）；掌握由装配图拆零件图的方法；熟练掌握块与块文件的插入；了解外部参照；掌握设计中心工具。

本章要点

- 装配图的表达方法
- 由装配图拆画零件图
- 块
- 外部参照
- 设计中心

内容浏览

10.1　装配图的作用和内容

1. 装配图的作用

装配图分为两类：总装配图与部件装配图。其中，总装配图表示整台机器的图样，部件装配图则表达一个部件的图样。

在设计过程中，一般根据设计者意图绘制装配图来表达机器或者部件的工作原理、传动路线和零件之间的装配关系，以便正确地绘制零件图。

在组装机器时，要对照装配图进行装配，并对装配好的产品根据装配图进行调试和试验，检验其是否合格。当机器出现故障时，通常也需要通过装配图来了解机器的内部结构，进行故障分析和诊断。所以，装配图在设计、装配、检验、安装调度等各个环节中是不可缺少的技术文件。

2. 装配图的内容

图 10-1 所示为齿轮减速器的装配图。装配图一般应包括以下几个方面的内容。

（1）必要的视图。必要的视图用于正确、完整、清晰地表达装配体的工作原理、零件的结构形状及零件之间的装配关系。它是将常见的表达方法和特殊的表达方法结合起来进行表达的。

（2）必要的尺寸。通过装配图的作用可以看出，在装配图中只需标注机器或部件的性能（规格）尺寸、装配尺寸、安装尺寸、整体外形尺寸等。

（3）技术要求。在用视图难以表达清楚时，通常采用文字和符号等补充说明机器或部件的性能、装配方法、检验要点和安装调试手段、表面油漆、包装运输等技术要求。技术要求应该工整地注写在视图的右上方或左下方。

（4）零部件的编号（序号）、明细表。为便于查找零件，装配图中每一种零部件均应编注一个序号，并将其零件名称、图号、材料、数量等情况填写在明细表中。序号的另一个作用是将明细表与图样联系起来，使看图时便于找到零件的位置。

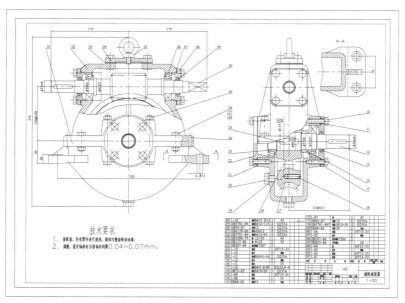

图 10-1　齿轮减速器的装配图

（5）标题栏。说明机器或者部件的名称、重量、图号、比例等，以及设计单位的名称，设计、制图、审核人员的签名等。

10.2 装配图的表达方法

零件图主要用于指导零件的制造，而装配图主要用于指导将零件组装成机器部件，二者都是要表达出它们的内部结构。除了沿用零件的各种表达原则，国家标准《机械制图》中还规定了装配图的有关画法和特殊的表达方法。

10.2.1 规定画法

为了使装配图能够反映出各零件之间的结合关系，并且便于正确区分不同零件，需要遵循以下几种规定画法。

1. 接触面和配合面的画法

相邻零件的接触面或配合面，规定只画一条轮廓线。对于相邻零件之间的不接触面，即使间隙很小，也应画两条轮廓线。

如图10-2所示，顶盖与箱盖、轴承内圈与轴颈之间是接触面，所以只能画一条轮廓线。但是，对于左视图中的螺栓与端盖通孔而言，虽然间隙很小，但是仍然要画出各自的轮廓线。

2. 剖面线的画法

在装配图中，对被剖的金属材料的零件，其剖面线的画法有以下规定。

（1）在同一装配图上，同一个零件在各个剖视图、剖面图中剖面线的倾斜方向和间距应画成一致的，如图10-1中箱体和箱盖的画法。

（2）为了区分不同的零件，对于相邻零件的剖面线，其倾斜方向或间距均不应画成一样，即采用倾斜方向相反或剖面线的间距不同以示区别。如图10-2所示，当被剖部分的图形面积较大时，可以只沿轮廓的各边画出剖面符号。

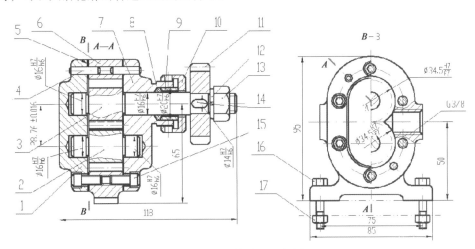

图 10-2　齿轮油泵主视图

（3）薄壁零件被剖且厚度≤2mm时，允许用涂黑表示被剖部分，如垫片。

3. 标准中实心零件的画法

（1）在装配图中，除标准件（如螺纹紧固件、键、销）以外，标准的实心零件（如轴、球、手柄、连杆之类）即使剖切平面沿它们的轴线剖切时，也均按不剖绘制，如图10-2中的轴。

（2）若实心轴上有需要表示的结构，如键槽、销孔等，可以采用局部剖视表示，如图10-2中零件6上的局部剖视。

（3）上述的实心零件，若被垂直于轴线剖切，则应画剖面符号。

10.2.2 特殊画法

零件的各种表达方法（如视图、剖视、剖面等）都可以用来表达装配体的内外部结构。如图10-2所示，左视图为了表达内外部结构采用了半剖视图。但由于部件是由若干零件装配而成，因此在表达时会出现一些新问题。针对这些问题，提出了装配体中的4种特殊画法。

1. 拆卸画法

在装配图的某一视图上，对于已经在其他视图中表达清楚的一个或几个零件，当它们遮住了必须表达的其他装配关系和零件时，可以假想拆去这一个或几个零件，对其余部分再进行投影，这种画法称为拆卸画法，以使图形表达清晰，但需在该视图上方写明"拆去××件"。

2. 假想画法

在装配图中，为了表示移动零件的运动范围或极限位置，可以将该运动件画在一个极限位置上，用双点划线画出运动零件在另一个极限位置的零件轮廓形状，如图10-3所示。

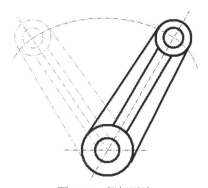

图 10-3　假想画法

另外，为了表示一个装配体与相邻零件的连接部位，也可以用双点划线画出相邻零件的主要轮廓形状。

3. 简化画法

在装配图中如果遇到以下问题，可以简化画出。

（1）简化零件。对于装配图中分布有规律又重复出现的零件，如螺纹紧固件及其连接等，可以只画出一组，其余的只需用点划线表示其装配位置即可。

（2）油封（密封圈）、轴承等零部件。可以只画对称图形的一半，另一半则按简化的规定画法表示。如图10-4所示，滚动轴承就采用了简化画法。

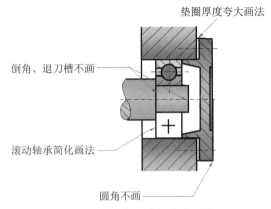

图 10-4　简化画法与夸大画法

（3）简化结构。零件的标准工艺结构，如铸造圆、倒角、退刀槽、螺母和螺栓头倒角形成的双曲线等，在装配图上可以省略，如图 10-5 所示。

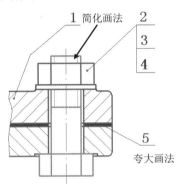

图 10-5　螺栓的简化画法与夸大画法

4. 夸大画法

对于厚度较小的薄壁垫圈、小间隙等，可以不按比例适当夸大画出，如图 10-4 和图 10-5 中的垫圈。

5. 单独表示

在装配图中，当某个零件的形状未表达清楚而又对理解装配关系及其机器的工作原理有影响时，可以单独画出零件的某个视图。如图 10-1 中的 *A—A* 视图。另外，当装配体中主要轮廓没有表达清楚时，可以单独表示。

10.3　装配图的其他内容

10.3.1　装配图的尺寸标注

装配图的作用与零件图不同，所以在装配图中不必把制造零件时所需的尺寸都标出来，而是只标出装配体的性能、工作原理、装配关系、安装要求等几类尺寸即可。

1. 规格性能尺寸

规格性能尺寸是指表示该产品规格大小或工作性能的尺寸。这类尺寸是产品设计时的主要参数之一，也是用户选用产品的依据，如图 10-2 中的 $\phi 16$。

2. 装配尺寸

装配尺寸是指表示机器部件中各零件间装配关系的尺寸。装配尺寸包括配合尺寸和主要零件间的相对位置尺寸。

（1）配合尺寸。这是指表示两个零件之间配合性质的尺寸，如图10-2中的$\phi 16\frac{H7}{h6}$。

（2）相对位置尺寸。这是确保两个零件或部件之间正确连接的尺寸，如图10-2中的尺寸50mm。

3. 安装尺寸

安装尺寸是指表示部件安装在机器上或机器安装在地基上所需要的尺寸，如图10-2中的尺寸75mm。

4. 外形尺寸

外形尺寸是指表示机器或部件的总长、总宽、总高的尺寸，它反映装配体外形大小，供包装、运输和安装时考虑所占空间，如图10-2中的113mm和95mm。

5. 其他重要尺寸和技术参数

根据装配体的结构特点和需要，必须标注的尺寸如下。

（1）运动件的极限位置尺寸。

（2）重要零件间的定位尺寸等。

（3）技术参数，如齿轮的齿宽尺寸、齿轮的模数等，也是在设计中通过计算确定的，在装配图中也应该标注。

在装配图中标注尺寸，要根据情况具体分析。上述各种尺寸，并不是每张装配图上都必须全部标出，有时同一个尺寸具有几方面的作用。如图10-2中的75mm，既是装配尺寸，也是安装尺寸。

10.3.2 装配图上的零件、部件序号和明细栏（表）

为便于统计零件、部件的种类和数量，有利于看图和管理，对装配图上每一个不同零件或部件都必须编注一个序号或代号，并将序号、代号、零部件名称、材料数量等项目填写在明细栏（表）中。

1. 零部件序号的编制与标注（GB/T 4458.2—2003）

在国家标准中，对装配图中零部件序号的编写做了以下规定。

（1）装配图中每个零件或部件都要有编号，而且只编注一个序号，即相同的零件或部件只给一个序号，且在装配图中只标注一次，数量填写在明细栏（表）中。

（2）序号要尽可能标注在反映装配关系最清楚的视图上，并应该从所指部分的可见轮廓内用细实线向外画出指引线，在引出端画一个小圆点，如图10-1和图10-2所示。如果所指部位很薄或者剖面涂黑不宜画小圆点时，可以在指引线的引出端画出箭头，指向该部分的轮廓，如图10-6所示。

（3）指引线、横线或圆均用细实线绘制。用比尺寸数字大一号的字体，将序号填写在指引线一端的横线上或圆内，按顺时针或逆时针方向依次整齐排列在图形外圈的水平方向和垂直方向上。

（4）与螺纹紧固件类似的零件组，允许采用公共指引线，如图10-7所示。

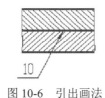

图10-6　引出画法

图10-7　紧固件组合编号法

指引线应尽可能分布均匀，不可彼此相交。当通过有剖面线的区域时，不应与剖面线平行，必要时，指引线可以画成折线，但只可曲折一次。

一般有两种编制零部件序号的方法：一种是一般件和标准件混合在一起编制，如图10-1和图10-2所示；另一种是只将一般件编号填入明细栏（表）中，而将标准件直接在图上标出规格、数量和图标代号或另列专门表格。前者称为隶属编号法，后者称为分类编号法。

2. 明细栏（表）和标题栏

在第1章中已经讲过标题栏，在此只介绍明细栏（表），如图10-8所示。

在编号完成后，需要编制相应的明细栏（表）。直接编写在装配图中标题栏上方的，称为明细栏；在其他纸上单独编写的，称为明细表。

图 10-8　装配图标题栏与明细栏（表）

零件明细栏一般画在标题栏上方，并与标题栏对正。外框为粗实线，内格为细实线。标题栏上方位置不够时，可在标题栏左方继续列表。

10.4　装配图绘制

10.4.1　绘制装配图

零件草图或零件图画好后，还要拼画出装配图。画装配图的过程是一次检验、校对零件形状、尺寸的过程。零件图（或零件草图）中的形状和尺寸如有错误或不妥之处，应及时协调改正，以保证零件之间的装配关系能在装配图上正确地反映出来。

下面以柱塞泵为例，介绍绘制装配图的方法和步骤。

图10-9所示是一个用于机床供油系统的供油装置——柱塞泵。小轮上面的凸轮（未画出）旋转时，由于升程的改变，使得柱塞上下往复移动，引起泵腔容积的变化，压力也随之改变，油被不断吸进、排出，从而起到供油作用。其装配关系包括以下三种路线。

图 10-9　柱塞泵三维装配体

（1）柱塞、柱塞套、泵体。柱塞与柱塞套装配在一起，柱塞套用螺纹与泵体连接。柱塞下部压在弹簧上。

（2）吸油、排油部分的单向阀体。由小球、弹簧和螺塞等组成。

（3）小轮、小轴部分。用开口销固定在柱塞上部。

1. 准备

对已有资料进行整理、分析，进一步弄清装配体的性能及结构特点，对装配体的完整结构形状做到心中有数。然后确定装配体的装配图表达方案，如前面分析的那样。

2. 确定图幅和比例

根据装配体的大小及复杂程度，选定绘制装配图的合适比例。选定图幅时不但要考虑到视图所需的面积，而且要把标题栏、明细栏、零部件序号、标注尺寸和技术要求的位置一并计算在内，确定哪一号图纸幅面后即可着手合理布置图面。一般情况下，只要可以选用1:1的比例就应尽量选用1∶1的比例画图，以便于看图。

通常先画出各主要视图的作图基线。如柱塞泵，在主视图上先绘制泵体两个通孔的轴线，这样就决定了各主要视图的高低，再在俯视图上绘制出主孔轴线。注意各视图之间留有适当间隔，以便标注尺寸和进行零件编号，如图10-10（a）所示。

3. 绘制装配体主要结构部分

从主视图开始，以上面绘制的轴线为依据，首先依次在各视图中绘制泵体轮廓线，然后根据装配顺序绘制主装配线上的其他零件轮廓，如图10-10（b）所示。

4. 绘制次要结构部分

绘制其他装配线上的零件，包括进出口单向阀、小轮、轴等。最后绘制其他零件，包括弹簧、销钉等。左视图是外形图，只要绘制外形轮廓即可，如图10-10（c）所示。

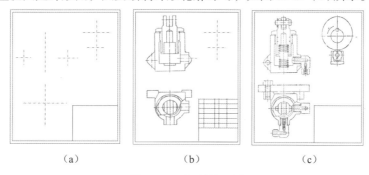

（a）　　　　　　　　　（b）　　　　　　　　　（c）

图 10-10　绘制装配图

5. 检查校核

除了检查零件的主要结构外，特别要注意视图上细节部分的投影是否有遗漏或者错误。这一步很重要，由于装配图图形复杂，线条较多，很容易漏画部分投影。

6. 完成全图

检查无误后加深图线，画剖面线，标注尺寸，对零件进行编号，填写明细栏、标题栏，书写技术要求等，完成装配图，如图10-11所示。

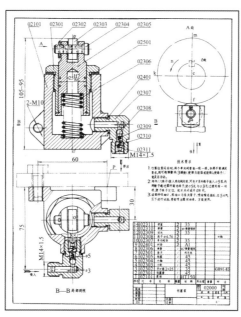

图 10-11　完成装配图

10.4.2　在AutoCAD中绘制装配图

装配图是用来表达机器（或部件）的工作原理、装配关系的图样。完整的装配图是由一组视图、尺寸标注、技术要求、明细栏和标题栏组成的。对于经常绘制装配图的用户，可以将常用零件、部件、标准件和专业符号等做成图库，如将轴承、弹簧、螺钉和螺栓等制作成公用图块库，在绘制装配图时采用块插入等方法插入装配图中，可以提高绘制装配图的效率。

常见的一些AutoCAD工具包括块、外部参照、设计中心、参照管理器和动态块等。另外，常用的复制、粘贴等功能都可以选用。

10.5　由装配图拆画零件图

在机器或部件的设计、制造、使用和维修过程中，在技术革新、技术交流等生产活动中，常会遇到读装配图和拆画零件图的问题。这是工程技术人员解决实际问题的基本能力。

由装配图拆画零件图，是将装配图中的非标准零件从装配图中分离出来画成零件图的过程，这是设计工作中的一个重要环节。拆画零件要在装配图的基础上进行，并按照零件图的内容和要求，画出零件工作图。

拆画零件图一般有两种情况。

（1）装配图和零件图从头到尾均由一人完成。在这种情况下拆画零件图一般比较容易，因为在设计装配图时，对零件的结构形状已有所考虑。

（2）装配图已绘制完毕，由他人来拆画零件图。这种情况下拆画零件图，难度要大一些，必须在理解他人设计意图的基础上才能进行。本节主要讨论第二种情况下的拆画零件图工作。

下面以图10-12所示的球阀为例，说明拆画零件图时应注意的一些问题。

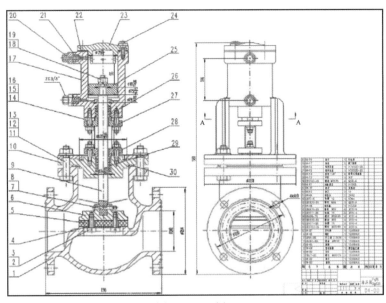

图 10-12　球阀

1. 对零件表达方案的处理

装配图上的表达方案主要是从表达装配关系、工作原理和装配体的总体情况来考虑的。因此，在拆画零件图时，应根据所拆画零件的内外形状和复杂程度来选择表达方案，而不能简单地照抄装配图中该零件的表达方案。

例如，图10-12所示球阀中的油压缸，在装配图中两个视图都有所表示。可以假想拆去相邻件，如图10-13所示。然后补全轮廓线，如图10-14所示。

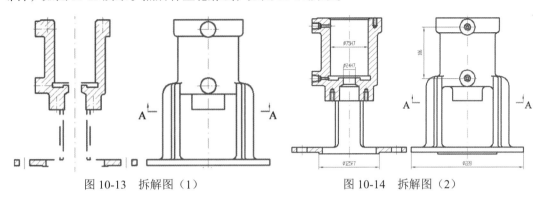

图 10-13　拆解图（1）　　　　　　　　　图 10-14　拆解图（2）

对于装配图中没有表达完全的零件结构，在拆画零件图时，应根据零件的功用和零件结构知识加以补充和完善，并在零件图上完整清晰地表达出来。如图10-12所示的油压缸，其上端的具体形状，在装配图中作为次要结构而未表达清楚，但在零件图中就必须表达清楚，这就要增加A向局部视图才能达到要求，如图10-15所示。

对于装配图中省略的工艺结构，如倒角、退刀槽等，也应根据工艺需要在零件图上表示清楚。如油压缸内螺纹上端的工艺倒角，在装配图上未画出，在零件图上就应补充画出或标注出，如图10-15所示。

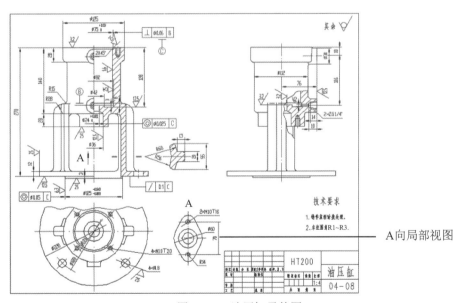

A向局部视图

图 10-15　油压缸零件图

2. 对尺寸的处理

零件图上的尺寸应根据装配图来决定，其处理方法一般有以下几种。

（1）抄注。在装配图中已标注出的尺寸，往往是较重要的尺寸。这些尺寸一般都是装配体设计的依据，自然也是零件设计的依据。在拆画其零件图时，这些尺寸不能随意改动，要完全照抄。对于配合尺寸，就应根据其配合代号，查出偏差数值，并标注在零件图上。

（2）查找。螺栓、螺母、螺钉、键槽和销孔等，其规格尺寸和标准代号一般在明细栏中已列出，其详细尺寸可以从相关标准中查得。

螺孔直径、螺孔深度、键槽和销孔等尺寸，应根据与其相结合的标准件尺寸来确定。

按标准规定的倒角、圆角和退刀槽等结构的尺寸，应查阅相应的标准来确定。

（3）计算。某些尺寸数值，应根据装配图中所给定的尺寸，通过计算确定。如齿轮轮齿部分的分度圆尺寸和齿顶圆尺寸等，应根据所给的模数、齿数和有关公式来计算。

（4）量取。在装配图上没有标注出的其他尺寸，可从装配图中用比例尺量得。量取时，一般取整数。

另外，在标注尺寸时应注意，有装配关系的尺寸应相互协调。如配合部分的轴、孔，其基本尺寸应相同，其他尺寸也应相互适应，使之在零件装配或运动时不致产生矛盾或产生干涉、咬卡现象。

在进行尺寸的具体标注时，还要注意尺寸基准的选择。

3. 对技术要求的处理

对零件的形位公差、表面粗糙度和其他技术要求，可以根据装配体的实际情况和零件在装配体的使用要求，用类比法参照同类产品的有关资料以及已有的生产经验进行综合确定。

油压缸的表达方案、尺寸处理和技术要求的选取如图10-15所示。

10.6　块

在实际绘图中，经常会遇到标准件等多次重复使用的图形。如果逐个绘制，很显然效率低下。如果单独将它们作为独立的整体定义好并在需要的时候插入，则可以省略很多麻烦。这就是块的作用。

10.6.1　块与块文件

所谓块，就是将一组对象组合起来，形成单个对象（或称为块定义），并用一个名字进行标识。这一组对象能作为独立的绘图元素插入一张图纸中，进行任意比例的转换、旋转并放置在图形中的任意地方。用户还可以将块分解成为其组成对象，并对这些对象进行编辑操作，然后重新定义这个块。

块操作有两种方式：一种是在当前文件中定义块，而且只在当前文件中使用，它的命令形式是BLOCK；另一种是将块定义成单独的块文件，这样其他图形可以单独调用，它的命令形式是WBLOCK。

📖【例10-1】绘制粗糙度符号和基准符号（在当前文件中定义块）

源文件：源文件/第10章/粗糙度符号和基准符号.dwg，如图10-16所示。

图 10-16　粗糙度符号和基准符号

案例分析

在机械图纸的绘制中，经常会用到表面结构（粗糙度）符号和基准符号，在当前文件中为了更方便地使用，可以将常用符号制作成块。具体操作过程：通过【创建块】命令完成对常用符号的块创建和块定义。

操作步骤

单击【默认】选项卡【块】功能面板中的【创建】按钮，打开【块定义】对话框，如图10-17所示。首先输入块名称为【粗糙度符号】，单击【基点】选项组中的【拾取点】按钮，拾取点1，单击【对象】选项组中的【选择对象】按钮，选择粗糙度符号为对象，并按Enter键返回【块定义】对话框。单击【确定】按钮，保存块。

图 10-17 【块定义】对话框

🔔 **操作提示**

（1）【基点】选项组：确定块的参考点。可以直接在相应文本框中输入基点的X、Y、Z的坐标值，默认基点坐标为(0,0,0)。也可以单击【拾取点】按钮，用十字光标直接在绘图区上拾取。如果勾选【在屏幕上指定】复选框，并完成其他块定义的设置后，单击【确定】按钮，系统会关闭该对话框，用户可以在屏幕上指定基点。命令行会有提示【指定插入基点：】。

（2）【对象】选项组：选取要定义为块的对象。单击【选择对象】按钮，在图形窗口中选择对象。如果单击【快速选择】按钮，则弹出如图10-18所示的对话框。从中可以快速选择一些具有共性的对象，如同一颜色对象等。如果勾选【在屏幕上指定】复选框，并完成其他块定义的设置后，单击【确定】按钮，系统会关闭该对话框，用户可以在屏幕上指定对象。命令行会有提示【选择对象：】，选取对象后，按Enter键完成块定义操作。

（3）【方式】选项组：指定块的行为。【注释性】复选框，用于指定块为可注释性；【使块方向与布局匹配】复选框，用于指定在图纸空间视口中的块参照的方向与布局的方向匹配。如果未勾选【注释性】复选框，则该选项不可勾选；【按统一比例缩放】复选框，用于指定块参照按统一比例缩放；【允许分解】复选框，用于指定块参照可以被分解。

（4）【设置】选项组：指定所插入块的单位；【超链接】单选按钮，可以使某个超链接与块定义相关联。

（5）【在块编辑器中打开】复选框：用于在块编辑器中打开当前的块定义进行编辑。

255

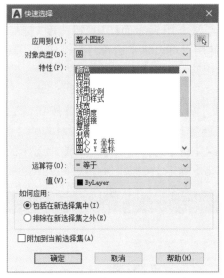

图 10-18　【快速选择】对话框

✏️ **温馨提示：**

（1）当定义块更新后，图形中所有对该块的参照会立刻更新以反映新的定义。

（2）用BLOCK或BMAKE命令创建的块只能在同一个图形中应用。

用户所设置的以上信息将作为下次调用该块时的描述信息。

📖 【例10-2】绘制粗糙度符号和基准符号（定义块文件）

源文件：源文件/第10章/粗糙度符号和基准符号.dwg，如图10-16所示。

案例分析

机械制图标注常用符号属于通用符号，可以在不同文件中插入使用。可以通过WBLOCK命令将所定义的块作为一个独立的图形文件写入磁盘中，方便在不同文件中调用。本例中选用的机械制图标注常用符号为粗糙度符号和基准符号。具体操作过程：在命令行窗口中输入WBLOCK命令，系统打开【写块】对话框，按照对话框中的设置完成WBLOCK命令。

操作步骤

单击【插入】选项卡【块定义】功能面板【创建块】下拉列表中的【写块】按钮 ，系统会打开【写块】对话框，如图10-19所示。单击【拾取点】按钮 ，拾取点1为基点，单击【选择对象】按钮 ，拾取粗糙度符号为对象，单击【快速选择】按钮 ，在【特性】栏中选择【线宽】，在【值】栏中选取0.50mm，如图10-20所示，输入文件名称【粗糙度符号】并指定路径，单击【确定】按钮，完成写块操作。

🔔 **操作提示**

（1）【源】选项组：在该选项组确定块文件的对象来源。有三个单选按钮可供选择。

①【块】单选按钮：选中该单选按钮，可以从下拉列表中选择要保存到文件中的已经定义好的块定义。

②【整个图形】单选按钮：选中该单选按钮，将整张图作为块。

③【对象】单选按钮：选中该单选按钮，在图形窗口中进行选择，同前面的块定义操作一致。【基点】选项组，确定块的参考点。可以直接在相应文本框中输入基点的X、Y、Z的坐标

值，默认基点坐标为(0,0,0)。也可以单击【拾取点】按钮 ![button]，用十字光标直接在绘图区上拾取；【对象】选项组，选取要定义为块的对象。单击【选择对象】按钮 ![button]，在图形窗口中选择对象。如果单击【快速选择】按钮 ![button]，则弹出如图10-21所示的对话框，从中可以快速选择一些具有共性的对象，如同一颜色对象等。

图 10-19　【写块】对话框

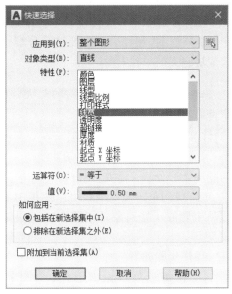

图 10-20　快速选择线宽

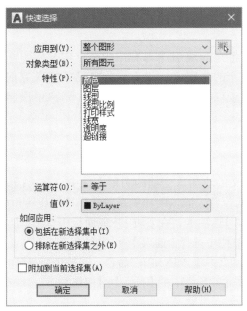

图 10-21　快速选择对象

（2）【目标】选项组：用于指定图形文件的名称、保存路径和插入单位的选择。

✏️ **温馨提示**：创建块是在当前文件中定义块，即一个文件中定义的块，可以在该文件内部自由使用。当前文件块一旦被定义，它就和文件同时被存储和打开。写块是将所定义的块作为一个独立的图形文件写入磁盘中，不仅当前文件可以使用，其他文件也可以使用。

当用户向图形中插入块定义时，AutoCAD便创建一个块引用对象。块引用是AutoCAD的一种实体，它可以作为一个整体被复制、移动或删除，但用户不能直接编辑构成块的对象。所以，需要对其进行分解，打散成多个图形元素再进行编辑。

（1）分解块。AutoCAD允许用户使用EXPLODE命令分解块引用。通过分解块引用，用户可以修改块（或添加、删除块定义中的对象）。

操作步骤如下：在传统菜单栏中选择【修改】→【分解】命令，或者单击【修改】功能面板中的【分解】按钮 。选择要进行分解操作的块引用，AutoCAD将用户所选择的块引用分解成组成块定义的单独对象。

🔔 **注意**：AutoCAD 分解的是块引用，而不是块定义。此块引用所引用的块定义仍然存在于当前图形中。

EXPLODE命令可以将组合在一起的图形元素分解成基本元素，但对于基本元素则无法分解，如线段、文字、圆、样条曲线等。对于有嵌套的块来说，只能分解最外层的块，对于其中的图块无法分解，需要重复执行。

（2）块的重定义。用户可以使用BLOCK命令重新定义一个块。如果向块定义中添加对象，或从中删除一些对象，则需要将该块定义插入当前图形中，将其分解后再用BLOCK命令重定义。

操作步骤如下。

① 在传统菜单栏中选择【绘图】→【块】→【创建】命令，或者在命令行窗口中输入BLOCK命令，并按Enter键，系统弹出【块定义】对话框。

② 在【名称】下拉列表中选择要重定义的块。

③ 修改【块定义】对话框中的其他选项。

④ 单击【确定】按钮。

重定义的块对以前和将来的块引用都有影响。重定义后，新的常数型属性将取代原来的常数型属性，但是即使新的块定义中没有属性，已经插入完成的块引用之中原来的变量型属性也会保持不变。对于保存在文件中的块定义，用户可以将其作为普通图形文件进行修改。

10.6.2　插入块

AutoCAD允许将已定义的块插入当前的图形文件中。在块插入时，需确定特征参数，包括要插入的块名、插入点的位置、插入的比例系数和图块的旋转角度。启动方式如下。

● 选项卡：单击【默认】选项卡，在【块】功能面板中单击【插入】按钮 。

● 菜单栏：在传统菜单栏中选择【插入】→【块】命令。

● 命令行：在命令行窗口中输入INSERT命令，并按Enter键。

● 工具栏：单击【绘图】工具栏中的【插入块】按钮 。

📖 **【例10-3】绘制阀盖零件图（插入块）**

源文件：源文件/第10章/阀盖零件图.dwg，如图10-22（a）所示。最终绘制结果如图10-22（b）所示。

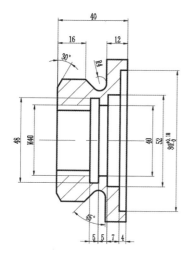
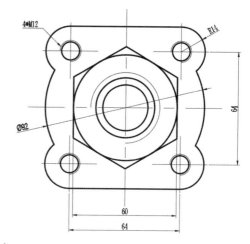

（a）

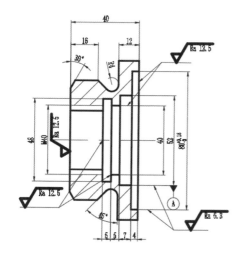
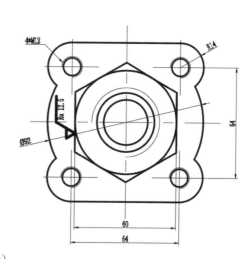

（b）

图 10-22　阀盖

案例分析

粗糙度标注和基准标注是阀盖零件标注中重要的一步，可以通过【插入块】命令完成阀盖零件的标注。具体操作过程：通过【插入块】命令，调用之前通过【写块】命令存储的粗糙度符号和基准符号，结合LEADER命令和【文本样式】命令完成阀盖零件图的标注。

操作步骤

步骤一：单击【默认】选项卡【块】功能面板中的【插入】按钮🖿，系统弹出下拉列表，如图10-23所示，单击【库中的块】选项，打开【为块库选择文件夹或文件】对话框，如图10-24所示。打开"源文件/第10章/写块文件/基准符号.dwg"，系统会自动打开【块】功能面板，如图10-25所示。在【选项】栏中，修改【旋转】为180°。将基准符号拖出，插入图中合适位置，如图10-26所示。

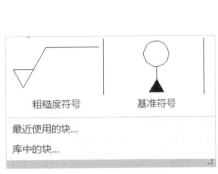

图 10-23　下拉列表

图 10-24　选择块文件

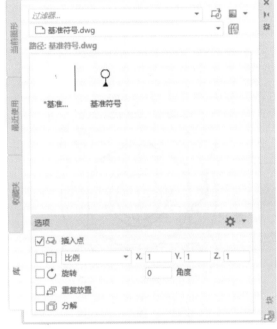

图 10-25　【块】功能面板

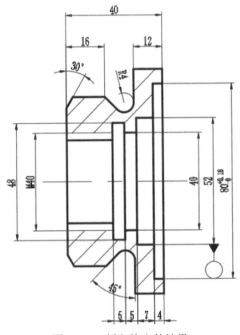

图 10-26　插入块文件结果

步骤二：单击【默认】选项卡【注释】功能面板中的【文字样式】按钮 A，新建文字样式，【字体名】为【宋体】，【高度】为2.5000，【宽度因子】为0.7000，并置为当前。再单击【默认】选项卡【注释】功能面板中的【单行文字】按钮 A，完成基准标注，如图10-27所示。

✏️ **温馨提示：**完成【单行文字】命令后，可以通过【移动】命令对文字的位置进行更改。为了更方便地确定位置，可以暂时关掉【对象捕捉】。

步骤三：单击【块】功能面板【库】选项卡中的【浏览块库】按钮，打开【为块库选择文件夹或文件】对话框，参照步骤一，将粗糙度符号拖出，插入图中合适位置，如图10-28所示。参照步骤二，完成粗糙度文字标注，如图10-29所示。最后结合LEADER命令，完成粗糙度符号的标注。最终绘制结果如图10-22（b）所示。

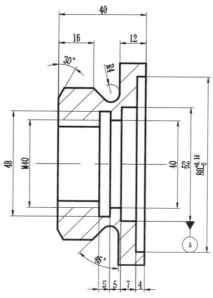

图 10-27　插入基准块

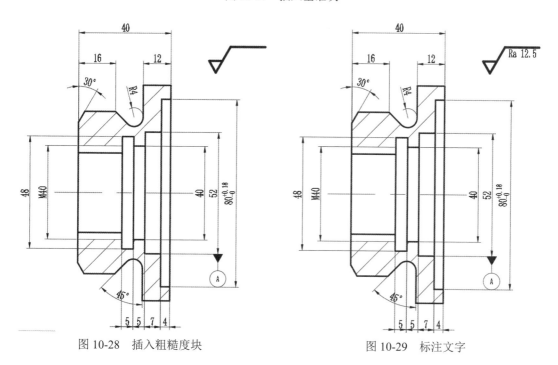

图 10-28　插入粗糙度块　　　　　　　　图 10-29　标注文字

🔔 **操作提示**

（1）【插入点】复选框：若不勾选【插入点】复选框，可以直接在相应文本框中输入 X、Y 和 Z 轴坐标值，插入块；若勾选【插入点】复选框，通过指定插入点，插入块时该点与块的基点重合。

（2）【比例/统一比例】选项组：在【比例】复选框下，若不勾选【比例】复选框，可以直接在相应文本框中输入 X、Y 和 Z 轴的比例因子。X、Y 和 Z 轴方向的比例因子可以相同，也可以不同。如果使用负比例系数，则图形将绕着负比例系数作用的轴做镜像变换，如图 10-30

261

所示。若勾选【比例】复选框，则系统将会锁定当前文本框中的X、Y和Z轴比例；在【统一比例】选项组下，若不勾选【统一比例】复选框，可以直接在其后的文本框中输入比例因子，如图10-31所示。若勾选【统一比例】复选框，则系统将会锁定当前文本框中的比例因子。

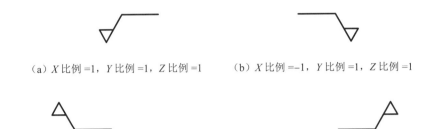

（a）X比例=1，Y比例=1，Z比例=1　　（b）X比例=-1，Y比例=1，Z比例=1

（c）X比例=1，Y比例=-1，Z比例=1　　（d）X比例=-1，Y比例=-1，Z比例=1

图 10-30　插入块正负比例结果

（a）比例因子=0.5　　（b）比例因子=1　　（c）比例因子=1.5

图 10-31　插入不同比例块

（3）【旋转】复选框：若不勾选【旋转】复选框，可以在该选项组设置旋转方式，按一定的旋转角度插入块，如图10-32所示。若勾选【旋转】复选框，则系统将会锁定当前文本框中的旋转角度。

（a）旋转角度为0°　　（b）旋转角度为30°　　（c）旋转角度为60°

图 10-32　块旋转

（4）【重复放置】复选框：重复插入其他块案例的提示。

（5）【分解】复选框：确定块中的元素是否可以单独编辑。如果勾选【分解】复选框，则分解后的块中的任一实体可以单独进行编辑。对于一个被分解的块，只能指定一个比例因子。

10.6.3　块属性

属性是存储于块文件中的文字信息，用来描述块的某些特征。使用属性的主要目的是与外部进行数据交换。用户可以从图形中提取属性信息，使用电子表格或数据库等软件对信息进行处理，生成零件表或材料清单等。

📖【例10-4】绘制粗糙度符号（定义块属性）

源文件：源文件/第10章/粗糙度符号.dwg，如图10-33（a）所示。最终绘制结果如图10-33（b）所示。

（a）   （b）

图 10-33　粗糙度

案例分析

粗糙度标注由粗糙度符号和粗糙度值组成。根据前几节的知识可知，粗糙度符号可以定义为块，而粗糙度值便是粗糙度符号块的块属性。可以通过【定义属性】命令为块编辑属性。具体操作过程：首先通过【定义属性】命名完成块的属性编辑；其次通过【写块】命令对粗糙度符号及其属性进行块的存盘。

操作步骤

步骤一：单击【默认】选项卡【注释】功能面板中的【文字样式】按钮 A，新建【粗糙度】文字样式，【字体名】为【宋体】，【高度】为 2.5000，【宽度因子】为 0.7000，如图 10-34 所示。

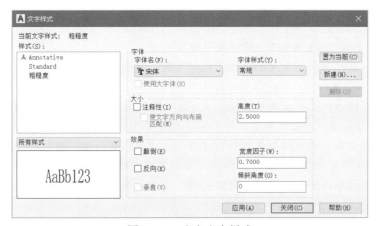

图 10-34　定义文字样式

步骤二：单击【插入】选项卡【块定义】功能面板中的【定义属性】按钮 ◈，打开【属性定义】对话框，分别对【属性】选项组中【标记】【提示】【默认】文本框进行编辑，内容依次为【粗糙度值】【请输入粗糙度值：】【Ra 6.3】，将【文字设置】选项组中的【文字样式】改为【粗糙度】，如图 10-35 所示。单击【确定】按钮，在粗糙度符号的适当位置插入一个块的属性，如图 10-36 所示。

图 10-35　定义块属性

图 10-36　插入块属性

步骤三：单击【插入】选项卡【块定义】功能面板【创建块】下拉列表中的【写块】按钮，单击【拾取点】按钮，拾取点1为基点，单击【选择对象】按钮，拾取粗糙度符号及其属性为对象，输入文件名称【带有属性的粗糙度符号】并指定路径，单击【确定】按钮，完成写块操作。

✏️ **温馨提示：**在定义块之前，可以对【属性定义】进行修改。以步骤二为例，双击已插入的块属性【粗糙度值】，打开【编辑属性定义】对话框，如图10-37所示。可以修改【标记】【提示】【默认】属性。

图 10-37　【编辑属性定义】对话框

🔔 **操作提示**

（1）【模式】选项组：在该选项组中设置属性模式。

①【不可见】复选框：用来控制属性值是否可见。勾选该复选框，用户在向当前图形中插入块时系统将不显示属性值；否则将显示属性值。

②【固定】复选框：用来控制属性值是否固定。勾选该复选框，用户在向当前图形中插入块时系统将赋予该属性一个固定的值，并不再提示输入属性值。

③【验证】复选框：用来控制属性的验证操作。勾选该复选框，用户在向当前图形中插入块时系统将重新显示属性值，并提示用户验证属性值的正确性；否则不予提示。

④【预设】复选框：用来控制属性的默认值。勾选该复选框，用户在向当前图形中插入块时系统将使用默认值作为该属性的属性值。

⑤【锁定位置】复选框：用来锁定块参照中属性的位置。解锁后，属性可以相对于使用夹点编辑的块的其他部分移动，并且可以调整多行属性的大小。

⑥【多行】复选框：用来指定属性值可以包含多行文字。勾选该复选框，可以指定属性的边界宽度。

✏️ **温馨提示：**在动态块中，由于属性的位置包括在动作的选择集中，因此必须将其锁定。

（2）【属性】选项组：在该选项组设置块属性中的基本属性，包括【标记】【提示】【默认】文本框。

①【标记】文本框：在此文本框中可以输入属性的标记。标记帮助理解此属性的含义。

②【提示】文本框：在此文本框中可以输入属性的提示。用户在向当前图形中插入块时会弹出【编辑属性】对话框，显示输入属性的提示。

③【默认】文本框：在此文本框中可以输入属性的默认值。可以把使用次数较多的属性值作为默认值，也可以不设置默认值。

（3）【文字设置】选项组：在该选项组中设置属性文字的【对正】【文字样式】【文字高度】【旋转】选项。

（4）【插入点】选项组：在该选项组设置属性的插入位置。可以直接在各文本框中输入X、Y和Z的坐标值，也可以勾选【在屏幕上指定】复选框来决定用鼠标在绘图区选取。

（5）【在上一个属性定义下对齐】复选框：勾选该复选框，系统将该属性定义的标记直接放在上一个属性定义的下面。若在其之前没有定义属性，则该复选框灰白显示，不可用。

📖【例10-5】绘制普通平键（插入带有属性的块）

源文件：源文件/第10章/普通平键.dwg，如图10-38（a）所示。最终绘制结果如图10-38（b）所示。

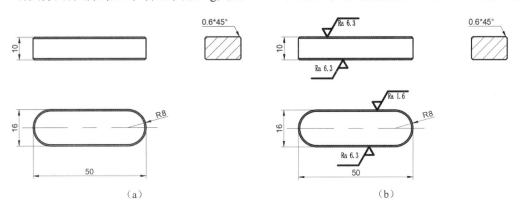

图 10-38　普通平键

案例分析

在为平键零件图进行粗糙度标注时，可以通过块的【插入】命令调用带有属性的粗糙度符号进行标注。在平键的不同位置进行粗糙度标注时，其粗糙度值会有不同，可以通过【编辑属性】命令对粗糙度值进行更改。具体操作过程：首先将粗糙度符号及其属性创建为块；其次通过块的【插入】命令将带有属性的粗糙度符号插入图中适当的位置；最后通过【编辑属性】命令修改粗糙度值。

扫一扫，看视频讲解

操作步骤

步骤一：单击【默认】选项卡【块】功能面板中的【插入】按钮，系统弹出下拉列表，单击【库中的块】选项，系统会自动打开【块】功能面板，如图10-39所示。单击【块】功能面板【库】选项卡中的【浏览块库】按钮，打开【为块库选择文件夹或文件】对话框。打开"源文件/第10章/写块文件/带属性的粗糙度符号.dwg"，如图10-40所示。通过修改【插入选项】文本框中的旋转角度，将带属性的粗糙度符号拖出，插入图中合适位置，如图10-41所示。

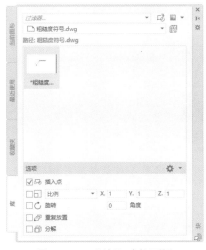

图 10-39　【块】功能面板

图 10-40　选择文件

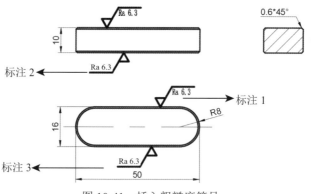

图 10-41　插入粗糙度符号

步骤二：单击【默认】选项卡【块】功能面板中的【编辑属性】按钮 ，选择标注1，系统会弹出【增强属性编辑器】对话框，如图10-42所示。在【值】文本框中将Ra 6.3改为Ra 1.6，单击【确定】按钮完成块属性的编辑。操作结果如图10-43所示。

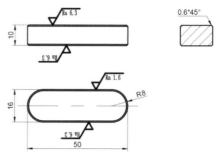

图 10-42　【增强属性编辑器】对话框　　　　　　图 10-43　完成块属性编辑

步骤三：双击标注2，系统会弹出【增强属性编辑器】对话框，打开【文字选项】选项卡，如图10-44所示。将【对正】方式更改为【左对齐】，并勾选【反向】和【倒置】复选框。单击【确定】按钮完成块属性的编辑。执行相同操作对标注3进行更改。操作结果如图10-38（b）所示。

图 10-44　【文字选项】选项卡

🖉 **温馨提示**：块的属性编辑不但可以通过【增强属性编辑器】对话框进行编辑，而且可以通过在命令行窗口中输入 ATTEDIT 命令，按 Enter 键，选择参照块【标注1】，系统会打开【编辑属性】对话框，如图10-45所示，对块的属性进行编辑。如果该块中还有其他的属性，可以单击【上一个】按钮和【下一个】按钮对它们进行观察与修改。

图 10-45　【编辑属性】对话框

另外，还可以通过【块属性管理器】对话框对块属性进行编辑。单击【默认】选项卡【块】功能面板中的【块属性管理器】按钮，打开【块属性管理器】对话框，如图 10-46 所示。单击【编辑】按钮，打开【编辑属性】对话框，如图 10-47 所示，可以通过该对话框编辑块的属性。

图 10-46　【块属性管理器】对话框

图 10-47　【编辑属性】对话框

10.7　外部参照

当把一个图形作为块插入当前图形中时，AutoCAD会将块定义和所有相关联的几何图形存储在当前图形数据库中。如果对原图形修改，当前图形中的块是不会跟着更新的。在这种情况下，如果要更新图形，则必须重新插入这些块以使当前图形得到更新。

为此，AutoCAD提供了外部参照功能。所谓外部参照，就是把其他图形链接到当前图形中。当把图形作为外部参照插入时，当前图形就会随着原图形的修改而自动更新。因此，包含有外部参照的图形总是反映出每个外部参照文件最新的编辑情况。像块引用一样，外部参照在当前图形中作为单个对象显示。然而，外部参照不会显著增加当前图形的文件大小，并且不能被分解。就像对待块引用一样，可以嵌套附着在图形上的外部参照。

10.7.1　使用外部参照管理器附着外部参照

外部参照管理器可以管理当前图形中的所有外部参照图形。外部参照管理器显示了每个外部参照的状态和它们之间的关系。在外部参照管理器中，用户可以附着新的外部参照、拆离现有的外部参照、重载或卸载现有的外部参照、将附加转换为覆盖或将覆盖转换为附加、将整个外部参照定义绑定到当前图形、修改外部参照路径。

267

1. 启动方式

● 菜单栏：在传统菜单栏中选择【插入】→【外部参照】命令。

● 命令行：在命令行窗口中输入XREF命令，并按Enter键。

2. 操作方法

调用外部参照XREF命令后，系统弹出【外部参照】功能面板，如图10-48所示。单击【列表图】按钮 ，以列表图形式查看当前图形中的外部参照。用户可以通过先选择列表中的参照名称，然后单击亮显文件名的方法来编辑外部参照名称。

在图10-48中单击【树状图】按钮 ，AutoCAD将当前图形中的所有外部参照以树形列表的形式显示出来，如图10-49所示。树状图的顶层以字母顺序列出。显示的外部参照信息包含外部参照中的嵌套等级、它们之间的关系以及是否已被融入。树状图只显示外部参照间的关系。它不会显示与图形相关联的附加型或覆盖型图的数量。同一个外部参照的重复附件是不会显示在树状图上的。

图 10-48　【外部参照】功能面板列表图　　　图 10-49　【外部参照】功能面板树状图

如果在该窗格中单击【预览】按钮 ，则可以查看该外部参照情况，如图10-50所示。

对于【外部参照】功能面板来说，AutoCAD 2021提供了功能面板来实现其功能，具体介绍如下。

【附着文件】按钮：【外部参照】功能面板顶部左侧第一个按钮可以附着DWG、DWF或光栅图像等。其默认状态为【附着DWG】，如图10-51所示。此按钮可以保留上一个使用的附着操作类型，因此，如果附着DWF文件，则此按钮的状态将一直设置为【附着DWF】，直到附着其他文件类型。

图 10-50　预览状态　　　　　　　图 10-51　附着按钮

常见【附着】功能如下。

- 【附着DWG】按钮：启动XATTACH命令，弹出【选择参照文件】对话框，附着DWG
  文件，具体操作见后面。
- 【附着图像】：启动IMAGEATTACH命令，弹出【选择图像文件】对话框，附着JPEG等
  非AutoCAD图形文件。
- 【附着DWF】：启动DWFATTACH命令，弹出【选择DWF文件】对话框，附着AutoCAD 2021
  独有的DWF文件。
- 【附着DGN】：启动DGNATTACH命令，弹出【选择DGN文件】对话框，附着V8所带
  DGN文件。
- 【附着PDF】：启动PDFATTACH命令，弹出【选择PDF文件】对话框，附着PDF文件。
- 【刷新】按钮：如图10-52所示，它可以重新同步参照图形文件的状态数据与内存中
  的数据。刷新主要与 Autodesk Vault 进行交互。

另外，在【文件参照】窗格中提供了快捷菜单，如图10-53所示，可以通过快捷菜单进行
相关编辑操作。

图 10-52　【刷新】按钮　　　　图 10-53　快捷菜单

📖【例10-6】绘制锥齿轮圆柱齿轮减速器三视图（附着外部参照）

源文件：源文件/第10章/锥齿轮圆柱齿轮减速器三视图.dwg。最终绘制结果如
图10-54所示。

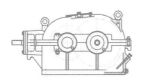

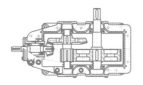

图 10-54　减速器

案例分析

在绘制锥齿轮圆柱齿轮减速器时，由于其三视图过于复杂，通常由多个人
协同完成。为了方便后续修改，可以通过【外部参照】功能面板进行零件图汇
总。具体操作过程：打开【外部参照】功能面板，根据系统提示将锥齿轮圆柱

齿轮减速器的俯视图和侧视图插入当前图形的适当位置。

操作步骤

步骤一：单击【插入】选项卡【参照】功能面板中右下角的按钮 ，打开【外部参照】功能面板，如图10-55所示。单击【附着DWG】按钮 ，打开【选择参照文件】对话框，如图10-56所示。从源文件夹的第10章中选择参照图形文件【锥齿轮圆柱齿轮减速器主视图.dwg】文件，单击【打开】按钮。打开【附着外部参照】对话框，如图10-57所示。单击【确定】按钮后，将【锥齿轮圆柱齿轮减速器主视图】插入当前图形的适当位置，如图10-58所示。

图 10-55　文件参照

图 10-56　【选择参照文件】对话框

图 10-57　编辑外部参照属性

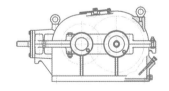

图 10-58　插入结果

步骤二：重复步骤一的操作，分别将锥齿轮圆柱齿轮减速器的俯视图和侧视图插入当前图形中的适当位置。最终结果如图10-54所示。

🔔 **操作提示**

（1）【外部参照】功能面板：在该功能面板中，可以附着、组织和管理所有与图形相关联的文件参照，还可以附着和管理参照图形（外部参照）、附着的DWF参考底图和输入的光栅图像。

（2）【附着外部参照】对话框：该对话框与块的【插入】功能面板的基本功能完全一致，只不过提供了可供选择的参照类型和路径类型。下面详细介绍参照类型与路径类型。

①【参照类型】选项组。

●【附着型】单选按钮：在这种参照类型下，外部参照可以进行多级附着。也就是将B图附着到A图产生A1图，再将A1图附着到C图产生C1图，在C1图中可以观察到A图、B图和C图，如图10-59所示。

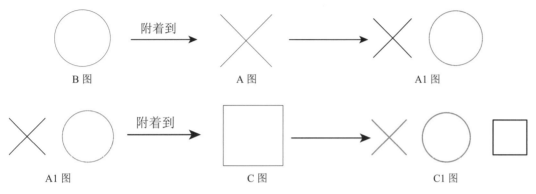

图 10-59　多级附着

●【覆盖型】单选按钮：在这种参照类型下，外部参照无法进行多级附着。也就是将B图覆盖到A图中产生A2图，再将A2图附着到C图中产生C2图，在C2图中仅可以观察到A图和C图，如图10-60所示。

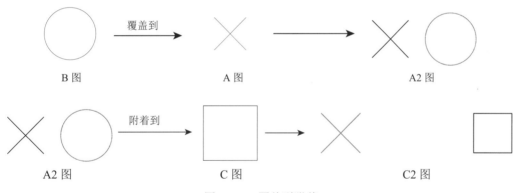

图 10-60　覆盖型附着

②【路径类型】下拉列表。

●【无路径】：当不使用路径附着外部参照时，AutoCAD首先在宿主图形的文件夹中查找外部参照。当外部参照文件与宿主图形位于同一个文件夹时，此选项非常有用。

●【相对路径】：当使用相对路径附着外部参照时，将保存外部参照相对于宿主图形的位置。此选项的灵活性最大。如果移动工程文件夹，只要此外部参照相对宿主图形的位置未发生变化，AutoCAD仍可以融入使用相对路径附着的外部参照。

●【完整路径】：当使用完整路径附着外部参照时，外部参照的精确位置将保存到宿主图形中。此选项的精确度最高，但灵活性最小。如果移动工程文件夹，AutoCAD将无法融入任何使用完整路径附着的外部参照。

3.附着后图形编辑

【文件参照】窗格中的快捷菜单都是围绕着附着后的参照图形进行的。各命令介绍如下。

(1)【打开】:打开外部参照。选择该命令,直接打开选定的参照文件。

(2)【卸载】:卸载外部参照。选择该命令,在列表中选择要卸载的外部参照。

(3)【重载】:更新外部参照。例如,如果将上面附着的外部参照文件进行过修改,选择该命令,图形窗口将更新。

(4)【拆离】:拆离外部参照。选择该命令,可以从图形文件中拆离选定的外部参照。拆离时,参考该参照的所有案例都将从图形中删除,当前图形文件定义将清理,并且到该参照文件的链接路径也将被删除。

🔔 **温馨提示**:【拆离】和【卸载】是不同的。外部参照被拆离后,所有依赖外部参照符号表的信息(如图层和线型)将从当前图形符号表中清除。卸载不是永久地删除外部参照,它仅仅是抑制外部参照定义的显示和重新生成,这有助于当前的编辑任务并提高系统性能。

(5)【绑定】:绑定外部参照。把外部参照绑定到图形上,将会使外部参照成为图形中的固有部分,不再是外部参照文件。因而,外部参照信息变成了块。当更新外部参照图形时,绑定的外部参照将不会跟着更新。如果用户要绑定当前图形中的一个外部参照,首先选择要绑定的外部参照,然后选择【绑定】命令,AutoCAD将弹出【绑定外部参照/DGN参考底图】对话框,如图10-61所示。

图 10-61 【绑定外部参照 /DGN 参考底图】对话框

● 【绑定】:选中该单选按钮,AutoCAD将选定的外部参照定义绑定到当前图形中。

● 【插入】:选中该单选按钮,AutoCAD将使用与拆离和插入参照图形相似的方法将外部参照绑定到当前图形中。

(6)【外部参照类型】:可以设置外部参照类型为附着或者覆盖。

(7)【路径】:可以设置该参照引用路径为相对路径或绝对路径,也可以删除该路径。

10.7.2 外部参照的编辑

对于添加进来的外部参照,用户还可以对其进行适当的编辑操作,如图10-62所示。

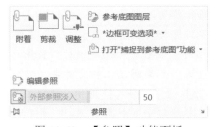

图 10-62 【参照】功能面板

1.编辑外部参照

利用以下方式可以进行外部参照的组件内容修改。它们只是进入编辑状态,还没有进行任何编辑操作。启动方式如下。

● 选项卡：单击【插入】选项卡，在【参照】功能面板中单击【编辑参照】按钮 。

● 命令行：在命令行窗口中输入REFEDIT命令，并按Enter键。

具体步骤如下。

（1）系统首先提示选择要编辑的外部参照。

（2）系统弹出如图10-63所示的对话框。

（3）采用默认设置，单击【确定】按钮，开始编辑工作。

【参照编辑】对话框中各选项含义如下。

（1）【标识参照】：该选项卡包含以下选项。

● 【自动选择所有嵌套的对象】：该单选按钮控制嵌套对象是否自动包含在参照编辑任务中。

● 【提示选择嵌套的对象】：该单选按钮控制是否逐个选择包含在参照编辑任务中的嵌套对象。如果选中该单选按钮，关闭【参照编辑】对话框并进入参照编辑状态后，AutoCAD将提示用户在要编辑的参照中选择特定的对象：命令格式。

选择嵌套的对象：(选择要编辑的参照中的对象)

（2）【设置】：如图10-64所示为编辑参照提供选项。

图 10-63　【参照编辑】对话框　　　　　　图 10-64　【设置】选项卡

● 【创建唯一图层、样式和块名】：该复选框用于控制从参照中提取的图层和其他命名对象是否是唯一可修改的。如果勾选该复选框，外部参照中的命名对象将改变（名称加前缀$#$），与绑定外部参照时修改它们的方式类似；如果不勾选该复选框，图层和其他命名对象的名称与参照图形中的一致。未改变的命名对象将唯一继承当前宿主图形中有相同名称的对象属性。

● 【显示属性定义以供编辑】：该复选框用于控制编辑参照期间是否提取和显示块参照中所有可变的属性定义。

● 【锁定不在工作集中的对象】：该复选框用于锁定所有不在工作集中的对象，从而避免用户在参照编辑状态时意外地选择和编辑宿主图形中的对象。

锁定对象的行为与锁定图层上的对象类似。如果试图编辑锁定的对象，则它们将从选择集中过滤。

2. 向工作集中添加参照

利用以下启动方式可以向当前定义的外部参照组件中添加元素。

● 命令行：在命令行窗口中输入REFSET命令，并按Enter键。

● 菜单栏：在传统菜单栏中选择【工具】→【外部参照和块编辑】→【添加到工作集】（从

工作集删除）命令。
- 工具栏：单击【参照编辑】工具栏中的【添加到工作集】按钮🔲（【从工作集删除】按钮
  🔲）。

命令行提示与操作如下：

命令：_REFEST
在参照编辑工作集和宿主图形之间传输对象...
输入选项[添加(A)/删除(R)] <添加>：（选择相应选项操作即可）

3. 关闭外部参照编辑

对于编辑后的内容，可以进行保存或者放弃。
- 命令行：在命令行窗口中输入REFCLOSE命令，并按Enter键。
- 菜单栏：在传统菜单栏中选择【工具】→【外部参照和块编辑】→【保存参照编辑】（关闭
  参照）命令。
- 工具栏：单击【参照编辑】工具栏中的【保存参照编辑】按钮🔲（【关闭参照】按钮🔲）。

10.8 设计中心

重复利用和共享图形内容是管理图形文档的有效手段，也是现代软件的发展趋势。在前面章节中介绍的块和附着外部参照是AutoCAD提供的重复利用图形内容的两种方式。而使用AutoCAD设计中心，用户可以高效地管理块、外部参照、光栅图像以及来自其他源文件或应用程序的内容。

使用设计中心可以完成以下工作。
（1）浏览用户计算机、网络驱动器和Web页上的图形内容（如图形或符号库）。
（2）在定义表中查看图形文件中命名对象（如块和图层）的定义，然后将定义插入、附着、复制和粘贴到当前图形中。
（3）更新（重定义）块定义。
（4）创建指向常用图形、文件夹和Internet网址的快捷方式。
（5）向图形中添加内容（如外部参照、块和填充）。
（6）在新窗口中打开图形文件。
（7）将图形、块和填充拖动到【工具】功能面板中，以便访问。

10.8.1 熟悉设计中心界面

1. 启动方式
- 选项卡：打开【视图】选项卡，在【选项板】功能面板中单击【设计中心】按钮🔲。
- 菜单栏：在传统菜单栏中选择【工具】→【选项板】→【设计中心】命令。
- 命令行：在命令行窗口中输入ADCENTER命令，并按Enter键。
- 工具栏：单击【标准】工具栏中的【设计中心】按钮🔲。

执行ADCENTER命令后，AutoCAD打开设计中心，如图10-65所示。

AutoCAD设计中心可以停靠在AutoCAD主窗口的左右两侧，也可以处于浮动状态。另外，可以实现自动隐藏，成为单独的标题栏状态。这个窗口的功能面板和IE基本一致，所以不再赘述。

2. 基本环境

该窗口中各选项卡的功能均不相同。

（1）【文件夹】选项卡：显示导航图标的层次结构，包括网络和计算机，Web地址（URL），计算机驱动器，文件夹，图形和相关的支持文件，外部参照、布局、填充样式和命名对象，如图形中的块、图层、线型、文字样式、标注样式和打印样式。

单击树状图中的项目，在内容区域中显示其内容。单击加号（+）或减号（−）可以显示或隐藏层次结构中的其他层次。双击某个项目可以显示其下一个层次的内容。在树状图中右击将弹出带有若干相关选项的快捷菜单。

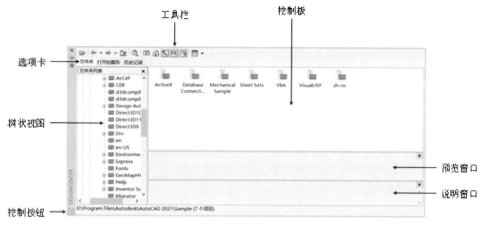

图 10-65　AutoCAD 设计中心

（2）【打开的图形】选项卡：显示在当前已打开图形中的内容列表，包括图形中的块、图层、线型、文字样式、标注样式和打印样式。单击某个图形文件，然后单击列表中的一个定义表可以将图形文件的内容加载到内容区域中。

（3）【历史记录】选项卡：显示在设计中心中以前打开的文件列表。双击列表中的某个图形文件，可以在【文件夹】选项卡的树状视图中定位此图形文件，并将其内容加载到内容区域中。

10.8.2　查看图形内容

使用设计中心，用户可以迅速地查看图形中的内容而不必打开该图形。当用户在查看树状视图中选择某一个图形文件后，无论该图形是否已被打开，AutoCAD均在控制板中显示出该图形文件中的内容。对于每一个图形文件，AutoCAD均会显示标注样式、布局、块、图层、外部参照、文字样式和线型等。用户可以查看图形中这些对象中的内容。如果要查看某一个图形文件的预览图像，可以在树状视图窗口中选择包含图形文件的文件夹，AutoCAD将在控制板中显示该文件夹中的图形文件。用户只要选择某一个图形文件，即可在预览窗口中观察到该图形的预览图像。

除了上面介绍的方法，用户还可以使用设计中心的加载功能来查看图形中的内容：单击【加载】按钮，AutoCAD将显示【加载】对话框；在该对话框中选择要查看的图形文件后，单击【打开】按钮，AutoCAD将图形中的内容加载到控制板中，并在树状视图窗口中定位该文件。

10.8.3 在文档之间复制对象

AutoCAD设计中心为用户在不同的图形之间复制图形中的对象提供了一种方便、快捷的方法。

1. 向当前图形中插入控制板中的块定义

用户可以将控制板中的块定义插入当前图形中，不管控制板中的块定义是否存在于当前的图形中。将块插入当前图形时，块定义被复制到当前图形数据库中，以后在该图形中插入的块案例都将参照该定义。但在使用其他命令的过程中，用户不能向图形中添加块，每次只能插入或附着一个块。例如，当命令行上有处于活动状态的命令时，如果试图插入一个块，则图标会变为【禁止】，说明操作无效。在AutoCAD设计中心中可以使用以下方法插入块。

（1）按默认缩放比例和旋转角度插入。通过自动缩放比较图形和块使用的单位，根据两者之间的比例来缩放块的案例。插入对象时，AutoCAD 根据【图形单位】对话框中设定的【设计中心块的图形单位】值进行比例缩放。

① 在控制板或【搜索】对话框中，按住鼠标左键把块拖到当前打开图形中。定点设备在图形上移动时，对象自动按比例缩放和显示，同时还显示用户的运行对象捕捉设置点，以便根据现有几何图形确定块的位置。

② 在要放置块的位置松开定点设备按钮，按照默认的缩放比例和旋转插入块。

💭 **注意：** 将 AutoCAD 设计中心中的块或图形拖动到当前图形时，如果自动进行比例缩放，则块中的标注值可能会失真。

（2）按指定坐标、缩放比例和旋转角度插入。使用【插入】对话框指定选定块的插入参数。

① 在控制板或【查找】对话框中选择要插入的块，并用鼠标右键将其拖到当前打开的图形中。

② 松开定点设备按钮，然后从快捷菜单中选择【插入块】命令，AutoCAD将显示【插入】对话框。

③ 在【插入】对话框中，输入【插入点】【缩放比例】【旋转】值，或者选择【在屏幕上指定】。

④ 如果要将块分解为组成对象，用户可以选择【分解】选项。

⑤ 单击【确定】按钮，AutoCAD按指定的参数插入块。

用户也可以使用以下方法启动上述操作过程。

● 双击一个要插入的块定义图标，把块插入当前的图形中。
● 在块图标上右击，从系统弹出的快捷菜单中选择【插入块】命令将块插入当前的图形中。
● 在块图标上右击，从系统弹出的快捷菜单中选择【复制】命令。然后在当前图形中的绘图区域右击，从系统弹出的快捷菜单中选择【粘贴】命令，将块插入当前的图形中。

（3）将图形文件插入当前的图形中。用户可以以块或外部参照的形式将一个图形插入当前的图形中。操作方法有以下几种。

① 在控制板中，用鼠标左键将要插入的图形拖动到当前的图形中，AutoCAD将该图形以块的形式插入当前的图形中。

② 在控制板中，用鼠标右键将要插入的图形拖动到当前的图形中。

③ 在控制板中要插入的图形上右击，从系统弹出的快捷菜单中选择【插入为块】命令，可以将图形以块的形式插入当前的图形中；选择【附着为外部参照】命令，可以将图形以外部参照的形式插入当前的图形中；选择【复制】命令，然后在当前图形的绘图区域中右击，从系

弹出的快捷菜单中选择【粘贴】命令，AutoCAD将以块的形式将其插入当前的图形中。

2. 向当前图形中插入控制板中的图层

使用AutoCAD设计中心，用户可以通过拖放操作在所有图形之间复制图层。复制方法如下。

● 双击控制板中的某一个图层，AutoCAD将该图层添加到当前的图形中。

● 用鼠标左键将控制板中的图层拖动到当前的图形中，AutoCAD将该图层添加到当前的图形中。

● 用鼠标右键将控制板中的图层拖动到当前的图形中，松开鼠标右键，AutoCAD将显示快捷菜单。

● 在控制板中选择要添加到当前图形中的图层，然后在选择的图层图标上右击，从系统弹出的快捷菜单中选择【添加图层】命令，AutoCAD将用户所选择的图层添加到当前的图形中。

● 在控制板中选择要添加到当前图形中的图层，然后在选择的图层图标上右击，从系统弹出的快捷菜单中选择【复制】命令，再在当前图形的绘图区域右击，从系统弹出的快捷菜单中选择【粘贴】命令，AutoCAD将用户所选择的图层添加到当前的图形中。

用户可以参照前面讲解的复制块和图层的方法复制其他的对象，如标注样式、布局、外部参照、文字样式和线型等。此外，用户也可以使用类似的方法从控制板中复制光栅图像到当前的图形中。

3. 通过设计中心更新块定义

与外部参照不同，当更改块定义的源文件时，包含此块的图形的块定义并不会自动更新。通过设计中心，可以决定是否更新当前图形中的块定义。块定义的源文件可以是图形文件或符号库图形文件中的嵌套块。

在内容区域中的块或图形文件上右击，从系统弹出的快捷菜单中选择【仅重定义】或【插入并重定义】命令，可以更新选定的块。

10.8.4　使用收藏夹

使用Autodesk收藏夹（AutoCAD设计中心的默认文件夹），用户不用每次都寻找经常使用的图形、文件夹和Internet地址，从而节省了时间。收藏夹汇集了到不同位置的图形内容的快捷方式。例如，可以创建一个快捷方式，指向经常访问的网络文件夹。

1. 将图形文件添加到收藏夹中

在设计中心的树状视图窗口或控制板中右击图形文件，从系统弹出的快捷菜单中选择【添加到收藏夹】命令，AutoCAD将所选择的图形文件添加到收藏夹中。向收藏夹中添加文件，实际上就是在收藏夹中创建一个指向文件的快捷方式。它不会移动原始文件或文件夹。

2. 显示收藏夹中的内容

用户可以用以下几种不同的方式显示收藏夹中的内容。

（1）单击设计中心中的【收藏夹】按钮，AutoCAD将树状视图窗口定位到收藏夹所在的目录，并在控制板中显示收藏夹中的内容。

（2）单击【桌面】按钮，然后在树状视图窗口中找到收藏夹所在的目录。

3. 组织收藏夹

首先单击AutoCAD设计中心中的【收藏夹】按钮，以在控制板上显示收藏夹中的内容；其次在控制板背景上右击，并从系统弹出的快捷菜单中选择【组织收藏夹】命令。AutoCAD将启动Windows资源管理器，并在其中显示收藏夹中的内容。

用户可以在Windows资源管理器中移动、复制或删除收藏夹中的快捷方式。

习题十

一、选择题

1. 在AutoCAD中插入外部参照时，路径类型不正确的是（　　）。

    A. 完整路径　　　　　　　B. 相对路径　　　　　　　C. 无路径　　　　D. 覆盖路径

2. 在AutoCAD【设计中心】窗口的（　　）选项卡中，可以查看当前图形中的图形信息。

    A.【文件夹】　　　　　　　　　　　　　B.【打开的图形】

    C.【历史记录】　　　　　　　　　　　　D.【联机设计中心】

3. 下列命令操作中，不能插入图块的是（　　）。

    A. DIVIDE　　　　　　　B. MEASURE　　　　　C. ARRAY　　　D. INSERT

4. 保存块是应用（　　）操作。

    A. WBLOCK　　　　　　B. BLOCK　　　　　　C. INSERT　　　D. MINSERT

5. 关于用BLOCK命令定义的内部图块，下面说法正确的是（　　）。

    A. 只能在定义它的图形文件内自由调用

    B. 只能在另一个图形文件内自由调用

    C. 既能在定义它的图形文件内自由调用，又能在另一个图形文件内自由调用

    D. 两者都不能用

二、填空题

1. 使用_____命令定义的图块只能在当前图形文件中使用，使用_____命令定义的图块可以在任何图形文件中使用。

2. 块是一个或多个图形对象的集合，在定义块时，必须确定_____、_____和在插入块时要使用的_____。

3. _____是以封闭边界创建的二维封闭区域，可以使用布尔运算编辑实体。

三、判断题

1. 如果要从现在图形的局部创建新图形文件，可以使用BLOCK或WBLOCK命令。（　　）

2. 图块做好后，在插入时是不可以放大或旋转的。（　　）

四、操作题

1. 按照国家标准建立一个标题栏块，在每次插入此块时都需要输入图名、图号等信息。

2. 建立一个圆柱度符号块，每次调用时用户都可以输入其值。

3. 打开一个AutoCAD自带的示例文件，利用设计中心查看其块和图层信息。

五、思考题

1. 装配图与零件图相比，有何不同？

2. 制作块与块文件有何不同？

3. 简述制作块属性的步骤。

4. 为什么要使用外部参照？

5. 设计中心可以完成哪些基本功能？

6. 外部参照和块有什么异同？如何根据情况选择使用块或外部参照？

7. 设计中心在绘图中带来了哪些方便？

8. 设计中心具有哪些功能？

9. 结合使用块和设计中心，对第8章习题中的高速轴图进行粗糙度标注。

3

掌握三维建模
制作实体模型

第 11 章

三维视图的观察与视口操作

学习目标

    AutoCAD 2021 具有功能强大的平面图形绘制功能，但存在一定的局限性和缺陷，因为各个平面视图相互独立可能产生错误或二义性。而三维建模的使用，则可以弥补二维图形在表达上的不足。

    通过本章的学习，可以掌握三维工作空间设置，了解三维操作的基础术语；掌握标准三维坐标系与用户坐标系的设置，三维图像的类型与管理；通过设置观察方向和视点，借助动态观察工具与相机功能来动态观察三维模型；掌握视口操作和命名视图操作。

本章要点

- 工作空间与三维建模空间
- 标准三维坐标系与用户坐标系
- 三维图像的类型与管理
- 三维视图的观察
- 三维视图的动态观察与相机
- 视口与命名视图

内容浏览

11.1　工作空间与三维建模空间

在AutoCAD 2021中，提供了工作空间这个概念。如图11-1所示，其中包括【草图与注释】【三维基础】【三维建模】共三个带有基于任务的工作空间。如果在操作过程中用户自定义了某些界面，则可以将当前设置保存到工作空间中。

图 11-1　工作空间切换

工作空间是经过分组和组织的菜单、工具栏、选项卡和功能面板的集合。不同的工作空间会对应不同的界面，使用户可以在面向任务的自定义绘图环境中工作。

在创建三维模型时，可以使用三维建模工作空间，其中仅包含与三维相关的工具栏、菜单和选项卡。三维建模不需要的界面项会被隐藏，使用户的工作屏幕区域最大化。图11-2所示是三维建模状态下的工作界面。

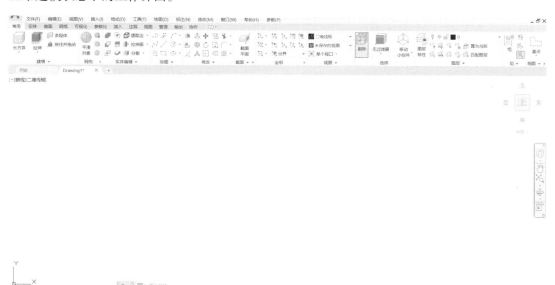

图 11-2　三维建模工作界面

如果要进行工作空间切换，则直接单击状态栏中的【切换工作空间】按钮 ✿，系统会弹出如图11-1所示菜单，选择相应的空间即可。

相对于二维草图与注释环境而言，三维建模工作空间增加了一些基本元素和术语，如图11-3所示。下面分别进行介绍。

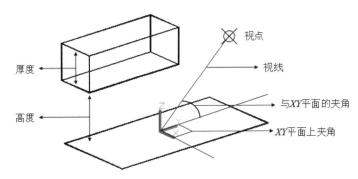

图 11-3　三维绘图术语示意

（1）视点：观察图形的方位，即相对于三维实体而言，人的眼睛所在的位置。

（2）*XY* 平面：即 *Z* 轴坐标值为0的平面，只有 *XY* 轴。

（3）*Z* 轴：垂直于 *XY* 平面，与它们形成空间坐标系。

（4）平面视图：垂直于某根轴所观察到的视图平面。

（5）高度：所测对象距离 *Z* 坐标0的相对长度。

（6）厚度：同一对象沿着 *Z* 轴测得的高度差值。

（7）相机位置：通过假想的照相机来观察对象，其所在位置代替了人的眼睛位置。

（8）目标点：照相机汇聚的清晰点，在AutoCAD 2021中就是坐标原点。

（9）视线：目标点与相机位置连接所得到的假想线。

（10）与 *XY* 平面的夹角：视线与其投影到 *XY* 平面上的线之间的角度。

（11）*XY* 平面上角度：视线投影到 *XY* 平面上的线与 *X* 轴之间的夹角。

11.2　标准三维坐标系与用户坐标系

11.2.1　标准三维坐标系

在三维空间中，对象上每一点的位置均是用三维坐标表示的。所谓三维坐标，就是人们平时所说的 *XYZ* 空间，也就是在二维坐标的基础上增加一个 *Z* 坐标。

在标准的三维表示方式中，主要包括直角坐标、柱面坐标和球面坐标等。

1. 直角坐标

在进行三维绘图时，如果使用笛卡儿直角坐标系进行工作，则需要指定 *X*、*Y*、*Z* 三个方向上的值。

直角坐标格式如下：

```
X,Y,Z(绝对坐标)
@X,Y,Z(相对坐标)
```

2. 柱面坐标

在进行三维绘图时，如果使用柱面坐标，则需要指定沿UCS *X* 轴夹角方向、与UCS原点的距离以及垂直于 *XY* 平面的 *Z* 值。

柱面坐标格式如下：

XY平面内与UCS原点的距离<与X轴的角度,Z坐标值(绝对坐标)

@XY平面内与前一点的距离<与X轴的角度,Z坐标值(相对坐标)

例如，"100<120,30"表示的点是从当前UCS原点到该点有100个单位，在*XY*平面上的投影与*X*轴的夹角为120°，且沿*Z*轴方向有30个单位。

3. 球面坐标

在进行三维绘图时，如果使用球面坐标，则需要给出指定点与当前UCS原点的距离、与坐标原点连线在*XY*平面上的投影和*X*轴的夹角，以及与坐标原点的连线和*XY*平面的夹角，每项用尖括号"<"作为分隔符。

球面坐标格式如下：

与UCS原点的距离<XY平面内的投影与X轴的角度<与XY平面的角度(绝对坐标)

@与前一点的距离<XY平面内的投影与X轴的角度<与XY平面的角度(相对坐标)

例如，坐标"100<120<30"表示一个点，它与当前UCS原点的距离为100个单位，在*XY*平面的投影与*X*轴的夹角为120°，该点与*XY*平面的夹角为30°。

11.2.2 用户坐标系

AutoCAD 2021提供的UCS命令可以帮助用户定制自己需要的用户坐标系（User Coordinate System，UCS）。这样在绘图时，对不同的平面可以通过改变原点(0,0,0)的位置以及*XY*平面和*Z*轴的方向来方便地绘图。

图11-4（a）所示是当前WCS坐标系下绘制的立方体，图11-4（b）所示则是用建立的UCS坐标系表示。从图11-4中可以看到，用户坐标系下的符号中没有方框。

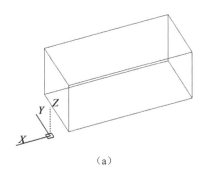
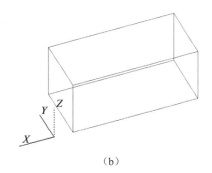

（a）　　　　　　　　　　　　（b）

图11-4　三维坐标系显示

在三维空间，用户可以在任何位置定位和定向UCS，也可以随时定义、保存和使用多个用户坐标系。如果需要，可以定义并保存任意多个UCS。使用UCS，则坐标的输入和显示都是对应于当前UCS的。如果图形中定义了多个视口，所有活动视口共用同一个UCS。

AutoCAD将有关定义和管理用户坐标系的命令放到菜单栏的【工具】子菜单中，并同时提供了UCS功能面板，如图11-5所示。

1. 定义用户坐标系

启动方式如下。

● 选项卡：打开【可视化】选项卡，在【坐标】功能面板中单击UCS按钮 。

● 菜单栏：在传统菜单栏中选择【工具】→【新建UCS】命令，【新建UCS】子菜单如图11-6所示。

● 命令行：在命令行窗口中输入UCS命令，并按Enter键。

● 工具栏：单击UCS或UCSⅡ工具栏中的UCS按钮 。

图11-5　UCS工具栏　　　　　图11-6　【新建UCS】子菜单

【例11-1】绘制梯形三维实体

源文件：源文件/第11章/梯形三维实体.dwg，如图11-7（a）所示。最终绘制结果如图11-7（b）所示。

案例分析

现需要在梯形三维实体的侧面上进行绘制操作，由于当前UCS的位置无法在侧面上进行图形的绘制，需要通过UCS命令完成UCS位置的改变。具体操作过程：根据绘图需求，通过UCS命令改变当前的UCS，满足绘图需求。

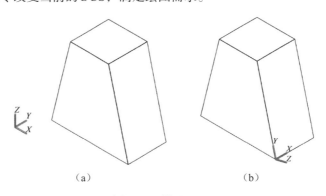

（a）　　　　　　　　（b）

图11-7　梯形（1）

操作步骤

将【三维建模】工作空间设置为当前工作空间，单击【可视化】选项卡【坐标】功能面板中的UCS按钮 ，如图11-8所示，依次选中坐标原点、X轴方向定位点和Y轴方向定位点，完成新UCS的创建。绘制结果如图11-7（b）所示。

命令行提示与操作如下：

```
命令：_UCS
当前 UCS 名称：*没有名称*
指定 UCS 的原点或 [面(F)/命名(NA)/对象(OB)/上一个(P)/视图(V)/世界(W)/X/Y/Z/Z 轴
(ZA)] <世界>：(选取【坐标原点】)
指定 X 轴上的点或 <接收>：(选取【X轴方向定位点】)
指定 XY 平面上的点或 <接收>：(选取【Y轴方向定位点】)
```

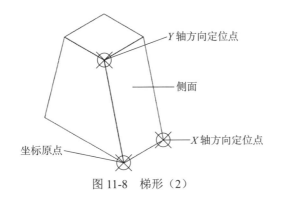

图 11-8　梯形（2）

🔔 **操作提示**

（1）面（F）：用三维实体的面创建UCS。AutoCAD 2021将高亮显示所选择的面，并将新建的UCS中*XOY*平面附着于此面上。新UCS的*X*轴将与所找到面的最近边对齐，如图11–9所示。

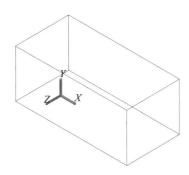

图 11-9　坐标附着于面上

命令行提示与操作如下：

命令：_UCS
当前 UCS 名称：*世界*
指定 UCS 的原点或 [面(F)/命名(NA)/对象(OB)/上一个(P)/视图(V)/世界(W)/X/Y/Z/Z 轴
(ZA)] <世界>：F
选择实体面、曲面或网格：(选择一个面)
输入选项 [下一个(N)/X 轴反向(X)/Y 轴反向(Y)] <接收>：

如果选择【下一个(N)】选项，则系统会将UCS定位于邻近的面或选择边所在面的反面上。

✏️ **温馨提示**：默认情况下，在三维中指定视图时，该视图将相对于固定的 WCS 而不是可移动的 UCS 建立。

（2）对象（OB）：指定一个实体来定义新的坐标系。系统会将UCS的原点定位于离指定对象最近的顶点处，并且*X*轴与一条边对齐或相切，如图11–10所示。

（3）上一个（P）：系统将恢复到最近一次使用的UCS。系统最多保存最近使用的10个UCS。

（4）视图（V）:UCS原点保持不变，以Z轴垂直于屏幕的方向创建新的UCS。

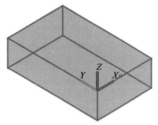

图 11-10　坐标建立在对象上

（5）世界（W）：系统将当前坐标系设置成世界坐标系。WCS是所有用户坐标系的基准，不能被重新定义。

（6）X/Y/Z：绕指定的坐标轴旋转当前的UCS。

（7）Z轴（ZA）：利用指定的Z轴正半轴定义UCS。

2. 使用UCS对话框

AutoCAD 2021还提供了UCSMAN命令，可以对UCS进行有效的管理，包括重命名、删除等，但不包括创建。

启动UCS对话框的方式如下。

● **选项卡：**打开【可视化】选项卡，在【坐标】功能面板中单击【命名UCS】按钮 。

● **菜单栏：**在传统菜单栏中选择【工具】→【命名UCS】命令。

● **命令行：**在命令行窗口中输入UCSMAN命令，并按Enter键。

● **工具栏：**单击UCSⅡ工具栏中的【命名UCS】按钮 。

该命令执行后，系统弹出如图11-11所示的UCS对话框。各参数含义如下。

（1）【命名UCS】选项卡：在UCS列表框中选择UCS，单击【置为当前】按钮，则该坐标系成为当前坐标系。如果选择UCS后右击，则通过系统弹出的快捷菜单可以对UCS重命名或删除。

（2）【正交UCS】选项卡：在该选项卡中选择预置的正交UCS，如图11-12所示。在【名称】列表框中列出了AutoCAD所提供【俯视】【仰视】【前视】【后视】【左视】【右视】6种预置的UCS。用户还可以通过【相对于】下拉列表选择基本坐标系的正投影方向。

（3）【设置】选项卡：在该选项卡中设置UCS与图标，如图11-13所示。

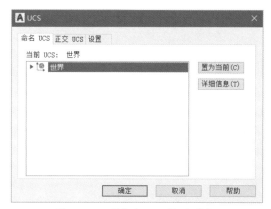

图 11-11　【命名 UCS】选项卡

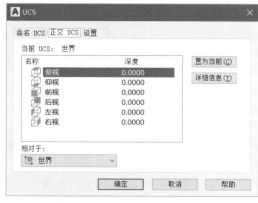

图 11-12　【正交 UCS】选项卡

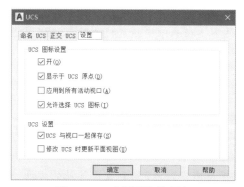

图 11-13　【设置】选项卡

- 【UCS图标设置】：在该选项组进行用户坐标系图标的设置。勾选【开】复选框，则在当前视口中显示用户坐标系的图标；勾选【显示于UCS原点】复选框，则在用户坐标系的起点显示图标；勾选【应用到所有活动视口】复选框，则在当前图形的所有活动窗口应用图标。

- 【UCS设置】：在该选项组为当前视口指定用户坐标系。勾选【UCS与视口一起保存】复选框，则坐标系仍为当前视口中的用户坐标系；未勾选，用户坐标系保存在视口中，不依赖于当前视口的用户坐标系。勾选【修改UCS时更新平面视图】复选框，任何用户坐标系的更改都将引起视图改变；如果不勾选，则用户坐标系的更改不影响视图。

3. UCS图标

AutoCAD 2021 提供了很多种UCS图标，表达了不同的信息含义，如图 11-14 所示。

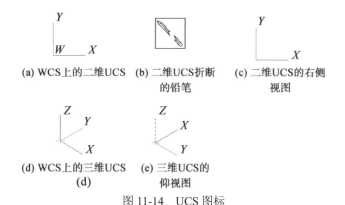

(a) WCS上的二维UCS (b) 二维UCS折断 (c) 二维UCS的右侧
的铅笔   视图

(d) WCS上的三维UCS (e) 三维UCS的
(d)   仰视图

图 11-14　UCS 图标

UCS图标的显示以及UCS图标的位置的控制可以通过UCSICON命令进行。该命令也可以在菜单栏的【视图】→【显示】→【UCS图标】子菜单中选择，如图 11-15 所示。

UCSICON命令执行后，AutoCAD 2021 提示如下：

输入选项 [开(ON)/关(OFF)/全部(A)/非原点(N)/原点(OR)/ 可选(S)/特性(P)] <开>:

常用选项含义如下。

- 【开（ON）/关（OFF）】：选择该选项则显示UCS的图标，否则将隐藏UCS的图标。
- 【原点（OR）】：强制UCS图标显示于当前坐标系的原点(0,0,0)处。若UCS的原点位于屏幕之外或者放在原点时会被视口剪切，则坐标系图标仍显示在视口的左下角位置；否则将UCS图标显示在视口的左下角，与UCS的原点不一定重合。
- 【特性（P）】：选择该选项则弹出如图 11-16 所示的对话框。在其中可以指定二维或三维UCS 图标的显示样式、大小、颜色，并可以进行预览。

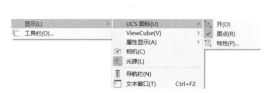

图 11-15　【UCS 图标】子菜单

图 11-16　【UCS 图标】对话框

11.3　三维图像的类型与管理

在AutoCAD 2021中，增强了对原来版本的视觉样式管理功能，不但可以使用命令或者系统变量进行设置，而且可以采用【可视化】选项卡的【视觉样式】功能面板来控制，如图11-17所示。由于有些渲染工具普通用户基本上不使用，所以本节主要讲解视觉样式。

图 11-17　【视觉样式】功能面板

11.3.1　三维图像的类型

AutoCAD 2021共提供了10种类型的三维图像视觉样式，即【二维线框】【概念】【隐藏】【真实】【着色】【带边缘着色】【灰度】【勾画】【线框】【X射线】，如图11-18所示。

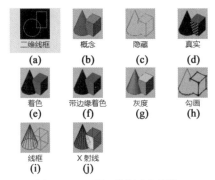

图 11-18　【视觉样式】图标

【真实】效果是最具真实性的三维图像。【概念】效果缺乏真实感，但是可以更方便地查看模型的细节。

用户在进行创建三维图像的过程中，完全可以根据自己的需要进行不同阶段的选择，以便不断地对自己的三维图像进行控制。例如，如果追求速度，可以选择线框或消隐形式，这也是三维绘图操作中使用最多的。

由于线框图形具有二义性，而且图线过多，图形显得混乱，所以往往使用消隐操作对图形进行消隐。消隐操作隐藏了被前景遮掩的背景，使图形显示非常简洁、清晰。

使用HIDE命令可以对整个图形进行消隐操作，启动方式如下。

● 选项卡：打开【可视化】选项卡，在【视觉样式】功能面板中单击【隐藏】按钮🔘。
● 菜单栏：在传统菜单栏中选择【视图】→【消隐】命令。
● 命令行：在命令行窗口中输入HIDE命令，并按Enter键。

执行HIDE命令后，AutoCAD将对整个图形进行消隐。图11-19所示为消隐前后的效果对比。

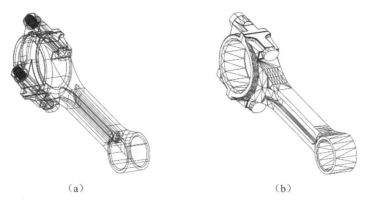

（a）　　　　　　　　　　　　　　（b）

图 11-19　消隐效果比较

11.3.2　视觉样式管理器

在真实和概念样式中移动模型时，模型参照的光源和表面显示等都是遵从系统默认值的。用户可以随时根据需要自定义视觉样式，突破当前的10种样式。这项工作可以通过视觉样式管理器来实现，启动方式有以下几种。

● 选项卡：打开【可视化】选项卡，在【视觉样式】功能面板中单击【管理视觉样式】按钮 。

● 菜单栏：在传统菜单栏中选择【工具】→【选项板】→【管理视觉样式】命令。

● 命令行：在命令行窗口中输入VISUALSTYLES命令，并按Enter键。

● 工具栏：单击【视觉样式】工具栏中的【管理视觉样式】按钮 。

系统将弹出如图11-20所示的工具选项板，用来创建和修改视觉样式，包括图形中可用的视觉样式的样例图像面板、面设置、环境设置和边设置。

样例下面的工具条中按钮功能如下。

● 【创建新的视觉样式】按钮 ：单击该按钮，弹出【创建新的视觉样式】对话框，从中可以输入新的视觉样式的名称和说明，新的样例图像被置于面板末端并被选中。

● 【将选定的视觉样式应用于当前视口】按钮 ：用途同名称。

● 【将选定的视觉样式输出到工具选项板】按钮 ：如果【工具选项板】已关闭，则单击该按钮后将被打开，并且所选中视觉样式将被置于顶部。

● 【删除选定的视觉样式】按钮 ：AutoCAD提供的视觉样式或正在使用的视觉样式无法被删除。

在该工具选项板中的样例图像上右击，系统弹出快捷菜单，如图11-21所示。

常用快捷菜单中的命令功能如下。

● 【应用于当前视口】：将选定的视觉样式应用到图形中的当前视口。

● 【应用于所有视口】：将选定的视觉样式应用到图形中的所有视口。

● 【编辑名称和说明】：选择该命令，将弹出【编辑名称和说明】对话框，如图11-22所示，从中可以添加说明或更改现有的说明。当光标在样例图像上晃动时，将在工具栏中显示说明。

● 【尺寸】：在该子菜单中设定样例图像的大小，有【小】【中】【大】【完整】4个选项。【完整】选项使用一个图像填充面板。

图 11-20　视觉样式管理器　　　图 11-21　快捷菜单　　　图 11-22　【编辑名称和说明】对话框

对于视觉样式而言，可以进行包括面、材质和颜色、环境设置、边设置等多种效果操作。这些操作主要是与渲染处理等有关，读者可以参照相应的专业书籍。

图 11-23 所示是三种面样式的效果。图 11-24 所示是两种光源质量的效果，显示时更加平整。

（a）真实　　　（b）古氏　　　（c）无　　　　　　（a）镶嵌面光源　　（b）平滑光源

图 11-23　面样式的效果　　　　　　　　　图 11-24　光源质量的效果

📖【例 11-2】绘制活塞连杆

源文件：源文件/第11章/活塞连杆.dwg，如图11-25（a）所示。最终绘制结果如图11-25（b）所示。

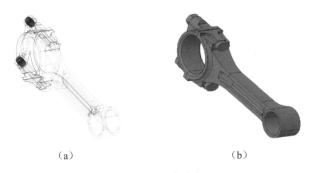

（a）　　　　　　　　　　　　（b）

图 11-25　活塞连杆

案例分析

如图11-25（a）所示，活塞连杆主要以二维线框构成，无法直观地对构件进行观察。通过视觉样式管理器改善图形的视觉样式。具体操作过程：通过视觉样式管理器，将图形由【二维线框】视觉样式改为【概念】视觉样式。

操作步骤

单击【默认】选项卡【视图】功能面板中【视觉样式】下拉菜单中的【视觉样式管理器】按钮，选择【概念】视觉样式，轮廓边显示为【否】，如图11-26所示。最终结果如图11-25（b）所示。

图 11-26　视觉样式管理器

11.4　三维视图观察

在AutoCAD 2021的模型空间中绘制和编辑三维图像时，可以从不同的角度查看图像的效果，以便精确地绘制和编辑三维图像。用户可以从不同位置观察图形，这些位置称为视点，即用户观察图像的方向。控制命令包括VPOINT、DVIEW或PLAN等。

AutoCAD定义了一些标准视图供用户使用，用户可以通过【视图】菜单中【三维视图】子菜单的相应选项选择需要的视图。

11.4.1　设置观察方向

启动方式有以下两种。

● 菜单栏：在传统菜单栏中选择【视图】→【三维视图】→【视点预设】命令。

● 命令行：在命令行窗口中输入DDVPOINT命令，并按Enter键。

执行命令后，AutoCAD 2021将弹出【视点预设】对话框，如图11-27所示。

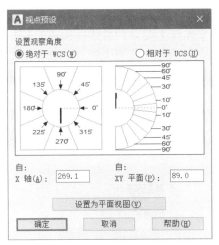

图 11-27 【视点预设】对话框

定义视点时需要两个角度，一个为X轴的角度；另一个为与XY平面的夹角，这两个角度共同决定了观察者相对于目标点的位置。图11-27左边的图形代表观察方向与X轴的角度，右边的图形代表观察方向与XY平面的夹角。对话框中各选项含义如下。

- 【自:X轴】：在左侧图上需要的角度处单击，或者在【自:X轴】文本框中输入角度值，设置观察方向与X轴的角度。
- 【自:XY平面】：在右侧图上需要的角度处单击，或者在【自:XY平面】文本框中输入角度值，设置观察方向与XY平面的角度。
- 【绝对于WCS】：选中该单选按钮，当前设置的观察方向将相对于WCS坐标系。
- 【相对于UCS】：选中该单选按钮，当前设置的观察方向将相对于当前UCS坐标系。
- 【设置为平面视图】：如果要观察图形的平面视图，可以单击该按钮，将当前的视图设置成平面视图。平面视图的查看方向是XY平面角度为270°，与XY平面夹角为90°。

图11-28所示是两种不同视点状态下的效果。

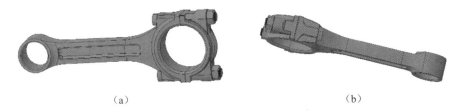

（a） （b）

图 11-28 不同视点观察效果

11.4.2 设置观察视点

使用VPOINT命令可以让用户从指定位置向原点(0,0,0)方向观察，为当前视口设置当前视点。该命令所设视点均是相对于WCS坐标系的，且该命令不能用于图纸空间。

1. 启动方式

- 菜单栏：在传统菜单栏中选择【视图】→【三维视图】→【视点】命令。
- 命令行：在命令行窗口中输入VPOINT命令，并按Enter键。

2. 操作方法

执行命令后，AutoCAD提示如下：

当前视图方向：VIEWDIR=当前值

指定视点或[旋转(R)] <显示坐标球和三轴架>：

各选项含义如下。

● 【指定视点】：AutoCAD 2021将使用输入坐标创建一个矢量，定义观察视图的方向。

● 【旋转（R）】：通过XY平面中与X轴的夹角、与XY平面的夹角指定观察方向。

● 【显示坐标球和三轴架】：在提示中按Enter键，AutoCAD将在绘图区域中显示坐标球
和三轴架，如图11-29所示。

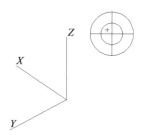

图 11-29　设置观察视点

在图11-29中，坐标球相当于一个球体的俯视图，十字光标代表视点的位置，拖动鼠标，
使十字光标在坐标球范围内移动，光标位于小圆环内表示视点在Z轴正方向，光标位于内外环
之间，则表示视点位于Z轴的负方向。移动光标，便可设置视点。

11.4.3　显示 UCS 平面视图

PLAN命令可以将当前视区设置为平面视图。它提供了用平面视图观察图形的便捷方式。

1. 启动方式

● 菜单栏：在传统菜单栏中选择【视图】→【三维视图】→【平面视图】子菜单中的相应命令。

● 命令行：在命令行窗口中输入PLAN命令，并按Enter键。

2. 操作方法

执行PLAN命令后，AutoCAD 2021提示如下：

输入选项[当前UCS(C)/UCS(U)/世界(W)] <当前UCS>：

各选项含义如下。

● 【当前UCS（C）】：设置当前视图为当前UCS平面视图，并重生成显示。

● UCS（U）：输入一个已保存过的UCS名称后，AutoCAD将当前的视图修改为以前保存
的用户坐标系平面视图，并重生成显示。

● 【世界（W）】：将当前的视图修改为世界坐标系的平面视图，并重生成显示。

图11-30所示是平面视图的设置效果。

（a）　　　　　　　　　　　　　　　　　（b）

图 11-30　平面视图观察

11.5 三维视图的动态观察与相机

在AutoCAD 2021中，对于三维对象的某些特殊面，通过静态操作来编辑往往是有困难的，所以，如何在动态环境中实时观察它就显得很重要。系统提供了【导航】功能面板，如图11-31所示，它位于【视图】选项卡中，可以从各个角度、高度和距离来全面、细致地观察三维模型。与【导航】功能面板对应的菜单如图11-32所示。

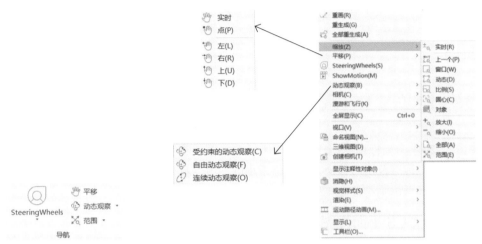

图 11-31　【导航】功能面板　　　　图 11-32　三维导航相关菜单

11.5.1 动态观察

在AutoCAD 2021中，动态观察包括以下三类。

（1）受约束的动态观察。沿 *XY* 平面或 *Z* 轴约束三维动态观察。其命令为3DORBIT。

（2）自由动态观察。不参照平面，在任意方向上进行动态观察。沿 *XY* 平面和 *Z* 轴进行动态观察时，视点不受约束。其命令为3DFORBIT。

（3）连续动态观察。连续地进行动态观察。在要连续动态观察移动的方向上单击并拖动，然后松开鼠标，轨道沿该方向继续移动。其命令为3DCORBIT。

1. 受约束的动态观察

使用3DORBIT命令，就可以通过鼠标拖动来操作三维对象的视图。启动方式如下。

● 选项卡：打开【视图】选项卡，在【导航】功能面板中单击【动态观察】下拉列表中的【受约束的动态观察】按钮 。

● 菜单栏：在传统菜单栏中选择【视图】→【动态观察】→【受约束的动态观察】命令。

● 命令行：在命令行窗口中输入3DORBIT命令，并按Enter键。

● 工具栏：单击【动态观察】工具栏中的【受约束的动态观察】按钮 。

在执行3DORBIT命令之前，如果没有选择任何对象，则在命令的执行过程中可以观察到整个图形；如果选择了对象，则在命令的执行过程中可以只观察所选择对象的效果。

执行3DORBIT命令后，AutoCAD将在当前视口中激活三维视图，如图11-33所示，同时显示光标 。

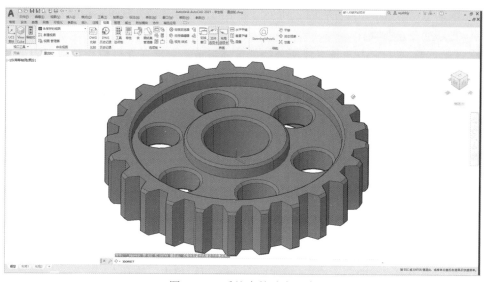

图 11-33　受约束的动态观察

拖动鼠标时，视图中的目标点（象限仪的中心点）保持不变，视点（相机）围绕目标点移动。

🔔 **注意**：3DORBIT 命令处于活动状态时，无法编辑对象。

2. 自由动态观察

使用3DFORBIT命令，就可以通过鼠标拖动来操作三维对象的视图。启动方式如下。

● 选项卡：打开【视图】选项卡，在【导航】功能面板中单击【动态观察】下拉列表中的【自由动态观察】按钮。

● 菜单栏：在传统菜单栏中选择【视图】→【动态观察】→【自由动态观察】命令。

● 命令行：在命令行窗口中输入3DFORBIT命令，并按Enter键。

● 工具栏：单击【动态观察】工具栏中的【自由动态观察】按钮。

执行3DFORBIT命令后，当前视口中就显示一个象限仪，如图11-34所示。它是一个大圆，被4个小圆圈分割成4个象限。如果当前UCS图标处于显示状态，则还会在三维视图左下角显示彩色的三维UCS坐标。

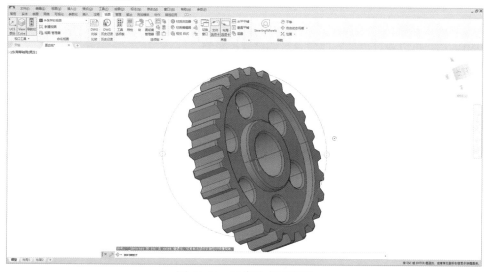

图 11-34　三维动态观察器

295

在三维动态观察器中移动光标时，所处位置不同，光标显示外观也不相同，对象旋转方向也不同。光标意义分别如下。

- 球形光标 ⊕：它由两条直线所环绕的球体形成，只能在光标位于象限仪内部时才显示。如果此时在绘图区域中拖动光标，光标就像被附着在所包围对象的一个球面上。
- 圆形光标 ⊙：它是一个圆形的箭头，在中心处有一个垂直于圆形箭头平面的直线，只能在光标位于象限仪外部时显示。如果此时沿象限仪的圆周拖动光标，则视图围绕通过象限仪中心且与象限仪平面垂直的轴线滚动。
- 水平椭圆光标 ⊕：它是一个水平的椭圆，且带有三维轴线，只能在光标移动到象限仪左侧或右侧的小圆圈中时显示。如果此时拖动光标，则视图围绕通过象限仪中心且与 Y 轴平行的轴线滚动。
- 垂直椭圆光标 ⊕：它是一个垂直的椭圆，且带有三维轴线，只能在光标移动到象限仪上面或下面的小圆圈中时显示。如果此时拖动光标，则视图围绕通过象限仪中心且与 X 轴平行的轴线滚动。

当调整好视图观察方向后，按Esc键或Enter键都可以退出三维动态观察器。

3. 连续动态观察

使用3DCORBIT命令，就可以通过鼠标拖动来操作三维对象的视图。启动方式如下。

- 选项卡：打开【视图】选项卡，在【导航】功能面板中单击【动态观察】下拉列表中的【连续动态观察】按钮 ⊘。
- 菜单栏：在传统菜单栏中选择【视图】→【动态观察】→【连续动态观察】命令。
- 命令行：在命令行窗口中输入3DCORBIT命令，并按Enter键。
- 工具栏：单击【动态观察】工具栏中的【连续动态观察】按钮 ⊘。

执行3DCORBIT命令后，在绘图区域中单击并沿任意方向拖动定点设备，使对象沿正在拖动的方向开始移动。释放定点设备上的按钮，对象在指定的方向上继续进行它们的轨迹运动。为光标移动设置的速度决定了对象的旋转速度。

可以通过再次单击并拖动来改变连续动态观察的方向；或者在绘图区域中右击，在弹出的快捷菜单中选择命令选项，也可以修改连续动态观察的显示。

11.5.2 其他动态操作

在三维动态观察状态下右击，AutoCAD 2021将弹出如图11-35所示的快捷菜单。在该快捷菜单中，用户可以通过选择其他命令来调整视图观察。

图 11-35 三维动态观察快捷菜单

1. 平移视图

在快捷菜单中选择【其他导航模式】→【平移】命令，或者单击【视图】功能面板中的【平移】按钮👋，光标变成平移状态的手形光标，此时可以平移视图进行观察。操作完成后，右击，在弹出的快捷菜单中选择【动态观察】命令，返回三维动态观察器。

2. 缩放视图

在快捷菜单中选择【其他导航模式】→【缩放】命令，或者单击【导航】功能面板【范围】下拉列表中的【实时】按钮🔍，光标变成实时缩放状态的光标，此时可以上下移动光标来缩放视图。

3. 调整视距

在快捷菜单中选择【其他导航模式】→【调整视距】命令，就是调整相机视距，光标变成带有一条横线的、指向上下两个方向的箭头光标，此时可以上下移动光标来调整相机与目标点之间的距离。

4. 回旋

回旋即是指旋转相机。在快捷菜单中选择【其他导航模式】→【回旋】命令，光标变成类似弓形箭头的光标，此时可以移动光标，模拟在三脚架上旋转相机的效果，获得相应视图。

5. 视觉辅助工具

【视觉辅助工具】子菜单如图11-36所示。

● 【指南针】：选择该命令，AutoCAD 2021将会在象限仪中显示或者隐藏指南针。在指南针的球面上标有X、Y和Z，表示当前坐标方向。

● 【栅格】：选择该命令，AutoCAD 2021将在三维动态观察器中显示或者隐藏栅格。栅格位于当前UCS的XY平面上，并沿X、Y的正方向延伸，如图11-37所示。

● 【UCS图标】：选择该命令，AutoCAD 2021将在三维动态观察器中显示或者隐藏UCS图标。

图 11-36 【视觉辅助工具】子菜单

图 11-37 三维动态观察器中的辅助效果

11.6 视口与命名视图

11.6.1 平铺视口

视口是AutoCAD在屏幕上用于显示图形的矩形区域，它是在模型空间中起作用的，通常是把整个绘图区当作一个视口。在三维绘图中，常需要把一个绘图区分成几个视口，在各个视口中，用户可以设置不同的视点，从而能够更加全面地观察图形。

AutoCAD 2021提供了VPORTS命令进行多视口的操作，位于【可视化】选项卡的【模型视口】功能面板中，如图11-38所示。

图 11-38 【模型视口】功能面板

【例11-3】绘制连杆活塞（多视口平铺与拆分）

源文件：源文件/第11章/活塞连杆.dwg，如图11-39（a）所示。最终绘制结果如图11-39（b）所示。

案例分析

在对活塞连杆三维实体进行绘制修改时，需要频繁更换视角，不易于绘图操作，可以通过视口的【命名】命令进行同一窗口下的多视口平铺。具体操作过程：在【三维建模】工作空间下，通过模型视口的【命名】命令完成。

操作步骤

步骤一：将【三维建模】工作空间设置为当前工作空间，单击【可视化】选项卡【模型视口】功能面板中的【命名】按钮，系统打开【视口】对话框，在【新建视口】选项卡中，【标准视口】为【四个：相等】，【设置】为【三维】，【修改视图】与【视图样式】均为默认，对新建视口进行命名，如图11-40所示。选中单个视口，然后在【修改视图】下拉列表中选择相应的视图方向，在【视觉样式】下拉列表中选择相应的显示效果，单击【确定】按钮，完成4个平铺视口。结果如图11-39（b）所示。

 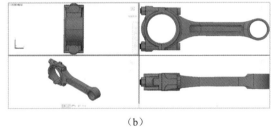

（a）　　　　　　　　　　（b）

图 11-39 活塞连杆

图 11-40 定义视口

⌣ 操作提示

（1）应用于：如果要将所选择的设置应用到当前的视口中，可以在【应用于】下拉列表中选择【当前视口】选项；如果要将所选择的设置应用到整个模型空间中，可以选择【显示】选项。

（2）设置：如果将多个平铺视口用于二维操作，则可以在【设置】下拉列表中选择【二维】选项；如果将多个平铺视口用于三维操作，则可以选择【三维】选项。

步骤二：选中图11-39（b）中左下视口，重复步骤一操作打开【视口】对话框。在【标准视口】中选择【两个：垂直】视口模式，在【应用于】下拉列表中选择【当前视口】选项，在【预览】框中将【视图:*俯视*】通过【修改视图】下拉列表修改为【西南等轴测】，对话框设置如图11-41所示。最终显示结果如图11-42所示。

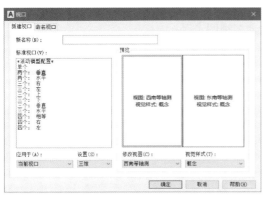

图 11-41　拆分视口

图 11-42　视口拆分效果

📖 【例11-4】绘制直齿轮（视口合并）

源文件：源文件/第11章/直齿轮四个（相等）视口.dwg，如图11-43（a）所示。最终绘制结果如图11-43（b）所示。

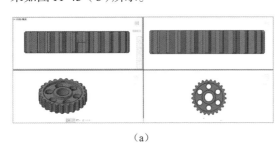
（a）

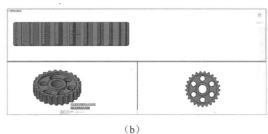
（b）

图 11-43　直齿轮

案例分析

直齿轮的右视图和前视图是一样的，可以通过【合并视口】命令完成右视和前视的视口合并。具体操作过程：通过【合并视口】命令根据系统提示选择主视口和要合并的视口即可。

微信扫码
扫一扫,看视频讲解

操作步骤

将【三维建模】工作空间设置为当前工作空间，单击【可视化】选项卡【模型视口】功能面板中的【合并】按钮🖳，将前视作为主视口，右视作为要合并的视口。结果如图11-43（b）所示。

命令行提示与操作如下：

```
命令：_VPORTS
```

输入选项[保存(S)/恢复(R)/删除(D)/合并(J)/单一(SI)/?/2/3/4/切换(T)/模式(MO)] <3>: _j
选择主视口 <当前视口>:(选中前视视口)
选择要合并的视口:(选中右视视口)

11.6.2 命名视图

在AutoCAD 2021中,用户可以将图形中经常用到的部分作为视图保存起来,以后需要时随时将其恢复,这样可以加快操作速度,提高效率。AutoCAD 2021提供了命名用户视图的操作,启动方式如下。

- 选项卡:打开【视图】或【可视化】选项卡,在【命名视图】功能面板中单击【视图管理器】按钮。
- 菜单栏:在传统菜单栏中选择【视图】→【命名视图】命令。
- 命令行:在命令行窗口中输入VIEW命令,并按Enter键。
- 工具栏:单击【视图】工具栏中的【命名视图】按钮 。

1. 保存命名视图

当保存一个视图时,AutoCAD 2021将保存该视图的中心点、观察方向、缩放比例因子和有关透视设置。具体操作步骤如下。

(1)在传统菜单栏中选择【视图】→【命名视图】命令,系统弹出【视图管理器】对话框,如图11-44所示。

(2)在【视图管理器】对话框中单击【新建】按钮,弹出【新建视图/快照特性】对话框,如图11-45所示。

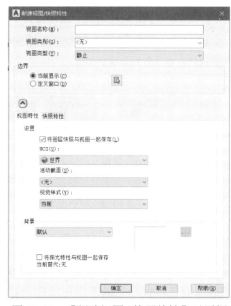

图 11-44 【视图管理器】对话框   图 11-45 【新建视图/快照特性】对话框

(3)在【视图名称】文本框中输入新建视图的名称。

(4)如果只想保存当前视图的一部分,可以选中【定义窗口】单选按钮。然后单击右侧的【定义视图窗口】按钮,AutoCAD将隐藏所有打开的对话框,提示用户指定两个对角点来确定要保存的视图区域。如果选中【当前显示】单选按钮,则AutoCAD将保存当前绘图区域中显示的视图。

（5）如果要将一个UCS与视图一起保存，首先在【设置】选项组中勾选【将图层快照与视图一起保存】复选框，然后在UCS下拉列表中选择一个UCS。

（6）单击【确定】按钮，分别关闭【新建视图/快照特性】对话框和【视图管理器】对话框。

2. 恢复命名视图

在绘图过程中，如果用户需要重新使用某一个命名视图，可以将该命名视图恢复。如果在绘图时使用了多个视口，则AutoCAD将该视图恢复到当前视口中。具体操作步骤如下。

（1）打开【视图管理器】对话框。

（2）在【视图管理器】对话框的【查看】列表框中选择要恢复的视图。

（3）单击【置为当前】按钮。

（4）单击【确定】按钮，关闭【视图管理器】对话框。

3. 删除命名视图

当不再需要一个视图时，用户可以将其删除。具体操作步骤如下。

（1）在传统菜单栏中选择【视图】→【命名视图】命令，弹出【视图管理器】对话框。

（2）在【视图管理器】对话框的【查看】列表框中选择要删除的视图。

（3）右击，系统弹出快捷菜单，如图11-46所示，在快捷菜单中选择【删除】命令。

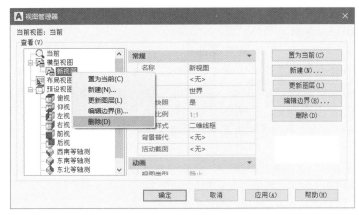

图 11-46　快捷菜单

（4）单击【确定】按钮，关闭【视图管理器】对话框。

4. 改变命名视图的名称

具体操作步骤如下。

（1）打开【视图管理器】对话框。

（2）在【视图管理器】对话框的【查看】列表框中选择要重命名的视图。

（3）在【常规】选项组中激活【名称】右侧的文本框。

（4）在【名称】文本框中输入视图的新名称。

（5）单击【确定】按钮，关闭【视图管理器】对话框。

5. 查看视图信息

具体操作步骤如下。

（1）打开【视图管理器】对话框。

（2）在【视图管理器】对话框的【查看】列表框中选择要查看信息的视图。

（3）在【视图详细信息】功能面板中可以查看到命名视图所保存的信息。查看完成后，单击【确定】按钮关闭对话框。

（4）单击【确定】按钮，关闭【视图管理器】对话框。

习题十一

一、选择题

1. 应用（　　）命令可以从不同的角度动态观察三维图像。

   A. DDVPOINT　　　　　　B. VPOINT　　　　　　C. VIEW

   D. 3DORBIT　　　　　　E. CAMERA

2. 执行DDVPOINT命令后，在弹出的窗口中，左右两边设置的窗口的区别为（　　　）。

   A. 均为XOY平面上的角度

   B. 左边是XOY平面上的角度，右边是Z轴上代表的高度、角度

   C. 左边是Z轴上代表的高度、角度，右边是XOY平面上的角度

   D. 以上都不对

3. 执行（　　）命令可以使三维图像恢复平面显示。

   A. VPOINT　　　　　　B. DDVPOINT　　　　　　C. UCSPOINT　　　　　　D. PLAN

4. （　　）命令可以通过鼠标控制整个三维图像的任意视图。

   A. UCS　　　　　　　　　　　　　　　B. 3DORBIT

   C. VPOINT　　　　　　　　　　　　　D. ROTATE3D

5. 执行3DORBIT命令前，必须设置（　　　）。

   A. 着色模式　　　　　B. 重置视图　　　　　C. 形象化辅助工具　　　　D. 投影

6. 执行（　　）命令可以在绘图区域内同时观察不同视点方向的三维图像。

   A. 3DORBIT　　　　　　　　　　　　B. UCS

   C. DSVIEWS　　　　　　　　　　　　D. VPORTS

7. 在图纸空间中，在【视图】下拉菜单的【视口】中，（　　　）和（　　　）可以用来设置不规则视图。

   A. 多边形视口　　　B. 对象　　　　　　C. 两个视口　　　　　　D. 合并

二、操作题

1. 打开一个AutoCAD 2021自带的文件，并进行视图显示模式切换。

2. 打开一个AutoCAD 2021自带的文件，进行适当的渲染，并通过视图样式管理器进行设置。

3. 通过改变观察方向与视点位置对三维模型进行动态观察。

4. 建立平铺视口，在多个视口中调整需要的对象。

三、思考题

1. 三维建模与二维平面绘图之间有何区别？相比二维平面操作而言，三维建模多了哪些基本元素？

2. 什么是工作空间？工作空间的切换及其区别是什么？

3. 三维坐标系的基本类型有哪些？

4. 如何定义用户坐标系？

5. 当显示三维实体模型时，如何增强其真实感？怎样进行细节设置？

6. 三维动态观察的方向如何确定？

7. 视点与相机的操作有何区别？

8. 简述视口与视图的区别。如何设置用户自己的命名视图并随时进行切换？

第 12 章

三维实体建模

学习目标

三维建模功能是 AutoCAD 逐渐加强的功能，它的主要目的是避免平面图形的二义性，使用户更加直观地了解和分析几何对象。目前，该功能还不是特别完善，但对于基本操作已经足够。

通过本章的学习，掌握 AutoCAD 2021 的三维功能，掌握直接生成三维实体的方法，包括多段体、长方体、楔体、圆锥体、球体、圆柱体、棱锥体、圆环体等；并熟练通过二维图形建立三维实体，包括通过拉伸二维对象创建三维实体、绕轴旋转二维对象创建三维实体、扫掠二维对象创建三维实体、放样二维对象创建三维实体等。

本章要点

- 三维实体建模概述
- 直接生成三维实体
- 二维图形转三维实体

内容浏览

12.1 三维实体建模概述

利用AutoCAD 2021可以绘制三种类型的三维对象,即线框模型、曲面模型和实体模型。其中,线框模型只描绘了三维对象的骨架,没有平面信息,它只提供了一些描绘边界的点、直线和曲线信息,建模非常耗时,而且对于后续的结构分析与加工等没有参考价值;曲面模型对于普通用户而言,基本上涉及很少,也不是AutoCAD的强项,所以本书不予讲解。

实体模型描述了对象的整个体积,是信息最完整且二义性最小的一种三维模型。复杂的实体模型在构造和编辑上较线框模型和曲面模型要容易。AutoCAD提供了三种创建实体的方法,即从基本实体形(长方体、圆锥体、圆柱体、球体、圆环体和楔体)创建实体、沿路径拉伸二维对象和绕轴旋转二维对象。使用这些方法创建实体后,用户还可以通过组合这些实体创建更为复杂的实体。例如,可以对这些实体进行合并、差集或找出它们的交集(重叠)部分。

使用实体模型,用户可以分析实体的质量、体积、重心等物理特性,可以为一些应用分析,如数控加工、有限元等提供数据。与曲面模型类似,实体模型也以线框的形式显示,除非用户进行消隐、着色或渲染处理。

本章重点围绕直接生成三维实体和通过二维生成三维实体进行讲解。

12.2 直接生成三维实体

AutoCAD创建实体的命令位于【三维建模】工作空间中菜单栏的【绘图】→【建模】子菜单中和【三维工具】选项卡【建模】功能面板中。【建模】子菜单如图12-1(a)所示,【建模】功能面板如图12-1(b)所示。

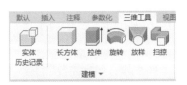

(a)【建模】子菜单　　　　　　(b)【建模】功能面板

图 12-1 【建模】工具

12.2.1 创建多段体

使用POLYSOLID命令，用户可以创建多段体。启动方式如下。

- 选项卡：打开【三维工具】选项卡，在【建模】功能面板中单击【多段体】按钮 。
- 菜单栏：在传统菜单栏中选择【绘图】→【建模】→【多段体】命令。
- 命令行：在命令行窗口中输入POLYSOLID命令，并按Enter键。
- 工具栏：单击【绘图】工具栏【建模】子菜单中的【多段体】按钮 。

📖【例12-1】绘制多段体

源文件：源文件/第12章/多段体.dwg，如图12-2（a）所示。最终绘制结果
如图12-2（b）所示。

案例分析

在绘制墙体等路径复杂而界面为矩形的实体时，可以通过【多段体】命令
完成三维实体的绘制。具体操作过程：通过【多段体】命令根据系统提示完成多段体的绘制。

操作步骤

将【三维建模】工作空间设置为当前工作空间，将【东南等轴测】恢复视图设置为当前恢
复视图，将【粗实线】图层设置为当前图层，单击【三维工具】选项卡【建模】功能面板中的
【多段体】按钮 ，根据系统提示设置高度为5，宽度为2，多段线为对象。最终绘制结果如
图12-2（b）所示。

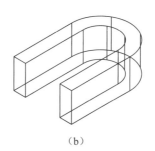

（a）　　　　　　　　　　　　（b）

图12-2　多段体

命令行提示与操作如下：

```
命令: _POLYSOLID 高度 = 80.0000, 宽度 = 5.0000, 对正 = 居中
指定起点或[对象(O)/高度(H)/宽度(W)/对正(J)] <对象>:（输入H）
指定高度 <80.0000>:（输入高度5）
高度 = 5.0000, 宽度 = 5.0000, 对正 = 居中
指定起点或[对象(O)/高度(H)/宽度(W)/对正(J)] <对象>:（输入W）
指定宽度 <5.0000>:（输入宽度2）
高度 = 5.0000, 宽度 = 2.0000, 对正 = 居中
指定起点或[对象(O)/高度(H)/宽度(W)/对正(J)] <对象>:（输入O）
选择对象:（选取多段线）
```

🔔 操作提示

（1）指定起点：指定多段体的起点，并可以根据系统提示直接绘制出多段体。

（2）对象：指定要转换为实体的对象，包括直线、圆弧、二维多段线、圆等。

（3）对正：使用该命令定义轮廓时，可以将实体的宽度和高度设置为左对正、右对正或居中。对正方式由轮廓的第一条线段的起始方向决定。

其他操作与多段线操作类似，不再赘述。

✏ **温馨提示**：*如何设置当前恢复视图？*

单击【默认】选项卡【视图】功能面板中的【恢复视图】下拉列表，如图12-3所示。可以从中快速选择当前的布局视口位置。

图 12-3 选择布局视口

12.2.2 创建长方体

使用BOX命令，用户可以创建长方体实体。长方体底面总是与当前UCS的*XY*平面平行。启动方式如下。

- 选项卡：打开【三维工具】选项卡，在【建模】功能面板中单击【长方体】按钮▯。
- 菜单栏：在传统菜单栏中选择【绘图】→【建模】→【长方体】命令。
- 命令行：在命令行窗口中输入BOX命令，并按Enter键。
- 工具栏：单击【绘图】工具栏【建模】子菜单中的【长方体】按钮▯。

📖【例12-2】绘制长方体

源文件：源文件/第12章/长方体.dwg，最终绘制结果如图12-4所示。

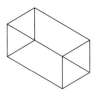

图 12-4 长方体

案例分析

绘制长方体，可以通过【长方体】命令完成实体的绘制。具体操作过程：首先设置当前的恢复视图；其次通过【长方体】命令根据系统提示完成长方体的绘制。

操作步骤

将【三维建模】工作空间设置为当前工作空间，将【东南等轴测】恢复视图设置为当前恢复视图，将【粗实线】图层设置为当前图层，单击【三维工具】选项卡【建模】功能面板中的【长方体】按钮，完成长度为20、宽度为10、高度为10的长方体。最终绘制结果如图12-4所示。

命令行提示与操作如下：

```
命令：_BOX
指定第一个角点或[中心(C)]：(选取适当位置作为第一个角点)
指定其他角点或[立方体(C)/长度(L)]：(输入L)
指定长度 <20.0000>：(指定长方体的长度为20)
指定宽度 <10.0000>：(指定长方体的宽度为10)
指定高度或[两点(2P)] <20.0000>：(指定长方体的高度为10)
```

操作提示

(1)中心：指定中心点创建长方体，如图12-5所示。

(2)立方体：按照用户指定的长度创建一个长、宽、高相同的长方体，即立方体，如图12-6所示。

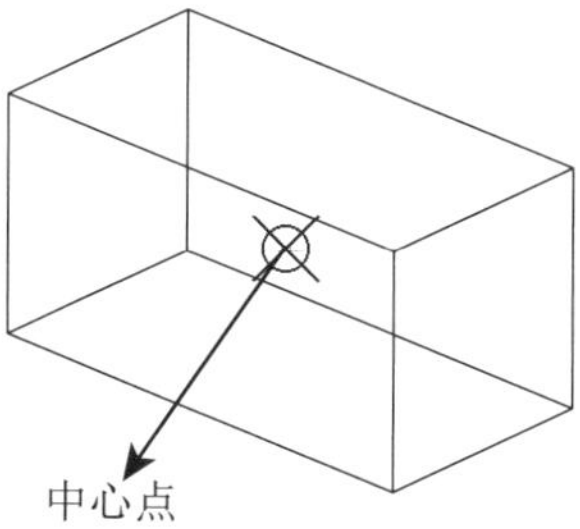

图12-5　通过中心点绘制长方体

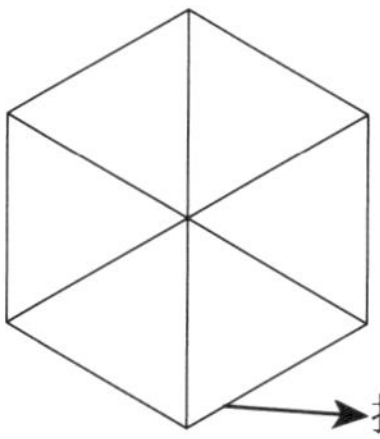

图12-6　立方体

12.2.3　创建楔体

使用WEDGE命令，用户可以创建楔体。启动方式如下。

- 选项卡：打开【三维工具】选项卡，在【建模】功能面板中单击【楔体】按钮。
- 菜单栏：在传统菜单栏中选择【绘图】→【建模】→【楔体】命令。
- 命令行：在命令行窗口中输入WEDGE命令，并按Enter键。
- 工具栏：单击【绘图】工具栏【建模】子菜单中的【楔体】按钮。

【例12-3】绘制楔体

源文件：源文件/第12章/楔体.dwg，最终绘制结果如图12-7所示。

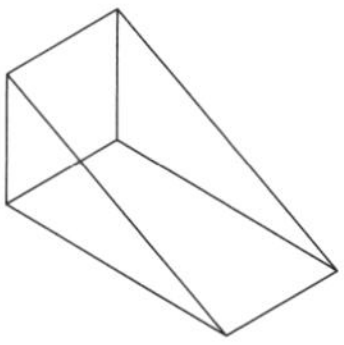

图12-7　楔体

案例分析

绘制楔体，可以通过【楔体】命令完成三维实体的绘制。具体操作过程：首先设置当前的恢复视图；其次通过【楔体】命令根据系统提示完成楔体的绘制。

操作步骤

将【三维建模】工作空间设置为当前工作空间，将【东南等轴测】恢复视图设置为当前恢复视图，将【粗实线】图层设置为当前图层，单击【三维工具】选项卡【建模】功能面板中的【楔体】按钮，完成底面长度为20、宽度为10、高度为10的楔体。最终绘制结果如图12-7所示。

命令行提示与操作如下：

```
命令：_WEDGE
指定第一个角点或[中心(C)]：（选取适当位置作为第一个角点）
指定其他角点或[立方体(C)/长度(L)]：（输入L）
指定长度 <20.0000>：（指定楔体长方形底面的长度20）
指定宽度 <10.0000>：（指定楔体长方形底面的宽度10）
指定高度或[两点(2P)] <0.7461>：（指定楔体的高度10）
```

🔔 **操作提示**

立方体：按照用户指定的长度创建一个长、宽、高相同的楔体，如图12-8所示。

图 12-8　等边楔体

12.2.4　创建圆锥体

使用CONE命令，用户可以创建圆锥体。该圆锥体可以是由圆或椭圆底面以及垂足在其底面上的锥顶点所定义的圆锥实体。启动方式如下。

- 选项卡：打开【三维工具】选项卡，在【建模】功能面板中单击【圆锥体】按钮△。
- 菜单栏：在传统菜单栏中选择【绘图】→【建模】→【圆锥体】命令。
- 命令行：在命令行窗口中输入CONE命令，并按Enter键。
- 工具栏：单击【绘图】工具栏【建模】子菜单中的【圆锥体】按钮△。

📖 **【例12-4】绘制圆锥体**

源文件：源文件/第12章/圆锥体.dwg，最终绘制结果如图12-9所示。

图 12-9　圆锥体

案例分析

在创建以圆或椭圆作底面的圆锥实体时，可以通过【圆锥体】命令完成对圆锥体的绘制。具体操作过程：首先设置当前的恢复视图；其次通过【圆锥体】命令根据系统提示完成圆锥体的绘制。

操作步骤

将【三维建模】工作空间设置为当前工作空间，将【东南等轴测】恢复视图设置为当前恢复视图，将【粗实线】图层设置为当前图层，单击【三维工具】选项卡【建模】功能面板中的【圆锥体】按钮▲，完成以圆作为底面的圆锥实体，其底面半径为5，高度为10。最终绘制结果如图12-9所示。

命令行提示与操作如下：

```
命令：_CONE
指定底面的中心点或[三点(3P)/两点(2P)/切点、切点、半径(T)/椭圆(E)]：(选取适当位置作为底
    面的中心点)
指定底面半径或[直径(D)] <5.0000>：(输入底面半径为5)
指定高度或[两点(2P)/轴端点(A)/顶面半径(T)] <10.0000>：(通过移动十字光标来控制锥顶点的
    上下方向，并输入高度为10)
```

🔔 **操作提示**

（1）三点：通过指定三个点来定义圆锥体的底面周长和底面。最初默认高度未设置任何值。绘制图形时，高度的默认值始终是先前输入的任意实体图元的高度值。

（2）两点：通过指定两个点来定义圆锥体的底面直径。

（3）切点、切点、半径：定义具有指定半径，且与两个对象相切的圆锥体底面。有时会有多个底面符合指定的条件。程序将绘制具有指定半径的底面，其切点与选定点的距离最近。

（4）椭圆：根据需要选择创建椭圆的方法，并指定圆柱体的高度或顶点创建圆锥体，如图12-10所示。

（5）顶面半径：如果确定了顶面半径，则可以绘制出圆台实体，如图12-11所示。

图 12-10　椭圆锥体

图 12-11　圆台

12.2.5　创建球体

使用SPHERE命令，用户可以创建球体。启动方式如下。

● 选项卡：打开【三维工具】选项卡，在【建模】功能面板中单击【球体】按钮○。
● 菜单栏：在传统菜单栏中选择【绘图】→【建模】→【球体】命令。
● 命令行：在命令行窗口中输入SPHERE命令，并按Enter键。
● 工具栏：单击【绘图】工具栏【建模】子菜单中的【球体】按钮○。

📖 【例12-5】绘制球体

源文件：源文件/第12章/球体.dwg，最终绘制结果如图12-12所示。

图 12-12　球体

案例分析

绘制球体，可以通过【球体】命令完成实体的绘制。具体操作过程：首先设置当前的恢复视图；其次通过【球体】命令根据系统提示完成球体的绘制。

操作步骤

将【三维建模】工作空间设置为当前工作空间，将【东南等轴测】恢复视图设置为当前恢复视图，将【粗实线】图层设置为当前图层，单击【三维工具】选项卡【建模】功能面板中的【球体】按钮○，完成半径为5的球。最终绘制结果如图12-12所示。

命令行提示与操作如下：

```
命令：_SPHERE
指定中心点或[三点(3P)/两点(2P)/切点、切点、半径(T)]：(选取适当位置作为球的中心点)
指定半径或[直径(D)] <5.0000>：(输入球的半径为5)
```

🔔 **操作提示**

（1）三点：通过在三维空间的任意位置指定三个点来定义球体的圆周。三个指定点也可以定义圆周平面。

（2）两点：通过在三维空间的任意位置指定两个点来定义球体的圆周。第一点的Z值定义圆周所在平面。

（3）切点、切点、半径：通过指定半径定义可与两个对象相切的球体。指定的切点将投影到当前UCS。

12.2.6　创建圆柱体

使用CYLINDER命令，用户可以以圆或椭圆作底面创建圆柱实体。圆柱的底面位于当前UCS的*XY*平面上。启动方式如下。

● 选项卡：打开【三维工具】选项卡，在【建模】功能面板中单击【圆柱体】按钮○。
● 菜单栏：在传统菜单栏中选择【绘图】→【建模】→【圆柱体】命令。
● 命令行：在命令行窗口中输入CYLINDER命令，并按Enter键。
● 工具栏：单击【绘图】工具栏【建模】子菜单中的【圆柱体】按钮○。

📖 **【例12-6】绘制圆柱体**

源文件：源文件/第12章/圆柱体.dwg。最终绘制结果如图12-13所示。

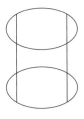

图12-13　圆柱体

案例分析

在创建以圆或椭圆作底面的圆柱实体时，可以通过【圆柱体】命令完成对圆柱体的绘制。具体操作过程：首先设置当前的恢复视图；其次通过【圆柱体】命令根据系统提示完成圆柱体的绘制。

操作步骤

将【三维建模】工作空间设置为当前工作空间，将【东南等轴测】恢复视图设置为当前恢复视图，将【粗实线】图层设置为当前图层，单击【三维工具】选项卡【建模】功能面板中的【圆柱体】按钮▣，完成以圆作为底面的圆柱实体，其圆半径为5，高度为10。最终绘制结果如图12-13所示。

命令行提示与操作如下：

```
命令：_CYLINDER
指定底面的中心点或[三点(3P)/两点(2P)/切点、切点、半径(T)/椭圆(E)]：(选取适当位置作为底面的中心点)
指定底面半径或[直径(D)]：(输入底面半径为5)
指定高度或[两点(2P)/轴端点(A)] <20.0000>：(输入圆柱体高度为10)
```

🔔 **操作提示**

（1）三点：通过指定三个点来定义圆柱体的底面周长和底面。

（2）两点：通过指定两个点来定义圆柱体的底面直径。

（3）切点、切点、半径：定义具有指定半径，且与两个对象相切的圆柱体底面。有时会有多个底面符合指定的条件。程序将绘制具有指定半径的底面，其切点与选定点的距离最近。

（4）椭圆：根据需要选择创建椭圆的方法，并指定圆柱体的高度或另一端面的中心点来创建圆柱体，如图12-14所示。

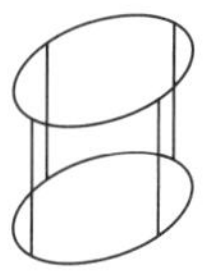

图12-14　椭圆形圆柱体

圆柱体的基面通常位于当前UCS的 *XY* 平面上。如果用指定另一基面的中心点来确定柱体的高度和方向，则可以建立基面不与当前UCS共面的柱体。

12.2.7　创建棱锥体

棱锥体与圆锥体的创建基本类似。使用PYRAMID命令，用户可以创建实体棱锥体。启动方式如下。

- 选项卡：打开【三维工具】选项卡，在【建模】功能面板中单击【棱锥体】按钮◭。
- 菜单栏：在传统菜单栏中选择【绘图】→【建模】→【棱锥体】命令。
- 命令行：在命令行窗口中输入PYRAMID命令，并按Enter键。
- 工具栏：单击【绘图】工具栏【建模】子菜单中的【棱锥体】按钮◭。

📖 **【例12-7】绘制棱锥体**

源文件：源文件/第12章/棱锥体.dwg。最终绘制结果如图12-15所示。

案例分析

绘制棱锥体，可以通过【棱锥体】命令完成实体的绘制。具体操作过程：首先设置当前的恢复视图；其次通过【棱锥体】命令根据系统提示完成棱锥体的绘制。

操作步骤

将【三维建模】工作空间设置为当前工作空间，将【东南等轴测】恢复视图设置为当前恢复视图，将【粗实线】图层设置为当前图层，单击【三维工具】选项卡【建模】功能面板中的【棱锥体】按钮◭，完成底面半径为5、高度为10的棱锥体。最终绘制结果如图12-15所示。

图12-15　棱锥体

命令行提示与操作如下：

```
命令：_PYRAMID
4 个侧面  外切
指定底面的中心点或 [边(E)/侧面(S)]:(选取适当位置作为棱锥底面的中心点)
指定底面半径或 [内接(I)] <5.0000>:(指定底面半径为5)
指定高度或 [两点(2P)/轴端点(A)/顶面半径(T)] <10.0000>:(指定棱锥体高度为10)
```

🔔 **操作提示**

（1）边：指定棱锥面底面一条边的长度。

（2）侧面：指定棱锥面的侧面数，可以输入 3 ~ 32 的数，如图 12-16 所示。

（3）顶面半径：如果确定了顶面半径，可以绘制出棱台实体，如图 12-17 所示。

图 12-16　多侧面棱锥体　　　　图 12-17　棱台

默认状态下，锥体的基面通常位于当前UCS的*XY*平面上。

12.2.8　创建圆环体

使用TORUS命令，用户可以创建与轮胎内胎相似的环形实体。圆环体与当前UCS的*XY*平面平行且被该平面平分。启动方式如下。

● 选项卡：打开【三维工具】选项卡，在【建模】功能面板中单击【圆环体】按钮◎。
● 菜单栏：在传统菜单栏中选择【绘图】→【建模】→【圆环体】命令。
● 命令行：在命令行窗口中输入TORUS命令，并按Enter键。
● 工具栏：单击【绘图】工具栏【建模】子菜单中的【圆环体】按钮◎。

📖 【例12-8】绘制圆环体

源文件：源文件/第12章/圆环体.dwg，最终绘制结果如图12-18所示。

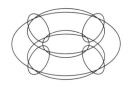

图 12-18　圆环体

案例分析

绘制圆环体，可以通过【圆环体】命令完成三维实体的绘制。具体操作过程：首先设置当前的恢复视图；其次通过【圆环体】命令根据系统提示完成圆环体的绘制。

扫一扫，看视频讲解

操作步骤

将【三维建模】工作空间设置为当前工作空间，将【东南等轴测】恢复视图设置为当前恢复视图，将【粗实线】图层设置为当前图层，单击【三维工具】选项卡【建模】功能面板中的【圆环体】按钮◎，完成圆环内圆半径为5、圆管半径为2的圆环体。最终绘制结果如图12-18所示。

命令行提示与操作如下：

命令: _TORUS
指定中心点或[三点(3P)/两点(2P)/切点、切点、半径(T)]:（选取适当位置作为圆环体的中心点）
指定半径或[直径(D)] <5.0000>:（指定圆环体内圆半径5）
指定圆管半径或 [两点(2P)/直径(D)] <5.0000>:（指定圆管半径2）

🔔 **温馨提示**：如果两个半径都是正值，并且圆管半径大于圆环半径，则显示结果像一个两端凹下去的球面，如图12-19所示；如果圆环半径是负值，并且圆管半径绝对值大于圆环半径绝对值，则生成的圆环看上去像一个有尖点的球面，形似橄榄球，如图12-20所示。

图12-19　半径值为正的圆环体　　　图12-20　半径值为负的圆环体

12.3　二维图形转三维实体

二维图形对于工厂加工制造而言非常方便，但是随着CAD技术的发展，其表达的单一性问题逐渐从优点变成了缺点。设计人员不仅需要平面图形，更需要三维实体或者曲面进行结构分析与装配，从而能够生成更加理想的方案。AutoCAD 2021提供了二维图形转三维实体工具，很好地完成了数据的过渡处理，从而提高了用户的效率。

12.3.1　通过拉伸二维对象创建三维实体

使用EXTRUDE命令，用户可以通过拉伸（增加厚度）所选对象创建实体。如果拉伸闭合对象，则生成的对象为实体。如果拉伸开放对象，则生成的对象为曲面。启动方式如下。

- 选项卡：打开【三维工具】选项卡，在【建模】功能面板中单击【拉伸】按钮▣。
- 菜单栏：在传统菜单栏中选择【绘图】→【建模】→【拉伸】命令。
- 命令行：在命令行窗口中输入EXTRUDE命令，并按Enter键。
- 工具栏：单击【绘图】工具栏【建模】子菜单中的【拉伸】按钮▣。

📖 **【例12-9】绘制连接件**

源文件：源文件/第12章/连接件.dwg，如图12-21（a）所示。最终绘制结果如图12-21（b）所示。

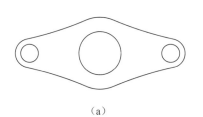 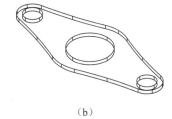

（a）　　　　　　　　　　　　　　　　　（b）

图12-21　连接件

案例分析

在绘制简单的柱状三维实体时，可以先对其创建二维对象，再通过【拉伸】命令完成三维实体的创建。具体操作过程：首先设置当前的恢复视图；其次选择拉伸对象，通过【拉伸】命令根据系统提示完成三维实体的绘制。

操作步骤

将【三维建模】工作空间设置为当前工作空间，将【东南等轴测】恢复视图设置为当前恢复视图，单击【三维工具】选项卡【建模】功能面板中的【拉伸】按钮🔳，选中连接件平面图形，设置高度为10。最终绘制结果如图12-21（b）所示。

命令行提示与操作如下：

```
命令：_EXTRUDE
当前线框密度：ISOLINES=4，闭合轮廓创建模式 = 实体
选择要拉伸的对象或[模式(MO)]：(选择二维连接件)
选择要拉伸的对象或[模式(MO)]：✓
指定拉伸的高度或[方向(D)/路径(P)/倾斜角(T)/表达式(E)] <10.0000>：(输入拉伸高度10)
```

🔔 **操作提示**

（1）方向：指定拉伸方向。通过指定两个点来指定拉伸的长度和方向。

（2）路径：指定拉伸路径。选择基于指定曲线对象的拉伸路径，选择后，路径将移动到轮廓的质心。系统将沿选定路径拉伸选定对象的轮廓以创建实体或曲面，如图12-22所示。

（3）倾斜角：指定倾斜角度。在此提示下输入倾斜角度。如果输入正角度，AutoCAD从基准对象逐渐变细地拉伸；如果输入负角度，AutoCAD从基准对象逐渐变粗地拉伸。默认拉伸倾斜角0表示在与二维对象平面垂直的方向上拉伸。所有选择集中的对象和环以相同的倾斜角拉伸。如果指定一个较大的倾斜角或较长的拉伸高度，将会导致拉伸对象或拉伸对象的一部分在到达拉伸高度之前就已经汇聚到一点，如图12-23所示。

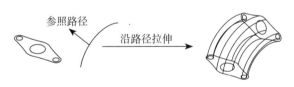

图 12-22　路径拉伸

（a）倾斜角为0°　　（b）倾斜角为30°　　（c）倾斜角为-30°　　（d）倾斜角为45°（汇聚一点）

图 12-23　倾斜角拉伸

✏️ **温馨提示：** 在二维对象创建三维实体之前，首先要对二维对象进行【创建面域】和【布尔运算】的操作；其次对二维对象进行【拉伸】操作创建三维实体。

用户可以拉伸的对象和子对象包括直线、圆弧、椭圆弧、二维多段线、二维样条曲线、圆、椭圆、三维面、二维实体、宽线、面域、平面曲面和实体上的平面等。无法拉伸的对象包括具有相交或自交线段的多段线、包含在块内的对象等。

12.3.2　通过绕轴旋转二维对象创建三维实体

使用REVOLVE命令，用户可以将一个闭合对象绕当前UCS的*X*轴或*Y*轴按一定的角度旋转成实体，也可以绕直线、多段线或两个指定的点旋转对象。启动方式如下。

- 选项卡：打开【三维工具】选项卡，在【建模】功能面板中单击【旋转】按钮🔵。
- 菜单栏：在传统菜单栏中选择【绘图】→【建模】→【旋转】命令。
- 命令行：在命令行窗口中输入REVOLVE命令，并按Enter键。
- 工具栏：单击【绘图】工具栏【建模】子菜单中的【旋转】按钮🔵。

📖【例12-10】绘制法兰衬套

源文件：源文件/第12章/法兰衬套.dwg，如图12-24（a）所示。最终绘制结果如图12-24（b）所示。

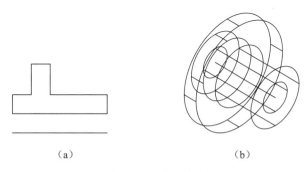

（a）　　　　　　　　　　　（b）

图12-24　法兰衬套

案例分析

在绘制绕轴旋转的三维实体时，可以先对其旋转面创建二维对象，再通过【旋转】命令完成三维实体的绘制。具体操作过程：首先设置当前的恢复视图；其次通过【旋转】命令根据系统提示完成三维实体的绘制。

操作步骤

将【三维建模】工作空间设置为当前工作空间，将【东南等轴测】恢复视图设置为当前恢复视图，单击【三维工具】选项卡【建模】功能面板中的【旋转】按钮🔵，选择剖面轮廓和旋转轴，设置旋转角度为360°。最终绘制结果如图12-24（b）所示。

命令行提示与操作如下：

```
命令：_REVOLVE
当前线框密度：ISOLINES=4，闭合轮廓创建模式 = 实体
选择要旋转的对象或[模式(MO)]：(选择旋转面)
选择要旋转的对象或[模式(MO)]：↙
指定轴起点或根据以下选项之一定义轴 [对象(O)/X/Y/Z] <对象>：(输入O)
选择对象：(选择旋转轴)
指定旋转角度或[起点角度(ST)/反转(R)/表达式(EX)] <360>：(输入旋转角度360° )
```

🔔 **操作提示**

（1）指定轴起点：通过两个点来定义旋转轴。系统将会按照指定的角度和旋转轴旋转二维对象。

（2）X/Y/Z：将二维对象绕当前坐标系（UCS）的X/Y/Z轴旋转。

（3）对象：绕指定对象定义的旋转轴线旋转对象。

用户可以旋转闭合多段线、多边形、圆、椭圆、闭合样条曲线、圆环和面域，但不能旋转包含在块中的对象、具有相交或自交线段的多段线，且一次只能旋转一个对象。

12.3.3 通过扫掠二维对象创建三维实体

使用SWEEP命令，用户可以通过沿开放或闭合的二维或三维路径扫掠开放或闭合的平面曲线（轮廓）来创建新实体或曲面。

SWEEP命令用于沿指定路径以指定轮廓的形状（扫掠对象）绘制实体或曲面。一次可以扫掠多个对象，但这些对象必须位于同一平面中。如果沿一条路径扫掠闭合的曲线，则生成实体；如果沿一条路径扫掠开放的曲线，则生成曲面。启动方式如下。

● 选项卡：打开【三维工具】选项卡，在【建模】功能面板中单击【扫掠】按钮 。

● 菜单栏：在传统菜单栏中选择【绘图】→【建模】→【扫掠】命令。

● 命令行：在命令行窗口中输入SWEEP命令，并按Enter键。

● 工具栏：单击【绘图】工具栏【建模】子菜单中的【扫掠】按钮 。

📖 【例12-11】绘制弹簧

源文件：源文件/第12章/弹簧.dwg，如图12-25（a）所示。最终绘制结果如图12-25（b）所示。

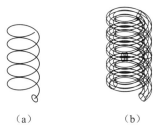

（a）　　　　　　　（b）

图 12-25　弹簧

案例分析

截面轮廓形状为圆形，路径为螺旋线，圆形截面轮廓形状沿指定路径螺旋线延伸，创建出弹簧三维实体，其延伸操作可以通过【扫掠】命令完成。具体操作过程：通过【扫掠】命令根据系统提示完成弹簧三维实体的绘制。

扫一扫，看视频讲解

操作步骤

步骤一：在命令行窗口中输入ISOLINES命令，将线框密度由默认的4改为10。

步骤二：将【三维建模】工作空间设置为当前工作空间，单击【三维工具】选项卡【建模】功能面板中的【扫掠】按钮 ，选择扫掠对象为圆形轮廓线，扫掠路径为螺旋线。最终绘制结果如图12-25（b）所示。

命令行提示与操作如下：

```
命令：_SWEEP
当前线框密度：ISOLINES=10，闭合轮廓创建模式 = 实体
选择要扫掠的对象或[模式(MO)]：(选取圆形轮廓线)
选择要扫掠的对象或[模式(MO)]：↙
```

选择扫掠路径或[对齐(A)/基点(B)/比例(S)/扭曲(T)]:(选取螺旋线)

🔔 **操作提示**

(1)对齐:指定是否对齐轮廓以使其作为扫掠路径切向的法向。默认情况下,轮廓是对齐的。选择该选项后,命令行提示与操作如下:

扫掠前对齐垂直于路径的扫掠对象[是(Y)/否(N)] <是>:   (输入N指定轮廓无须对齐或按Enter键指定轮廓将对齐)

(2)基点:指定要扫掠对象的基点。如果指定的点不在选定对象所在的平面上,则该点将被投影到该平面上。选择该选项后,命令行提示与操作如下:

指定基点:(指定选择集的基点)

(3)比例:指定比例因子以进行扫掠操作。从扫掠路径的开始到结束,比例因子将统一应用到扫掠的对象。选择该选项后,命令行提示与操作如下:

输入比例因子或[参照(R)表达式(E)] <1.0000>:   (指定比例因子、输入R调用参照选项、输入E调用表达式或按Enter键指定默认值)

其中,【参照】选项通过拾取点或输入值来根据参照的长度缩放选定的对象。

(4)扭曲:设置正被扫掠对象的扭曲角度。扭曲角度指定沿扫掠路径全部长度的旋转量。选择该选项后,命令行提示与操作如下:

输入扭曲角度或允许非平面扫掠路径倾斜 [倾斜(B)/表达式(EX)]<0.0000>:(指定小于360°的角度值)

其中,【倾斜】选项指定被扫掠的曲线是否沿三维扫掠路径(三维多段线、三维样条曲线或螺旋线)自然倾斜(旋转);【表达式】选项指定扫掠扭曲角度根据表达式来确定。

扭曲结果如图12-26所示。

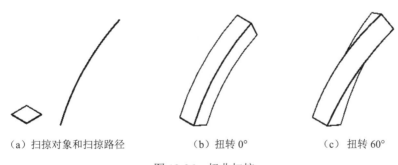

(a)扫掠对象和扫掠路径   (b)扭转0°   (c)扭转60°

图12-26   扭曲扫掠

✏️ **温馨提示:**

(1)扫掠与拉伸不同。沿路径扫掠轮廓时,轮廓将被移动并与路径垂直对齐。然后,沿路径扫掠该轮廓。

(2)在扫掠过程中可能会扭曲或缩放对象。另外,还可以在扫掠轮廓后使用【特性】功能面板来指定轮廓的旋转、沿路径缩放、沿路径扭曲和倾斜(自然旋转)等特性。

12.3.4 通过放样二维对象创建三维实体

使用LOFT命令，用户可以通过指定一系列横截面来创建新的实体或曲面。横截面用于定义结果实体或曲面的截面轮廓(形状)。横截面(通常为曲线或直线)可以是开放的(如圆弧)，也可以是闭合的(如圆)。LOFT命令用于在横截面之间的空间内绘制实体或曲面。使用LOFT命令时必须指定至少两个横截面，而且路径曲线必须与横截面的所有平面相交。

如果对一组闭合的横截面曲线进行放样，则生成实体；如果对一组开放的横截面曲线进行放样，则生成曲面。启动方式如下。

● 选项卡：打开【三维工具】选项卡，在【建模】功能面板中单击【放样】按钮❤️。
● 菜单栏：在传统菜单栏中选择【绘图】→【建模】→【放样】命令。
● 命令行：在命令行窗口中输入LOFT命令，并按Enter键。
● 工具栏：单击【绘图】工具栏【建模】子菜单中的【放样】按钮❤️。

📖 【例12-12】绘制起重钩

源文件：源文件/第12章/起重钩.dwg，如图12-27(a)所示。最终绘制结果如图12-27(b)所示。

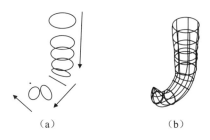

(a)   (b)

图 12-27　起重钩

案例分析

多个不同尺寸的圆形横截面依次相互连接可以组成起重钩三维实体，其中依次相互连接操作可以通过【放样】命令完成。具体操作过程：通过【放样】命令根据系统提示完成起重钩三维实体的绘制。

操作步骤

步骤一：在命令行窗口中输入ISOLINES命令，将线框密度由默认的4改为10。

步骤二：将【三维建模】工作空间设置为当前工作空间，单击【三维工具】选项卡【建模】功能面板中的【放样】按钮❤️，根据箭头方向，依次选中不同尺寸的圆。最终绘制结果如图12-27(b)所示。

命令行提示与操作如下：

```
命令：_LOFT
当前线框密度：ISOLINES=10，闭合轮廓创建模式 = 实体
按放样次序选择横截面或[点(PO)/合并多条边(J)/模式(MO)]：(依据图12-27中的箭头，依次选中
    不同尺寸的圆)
按放样次序选择横截面或[点(PO)/合并多条边(J)/模式(MO)]：✓
选中了 9 个横截面
输入选项[导向(G)/路径(P)/仅横截面(C)/设置(S)/连续性(CO)/凸度幅值(B)] <仅横截面>：✓
```

🔔 操作提示

（1）导向：指定控制放样实体或曲面形状的导向曲线。导向曲线是直线或曲线，可以通过将其他线框信息添加至对象进一步定义实体或曲面的形状。选择该选项后，命令行提示与操作如下：

选择导向轮廓或 [合并多条边(J)]：（选择放样实体或曲面的导向曲线，按Enter键）

导向和不导向对比结果如图12-28所示。

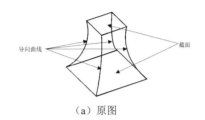

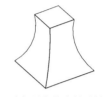

（a）原图　　　　　　（b）不选择导向轮廓的放样　　（c）选择导向轮廓的放样

图 12-28　导向对比结果

（2）路径：指定放样实体或曲面的单一路径。选择该选项后，命令行提示与操作如下：

选择路径轮廓：（指定放样实体或曲面的单一路径）

选择路径和不选择路径对比结果如图12-29所示。

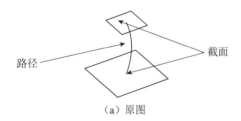

（a）原图　　　　　　（b）不选择路径轮廓的放样　　（c）选择路径轮廓的放样

图 12-29　路径对比结果

（3）仅横截面：根据选取的横截面形状创建放样实体。

（4）设置：选择该选项后，系统打开【放样设置】对话框，如图12-30所示。其中各选项含义如下。

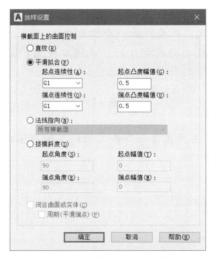

图 12-30　【放样设置】对话框

- ●【直纹】：选中该单选按钮，指定实体在横截面之间是直纹，并且在横截面处具有鲜明边界，如图12-31（a）所示。
- ●【平滑拟合】：选中该单选按钮，指定实体在横截面之间绘制平滑实体或曲面，并且在起点和终点横截面处具有鲜明边界。图12-31（b）所示为选中【平滑拟合】单选按钮并设置【起点连续性】为G1，【起点凸度幅值】为0.5，【端点连续性】为G1，【端点凸度幅值】为0.5的放样结果示意图。
- ●【法线指向】：选中该单选按钮，控制实体或曲面在其通过横截面处的曲面法线。图12-31（c）所示为选中【法线指向】单选按钮并选择【所有横截面】选项的放样结果示意图。
- ●【拔模斜度】：选中该单选按钮，控制放样实体或曲面的第一个横截面和最后一个横截面的拔模斜度与幅值。图12-31（d）所示为选中【拔模斜度】单选按钮并设置【起点角度】为90，【起点幅值】为0，【端点角度】为90，【端点幅值】为0的放样结果示意图。

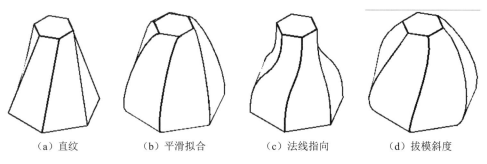

(a) 直纹   (b) 平滑拟合   (c) 法线指向   (d) 拔模斜度

图 12-31   放样对比结果

✏️ **温馨提示：**

（1）放样时使用的曲线必须全部开放或全部闭合，不能使用既包含开放曲线又包含闭合曲线的选择集。

（2）可以指定放样操作的路径。指定路径用户可以更好地控制放样实体或曲面的形状。建议路径曲线始于第一个横截面所在的平面，止于最后一个横截面所在的平面。

（3）可以在放样时指定导向曲线。导向曲线是控制放样实体或曲面形状的另一种方式。可以使用导向曲线来控制点如何匹配相应的横截面，以防止出现不希望看到的效果（如结果实体或曲面中的皱褶）。可以为放样曲面或实体选择任意数目的导向曲线，每条导向曲线都必须满足以下条件：与每个横截面相交，止于最后一个横截面。

（4）仅使用横截面创建放样曲面或实体时，也可以使用【放样设置】对话框中的选项来控制曲面或实体的形状。

习题十二

结合UCS及本章直接生成三维实体命令和二维转三维实体命令，绘制图12-32~图12-36所示的三维模型。

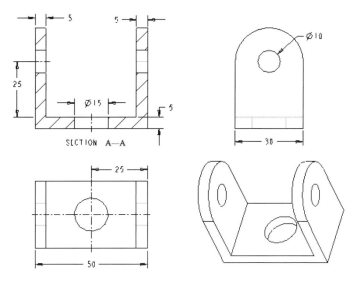

图 12-32　建模练习（1）

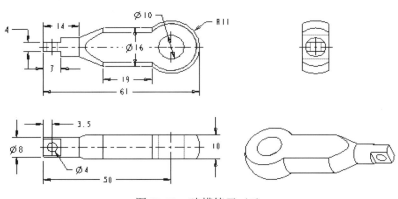

图 12-33　建模练习（2）

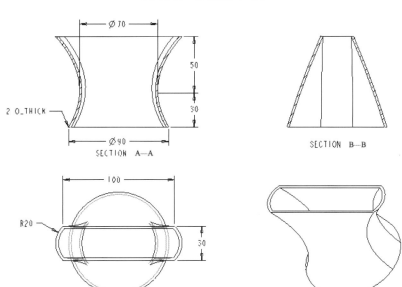

图 12-34　建模练习（3）

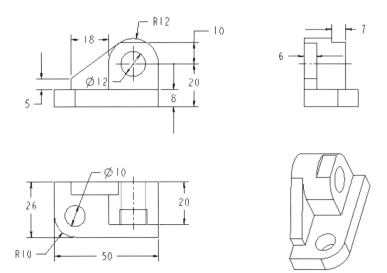

图 12-35　建模练习（4）

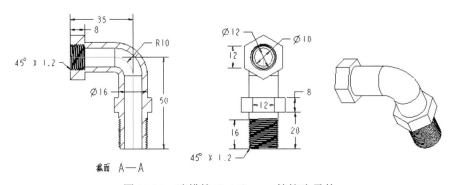

图 12-36　建模练习（5）——管接头零件

第 13 章

三维实体的操作与编辑

学习目标

通过本章的学习，掌握 AutoCAD 2021 的三维实体的操作，包括移动、旋转、对齐、镜像、阵列和倒角；熟练编辑三维实体对象，包括布尔运算、实体边和面处理、实体编辑方法等。

本章要点

- 三维实体的操作
- 三维实体的编辑

内容浏览

13.1 三维实体的操作

AutoCAD 2021的三维操作命令放置在菜单栏中的【修改】→【三维操作】子菜单中，如图13-1所示，该菜单用于对实体和曲面进行编辑处理。对应的【修改】功能面板如图13-2所示。

图 13-1 【三维操作】子菜单   图 13-2 【修改】功能面板

13.1.1 三维移动

同二维MOVE命令类似，3DMOVE命令可以在三维视图中显示移动夹点工具，并沿指定方向将对象移动指定距离。启动方式如下。

● 选项卡：打开【默认】选项卡，在【修改】功能面板中单击【三维移动】按钮。
● 菜单栏：在传统菜单栏中选择【修改】→【三维操作】→【三维移动】命令。
● 命令行：在命令行窗口中输入3DMOVE命令，并按Enter键。
● 工具栏：单击【建模】工具栏中的【三维移动】按钮。

📖【例13-1】绘制轴承座

源文件：源文件/第13章/轴承座.dwg，如图13-3（a）所示。最终绘制结果如图13-3（b）所示。

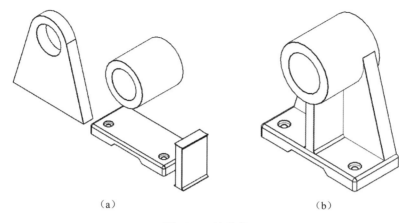

（a） （b）

图 13-3 轴承座

案例分析

在绘制轴承座三维实体时，无法通过单一操作完成轴承座的绘制，故可以将轴承座分为如图 13-4 所示的三个部分，通过【三维移动】命令并结合布尔操作完成三维实体的绘制。具体操作过程：通过【三维移动】命令将【支撑板】和【支撑柱】移动至主体相应位置。

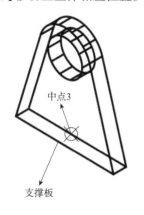

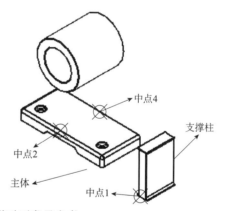

图 13-4 三维移动对象及参考

操作步骤

步骤一：将【三维建模】工作空间设置为当前工作空间，并开启对象捕捉中的中点捕捉方式，单击【默认】选项卡【修改】功能面板中的【三维移动】按钮 🌣，选中【支撑柱】通过【中点 1】和【中点 2】的定位，完成三维实体的移动。绘制结果如图 13-5 所示。

命令行提示与操作如下：

```
命令：_3DMOVE
选择对象：（选中【支撑柱】）
选择对象：↙
指定基点或[位移(D)] <位移>：（选取中点1）
指定第二个点或 <使用第一个点作为位移>：（选取中点2）
```

步骤二：将【西北等轴测】恢复视图设置为当前恢复视图，再单击【默认】选项卡【修改】功能面板中的【三维移动】按钮 🌣，选中【支撑板】通过【中点 3】和【中点 4】的定位，完成三维实体的移动。结果如图 13-6 所示。

命令行提示与操作如下：

```
命令：_3DMOVE
选择对象：(选中【支撑板】)
选择对象：↙
指定基点或[位移(D)] <位移>：(选取中点3)
指定第二个点或 <使用第一个点作为位移>：(选取中点4)
```

图 13-5　移动支撑柱

图 13-6　三维支撑板

步骤三：将【东南等轴测】恢复视图设置为当前恢复视图，单击【常用】选项卡【实体编辑】功能面板中的【并集】按钮 ，将图中4个三维实体进行并集运算，完成轴承座三维实体的绘制。最终绘制结果如图13-3（b）所示。

🔔 操作提示

其操作方法与二维MOVE命令类似。

13.1.2　三维旋转

同二维ROTATE命令相似，3DROTATE命令可以在三维空间中绕指定轴旋转而形成三维对象。启动方式如下。

● **选项卡：**打开【默认】选项卡，在【修改】功能面板中单击【三维旋转】按钮 。
● **菜单栏：**在传统菜单栏中选择【修改】→【三维操作】→【三维旋转】命令。
● **命令行：**在命令行窗口中输入3DROTATE命令，并按Enter键。
● **工具栏：**单击【建模】工具栏中的【三维旋转】按钮 。

📖 【例13-2】绘制弹簧垫圈

源文件：源文件/第13章/弹簧垫圈.dwg，如图13-7（a）所示。最终绘制结果如图13-7（b）所示。

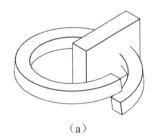

（a）

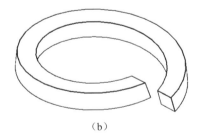

（b）

图 13-7　弹簧垫圈

案例分析

在绘制弹簧垫圈的豁口时，可以通过【三维旋转】对实体2进行适当的位置及角度调整，采用实体1与实体2进行差集处理的形式，完成弹簧垫圈豁口

扫一扫，看视频讲解

的处理。具体操作过程：首先通过【三维旋转】命令对实体2进行位置和角度的调整；其次通过【差集】命令完成弹簧垫圈的绘制，如图13-8所示。

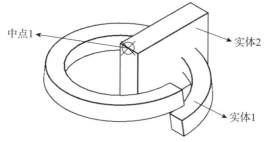

中点1　　实体2　　实体1

图 13-8　旋转对象和参考

操作步骤

步骤一：将【三维建模】工作空间设置为当前工作空间，单击【默认】选项卡【修改】功能面板中的【三维旋转】按钮⊕，旋转轴为Z轴，并绕Z轴旋转270°，如图13-9所示。

命令行提示与操作如下：

```
命令：_3DROTATE
UCS 当前的正角方向：ANGDIR=逆时针　ANGBASE=0
选择对象：(选取实体2)
选择对象：✓
指定基点：(指定基点为中点1)
拾取旋转轴：(拾取旋转轴为Z轴，即蓝色环)
指定角的起点或输入角度：(输入旋转角度为270°)
```

步骤二：单击【默认】选项卡【修改】功能面板中的【三维旋转】按钮⊕，旋转轴为X轴，并绕X轴旋转15°，如图13-10所示。

命令行提示与操作如下：

```
命令：_3DROTATE
UCS当前的正角方向：ANGDIR=逆时针　ANGBASE=0
选择对象：(选取步骤一操作后的实体2)
选择对象：✓
指定基点：(拾取旋转轴为X轴，即红色环)
** 旋转 **
指定旋转角度或[基点(B)/复制(C)/放弃(U)/参照(R)/退出(X)]：(指定旋转角度为15°)
```

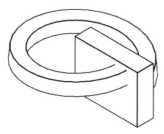

图 13-9　绕Z轴旋转270°

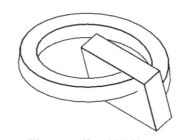

图 13-10　绕X轴旋转15°

步骤三：单击【常用】选项卡【实体编辑】功能面板中的【差集】按钮▣，对实体1和步骤二操作后的实体2进行差集处理。最终绘制结果如图13-7（b）所示。

13.1.3 对齐与三维对齐

对于三维对象而言，可以通过移动、旋转或倾斜与另一个对象对齐。在AutoCAD 2021中有两种方式：通过【对齐】(ALIGN)命令在二维中利用两对点来对齐；使用【三维对齐】(3DALIGN)命令可以指定至多三个点以定义源平面，然后指定至多三个点以定义目标平面，从而使它们一一对齐。

📖【例13-3】绘制机械零件俯视图（对齐）

源文件：源文件/第13章/机械零件俯视图.dwg，如图13-11（a）所示。最终绘制结果如图13-11（b）所示。

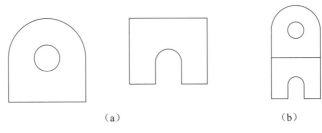

（a）   （b）

图 13-11   机械零件

案例分析

该机械零件由上下两个部分组合而成，故可以通过【对齐】命令完成零件两部分的组合。具体操作过程：通过【对齐】命令根据系统提示完成组合操作，如图13-12所示。

扫一扫,看视频讲解

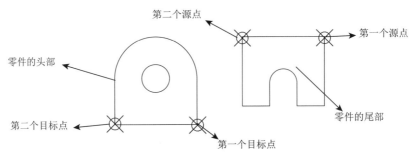

图 13-12   对齐对象和参考

操作步骤

将【草图与注释】工作空间设置为当前工作空间，单击【默认】选项卡【修改】功能面板中的【对齐】按钮，选中零件的尾部，指定源点与目标点，完成机械零件的绘制。最终绘制结果如图13-11（b）所示。

命令行提示与操作如下：

```
命令：_ALIGN
选择对象：(选中零件尾部的所有轮廓线)
选择对象：✓
指定第一个源点：(指定第一个源点)
指定第一个目标点：(指定第一个目标点)
指定第二个源点：(指定第二个源点)
```

指定第二个目标点：（指定第二个目标点）

指定第三个源点或 <继续>：✓

是否基于对齐点缩放对象？[是(Y)/否(N)] <否>：✓

✎ **温馨提示：**

（1）如果只指定一对点，则AutoCAD 2021按这对点定义的方向和距离移动所选源对象。

（2）如果指定两对点，则AutoCAD 2021将移动、旋转与缩放所选源对象。第一对点定义对齐基准，第二对点定义旋转方向。

（3）如果指定三对点，则AutoCAD 2021将三个源点确定的平面转化到三个目标点确定的平面上。

📖 **【例13-4】绘制机械零件三维实体（三维对齐）**

源文件：源文件/第13章/机械零件三维实体.dwg，如图13-13（a）所示。最终绘制结果如图13-13（b）所示。

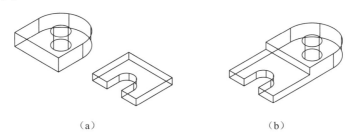

（a）　　　　　　　　　　　　（b）

图 13-13　机械零件三维实体

案例分析

该机械零件三维实体由头部与尾部组合而成，可以通过【三维对齐】命令完成头部与尾部的组合，并结合【并集】命令完成该零件头部与尾部的并集处理。具体操作过程：首先通过【三维对齐】命令根据系统提示完成零件头部与尾部的组合；其次通过【并集】命令完成实体间的并集处理，如图13-14所示。

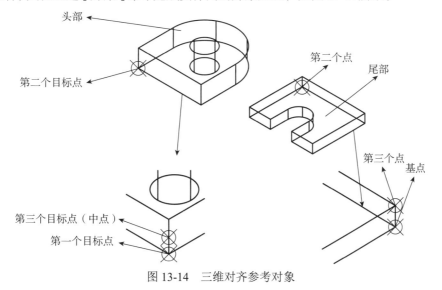

图 13-14　三维对齐参考对象

操作步骤

步骤一：将【三维建模】工作空间设置为当前工作空间，并开启对象捕捉中的中点捕捉方式，单击【默认】选项卡【修改】功能面板中的【三维对齐】按钮🔳，选中尾部实体，根据系统提示指定基点和各目标点。绘制结果如图13-15所示。

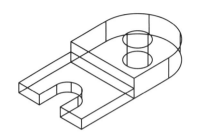

图 13-15　尾部三维对齐

命令行提示与操作如下：

```
命令：_3DALIGN
选择对象：(选中尾部实体)
选择对象：↙
指定源平面和方向 ...
指定基点或[复制(C)]：(指定基点)
指定第二个点或[继续(C)] <C>：(指定第二个点)
指定第三个点或[继续(C)] <C>：(指定第三个点)
指定目标平面和方向 ...
指定第一个目标点：(指定第一个目标点)
指定第二个目标点或[退出(X)] <X>：(指定第二个目标点)
指定第三个目标点或[退出(X)] <X>：(指定第三个目标点)
```

步骤二： 单击【常用】选项卡【实体编辑】功能面板中的【并集】按钮🔲，对组合后的头部与尾部进行并集处理。最终绘制结果如图13-12（b）所示。

13.1.4　三维镜像

同二维MIRROR命令相似，MIRROR3D命令可以沿指定的镜像平面镜像三维对象。

1. 启动方式

● 选项卡：打开【默认】选项卡，在【修改】功能面板中单击【三维镜像】按钮🔳。
● 菜单栏：在传统菜单栏中选择【修改】→【三维操作】→【三维镜像】命令。
● 命令行：在命令行窗口中输入MIRROR3D命令，并按Enter键。

2. 操作方法

```
命令：_MIRROR3D
选择对象：(选择要进行镜像操作的对象)
指定镜像平面(三点)的第一个点或[对象(O)/最近的(L)/Z轴(Z)/视图(V)/XY平面(XY)/YZ平面(YZ)/ZX平面(ZX)/三点(3)] <三点>：
```

各选项含义如下。

● 【指定镜像平面】：指定定义镜像平面的三个点，并决定是否删除源对象。AutoCAD 2021根据设置进行镜像操作。
● 【对象（O）】：圆、圆弧或二维多段线等对象都可以作为镜像平面。
● 【最近的（L）】：使用上一次镜像操作中使用的镜像平面作为本次镜像操作的镜像平面。

- **【Z轴（Z）】**：依次指定镜像平面上的一点和Z轴上的一点，AutoCAD 2021 根据这两点确定的平面进行镜像操作。
- **【视图（V）】**：指定一点后，将通过该点且与当前视图平面平行的平面定义为镜像平面。
- **【XY平面（XY）/YZ平面（YZ）/ZX平面（ZX）】**：指定一点后，将通过指定点且与相应坐标平面平行的平面定义为镜像平面。

13.1.5　三维阵列

同二维ARRAY命令相似，3DARRAY命令可以在三维空间中创建三维对象的矩形阵列或环形阵列。只是在创建阵列时，除了指定列数和行数，还要指定层数。启动方式如下。

- 选项卡：打开【默认】选项卡，在【修改】功能面板中单击【三维阵列】按钮。
- 菜单栏：在传统菜单栏中选择【修改】→【三维操作】→【三维阵列】命令。
- 命令行：在命令行窗口中输入3DARRAY命令，并按Enter键。
- 工具栏：单击【建模】工具栏中的【三维阵列】按钮。

📖 **【例 13-5】绘制滚动轴承**

源文件：源文件/第13章/滚动轴承.dwg，如图13-16（a）所示。最终绘制结果如图13-16（b）所示。

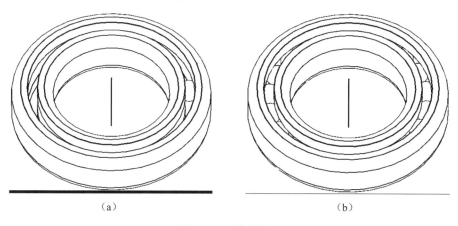

（a）　　　　　　　　　　（b）

图 13-16　滚动轴承

案例分析

在绘制滚动轴承时，其中滚珠是按某一旋转轴进行有规律的阵列，故可以通过【三维阵列】命令完成滚动轴承中滚珠的绘制。具体操作过程：通过【三维阵列】命令根据系统提示完成滚动轴承三维实体的绘制，如图13-17所示。

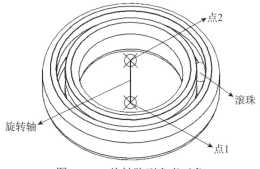

图 13-17　旋转阵列参考对象

操作步骤

将【三维建模】工作空间设置为当前工作空间，单击【默认】选项卡【修改】功能面板中的【三维阵列】按钮🔲，阵列对象为滚珠，阵列类型为环形阵列，阵列数目为20，填充角度为360°，指定旋转轴。最终绘制结果如图13-16（b）所示。

命令行提示与操作如下：

```
命令：_3DARRAY
选择对象：(选中滚珠)
选择对象：✓
输入阵列类型[矩形(R)/环形(P)]<矩形>：(输入P)
输入阵列中的项目数目：(输入阵列数目为20)
指定要填充的角度(+=逆时针，-=顺时针)<360>：(输入填充角度为360°)
旋转阵列对象？[是(Y)/否(N)]<Y>：✓
指定阵列的中心点：(选取点1)
指定旋转轴上的第二点：(选取点2)
是否旋转阵列中的对象？[是(Y)/否(N)]<Y>：✓
```

🔔 **操作提示**

（1）矩形：对图形进行矩形阵列复制，是系统的默认选项。

（2）环形：对图形进行环形阵列复制。

13.1.6 三维倒角

对三维实体进行倒角操作，可以将三维实体上的拐角切去，使之变成斜角或圆角。这些命令的输入方法与二维相同，不再介绍。

📖 **【例13-6】绘制钩头楔键（倒直角）**

源文件：源文件/第13章/钩头楔键.dwg，如图13-18（a）所示。最终绘制结果如图13-18（b）所示。

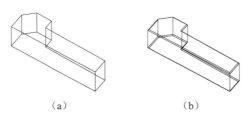

（a）　　　　　　　　（b）

图13-18　钩头楔键

案例分析

在钩头楔键的设计中，考虑到其工艺性、减小应力集中、保护操作工人等需求，需对其进行倒直角操作。故可以通过【倒角边】命令完成三维实体的倒直角操作。具体操作过程：通过【倒角边】命令根据系统提示完成三维实体的倒直角操作，如图13-19所示。

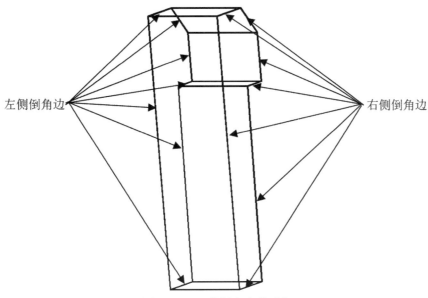

左侧倒角边　　　　　　　　　　　　　　　　　右侧倒角边

图 13-19　三维倒角参考对象

操作步骤

步骤一：将【三维建模】工作空间设置为当前工作空间，单击【常用】选项卡【实体编辑】功能面板中【圆角边】下拉列表中的【倒角边】按钮🔷，根据系统提示，对左侧倒角边进行倒角处理。绘制结果如图13-20所示。

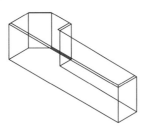

图 13-20　左侧三维倒角

命令行提示与操作如下：

```
命令: _CHAMFEREDGE
距离 1 = 1.0000, 距离 2 = 1.0000
选择一条边或[环(L)/距离(D)]:（输入D）
指定距离 1 或[表达式(E)] <1.0000>:（输入距离1为0.5）
指定距离 2 或[表达式(E)] <1.0000>:（输入距离2为0.5）
选择一条边或[环(L)/距离(D)]:（选取左侧倒角边的一条边）
选择同一个面上的其他边或[环(L)/距离(D)]:（选取左侧倒角边的另一条边）
选择同一个面上的其他边或[环(L)/距离(D)]:（选取左侧倒角边的另一条边）
选择同一个面上的其他边或[环(L)/距离(D)]:（选取左侧倒角边的另一条边）
选择同一个面上的其他边或[环(L)/距离(D)]:（选取左侧倒角边的另一条边）
选择同一个面上的其他边或[环(L)/距离(D)]:（选取左侧倒角边的另一条边）
选择同一个面上的其他边或[环(L)/距离(D)]:（选取左侧倒角边的另一条边，即左侧倒角边全部选中）
选择同一个面上的其他边或[环(L)/距离(D)]: ✓
按 Enter 键接收倒角或[距离(D)]: ✓
```

步骤二： 重复步骤一操作，对右侧倒角边进行倒角处理。最终绘制结果如图13-18（b）所示。

🔔 **操作提示**

（1）环：选择该选项后，对一个面上的所有边建立倒角。

（2）距离：选择该选项后，系统提示输入倒角距离。

📖 **【例13-7】绘制固定座底板（倒圆角）**

源文件：源文件/第13章/固定座底板.dwg，如图13-21（a）所示。最终绘制结果如图13-21（b）所示。

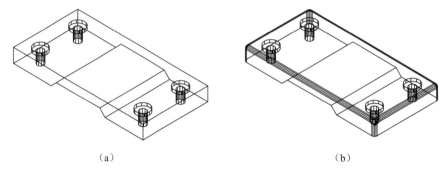

（a）   （b）

图 13-21　固定座底板

案例分析

在固定座底板的设计中，考虑到其工艺性、减小应力集中、保护操作工人等需求，需对其进行倒圆角操作。故可以通过【圆角边】命令完成三维实体的倒圆角操作。具体操作过程：通过【圆角边】命令根据系统提示完成三维实体的倒圆角操作，如图13-22所示。

🔲 扫一扫，看视频讲解

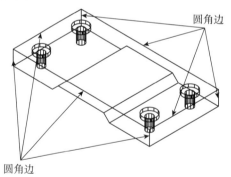

圆角边

圆角边

图 13-22　三维倒圆角参考对象

操作步骤

将【三维建模】工作空间设置为当前工作空间，单击【常用】选项卡【实体编辑】功能面板中的【圆角边】按钮🔲，设置半径为5，根据系统提示完成圆角边绘制。最终绘制结果如图13-21（b）所示。

命令行提示与操作如下：

```
命令：_FILLETEDGE
半径 = 1.0000
选择边或[链(C)/环(L)/半径(R)]：（输入R）
```

输入圆角半径或[表达式(E)] <1.0000>：（输入圆角半径为5）
选择边或[链(C)/环(L)/半径(R)]：（根据图13-22中所标出的圆角边，依次选中）
选择边或[链(C)/环(L)/半径(R)]：✓
已选定 8 个边用于圆角
按 Enter 键接收圆角或[半径(R)]：✓

🔔 **操作提示**

链表示与此边相邻的边都被选中，并进行倒圆角的操作，如图13-23所示。

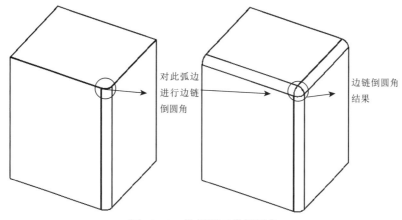

图13-23　选择链三维倒圆角

13.2　三维实体的编辑

对于三维实体模型，AutoCAD通过一些专用的命令用于编辑创建的实体模型。这些命令位于菜单栏中的【修改】→【实体编辑】子菜单中，如图13-24（a）所示。【实体编辑】功能面板如图13-24（b）所示。

（a）【实体编辑】子菜单　　　　（b）【实体编辑】功能面板

图13-24　【实体编辑】工具

13.2.1 布尔运算

前面已经介绍了使用AutoCAD创建三维实体模型的方法。但是，这些方法只能创建一些较简单的三维实体模型。为了能够让用户在绘图过程中创建较为复杂的三维实体模型，AutoCAD提供了UNION、SUBTRACT、INTERSECT等命令，使用这些命令用户可以创建复杂的组合实体。

1. 并集

组合面域是将两个或多个现有面域的全部区域合并起来形成的，组合实体是将两个或多个现有实体的全部体积合并起来形成的。使用UNION命令，用户可以将两个以上的实体或区域合并成一个组合的实体或区域。

(1)启动方式。

● 选项卡：打开【常用】选项卡，在【实体编辑】功能面板中单击【并集】按钮 ▣。
● 菜单栏：在传统菜单栏中选择【修改】→【实体编辑】→【并集】命令。
● 命令行：在命令行窗口中输入UNION命令，并按Enter键。
● 工具栏：单击【实体编辑】工具栏中的【并集】按钮 ▣。

(2)操作方法。

执行UNION命令后，AutoCAD 2021提示选择要合并的对象。在构建选择集时，可以包含位于任意平面的面域和实体。AutoCAD将用户所选择的实体合并后形成组合实体，包括所有选定实体所封闭的空间，而形成的组合面域包含子集中所有面域的区域。用户可以合并不在同一区域或空间中的面域或实体，也就是说，用户可以将相互不相交或接触的面域或实体进行合并。合并后，AutoCAD将其作为一个实体对待。图13-25所示为组合实体的示例。

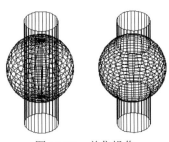

图 13-25 并集操作

2. 差集

使用SUBTRACT命令，用户可以从一些实体中减去另一些实体，如从一个长方体中减去一个圆柱体，可以形成一个孔。

(1)启动方式。

● 选项卡：打开【常用】选项卡，在【实体编辑】功能面板中单击【差集】按钮 ▣。
● 菜单栏：在传统菜单栏中选择【修改】→【实体编辑】→【差集】命令。
● 命令行：在命令行窗口中输入SUBTRACT命令，并按Enter键。
● 工具栏：单击【实体编辑】工具栏中的【差集】按钮 ▣。

(2)操作方法。

执行SUBTRACT命令后，AutoCAD 2021提示如下：

```
选择要从中减去的实体、曲面和面域 ...
选择对象：找到1个 (选择任意数目的主对象)
选择对象： ↙
```

选择要减去的实体或面域 . . .

选择对象: (选择任意数目的要删除的对象)

选择对象: ✓

结果如图13-26所示。

图 13-26　差集操作

3. 交集

使用INTERSECT命令，用户可以使用两个或多个实体的公共部分创建实体。

（1）启动方式。

● 选项卡：打开【常用】选项卡，在【实体编辑】功能面板中单击【交集】按钮 ⌸ 。

● 菜单栏：在传统菜单栏中选择【修改】→【实体编辑】→【交集】命令。

● 命令行：在命令行窗口中输入INTERSECT命令，并按Enter键。

● 工具栏：单击【实体编辑】工具栏中的【交集】按钮 ⌸ 。

（2）操作方法。

执行INTERSECT命令后，AutoCAD 2021提示选择要进行交集操作的对象。然后，对用户所选择的对象进行交集操作。结果如图13-27所示。

图 13-27　交集操作

13.2.2　实体边处理

实体边的颜色、压印等都是可以进行编辑处理的。

1. 压印边

使用IMPRINT命令，用户可以通过使用与选定面相交的对象将边压印在三维实体面上，从而改变该面的显示。压印将组合对象和面，并创建边。

（1）启动方式。

● 选项卡：打开【常用】选项卡，在【实体编辑】功能面板中单击【压印边】按钮 ⌸ 。

● 菜单栏：在传统菜单栏中选择【修改】→【实体编辑】→【压印边】命令。

● 命令行：在命令行窗口中输入IMPRINT命令，并按Enter键。

● 工具栏：单击【实体编辑】工具栏中的【压印边】按钮 ⌸ 。

（2）操作方法。

执行IMPRINT命令后，AutoCAD 2021提示如下：

选择三维实体或曲面:(选择一个三维实体)

选择要压印的对象:(选择要压印的对象)

是否删除源对象[是(Y)/否(N)] <N>:(决定是否删除源对象)

图13-28所示是压印前后的比较结果。首先选择长方体;其次选择要压印的对象为棱锥体。

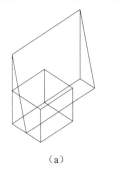 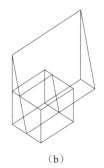

（a） （b）

图13-28 压印比较

可以通过压印圆弧、圆、直线、二维和三维多段线、椭圆、样条曲线、面域、体和三维实体来创建三维实体上的新面。压印对象必须与选定实体上的面相交,才能压印成功。

在某些情况下,不能移动、旋转或缩放某些子对象,如具有压印边或压印面的面、包含压印边或压印面的相邻面的边或顶点等。如果移动、旋转或缩放了这些子对象,则可能会遗失压印边和压印面。

🔔 操作提示

在实体面上压印边时,只能在面所在的平面内移动压印边的面。

2. 着色边

使用SOLIDEDIT命令,用户可以通过使用与选定面相交的对象将边压印在三维实体面上,从而改变该面的显示。压印将组合对象和面,并创建边。

（1）启动方式。

● 选项卡:打开【常用】选项卡,在【实体编辑】功能面板中单击【着色边】按钮。

● 菜单栏:在传统菜单栏中选择【修改】→【实体编辑】→【着色边】命令。

● 命令行:在命令行窗口中输入SOLIDEDIT命令,并按Enter键。

● 工具栏:单击【实体编辑】工具栏中的【着色边】按钮。

（2）操作方法。

执行SOLIDEDIT命令后,AutoCAD 2021提示如下:

```
命令: _SOLIDEDIT
实体编辑自动检查: SOLIDCHECK=1
输入实体编辑选项[面(F)/边(E)/体(B)/放弃(U)/退出(X)] <退出>: _edge
输入边编辑选项[复制(C)/着色(L)/放弃(U)/退出(X)] <退出>: _color
选择边或[放弃(U)/删除(R)]:(选择要着色的边)
选择边或[放弃(U)/删除(R)]: ✓
输入边编辑选项[复制(C)/着色(L)/放弃(U)/退出(X)] <退出>: ✓
实体编辑自动检查: SOLIDCHECK=1
输入实体编辑选项[面(F)/边(E)/体(B)/放弃(U)/退出(X)] <退出>: ✓
```

系统弹出【选择颜色】对话框,如图13-29所示。选择需要的颜色并确定,即可改变所选边的颜色。

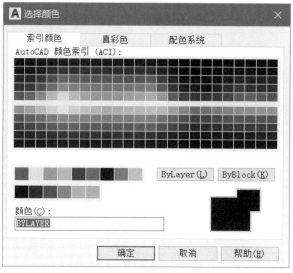

图 13-29 【选择颜色】对话框

📖【例13-8】绘制连杆式膜片三维实体(复制边)

使用SOLIDEDIT命令中的Copy选项,用户可以复制三维实体对象的边,并将其转换为直线、圆弧、圆、椭圆或样条曲线。如果指定了两个点,第一个点将作为基点,并相对于该基点放置一个副本。如果指定单个点并按Enter键,则原始选择点将作为基点使用,而下一个点将作为位移点。

源文件:源文件/第13章/连杆式膜片三维实体.dwg,如图13-30(a)所示。最终绘制结果如图13-30(b)所示。

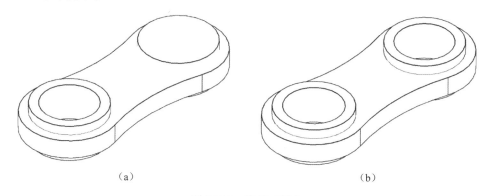

(a)　　　　　　　　　　　　　　　　(b)

图 13-30 连杆式膜片

案例分析

在连杆式膜片三维实体的绘制中,需要对上孔位进行【打孔】操作,故可以通过【复制边】命令结合后续操作完成【打孔】操作。具体操作过程:首先通过【复制边】命令对圆1进行复制并复制到上孔位相应位置;其次结合【拉伸】【差集】【并集】命令完成连杆式膜片三维实体的最终绘制,如图13-31所示。

图 13-31　复制对象和参考（1）

操作步骤

步骤一： 将【三维建模】工作空间设置为当前工作空间，单击【常用】选项卡【实体编辑】功能面板【提取边】下拉列表中的【复制边】按钮，以圆1为复制对象，指定基点为圆1的圆心，指定位移的第二个点为圆2的圆心，根据系统提示完成操作。结果如图 13-32 所示。

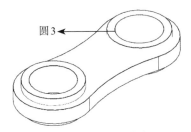

图 13-32　复制对象和参考（2）

命令行提示与操作如下：

```
命令：_SOLIDEDIT
实体编辑自动检查：SOLIDCHECK=1
选择边或[放弃(U)/删除(R)]：(选取圆1)
选择边或[放弃(U)/删除(R)]：✓
指定基点或位移：(选取圆1的圆心)
指定位移的第二个点：(选取圆2的圆心)
输入边编辑选项[复制(C)/着色(L)/放弃(U)/退出(X)]<退出>：✓
实体编辑自动检查：SOLIDCHECK=1
输入实体编辑选项[面(F)/边(E)/体(B)/放弃(U)/退出(X)]<退出>：✓
```

温馨提示： 选取圆1和圆2的圆心方法：在指定基点时，将十字光标移至圆1轮廓线上，系统会自动显示出圆1的圆心并以"十字符号"表示，如图 13-33 所示。同理，在指定位移的第二个点时，将十字光标移至圆2轮廓线上，其圆心会自动显示。

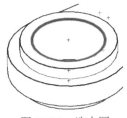

图 13-33　选中圆

步骤二： 单击【三维工具】选项卡【建模】功能面板中的【拉伸】按钮，拉伸对象为圆3，拉伸高度为-4。绘制结果如图13-34所示。

步骤三：单击【常用】选项卡【实体编辑】功能面板中的【差集】按钮，将圆2对应的圆柱实体与圆3对应的圆柱实体进行差集处理，绘制结果如图13-35所示。再单击【并集】按钮，将差集处理结果与其余实体进行并集处理。最终绘制结果如图13-30（b）所示。

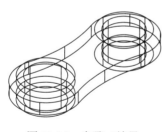 

图 13-34　步骤二结果　　　　　　　　图 13-35　步骤三结果

13.2.3　实体面处理

对所建立的实体面可以进行拉伸、移动、旋转、倾斜等编辑处理。这些命令实际上都位于SOLIDEDIT命令的【面】选项中。

1. 拉伸面

利用【拉伸面】命令只能拉伸实体上的平面。它可以沿着路径或指定高度和角度拉伸。

（1）启动方式。

● 选项卡：打开【常用】选项卡，在【实体编辑】功能面板中单击【拉伸面】按钮。

● 菜单栏：在传统菜单栏中选择【修改】→【实体编辑】→【拉伸面】命令。

● 命令行：在命令行窗口中输入SOLIDEDIT命令，并按Enter键。

● 工具栏：单击【实体编辑】工具栏中的【拉伸面】按钮。

（2）操作方法。

执行SOLIDEDIT命令后，AutoCAD 2021提示如下：

```
命令：_SOLIDEDIT
实体编辑自动检查：SOLIDCHECK=1
输入实体编辑选项[面(F)/边(E)/体(B)/放弃(U)/退出(X)] <退出>：_face
输入面编辑选项
[拉伸(E)/移动(M)/旋转(R)/偏移(O)/倾斜(T)/删除(D)/复制(C)/颜色(L)/材质(A)/放弃(U)/
退出(X)] <退出>：_extrude
选择面或[放弃(U)/删除(R)]：（选择实体表面）
选择面或[放弃(U)/删除(R)/全部(ALL)]：✓
指定拉伸高度或[路径(P)]：（输入拉伸高度）
指定拉伸的倾斜角度 <0>：（输入拉伸的倾斜角度）
已开始实体校验
已完成实体校验
输入面编辑选项
[拉伸(E)/移动(M)/旋转(R)/偏移(O)/倾斜(T)/删除(D)/复制(C)/颜色(L)/材质(A)/放弃(U)/
退出(X)] <退出>：✓
实体编辑自动检查：SOLIDCHECK=1
输入实体编辑选项[面(F)/边(E)/体(B)/放弃(U)/退出(X)] <退出>：✓
```

🔔 **操作提示**

（1）指定拉伸高度：按指定的高度值来拉伸面。指定拉伸的倾斜角度后，完成拉伸操作，如图13-36所示。

（2）路径：沿指定的路径曲线拉伸面，如图13-36所示。

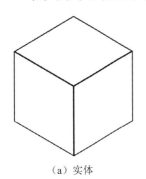 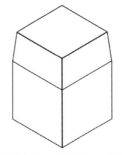 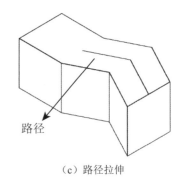

（a）实体　　　　　　　（b）对顶面进行高10倾斜角5°的面拉伸　　　　　（c）路径拉伸

图13-36　拉伸面

2. 移动面

利用【移动面】命令可以移动实体上的面。它可以沿着指定高度和距离移动。当面移动时，只移动实体面而不改变方向。

启动方式如下。

- 选项卡：打开【常用】选项卡，在【实体编辑】功能面板中单击【移动面】按钮🔳。
- 菜单栏：在传统菜单栏中选择【修改】→【实体编辑】→【移动面】命令。
- 命令行：在命令行窗口中输入SOLIDEDIT命令，并按Enter键。
- 工具栏：单击【实体编辑】工具栏中的【移动面】按钮🔳。

命令行提示与操作如下：

```
命令：_SOLIDEDIT
实体编辑自动检查：SOLIDCHECK=1
选择面或[放弃(U)/删除(R)]:（选择要进行移动的面）
选择面或[放弃(U)/删除(R)/全部(ALL)]:✓
指定基点或位移:（指定基点）
指定位移的第二个点:（指定位移的第二个点）
已开始实体校验
已完成实体校验
输入面编辑选项
[拉伸(E)/移动(M)/旋转(R)/偏移(O)/倾斜(T)/删除(D)/复制(C)/颜色(L)/材质(A)/放弃(U)/
退出(X)] <退出>:✓
实体编辑自动检查：SOLIDCHECK=1
输入实体编辑选项[面(F)/边(E)/体(B)/放弃(U)/退出(X)] <退出>:✓
```

图13-37所示是移动面前后对比。

3. 偏移面

利用【偏移面】命令可以按照指定的距离均匀地偏移实体上的面。指定正值可以增加所选实体的尺寸或体积；反之相反。如果是切剪类实体，则输入值效果与实体相反。与移动面不同的是，移动面只改变位置，不改变大小和方向，但会引起其他面的变化；而偏移面则强调改变大小。有时二者可以达到同样的效果。

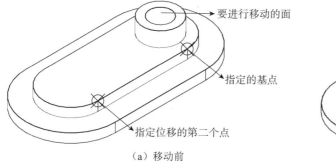

要进行移动的面

指定的基点

指定位移的第二个点

（a）移动前

（b）移动后

图 13-37　移动效果

启动方式如下。

● 选项卡：打开【常用】选项卡，在【实体编辑】功能面板中单击【偏移面】按钮 🔲。

● 菜单栏：在传统菜单栏中选择【修改】→【实体编辑】→【偏移面】命令。

● 命令行：在命令行窗口中输入SOLIDEDIT命令，并按Enter键。

● 工具栏：单击【实体编辑】工具栏中的【偏移面】按钮 🔲。

命令行提示与操作如下：

```
命令：_SOLIDEDIT
实体编辑自动检查：SOLIDCHECK=1
选择面或[放弃(U)/删除(R)]：(选中要偏移的面)
选择面或[放弃(U)/删除(R)/全部(ALL)]：✓
指定偏移距离：(输入偏移的距离)
已开始实体校验
已完成实体校验
输入面编辑选项
[拉伸(E)/移动(M)/旋转(R)/偏移(O)/倾斜(T)/删除(D)/复制(C)/颜色(L)/材质(A)/放弃(U)/
退出(X)]<退出>：✓
实体编辑自动检查：SOLIDCHECK=1
输入实体编辑选项[面(F)/边(E)/体(B)/放弃(U)/退出(X)]<退出>：✓
```

图13-38所示是偏移面前后对比。

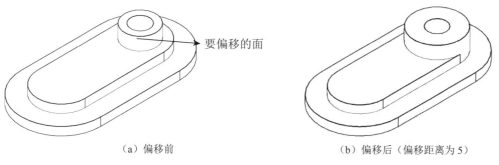

要偏移的面

（a）偏移前

（b）偏移后（偏移距离为5）

图 13-38　偏移面效果

4. 删除面

利用【删除面】命令可以删除实体上的面。如果选择的是圆角，则去除圆角，恢复圆角前状态。
启动方式如下。

● 选项卡：打开【常用】选项卡，在【实体编辑】功能面板中单击【删除面】按钮 。
● 菜单栏：在传统菜单栏中选择【修改】→【实体编辑】→【删除面】命令。
● 命令行：在命令行窗口中输入SOLIDEDIT命令，并按Enter键。
● 工具栏：单击【实体编辑】工具栏中的【删除面】按钮 。

命令行提示与操作如下：

```
命令：_SOLIDEDIT
实体编辑自动检查：SOLIDCHECK=1
选择面或[放弃(U)/删除(R)]:（选择要删除的面）
选择面或[放弃(U)/删除(R)/全部(ALL)]:✓
已开始实体校验
已完成实体校验
输入面编辑选项
[拉伸(E)/移动(M)/旋转(R)/偏移(O)/倾斜(T)/删除(D)/复制(C)/颜色(L)/材质(A)/放弃(U)/
退出(X)] <退出>:✓
实体编辑自动检查：SOLIDCHECK=1
输入实体编辑选项[面(F)/边(E)/体(B)/放弃(U)/退出(X)] <退出>:✓
```

图13-39所示是删除面前后的对比。

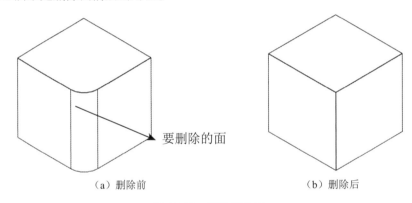

要删除的面

（a）删除前　　　　　　　　　　　　（b）删除后

图 13-39　删除面效果

5. 旋转面

利用【旋转面】命令可以围绕指定轴旋转实体上面的面或某个部分。系统将自动计算来适应旋转后的曲面。

启动方式如下。
● 选项卡：打开【常用】选项卡，在【实体编辑】功能面板中单击【旋转面】按钮 。
● 菜单栏：在传统菜单栏中选择【修改】→【实体编辑】→【旋转面】命令。
● 命令行：在命令行窗口中输入SOLIDEDIT命令，并按Enter键。
● 工具栏：单击【实体编辑】工具栏中的【旋转面】按钮 。

命令行提示与操作如下：

```
命令：_SOLIDEDIT
实体编辑自动检查：SOLIDCHECK=1
选择面或[放弃(U)/删除(R)]:（选择要旋转的面）
选择面或[放弃(U)/删除(R)/全部(ALL)]:✓
指定轴点或[经过对象的轴(A)/视图(V)/x轴(X)/y轴(Y)/z轴(Z)] <两点>:（指定旋转轴第一个点）
```

在旋转轴上指定第二个点：（指定旋转轴第二个点）
指定旋转角度或[参照(R)]：（输入旋转角度）
已开始实体校验
已完成实体校验
输入面编辑选项
[拉伸(E)/移动(M)/旋转(R)/偏移(O)/倾斜(T)/删除(D)/复制(C)/颜色(L)/材质(A)/放弃(U)/
退出(X)] <退出>：✓
实体编辑自动检查：SOLIDCHECK=1
输入实体编辑选项[面(F)/边(E)/体(B)/放弃(U)/退出(X)] <退出>：✓

图13-40所示是旋转面前后对比。

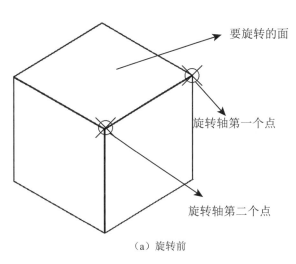

（a）旋转前

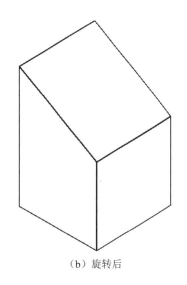

（b）旋转后

图13-40　旋转面效果

6. 倾斜面

利用【倾斜面】命令可以沿着由两个点确定的矢量方向以指定角度倾斜实体上的面。正角
度向外倾斜，负角度向内倾斜。

启动方式如下。

- 选项卡：打开【常用】选项卡，在【实体编辑】功能面板中单击【倾斜面】按钮◎。
- 菜单栏：在传统菜单栏中选择【修改】→【实体编辑】→【倾斜面】命令。
- 命令行：在命令行窗口中输入SOLIDEDIT命令，并按Enter键。
- 工具栏：单击【实体编辑】工具栏中的【倾斜面】按钮◎。

命令行提示与操作如下：

命令：_SOLIDEDIT
实体编辑自动检查：SOLIDCHECK=1
选择面或[放弃(U)/删除(R)]：（选择要倾斜的面）
选择面或[放弃(U)/删除(R)/全部(ALL)]：✓
指定基点：（指定倾斜轴的第一个点）
指定沿倾斜轴的另一个点：（指定倾斜轴的第二个点）
指定倾斜角度：（指定倾斜角度）
已开始实体校验
已完成实体校验

```
输入面编辑选项
[拉伸(E)/移动(M)/旋转(R)/偏移(O)/倾斜(T)/删除(D)/复制(C)/颜色(L)/材质(A)/放弃(U)/
退出(X)] <退出>: ✓
实体编辑自动检查: SOLIDCHECK=1
输入实体编辑选项[面(F)/边(E)/体(B)/放弃(U)/退出(X)] <退出>: ✓
```

图13-41所示是倾斜面前后对比。

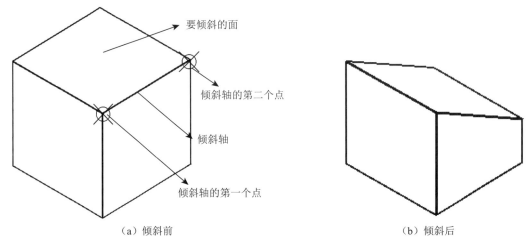

（a）倾斜前 　　　　　　　　　　　　　　　　　　　　（b）倾斜后

图 13-41　倾斜面效果

13.2.4　其他实体的编辑

除了上面的基本编辑操作，对于三维对象而言，还可以进行高级处理，包括对实体的抽壳、检查、剖切、分割，以及对曲面的加厚和转化为实体等，另外还包括干涉检查。下面简单介绍一些不太常用的命令，对于重要功能则加以详细讲解。

1. 清除

如果实体边的两侧或者顶点共享相同的曲面或顶点，则可以采用【清除】命令清除。AutoCAD自行计算并检查实体对象的边、面和体，合并共享相同曲面的相邻面，删除多余对象，但是不能清除压印边。

删除共享边以及在边或顶点具有相同表面或曲线定义的顶点。删除所有多余的边、顶点以及不使用的几何图形，不删除压印的边。在特殊情况下，清除可以删除共享边或那些在边的侧面或顶点具有相同曲面或曲线定义的顶点。

启动方式如下。

● 选项卡：打开【常用】选项卡，在【实体编辑】功能面板中单击【清除】按钮🗔。
● 菜单栏：在传统菜单栏中选择【修改】→【实体编辑】→【清除】命令。
● 命令行：在命令行窗口中输入SOLIDEDIT命令，并按Enter键。
● 工具栏：单击【实体编辑】工具栏中的【清除】按钮🗔。

命令行提示与操作如下：

```
命令: _SOLIDEDIT
实体编辑自动检查: SOLIDCHECK=1
输入实体编辑选项[面(F)/边(E)/体(B)/放弃(U)/退出(X)] <退出>: _body
输入实体编辑选项
```

[压印(I)/分割实体(P)/抽壳(S)/清除(L)/检查(C)/放弃(U)/退出(X)] <退出>：_clean
选择三维实体：(选择要删除的对象)

2. 分割

对于组合实体而言，可以采用【分割】命令将其分割成多个零件。组合三维实体对象不能共享公共的面积或体积。将三维实体分割后，独立的实体将保留原来的图层和颜色。所有嵌套的三维实体对象将分割为最简单的结构。但是，采用合并运算获取的实体不能分割。

启动方式如下。

● 选项卡：打开【常用】选项卡，在【实体编辑】功能面板中单击【分割】按钮 。
● 菜单栏：在传统菜单栏中选择【修改】→【实体编辑】→【分割】命令。
● 命令行：在命令行窗口中输入SOLIDEDIT命令，并按Enter键。
● 工具栏：单击【实体编辑】工具栏中的【分割】按钮 。

命令行提示与操作如下：

```
命令：_SOLIDEDIT
实体编辑自动检查：SOLIDCHECK=1
输入实体编辑选项[面(F)/边(E)/体(B)/放弃(U)/退出(X)] <退出>：_body
输入实体编辑选项
[压印(I)/分割实体(P)/抽壳(S)/清除(L)/检查(C)/放弃(U)/退出(X)] <退出>：_SEPARATE
选择三维实体：(选择要分割的对象)
```

3. 抽壳

抽壳将指定的厚度创建一个空的薄壳。可以为所有面指定一个固定的薄层厚度，也可以排除一些面。一个三维实体只能有一个壳。指定正值将在圆周外开始抽壳；反之，则从圆周内开始抽壳。

启动方式如下。

● 选项卡：打开【常用】选项卡，在【实体编辑】功能面板中单击【抽壳】按钮 。
● 菜单栏：在传统菜单栏中选择【修改】→【实体编辑】→【抽壳】命令。
● 命令行：在命令行窗口中输入SOLIDEDIT命令，并按Enter键。
● 工具栏：单击【实体编辑】工具栏中的【抽壳】按钮 。

【例13-9】绘制前泵盖

源文件：源文件/第13章/前泵盖示意图.dwg，如图13-42（a）所示。最终绘制结果如图13-42（b）所示。

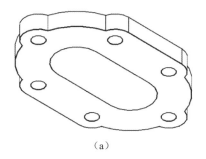
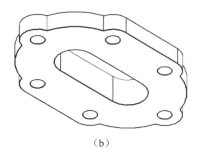

（a）　　　　　　　　　　　　　　　　（b）

图13-42　前泵盖

案例分析

前泵盖中部是【挖空】的，类似于箱体，故可以通过【抽壳】命令对三维实体进行【挖空】操作。具体操作过程：首先通过【抽壳】命令，根据系统提示完成相应操作；其次结合【并集】命令完成前泵盖三维实体的绘制。

操作步骤

步骤一：将【三维建模】工作空间设置为当前工作空间，单击【常用】选项卡【实体编辑】功能面板【分割】下拉列表中的【抽壳】按钮，根据系统提示完成抽壳操作。绘制结果如图13-43所示。

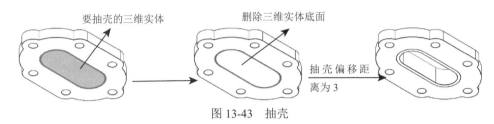

图 13-43　抽壳

命令行提示与操作如下：

```
命令：_SOLIDEDIT
实体编辑自动检查：SOLIDCHECK=1
输入实体编辑选项[面(F)/边(E)/体(B)/放弃(U)/退出(X)] <退出>：_body
输入实体编辑选项
[压印(I)/分割实体(P)/抽壳(S)/清除(L)/检查(C)/放弃(U)/退出(X)] <退出>：_shell
选择三维实体：(选择要抽壳的三维实体)
删除面或[放弃(U)/添加(A)/全部(ALL)]：(删除三维实体的底面)
删除面或[放弃(U)/添加(A)/全部(ALL)]：✓
输入抽壳偏移距离：(输入抽壳偏移距离为3)
已开始实体校验
已完成实体校验
输入体编辑选项
[压印(I)/分割实体(P)/抽壳(S)/清除(L)/检查(C)/放弃(U)/退出(X)] <退出>：✓
实体编辑自动检查：SOLIDCHECK=1
输入实体编辑选项[面(F)/边(E)/体(B)/放弃(U)/退出(X)] <退出>：✓
```

步骤二：单击【常用】选项卡【实体编辑】功能面板中的【并集】按钮，将已抽壳的三维实体与其余实体进行并集处理。最终绘制结果如图13-42（b）所示。

4. 检查

【检查】命令用来检查实体对象是否是有效的三维实体对象。对于无效的三维实体对象，将不能编辑对象。

习 题 十 三

一、选择题

1. 对于绘制的正方体，使用（　　　）命令可以将8个角更改为圆弧状。

　　A. ARC　　　　　　B. FILLET　　　　　C. CHAMFER　　　　D. CIRCLE

2. 执行（　　　）命令可以将矩形变成锥形体。

　　A. REVOLVE　　　　B. EXTRUDE　　　　C. BOX　　　　　　D. CONE

3. 将相互独立但重叠在一起的三维实体对象合并为一体的命令为（　　　）。

    A. UNION　　　　　　　　　　　　　B. INTERSECT

    C. SUBTRACT　　　　　　　　　　　　D. EXPLODE

4. 将实体针对XOY平面对称生成相同图形最快速的工具为（　　　）。

    A. MIRROR　　　　　　　　　　　　　B. COPY

    C. MIRROR3D　　　　　　　　　　　　D. 另绘一个

5. 执行ROTATE3D命令旋转三维实体对象时，（　　　）是可执行的条件。

    A. 绕指定对象　　　　　　　　　　　　B. 绕透视点方向

    C. 绕坐标轴　　　　　　　　　　　　　D. 以上都对

6. 下列命令中，（　　　）属于三维编辑命令选项。

    A.【着色，复制】　　　　　　　　　　B.【压印，抽壳】

    C.【旋转，偏移】　　　　　　　　　　D.【分割实体，检查】

二、填空题

1. _____命令将获得两重叠实体的交叉部分。

2. 执行EXTRUDE命令时，图形必须是_____。

3. 执行_____命令可以快速绘制三维阵列图形。

4. 交集、并集和差集将使用_____运算方法。

三、操作题

1. 绘制如图13-44所示的三维模型，其实体如图13-45所示。

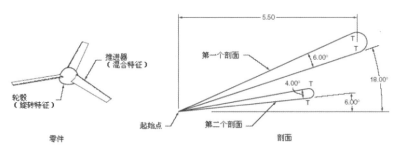

图 13-44　工程图（1）

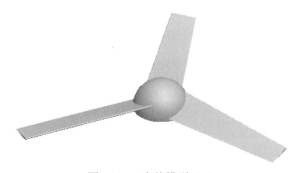

图 13-45　实体模型（1）

2. 绘制如图13-46所示的三维模型，其实体如图13-47所示。

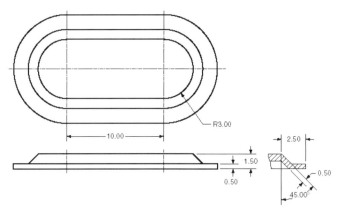

图 13-46 工程图（2）

图 13-47 实体模型（2）

3. 绘制如图13-48所示的三维模型，其实体如图13-49所示。

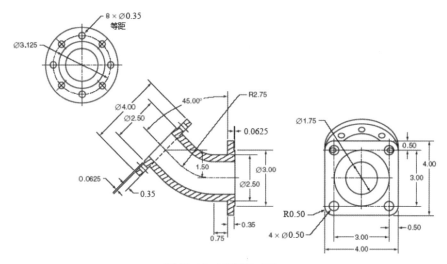

图 13-48 工程图（3）

图 13-49 实体模型（3）

4

实操综合项目
提升绘图技能

第 14 章

综合绘图项目实战——绘制单级齿轮减速器零件图及装配图

学习目标

    对于经常绘图的人员来说，熟练使用各种绘图和编辑命令是一个基本要求。但是，如果要快速绘图，则需要熟悉各种命令的快捷方式。本章通过绘制单级齿轮减速器零件图及装配图，重点练习这些快捷命令及其操作方式。由于前面正文中已经进行了各种功能的详细介绍和练习，所以本章练习中不强调具体参数和细节，只是提示具体使用的命令和方法，使读者可以通过单级齿轮减速器零件图及装配图等不同例子，在把握具体绘图思路的基础上，自行练习和提高。

本章要点

- 绘制单级齿轮减速器主要零件图
- 绘制单级齿轮减速器其余零件图
- 绘制单级齿轮减速器装配图

内容浏览

14.1 绘制单级齿轮减速器主要零件图

减速器是一种由封闭在刚性壳体内的齿轮传动、蜗杆传动、齿轮-蜗杆传动所组成的独立部件，常用作原动件与工作机之间的减速传动装置。在对减速器进行设计时，首先确定主要零件的结构尺寸和位置，其中主要零件包括传动零件、轴和轴承；其次确定其他零件的结构尺寸和位置，由主要零件的结构尺寸和位置决定。

在机械设计过程中，往往先绘制装配图，然后从中拆解得到零件图。但如果在AutoCAD绘图前已经有了具体方案，那么绘图工作就变成了描图过程，即将已经在纸面上确认的方案重现，所以往往可以先画零件图并通过块等效率工具构成装配图，本章采用这种方式。在对减速器进行绘制时，先画主要零件，后画次要零件；先画箱内零件，后画箱外零件。

本节将利用AutoCAD 2021绘制单级齿轮减速器主要零件图，包括齿轮轴、齿轮、箱盖、输出轴、箱座等。

14.1.1 绘制齿轮轴零件图

1. 齿轮轴设计分析

减速器中的齿轮轴如图14-1所示。齿轮轴作为减速器的动力输入轴，主要用于传递转矩与动力。齿轮轴属于阶梯轴类零件，由圆柱面、轴肩、齿轮、键槽和环槽组成。在设计齿轮轴时，对于轴体部分要保证轴颈、外圆和轴肩有较高的尺寸精度、位置精度和较小的表面粗糙度，同时还要确保轴体具有较高的同轴度。对于齿轮部分要保证齿面、外圆有较小的表面粗糙度，同时还需要确保圆柱齿轮部分具有适当的径向圆跳动度。

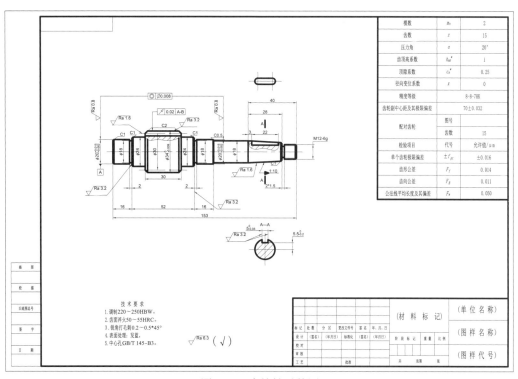

图 14-1 齿轮轴零件图

齿轮轴绘制流程如图14-2所示。

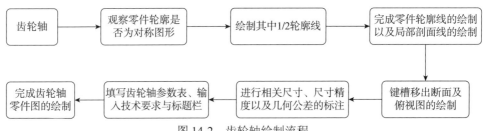

图 14-2　齿轮轴绘制流程

调用的快捷命令见表14-1。

表 14-1　绘制齿轮轴调用的快捷命令

绘制		MI	镜像
L	直线	CHA	倒角
C	圆心、半径	O	偏移
H	图案填充	BR	打断
SPL	样条曲线拟合	注释	
XL	构造线	T	多行文字
修改		DLI	线性
M	移动	TABLE	表格
TR	修剪	TOL	公差
E	删除	LEAD	引线

2. 绘制主视图

根据齿轮轴的形状特征，其外轮廓线细节主要在环槽、倒角和键槽上，因此在绘制时，可以采用先粗后细、由外至里的原则进行绘制。

步骤一：打开源文件/第14章/A3样板图.dwg，如图14-3所示。其中已经提前设置好了各个图层和文字样式等，用户可以直接选择操作。具体设置过程可以参考前面的正文内容。

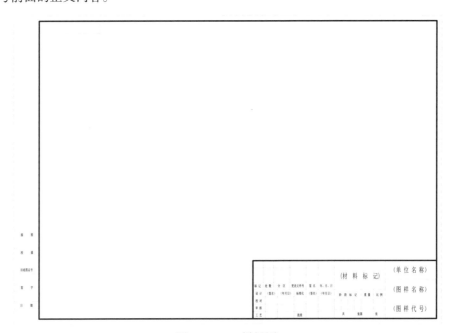

图 14-3　A3 样板图

步骤二： 将【细点划线】图层设置为当前图层，通过快捷命令XL调用【构造线】命令，在A3样板图有效范围内的适当位置绘制水平中心线和竖直中心线，如图14-4所示。

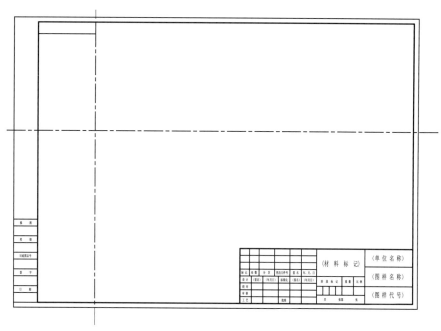

图14-4　选取中心线

步骤三： 通过快捷命令O调用【偏移】命令，将竖直中心线分别向右偏移14mm、2mm、11mm、30mm、11mm、2mm、14mm、29mm、28mm、2mm、10mm，如图14-5所示。

图14-5　偏移竖直中心线

步骤四： 继续调用【偏移】命令，将水平中心线分别向上偏移4.5mm、6mm、7.6mm、9mm、10mm、12mm、17mm，如图14-6所示。

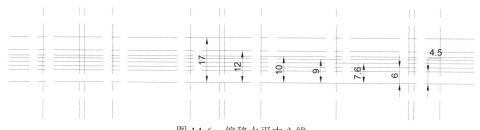

图14-6　偏移水平中心线

步骤五： 将【粗实线】图层设置为当前图层，通过快捷命令L调用【直线】命令，绘制齿轮轴的1/2轮廓线，如图14-7所示。

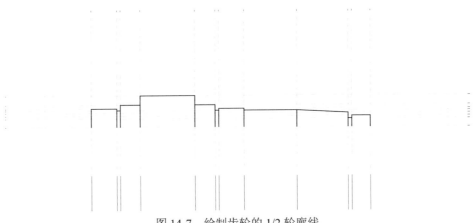

图 14-7　绘制齿轮的 1/2 轮廓线

步骤六：通过快捷命令E调用【删除】命令，删除多余的辅助线。绘制结果如图14-8所示。

图 14-8　齿轮轴半边轮廓线

步骤七：通过快捷命令CHA调用【倒角】命令，倒角尺寸为C0.5mm、C1mm、C2mm；将【粗实线】图层设置为当前图层，通过快捷命令L调用【直线】命令，配合自动捕捉和追踪功能，绘制倒角的连线，如图14-9所示。

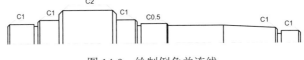

图 14-9　绘制倒角并连线

步骤八：将【细实线】图层设置为当前图层，通过快捷命令L调用【直线】命令，绘制齿轮轴右端螺纹的小径线，如图14-10所示。

步骤九：将【细点划线】图层设置为当前图层，通过快捷命令L调用【直线】命令，配合自动捕捉和追踪功能，绘制齿轮部分分度圆，如图14-11所示。

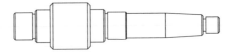

图 14-10　绘制小径线　　　　　图 14-11　绘制齿轮部分分度圆

步骤十：通过快捷命令MI调用【镜像】命令，对齿轮轴半边轮廓线进行镜像复制，如图14-12所示。

图 14-12　齿轮轴镜像图

步骤十一：通过快捷命令O调用【偏移】命令，将水平中心线向上偏移13mm，将【粗实线】图层设置为当前图层；通过快捷命令L调用【直线】命令，配合自动捕捉和追踪功能，绘制齿轮部分齿根圆；通过快捷命令E调用【删除】命令，删除多余的辅助线，如图14-13所示。

步骤十二：通过快捷命令O调用【偏移】命令，将水平中心线以及竖直粗实线分别，向上偏移5.5mm，连续向右偏移3mm和22mm，将【粗实线】图层设置为当前图层，通过快捷命令L调用【直线】命令，绘制出键槽的轮廓线，如图14-14所示。

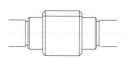

图 14-13　绘制齿轮部分齿根圆

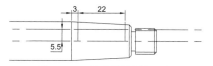

图 14-14　绘制键槽辅助线

步骤十三：通过快捷命令TR调用【修剪】命令，修建多余的辅助线；再通过快捷命令E调用【删除】命令，删除多余的辅助线，如图14-15所示。

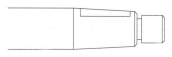

图 14-15　绘制键槽轮廓线

步骤十四：通过快捷命令SPL调用【样条曲线拟合】命令，分别在齿轮部分齿根圆和键槽处绘制局部剖面样条曲线；通过快捷命令TR调用【修剪】命令，修剪多余的辅助线，如图14-16所示。

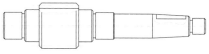

图 14-16　绘制样条曲线

步骤十五：将【细实线】图层设置为当前图层，通过快捷命令H调用【图案填充】命令，将图案改为【ANSI31】，其余选项默认，对局部剖面进行图案填充，如图14-17所示。

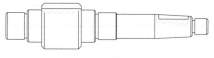

图 14-17　图案填充

3. 绘制键槽断面图和俯视图

在完成齿轮轴主视图的绘制后，需要对键槽部分的移出断面图进行绘制，以表示键槽的尺寸。

步骤一：将【细点划线】图层设置为当前图层，通过快捷命令XL调用【构造线】命令，以键槽底部中点为基点，绘制垂直于键槽的中心线；通过快捷命令O调用【偏移】命令，将竖直中心线分别向左和向右偏移6mm，将水平中心线分别向上偏移58mm，向下偏移80mm，如图14-18所示。

步骤二：将【粗实线】图层设置为当前图层，通过快捷命令C调用【圆心、半径】命令，以水平中心线和竖直中心线的交点为圆心，分别绘制半径为8.32mm、2.5mm的圆，如图14-19所示。

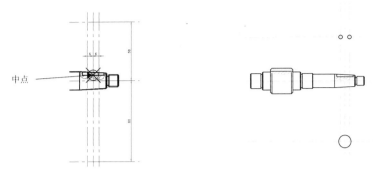

图 14-18　绘制水平中心线和竖直中心线　　　图 14-19　绘制圆

步骤三： 将【粗实线】图层设置为当前图层，通过快捷命令L调用【直线】命令，连接两个半径为2.5mm的圆；通过快捷命令TR和BR分别调用【修剪】【打断】命令，修剪多余的辅助线，以及整理中心线，完成键槽俯视图的绘制，如图14-20所示。

步骤四： 通过快捷命令O调用【偏移】命令，将竖直中心线分别向左和向右各偏移2.5mm，并将水平中心线向上偏移5.5mm，如图14-21所示。

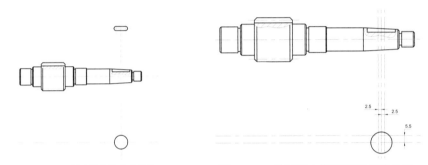

图 14-20　绘制键槽俯视图　　　　图 14-21　绘制移出断面图键槽辅助线

步骤五： 将【粗实线】图层设置为当前图层，通过快捷命令L调用【直线】命令，在键槽移出断面图中绘制键槽轮廓；通过快捷命令TR调用【修剪】命令，修剪多余的辅助线；通过快捷命令E调用【删除】命令，删除多余的辅助线，如图14-22所示。

图 14-22　键槽移出断面图轮廓

步骤六： 将【细实线】图层设置为当前图层，通过快捷命令H调用【图案填充】命令，将图案改为【ANSI31】，其余选项默认，对键槽移出断面图进行填充，如图14-23所示。

步骤七： 将【粗实线】图层设置为当前图层，通过快捷命令O调用【偏移】命令，将水平中心线分别向上和向下偏移20mm；通过快捷命令L调用【直线】命令，以中心线交点为起点，分别绘制竖直向上和竖直向下的6mm线段，如图14-24所示。

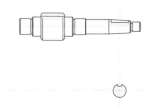

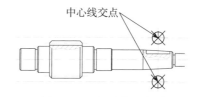

图 14-23　键槽移出断面图　　　　图 14-24　断面符号绘制

步骤八：通过快捷命令T调用【多行文字】命令，在断面符号旁输入文字A，在键槽移出断面图上方输入文字A—A；通过快捷命令E调用【删除】命令，删除多余的辅助线；通过快捷命令BR调用【打断】命令，修剪键槽断面和齿轮轴的中心线，如图14-25所示。

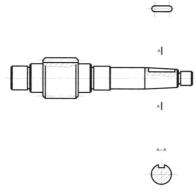

图 14-25　断面符号文字标注

4.标注图形

零件图几何元素全部绘制完成后，需要对图形进行几何尺寸的标注，包括几何尺寸、倒角、锥度、几何公差、表面粗糙度等的标注。

（1）标注尺寸

步骤一：将【细实线】图层设置为当前图层，通过快捷命令DLI调用【线性】命令，对齿轮轴的轴向尺寸进行标注，如图14-26所示。

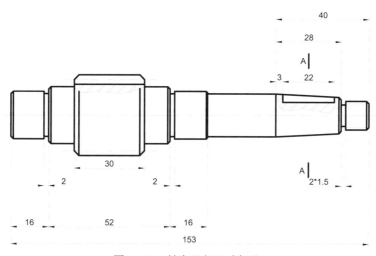

图 14-26　轴向几何尺寸标注

步骤二：参照步骤一，对齿轮轴的径向尺寸进行标注，在标注文字中插入直径符号φ时，可以通过输入%%c来代替φ，如图14-27所示。

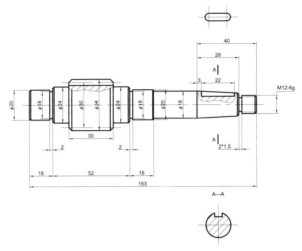

图 14-27 径向几何尺寸标注

步骤三：参照步骤一，对键槽移出断面图进行几何尺寸标注，如图14-28所示。

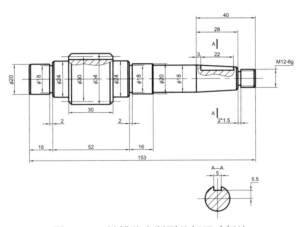

图 14-28 键槽移出断面几何尺寸标注

步骤四：将【细实线】图层设置为当前图层，通过快捷命令LEAD调用【引线】命令，对齿轮轴倒角进行标注，如图14-29所示。

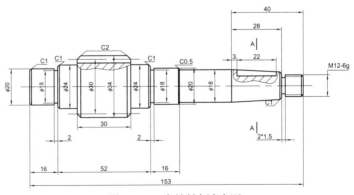

图 14-29 齿轮轴倒角标注

步骤五： 调用 "源文件/第14章" 中创建好的锥度图块，放置适当位置，通过快捷命令 LEAD调用【引线】命令，完成锥度标注，如图14-30所示。

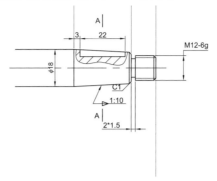

图 14-30　锥度标注

（2）添加尺寸精度

步骤一： 双击 ϕ20 标注文本，在其后添加轴的极限偏差 +0.015 ^ +0.002，选中 +0.015 ^ +0.002 部分，在文字编辑器中单击【格式】功能面板中的【堆叠】按钮。结果如图14-31所示。

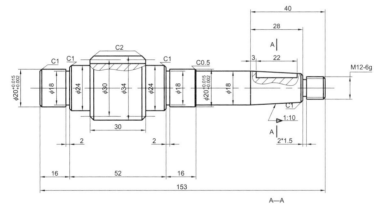

图 14-31　ϕ20 轴尺寸精度

🔔 **操作提示**

有关文字编辑器操作请扫描二维码，阅读参考文本。

步骤二： 参照步骤一，添加 ϕ34 轴的极限偏差 0 ^ −0.039。结果如图14-32所示。

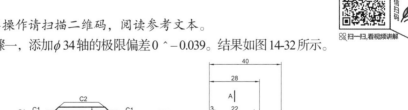

图 14-32　ϕ34 轴尺寸精度

步骤三： 参照步骤一，添加键槽移出断面的键槽尺寸精度，输入格式为 0 ^ – 0.2 和 0 ^ – 0.03，如图 14-33 所示。

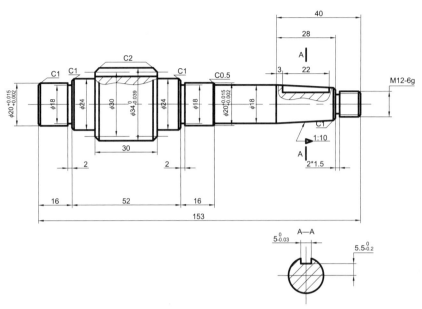

图 14-33　键槽深度尺寸精度

（3）标注几何公差

步骤一： 放置基准符号。调用"源文件/第14章"中创建好的基准图块，将图块放置在适当的位置，并改变相应的基准字母，如图 14-34 所示。

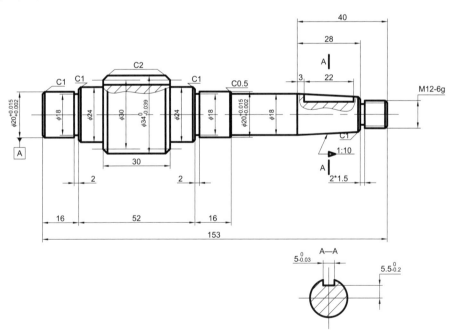

图 14-34　放置基准符号

步骤二： 标注齿轮轴上的几何公差。通过快捷命令TOL调用【公差】命令，标注齿轮轴的圆跳动度和同轴度；通过快捷命令LEAD调用【引线】命令，引用几何公差，如图 14-35 所示。

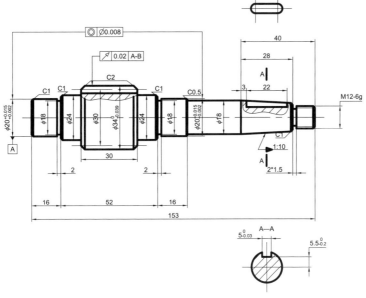

图 14-35　几何公差标注

步骤三：标注表面粗糙度。调用"源文件/第14章"中创建好的表面粗糙度图块，放置在适当位置并修改表面粗糙度值，通过快捷命令LEAD调用【引线】命令，引用表面粗糙度，如图 14-36 所示。

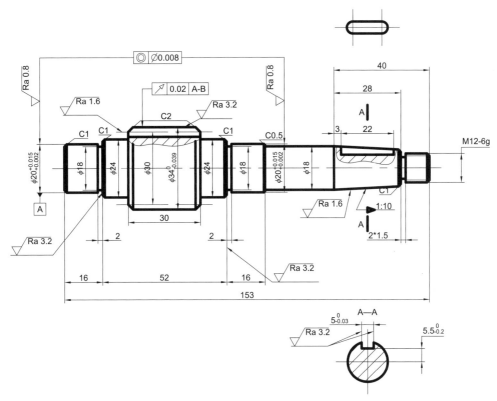

图 14-36　表面粗糙度标注

5. 填写齿轮轴参数表、技术要求与标题栏

步骤一：通过快捷命令TABLE调用【表格】命令，在弹出的【插入表格】对话框中按图14-37进行设置。

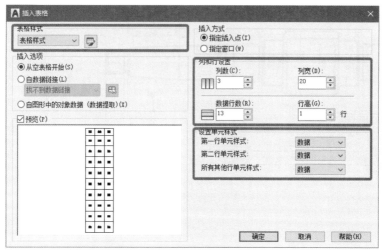

图 14-37　设置插入表格

步骤二：将创建的表格放置在A3样板图的右上角，如图14-38所示。

步骤三：将表格调整至合适的大小，并输入文字，如图14-39所示。

图 14-38　放置表格

模数	m_n	2
齿数	z	15
压力角	α	20°
齿顶高系数	h_{an}^{*}	1
顶隙系数	c_n^{*}	0.25
径向变位系数	x	0
精度等级		8-8-7HK
齿轮副中心距及其极限偏差		70±0.032
配对齿轮	图号	
	齿数	15
检验项目	代号	允许值/μm
单个齿轮极限偏差	$\pm f_{pt}$	±0.016
齿形公差	F_f	0.014
齿向公差	F_β	0.011
公法线平均长度及其偏差	F_w	0.050

图 14-39　齿轮轴参数表

步骤四：填写技术要求。通过快捷命令T调用【多行文字】命令，在A3样板图框适当位置插入多行文字，将文字样式选为【技术要求】，输入技术要求，如图14-40所示。

步骤五：根据企业或个人要求填写标题栏，通过快捷命令M调用【移动】命令，对图形的位置进行调整。结果如图14-1所示。

技 术 要 求

1. 调制220～250HBW。

2. 齿面淬火50～55HRC。

3. 锐角打毛刺(0.2～0.5)*45°。

4. 表面处理：发蓝。

5. 中心孔GB/T 145–B3。

图 14-40　技术要求

14.1.2　绘制齿轮零件图

1.齿轮设计分析

减速器中的齿轮如图14-41所示。齿轮主要与齿轮轴进行啮合，实现小齿轮带动大齿轮转动，从而达到减速的目的。在对齿轮设计时，要保证齿轮内孔表面和齿面较小的表面粗糙度值、端面适当的竖直度和径向圆跳动度，同时还要保证内孔键槽有较高的尺寸精度、位置精度和较小的表面粗糙度值。本案例将绘制单级减速器齿轮。

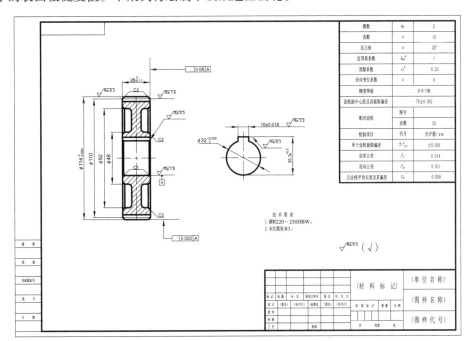

图 14-41　齿轮零件图

齿轮绘制流程如图14-42所示。

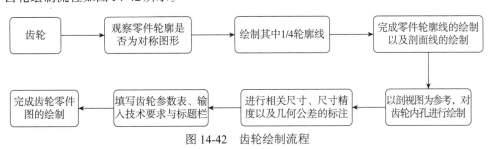

图 14-42　齿轮绘制流程

调用的快捷命令见表14-2。

表 14-2　绘制齿轮调用的快捷命令

绘制		F	圆角
L	直线	O	偏移
C	圆心、半径	BR	打断
H	图案填充	注释	
XL	构造线	T	多行文字
修改		DLI	线性
M	移动	DIMDIA	直径
TR	修剪	TABLE	表格
E	删除	TOL	公差
MI	镜像	LEAD	引线
CHA	倒角		

2. 绘制剖视图(主视图)

根据齿轮的形状特征,其外轮廓线细节主要在倒角、圆角和内孔上,因此在绘制时,可以采用先粗后细、由外至里的原则进行绘制。

步骤一: 打开源文件/第14章/A3样板图.dwg,如图14-43所示。

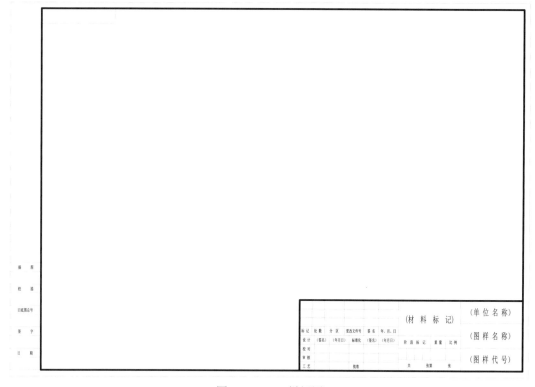

图 14-43　A3 样板图

步骤二: 将【细点划线】图层设置为当前图层,通过快捷命令XL调用【构造线】命令,在A3样板图有效范围内的适当位置绘制水平中心线和竖直中心线,如图14-44所示。

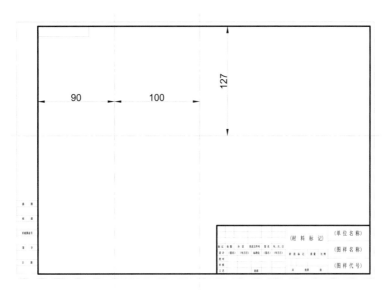

图 14-44　选取中心线

步骤三：通过快捷命令O调用【偏移】命令，将从左至右的第一条竖直中心线分别向左偏移4.5mm、13mm，如图14-45所示。

步骤四：继续调用【偏移】命令，将水平中心线分别向上偏移16mm、19.3mm、24mm、46mm、52.5mm、55mm、57mm，如图14-46所示。

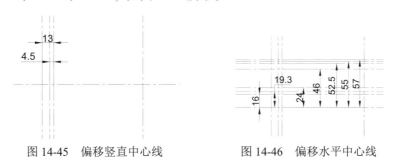

图 14-45　偏移竖直中心线　　　　图 14-46　偏移水平中心线

步骤五：将【粗实线】图层设置为当前图层，通过快捷命令L调用【直线】命令，绘制齿轮的半边轮廓，如图14-47所示。

步骤六：通过快捷命令E调用【删除】命令，删除多余的辅助线。绘制结果如图14-48所示。

步骤七：通过快捷命令CHA调用【倒角】命令，倒角尺寸为C2mm、C1mm；将【粗实线】图层设置为当前图层，通过快捷命令L调用【直线】命令，配合自动捕捉和追踪功能，绘制倒角的连线，如图14-49所示。

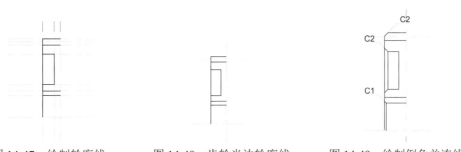

图 14-47　绘制轮廓线　　　　图 14-48　齿轮半边轮廓线　　　　图 14-49　绘制倒角并连线

步骤八：通过快捷命令F调用【圆角】命令，圆角半径为3。绘制结果如图14-50所示。

步骤九：通过快捷命令MI调用【镜像】命令，对齿轮1/4轮廓线进行一次镜像复制，如图14-51所示。

步骤十：通过快捷命令BR调用【打断】命令，打断过长的辅助线；通过快捷命令E调用【删除】命令，删除多余的辅助线。绘制结果如图14-52所示。

图 14-50　绘制圆角　　图 14-51　齿轮镜像图（1）　　图 14-52　绘制分度圆

步骤十一：通过快捷命令MI调用【镜像】命令，对齿轮的1/2轮廓线进行一次镜像复制；通过快捷命令E调用【删除】命令，删除线段1和线段2，如图14-53所示。

步骤十二：将【细实线】图层设置为当前图层，通过快捷命令H调用【图案填充】命令，将图案改为【ANSI31】，其余选项默认，对局部剖面进行图案填充，如图14-54所示。

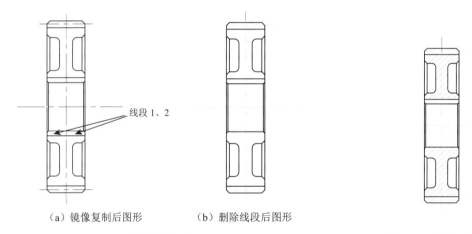

（a）镜像复制后图形　　（b）删除线段后图形

图 14-53　齿轮镜像图（2）　　　　　　　　图 14-54　填充剖面线

3. 绘制齿轮内孔（侧视图）

在完成齿轮剖视图（主视图）的绘制后，需要绘制齿轮内孔部分以方便对内孔尺寸进行标注。

步骤一：将【细虚线】图层设置为当前图层，通过快捷命令L调用【直线】命令，按"长对正、宽相等、高平齐"的投影原则，由剖视图向齿轮内孔图绘制水平的投影线，再通过快捷命令O调用【偏移】命令，将从左至右的第二条竖直中心线分别向左和向右偏移5mm。绘制结果如图14-55所示。

步骤二：将【粗实线】图层设置为当前图层，通过快捷命令C调用【圆心、半径】命令，绘制如图14-56所示的圆，再通过快捷命令L调用【直线】命令，配合自动捕捉和追踪功能，绘制键槽轮廓线。绘制结果如图14-56所示。

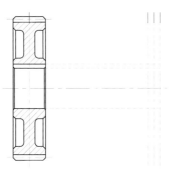

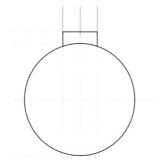

图 14-55 绘制投影线   图 14-56 绘制齿轮内孔轮廓线

步骤三：通过快捷命令 E 调用【删除】命令，删除多余的辅助线，通过快捷命令 TR、BR 分别调用【修剪】【打断】命令，对多余的辅助线进行修剪与整理，如图 14-57 所示。

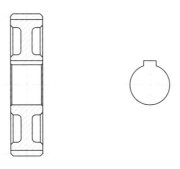

图 14-57   修剪辅助线

4. 标注图形

零件图几何元素全部绘制完成后，需要对图形进行几何尺寸的标注，包括几何尺寸、倒角、几何公差、表面粗糙度等的标注。

（1）标注尺寸

步骤一：将【细实线】图层设置为当前图层，通过快捷命令 DLI、DIMDIA 分别调用【线性】【直径】命令，对齿轮以及齿轮内孔的尺寸进行标注，如图 14-58 所示。

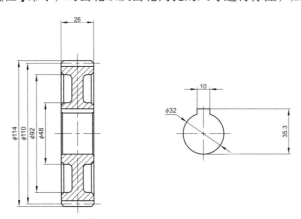

图 14-58   几何尺寸标注

步骤二：当前图层仍然为【细实线】图层，通过快捷命令 LEAD 调用【引线】命令，对齿轮倒角进行标注，如图 14-59 所示。

（2）添加尺寸精度

步骤一：双击 ϕ114标注文本，添加齿轮外圆的极限偏差 0 ˆ −0.054，选中 0 ˆ −0.054 部分，在文字编辑器中单击【格式】功能面板中的【堆叠】按钮 ，如图14-60所示。

步骤二：参照步骤一，添加标注文本为26的极限偏差 0 ˆ −0.11。结果如图14-61所示。

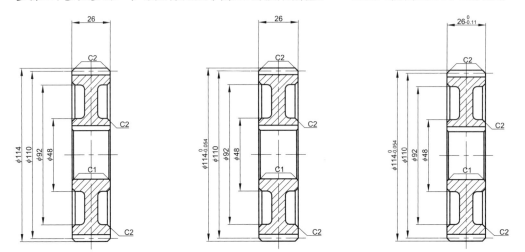

图 14-59　齿轮倒角标注　　图 14-60　齿轮外圆的尺寸精度　　图 14-61　标注文本为 26 的尺寸精度

步骤三：参照步骤一，添加标注文本为10的极限偏差，输入格式为 10 ± 0.018。结果如图14-62所示。

🔔 **操作提示**

在输入尺寸公差时直接在汉字输入法中输入"正负"，然后选择 ± 符号即可。

步骤四：参照步骤一，添加标注文本为35.3的极限偏差 +0.2 ˆ 0。结果如图14-63所示。

步骤五：参照步骤一，添加齿轮内孔直径 ϕ32 的极限偏差 +0.025 ˆ 0。结果如图14-64所示。

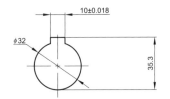　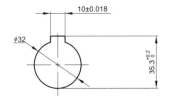　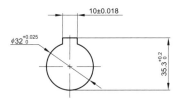

图 14-62　键槽宽度的尺寸精度　　图 14-63　标注文本为 35.3 的极限偏差　　图 14-64　ϕ32 内孔的极限偏差

（3）标注几何公差

步骤一：放置基准符号。调用"源文件/第14章"中创建好的基准图块，将图块放置在如图14-65所示的位置。

步骤二：标注齿轮上的几何公差。通过快捷命令TOL调用【公差】命令，标注齿轮的竖直度和圆跳动，通过快捷命令LEAD调用【引线】命令，引用几何公差。结果如图14-66所示。

步骤三：标注表面粗糙度。调用"源文件/第14章"中创建好的表面粗糙度图块，放置在适当位置并修改表面粗糙度值，结合快捷命令LEAD调用【引线】命令，引用表面粗糙度。结果如图14-67所示。

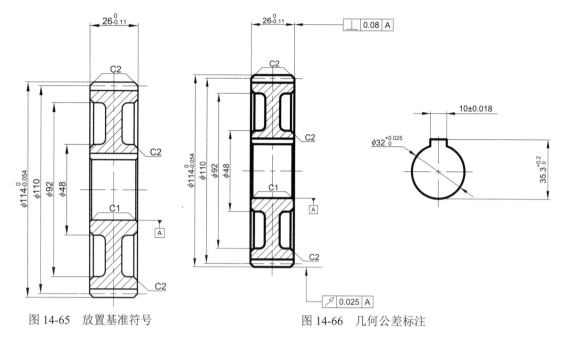

图 14-65　放置基准符号

图 14-66　几何公差标注

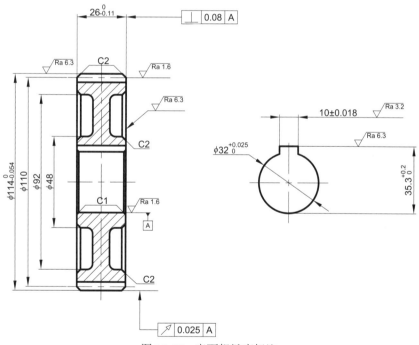

图 14-67　表面粗糙度标注

5. 填写齿轮参数表、技术要求与标题栏

步骤一： 通过快捷命令TABLE调用【表格】命令，在弹出的【插入表格】对话框中按图14-68进行设置。

扫一扫，看视频讲解

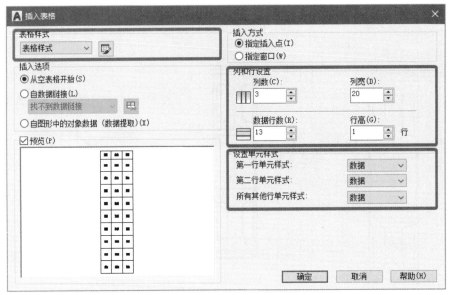

图 14-68　设置插入表格

步骤二：将创建的表格放置在A3样板图的右上角，如图14-69所示。

步骤三：将表格调整至合适的大小，并输入文字，如图14-70所示。

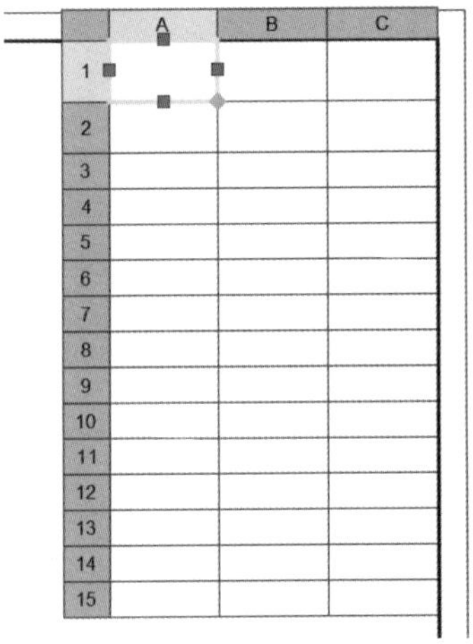

图 14-69　放置表格

模数	m_n	2
齿数	z	15
压力角	α	20°
齿顶高系数	h_{an}^*	1
顶隙系数	c_n^*	0.25
径向变位系数	x	0
精度等级		8-8-7HK
齿轮副中心距及其极限偏差		70±0.032
配对齿轮	图号	
	齿数	55
检验项目	代号	允许值/μm
单个齿轮极限偏差	$\pm f_{pt}$	±0.016
齿形公差	F_f	0.014
齿向公差	F_β	0.011
公法线平均长度及其偏差	F_w	0.050

图 14-70　齿轮参数表

步骤四：填写技术要求。通过快捷命令T调用【多行文字】命令，在A3样板图框适当位置插入多行文字，将文字样式选为【技术要求】，输入技术要求，如图14-71所示。

技 术 要 求

1.调制220～250HBW。

2.未注圆角R3。

图 14-71　技术要求

步骤五：根据企业或个人要求填写标题栏，通过快捷命令M调用【移动】命令，对图形的位置进行调整。结果如图14-41所示。

14.1.3　绘制箱盖零件图

1. 箱盖设计分析

　　减速器中的箱盖如图14-72所示。箱盖零件属于箱壳类零件，与箱体相互配合，共同组成减速器的外壳，保证箱体内具有封闭的环境，可以有效防止齿面摩擦或啮合齿面间落入磨料性物质（如砂粒、铁屑等）。同时箱盖上窥视孔便于检查箱内传动零件的啮合情况以及将润滑油注入箱体内。由于箱盖类零件结构的特殊性，因此视图表达比较齐全，甚至还要绘制局部视图来表达某一部分结构的细节。

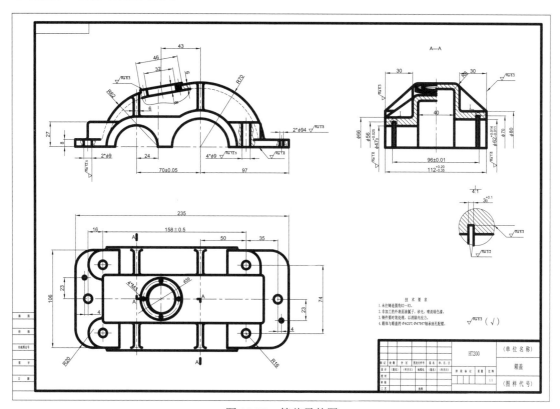

图 14-72　箱盖零件图

箱盖绘制流程如图14-73所示。

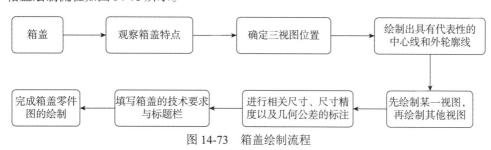

图 14-73　箱盖绘制流程

调用的快捷命令见表14-3。

表 14-3　绘制箱盖调用的快捷命令

绘制		F	圆角
L	直线	ARRAYPOLAR	环形阵列
C	圆心、半径	O	偏移
ARC	圆心、起点、端点	BR	打断
EL	圆心	BREAKATPOINT	打断于点
H	图案填充	注释	
SPL	样条曲线拟合	T	多行文字
XL	构造线	DLI	线性
修改		DIMALI	对齐
M	移动	DIMRAD	半径
RO	旋转	DIMDIA	直径
EX	延伸	LEAD	引线
TR	修剪	其他	
E	删除	L+TAN	公切线
MI	镜像		

2. 绘制主视图

在对箱盖主视图选取时，主要根据工作位置原则和形状特征来考虑，并采用剖视以重点反映其内部结构。本案例中的减速器箱盖，其外轮廓的细节较多，尤其是检查孔的部分，在进行绘制时，尽量以特征为参考，由里到外、由简到繁地进行绘制，避免遗漏特征或拼凑图形。

扫一扫,看视频讲解

步骤一： 打开源文件/第14章/A3样板图.dwg，如图14-74所示。

步骤二： 将【细点划线】图层设置为当前图层，通过快捷命令XL调用【构造线】命令，绘制图框的水平中心线与竖直中心线，如图14-75所示。

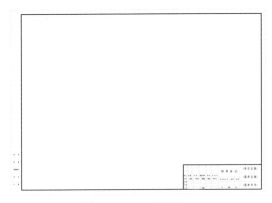

图 14-74　A3 样板图

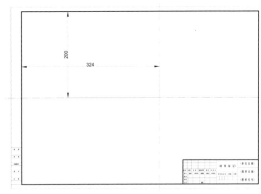

图 14-75　绘制图框中心线

步骤三： 将水平中心线分别向上偏移65mm得到主视图以及侧视图的水平基准中心线，将主视图以及侧视图的水平基准中心线向上偏移65mm、8mm、27mm、33mm；将竖直中心线分别向左偏移141.5得到主视图竖直基准中心线，将主视图竖直基准中心线分别向左偏移141.5mm、70mm、124mm、138mm，向右偏移66mm、97mm，如图14-76所示。

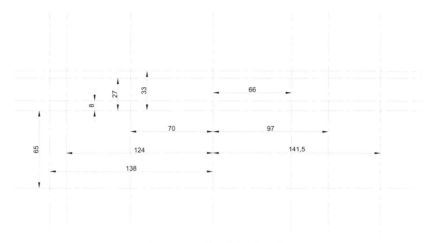

图 14-76　偏移图框中心线

步骤四：通过快捷命令C调用【圆心、半径】命令，分别绘制半径为23.5mm、33mm、31mm和40mm的圆。绘制结果如图14-77所示。

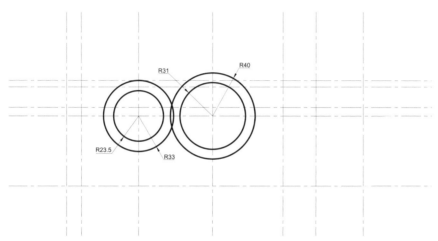

图 14-77　绘制轴承安装孔轮廓线

步骤五：通过快捷命令TR调用【修剪】命令，修剪多余的辅助线，再通过快捷命令E调用【删除】命令，删除多余的辅助线，如图14-78所示。

步骤六：通过快捷命令L调用【直线】命令，配合自动捕捉和追踪功能，绘制端面平台轮廓线，如图14-79所示。

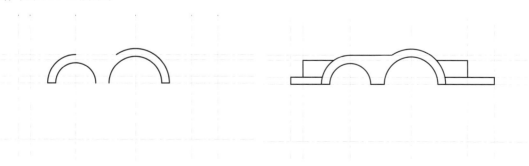

图 14-78　修剪轴承安装孔轮廓线　　　　图 14-79　绘制端面平台轮廓线

步骤七：通过快捷命令E调用【删除】命令，删除多余的辅助线；通过快捷命令O调用【偏移】命令，将竖直中心线向右偏移24mm。绘制结果如图14-80所示。

步骤八：将【粗实线】图层设置为当前图层，通过快捷命令C调用【圆心、半径】命令，分别绘制半径为62mm和70mm的圆。绘制结果如图14-81所示。

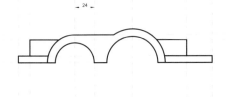

图 14-80 偏移轴承孔的中心线

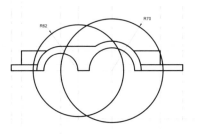

图 14-81 绘制外圆轮廓线

步骤九：将【细虚线】图层设置为当前图层，通过快捷命令C调用【圆心、半径】命令，分别绘制半径为56mm和64mm的圆，如图14-82所示。

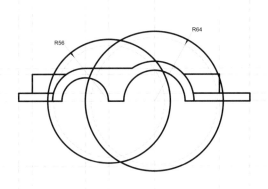

图 14-82 绘制同心圆

步骤十：通过快捷命令TR和E分别调用【修剪】【删除】命令，对多余辅助线进行修剪与删除。绘制结果如图14-83所示。

步骤十一：通过快捷命令L调用【直线】命令，配合自动捕捉和追踪功能，绘制外圆和同心圆的公切线；通过快捷命令TR调用【修剪】命令，修剪多余的辅助线，如图14-84所示。

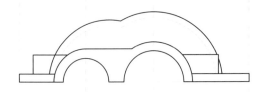

图 14-83 修剪外圆及同心圆

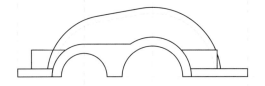

图 14-84 绘制公切线

知识扩充：公切线快捷命令为L+TAN。

以本步骤为例，命令行提示与操作如下：

命令：L（确认当前图层后，在命令行中输入L，按Enter键确认）

LINE

指定第一个点：（不指定点，直接输入TAN，按Enter键确认）

到（指定第一个圆或圆弧的大致切点位置）

指定下一个点或[放弃(U)]：（不指定点，直接输入TAN，按Enter键确认）

到（指定第二个圆或圆弧的大致切点位置）

指定下一个点或[放弃(U)]：✓

步骤十二：通过快捷命令O调用【偏移】命令，将竖直中心线分别向左偏移3mm、43mm和向右偏移3mm，如图14-85所示。

步骤十三：将【粗实线】图层设置为当前图层，通过快捷命令L调用【直线】命令，配合自动捕捉和追踪功能，绘制肋板轮廓线，如图14-86所示。

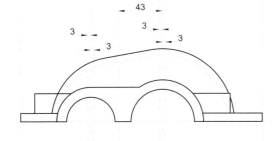

图 14-85　偏移竖直中心线（1）　　　　　　图 14-86　绘制肋板轮廓线

步骤十四：通过快捷命令BREAKATPOINT和TR分别调用【打断于点】【修剪】命令，对主视图中不可见轮廓线型进行修正，并将其线型改为【细虚线】，如图14-87所示。

步骤十五：通过快捷命令F调用【圆角】命令，圆角半径为3mm；通过快捷命令EX、TR和L分别调用【延伸】【修剪】【直线】命令，对图形进行修正。结果如图14-88所示。

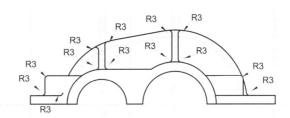

图 14-87　修正不可见轮廓线　　　　　　　　图 14-88　倒圆角

步骤十六：通过快捷命令O调用【偏移】命令，将竖直中心线分别向左偏移9.5mm、4.5mm、4.5mm、11.5mm，向右偏移6mm、2mm、2mm、17.5mm、15mm、4.5mm、4.5mm。结果如图14-89所示。

步骤十七：将【粗实线】图层设置为当前图层，通过快捷命令L调用【直线】命令，配合自动捕捉和追踪功能，绘制通孔轮廓线。绘制结果如图14-90所示。

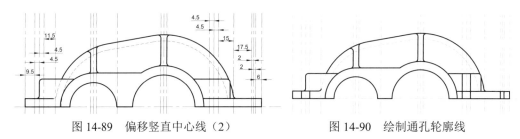

图 14-89 偏移竖直中心线（2）　　　　图 14-90 绘制通孔轮廓线

步骤十八：通过快捷命令O调用【偏移】命令，将公切线向上偏移2mm。结果如图 14-91所示。

步骤十九：通过快捷命令RO调用【旋转】命令，以偏移后的公切线与竖直中心线的交点作为基点，将竖直中心线旋转至垂直公切线的位置。结果如图 14-92所示。

图 14-91 偏移公切线　　　　图 14-92 旋转竖直中心线

命令提示：RO–选择对象–指定基点–参照–指定新角度（需要开启垂足对象捕捉）。

步骤二十：通过快捷命令O调用【偏移】命令，将旋转后的中心线分别向左偏移16mm、19.5mm、23mm，向右偏移16mm、18mm、19.5mm、21mm、23mm，如图 14-93所示。

步骤二十一：将【粗实线】图层设置为当前图层，通过快捷命令EX和L分别调用【延伸】【直线】命令，绘制检查孔的大致轮廓线，如图 14-94所示。

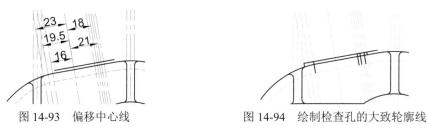

图 14-93 偏移中心线　　　　图 14-94 绘制检查孔的大致轮廓线

步骤二十二：通过快捷命令TR和E分别调用【修剪】【删除】命令，修剪和删除多余的辅助线，如图 14-95所示。

步骤二十三：将【细实线】图层设置为当前图层，通过快捷命令SPL调用【样条曲线拟合】命令，绘制局部剖面样条曲线，如图 14-96所示。

图 14-95 修剪检查孔的轮廓线　　　　图 14-96 绘制局部剖面样条曲线

步骤二十四：通过快捷命令BREAKATPOINT调用【打断于点】命令，参考步骤十四，将检查孔局部剖视图轮廓线的线型改为【粗实线】；通过快捷命令TR调用【修剪】命令，修剪多余的辅助线，如图14-97所示。

步骤二十五：将【细实线】图层设置为当前图层，通过快捷命令H调用【图案填充】命令，对局部剖面进行图案填充，如图14-98所示。

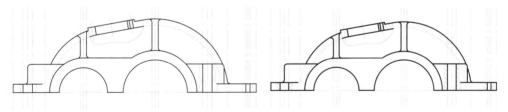

图 14-97　绘制局部剖视图轮廓线　　　　　图 14-98　图案填充

3. 绘制俯视图

主视图绘制完成后，可以根据"长对正、宽相等、高平齐"的投影原则进行箱体零件的俯视图的绘制。由于大部分的细节已经在主视图中有所体现，因此在绘制时，可由外至里进行绘制，而细节部分则可以通过投影的方式进行绘制。

扫一扫，看视频讲解

步骤一：通过快捷命令O调用【偏移】命令，将水平中心线向下偏移100mm，得到俯视图水平基准中心线，再将俯视图水平基准线向上偏移23mm、26mm、37mm、53mm、56mm；将竖直中心线分别向左偏移33mm向右偏移40mm，如图14-99所示。

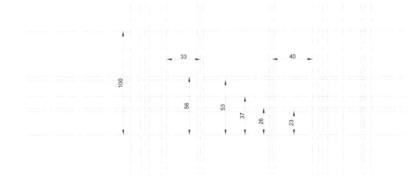

图 14-99　偏移水平中心线

步骤二：将【粗实线】图层设置为当前图层，通过快捷命令L和C分别调用【直线】【圆心、半径】命令，绘制俯视图部分轮廓线，其中圆半径为4.5mm，如图14-100所示。

步骤三：通过快捷命令E调用【删除】命令，删除多余的辅助线。结果如图14-101所示。

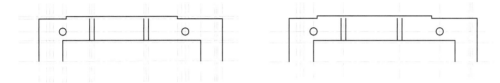

图 14-100　俯视图部分轮廓线　　　　　图 14-101　删除多余的辅助线

步骤四：将【细虚线】图层设置为当前图层，通过快捷命令L调用【直线】命令，按"长对正、宽相等、高平齐"的投影原则，由主视图向俯视图绘制竖直的投影线。结果如图14-102所示。

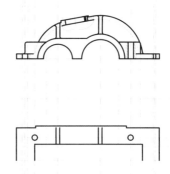

图 14-102 绘制俯视图投影线（1）

步骤五：将【粗实线】图层设置为当前图层，通过快捷命令L和C分别调用【直线】【圆心、半径】命令，绘制俯视图部分轮廓线，其中圆半径为16mm，如图14-103所示。

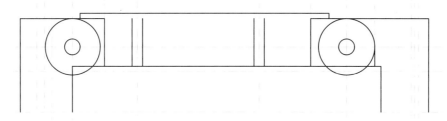

图 14-103 绘制俯视图部分轮廓线

步骤六：通过快捷命令TR和E分别调用【修剪】【删除】命令，修剪和删除多余的辅助线，如图14-104所示。

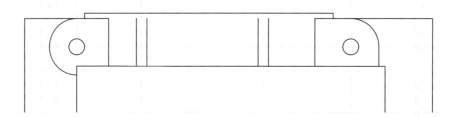

图 14-104 修剪和删除俯视图多余的辅助线

步骤七：通过快捷命令F调用【圆角】命令，圆角半径分别为20mm和3mm，如图14-105所示。

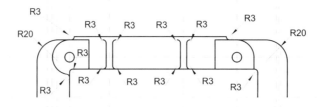

图 14-105 倒圆角

步骤八：将【细实线】图层设置为当前图层，通过快捷命令BR和L分别调用【打断】【直线】命令，对1/2俯视图的中心线进行整理，如图14-106所示。

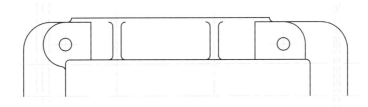

图 14-106　整理俯视图中心线

步骤九：通过快捷命令MI调用【镜像】命令，完成箱盖俯视图外轮廓线的绘制，如图14-107所示。

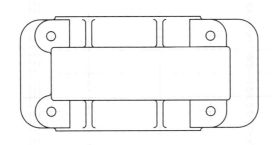

图 14-107　箱盖俯视图外轮廓线

步骤十：通过快捷命令O调用【偏移】命令，将竖直中心线向左偏移4mm，如图14-108所示。

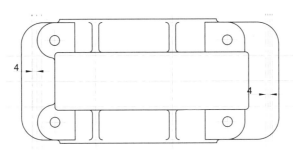

图 14-108　偏移竖直中心线

步骤十一：将【粗实线】图层设置为当前图层，通过快捷命令C调用【圆心、半径】命令，分别绘制半径为4.5mm和2mm的圆，如图14-109所示。

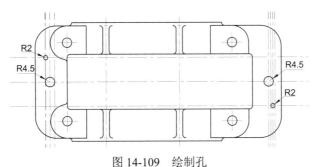

图 14-109　绘制孔

步骤十二：将【细点划线】图层设置为当前图层，通过快捷命令XL调用【构造线】命令，以检查孔中点为参照，绘制竖直中心线，将【细虚线】图层设置为当前图层；通过快捷命令L调用【直线】命令，按"长对正、宽相等、高平齐"的投影原则，由主视图检查孔向俯视图绘制竖直的投影线，如图14-110所示。

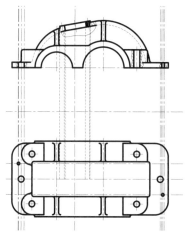

图 14-110　绘制俯视图投影线（2）

步骤十三：将【细点划线】图层设置为当前图层，通过快捷命令C调用【圆心、半径】命令，在水平中心线和竖直中心线交点处绘制半径为19.5mm的圆，如图14-111所示。

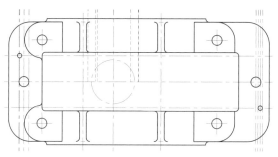

图 14-111　绘制圆（1）

步骤十四：将【粗实线】图层设置为当前图层，通过快捷命令C调用【圆心、半径】命令，根据投影点进行圆的绘制，如图14-112所示。

步骤十五：当前图层仍为【粗实线】图层，通过快捷命令ARC调用【圆点、起点、端点】命令，根据投影点1、点2和点3的顺序进行圆弧的绘制，如图14-113所示。

步骤十六：当前图层仍为【粗实线】图层，通过快捷命令C调用【圆心、半径】命令，绘制半径为1.5mm的圆，如图14-114所示。

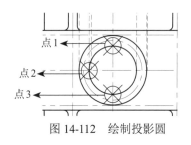

图 14-112　绘制投影圆

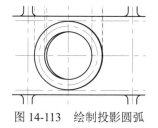

图 14-113　绘制投影圆弧

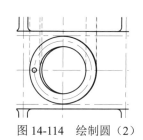

图 14-114　绘制圆（2）

步骤十七：通过快捷命令ARRAYPOLAR调用【环形阵列】命令，对步骤十六绘制的圆进行环形阵列。绘制结果如图14-115所示。

步骤十八：通过快捷命令BR和E分别调用【打断】【删除】命令，对俯视图中相应的辅助线进行修剪与删除，如图14-116所示。

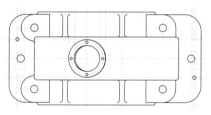

图 14-115　圆形的环形阵列

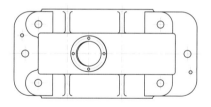

图 14-116　俯视图轮廓线

4. 绘制侧视图

当主视图和俯视图全部绘制完成后，箱盖零件的尺寸就基本确定下来了，侧视图的作用就是在此基础上对箱盖的外形和内部构造进行一定的补充，因此在绘制侧视图时，采用半剖的形式来表达：一部分表现外形，另一部分表现内部。

步骤一：通过快捷命令O调用【偏移】命令，将竖直中心线向右偏移117.5mm得到侧视图竖直基准中心线，将侧视图竖直基准中心线分别向左和向右偏移20mm、26mm、45mm、48mm、56mm；将主视图以及侧视图水平基准中心线分别向上偏移23.5mm、28mm、31mm、33mm、35mm、40mm，如图14-117所示。

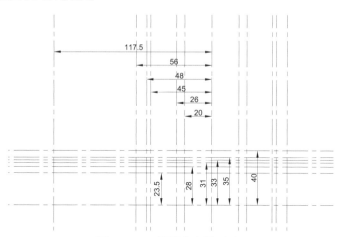

图 14-117　偏移中心线（1）

步骤二：将【细虚线】图层设置为当前图层，通过快捷命令L调用【直线】命令，按"长对正、宽相等、高平齐"的投影原则，由主视图向侧视图绘制水平投影线，如图14-118所示。

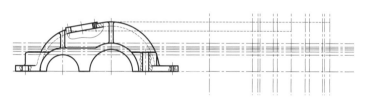

图 14-118　绘制水平投影线

步骤三：通过快捷命令O调用【偏移】命令，将步骤二中绘制的两条水平投影线分别向下偏移6mm，如图14-119所示。

图 14-119　偏移投影线

步骤四： 将【粗实线】图层设置为当前图层，通过快捷命令L调用【直线】命令，绘制侧视图部分轮廓线，如图 14-120 所示。

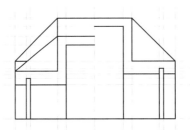

图 14-120　绘制侧视图部分轮廓线

步骤五： 将【细虚线】图层设置为当前图层，通过快捷命令E调用【删除】命令，删除多余的辅助线；通过快捷命令L调用【直线】命令，按"长对正、宽相等、高平齐"的投影原则，由主视图检查孔向侧视图绘制水平投影线；将【细点划线】图层设置为当前图层，通过快捷命令XL调用【构造线】命令，以检查孔中点为参照，绘制水平中心线，如图 14-121 所示。

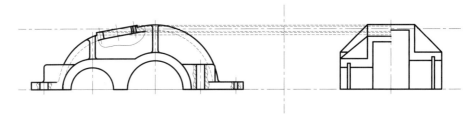

图 14-121　绘制投影线

步骤六： 通过快捷命令O调用【偏移】命令，将竖直中心线向左偏移22.65mm、15.76mm，如图 14-122 所示。

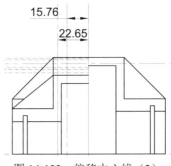

图 14-122　偏移中心线（2）

步骤七：将【粗实线】图层设置为当前图层，通过快捷命令EL调用【圆心】命令，根据投影线绘制侧视图部分轮廓线，如图14-123所示。

步骤八：通过快捷命令E和TR分别调用【删除】【修剪】命令，删除和修剪多余的辅助线，通过快捷命令L调用【直线】命令，补充轮廓线，如图14-124所示。

🔔 **操作提示**

由于【椭圆】命令应用较少，前面正文中没有涉及，请读者通过二维码扫描自行补充学习。

图 14-123　绘制检查孔侧视图部分轮廓线

图 14-124　删除和修剪多余的辅助线

步骤九：将【粗实线】图层设置为当前图层，通过快捷命令F调用【圆角】命令，圆角半径为6mm和3mm；通过快捷命令EX、L、E、TR分别调用【延伸】【直线】【删除】【修剪】命令，调整图形，如图14-125所示。

步骤十：将【细实线】图层设置为当前图层，通过快捷命令H调用【图案填充】命令，对局部剖面进行图案填充，如图14-126所示。

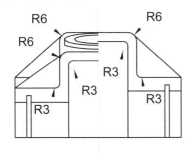

图 14-125　倒圆角

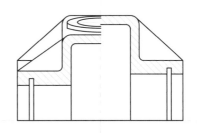

图 14-126　图案填充

步骤十一：通过快捷命令BR调用【打断】命令，对三视图的中心线进行修正，如图14-127所示。

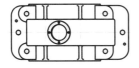

图 14-127　修正中心线

5. 标注图形

当主视图、俯视图、侧视图全部绘制完成后，需要对图形进行几何尺寸的标注。在标注像箱盖这类比较复杂的箱壳类零件时，要避免重复标注和遗漏标注。

（1）标注尺寸和相关尺寸精度

步骤一： 标注主视图尺寸和相关尺寸精度。将【细实线】图层设置为当前图层，通过快捷命令DLI、DIMALI、DIMRAD分别调用【线性】【对齐】【半径】命令，对主视图中的相关尺寸进行标注，如图14-128所示。

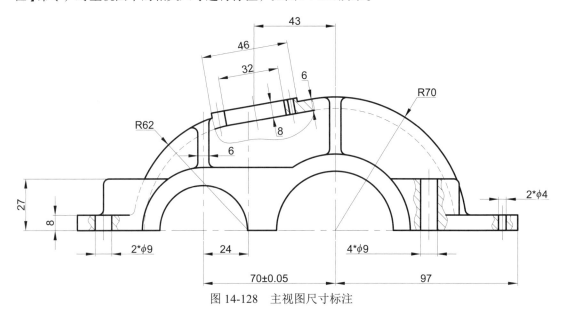

图 14-128　主视图尺寸标注

步骤二： 标注俯视图尺寸与相关尺寸精度。将【细实线】图层设置为当前图层，通过快捷命令DLI、DIMALI、DIMRAD、DIMDIA分别调用【线性】【对齐】【半径】【直径】命令，对俯视图中的相关尺寸进行标注；将【粗实线】图层设置为当前图层，通过快捷命令L和T分别调用【直线】【多行文字】命令，绘制俯视图的剖切符号，如图14-129所示。

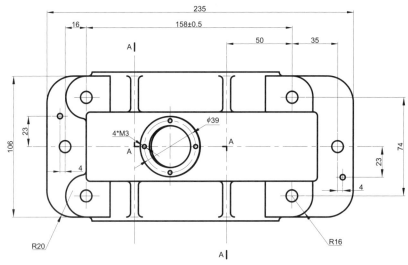

图 14-129　俯视图尺寸标注

步骤三： 标注侧视图尺寸与相关尺寸精度。将【细实线】图层设置为当前图层，通过快捷命令DLI、DIMALI、DIMRAD、DIMDIA、T分别调用【线性】【对齐】【半径】【直径】

【多行文字】命令，对侧视图中的相关尺寸进行标注，如图14-130所示。

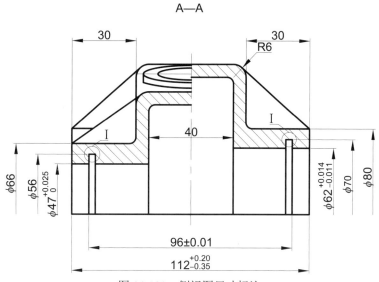

图 14-130　侧视图尺寸标注

知识扩充：选中标注，右击，打开【特性】功能面板，通过修改【直线和箭头】选项卡中的选项来实现尺寸线的类型。

图示 I 位置不便于标注尺寸，将该部分按4:1的比例局部放大，绘制在如图14-131所示的位置，并进行尺寸及相关尺寸精度的标注。

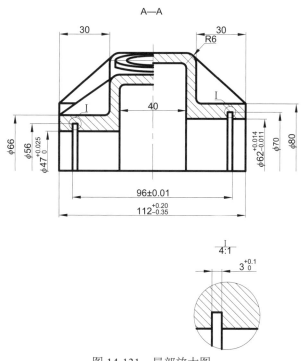

图 14-131　局部放大图

（2）标注表面粗糙度

步骤一：标注主视图表面粗糙度。调用"源文件/第14章"中创建好的表面粗糙度图块，将

其放置在适当位置，并修改表面粗糙度值，通过快捷命令LEAD调用【引线】命令，引用表面
粗糙度，如图14-132所示。

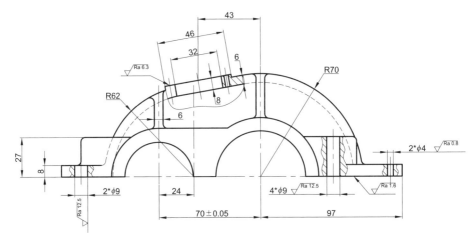

图 14-132　标注主视图表面粗糙度

步骤二：标注侧视图和局部放大图表面粗糙度。调用"源文件/第14章"中创建好的表面粗
糙度图块，将其放置在适当位置，并修改表面粗糙度值，通过快捷命令LEAD调用【引线】命
令，引用表面粗糙度，如图14-133所示。

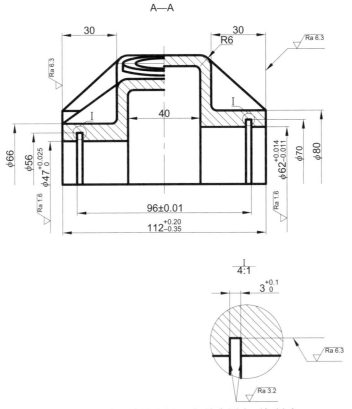

图 14-133　标注侧视图和局部放大图表面粗糙度

6. 填写技术要求与标题栏

步骤一：填写技术要求。通过快捷命令T调用【多行文字】命令，在A3样板图框适当位置

插入多行文字，将文字样式选为【技术要求】，输入技术要求，如图14-134所示。

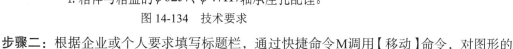

技　术　要　求
1. 未注铸造圆角R2～R3。
2. 在非加工的外表面涂腻子，砂光，喷淡绿色漆。
3. 铸件要时效处理，以消除内应力。
4. 箱体与箱盖的ϕ62J7、ϕ47H7轴承座孔配镗。

图 14-134　技术要求

步骤二：根据企业或个人要求填写标题栏，通过快捷命令M调用【移动】命令，对图形的位置进行调整。结果如图14-72所示。

14.1.4　绘制输出轴零件图

1. 输出轴设计分析

减速器中的输出轴如图14-135所示，主要与齿轮配合使用，当小齿轮带动大齿轮转动，实现减速效果后，通过输出轴向工作机输出相应的转速。输出轴属于阶梯轴类零件，由圆柱面、轴肩、键槽以及环槽组成。在对输出轴设计时，要保证轴颈、外圆和轴肩有较高的尺寸精度、位置精度和较小的表面粗糙度值。本案例绘制方法与齿轮轴相同，具体绘制步骤可以参考齿轮轴零件图。

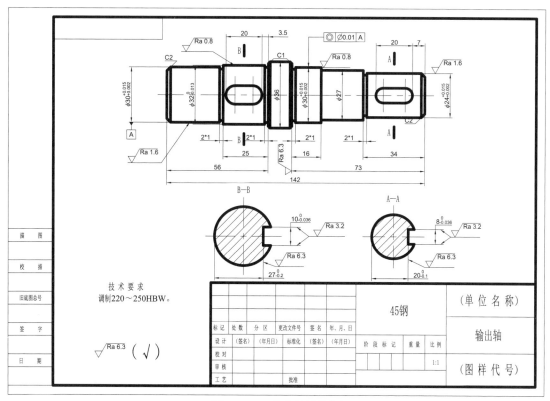

图 14-135　输出轴零件图

输出轴绘制流程如图14-136所示。

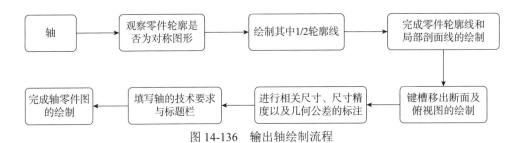

图 14-136 输出轴绘制流程

调用的快捷命令见表14-4。

表 14-4 绘制输出轴调用的快捷命令

绘制		MI	镜像
L	直线	CHA	倒角
C	圆心、半径	O	偏移
H	图案填充	F	圆角
SPL	样条曲线拟合	BR	打断
XL	构造线	注释	
修改		T	多行文字
M	移动	DLI	线性
TR	修剪	TOL	公差
E	删除	LEAD	引线

2.绘制主视图

步骤一：通过【偏移】命令对中心线进行偏移，结合【直线】命令完成输出轴1/2轮廓线的绘制，如图14-137所示。

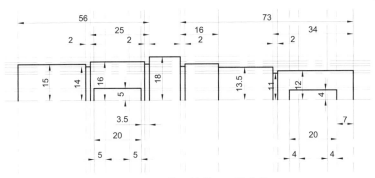

图 14-137 输出轴的 1/2 轮廓线

步骤二：通过【删除】命令删除多余的辅助线；通过【倒角】命令并配合【直线】命令，绘制输出轴的倒角，倒角尺寸为C2mm、C1mm；通过【圆角】命令绘制输出轴的圆角，圆角半径为5mm、4mm，如图14-138所示。

图 14-138 绘制输出轴的倒角与圆角

步骤三：通过【镜像】命令对输出轴的1/2轮廓线进行镜像复制；通过【打断】和【删除】命令对输出轴的中心线进行修剪，如图14-139所示。

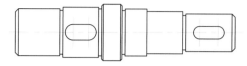

图 14-139 输出轴轮廓线

3. 绘制键槽断面图

步骤一：选取适当位置，通过【直线】和【多行文字】命令绘制键槽断面符号；通过【构造线】命令确定键槽断面图的中心线，如图14-140所示。

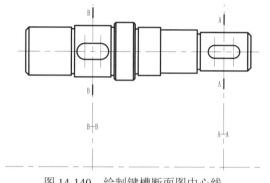

图 14-140 绘制键槽断面图中心线

步骤二：通过【圆心、半径】【偏移】【直线】【修剪】命令完成键槽断面图轮廓线的绘制，如图14-141所示。

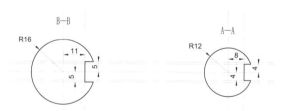

图 14-141 绘制键槽断面图轮廓线

步骤三：通过【打断】和【删除】命令对断面图的中心线进行修剪与整理；通过【图案填充】命令完成键槽断面图的绘制，如图14-142所示。

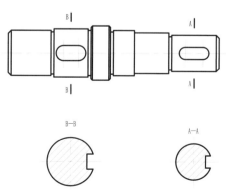

图 14-142 完成键槽断面图的绘制

4. 标注图形

（1）标注尺寸和添加尺寸精度

通过【线性】和【引线】命令，标注输出轴和键槽断面的几何尺寸与表面粗糙度，如图14-143所示。

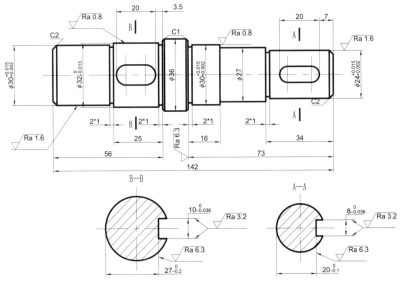

图14-143　标注尺寸和表面粗糙度

（2）标注几何公差

通过【公差】和【引线】命令，放置基准符号并标注输出轴的几何公差，如图14-144所示。

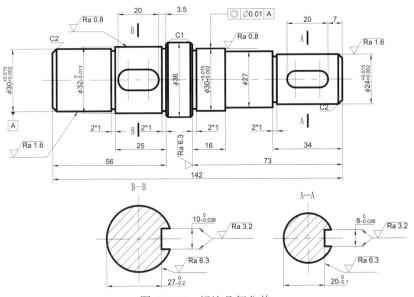

图14-144　标注几何公差

5. 填写技术要求与标题栏

步骤一：填写技术要求。通过【多行文字】命令，在A3样板图框适当位置插入多行文字，将文字样式选为【技术要求】，输入技术要求，如图14-145所示。

技 术 要 求
调制220~250HBW。

图 14-145　技术要求

步骤二： 根据企业或个人要求填写标题栏，通过【移动】命令对图形的位置进行调整。结果如图14-135所示。

14.1.5　绘制箱座零件图

1. 箱座设计分析

减速器的箱座如图14-146所示。其主要是为其他零件提供支撑和固定作用，同时箱体内盛有润滑散热的油液，为其中的齿轮传动提供润滑和散热。由于箱体类零件结构的特殊性，因此视图表达比较齐全，甚至还要绘制局部视图来表达某一部分结构的细节。

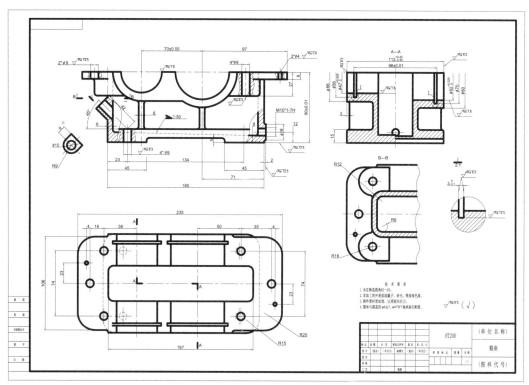

图 14-146　箱座零件图

箱座绘制流程如图14-147所示。

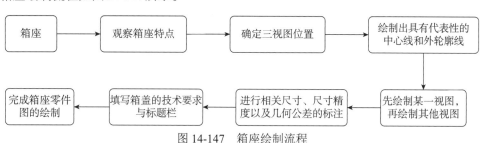

图 14-147　箱座绘制流程

调用的快捷命令见表14-5。

表 14-5　绘制箱座调用的快捷命令

绘制		F	圆角
L	直线	O	偏移
C	圆心、半径	BR	打断
ARC	圆心、起点、端点	BREAKATPOINT	打断于点
H	图案填充	注释	
SPL	样条曲线拟合	T	多行文字
XL	构造线	DLI	线性
修改		DIMALI	对齐
M	移动	DIMRAD	半径
EX	延伸	DIMDIA	直径
TR	修剪	LEAD	引线
E	删除	DIMRANG	角度
MI	镜像		

2. 绘制主视图

步骤一： 通过【构造线】【圆心、半径】【偏移】【直线】【修剪】命令完成端面平台的绘制，如图14-148所示。

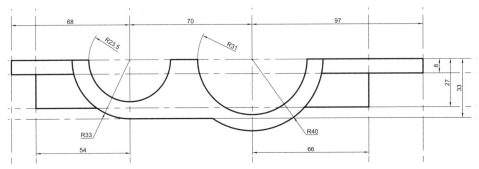

图 14-148　绘制端面平台轮廓线

步骤二： 通过【删除】命令删除多余的辅助线，再通过【偏移】和【直线】命令完成端面下方轮廓线的绘制，如图14-149所示。

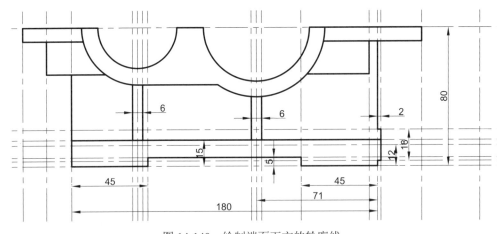

图 14-149　绘制端面下方的轮廓线

步骤三：通过【删除】命令删除多余的辅助线，再通过【偏移】【直线】【修剪】【样条曲线拟合】命令绘制箱座的安装孔，如图14-150所示。

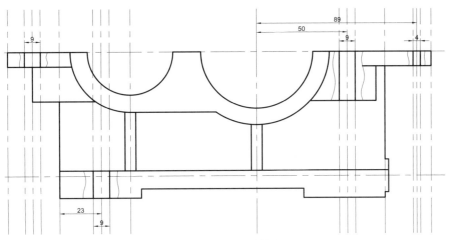

图 14-150　绘制安装孔

步骤四：通过【删除】命令删除步骤三中多余的辅助线，再通过【偏移】【直线】【修剪】【样条曲线拟合】命令绘制油尺孔和油塞孔，如图14-151所示。

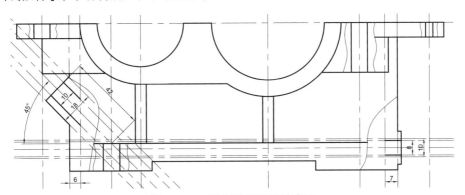

图 14-151　绘制油尺孔和油塞孔

步骤五：通过【删除】命令删除步骤四中多余的辅助线，再通过【直线】【修剪】【延伸】【打断于点】命令绘制箱座主视图剩余的轮廓线，如图14-152所示。

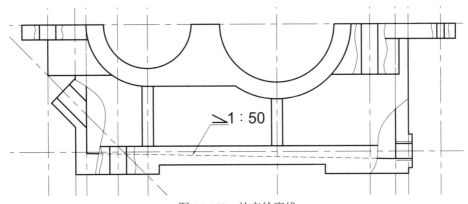

图 14-152　补充轮廓线

步骤六：通过【删除】和【打断】命令对箱座的中心线进行整理；通过【圆角】命令对外轮廓线进行倒圆角；通过【图案填充】命令对局部剖视图进行图案填充，如图14-153所示。

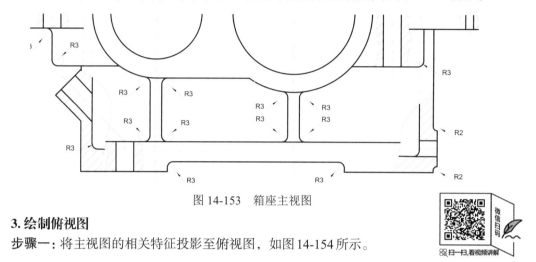

图 14-153　箱座主视图

3. 绘制俯视图

步骤一：将主视图的相关特征投影至俯视图，如图14-154所示。

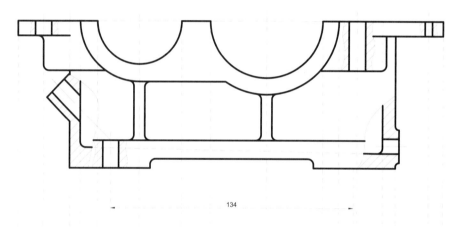

图 14-154　绘制投影线

步骤二：通过【偏移】和【直线】命令绘制箱座俯视图的1/2轮廓线，如图14-155所示。

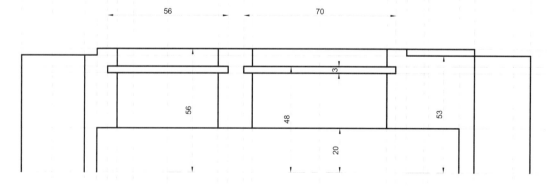

图 14-155　绘制箱座俯视图的 1/2 轮廓线

步骤三：通过【删除】命令删除多余的辅助线，再通过【偏移】和【圆心、半径】命令绘制箱座的安装孔，其中安装孔的半径为4.5mm，如图14-156所示。

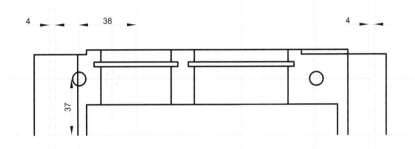

图 14-156　绘制安装孔

步骤四：通过【圆角】【镜像】【延伸】【打断】【打断于点】命令绘制俯视图轮廓线，如图 14-157 所示。

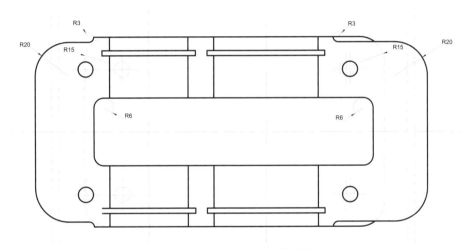

图 14-157　绘制俯视图轮廓线

步骤五：通过【偏移】【圆心、半径】【删除】【打断】命令，补全安装孔轮廓线并对俯视图的中心线进行修剪和整理，如图 14-158 所示。

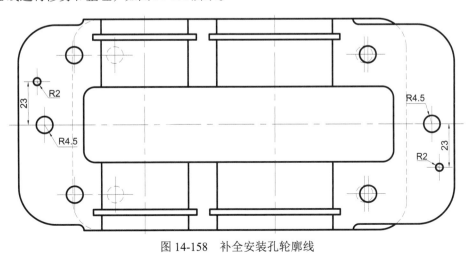

图 14-158　补全安装孔轮廓线

4. 绘制侧视图

步骤一：将主视图的相关特征投影至侧视图，如图14-159所示。

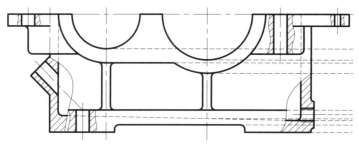

图 14-159　绘制投影线

步骤二：通过【直线】和【多行文字】命令绘制剖面符号，如图14-160所示。

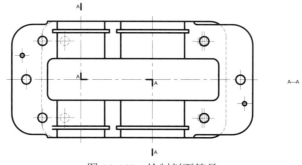

图 14-160　绘制剖面符号

步骤三：通过【偏移】【直线】【圆心、半径】【修剪】【圆心、起点、端点】命令绘制侧视图轮廓线，如图14-161所示。

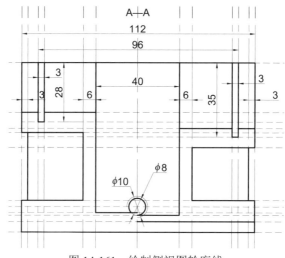

图 14-161　绘制侧视图轮廓线

步骤四：通过【删除】【打断】【圆角】【图案填充】命令完成箱座侧视图的绘制，如图14-162所示。

A—A

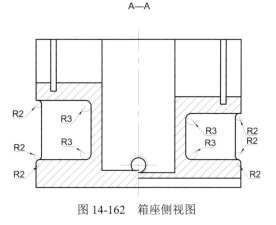

图 14-162　箱座侧视图

5. 绘制局部图和局部剖视图

步骤一：通过【直线】【引线】【多行文字】命令绘制剖面符号，如图 14-163 所示。

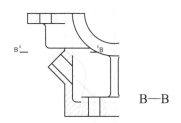

图 14-163　绘制剖面符号

步骤二：根据箱座的主视图和俯视图的相关尺寸，通过【构造线】【偏移】【直线】【圆角】【圆心、半径】【修剪】命令绘制局部剖视图轮廓线，如图 14-164 所示。

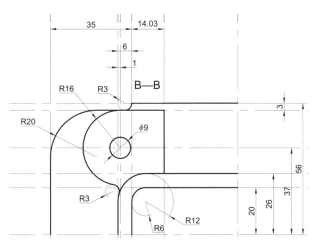

图 14-164　绘制局部剖视图轮廓线

步骤三：通过【打断】【删除】【镜像】【样条曲线拟合】【图案填充】命令，完成局部剖视图的绘制，如图 14-165 所示。

步骤四：通过【直线】【圆心、半径】【引线】【多行文字】【修剪】命令，绘制油尺安装孔端面图，如图 14-166 所示。

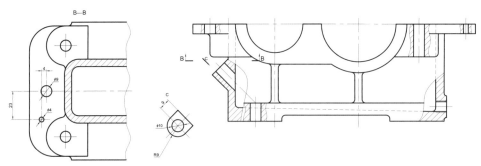

图 14-165 局部剖视图　　　　　图 14-166 油尺安装孔端面图

6. 标注图形

（1）标注尺寸和添加尺寸精度

步骤一: 通过【线性】【对齐】【角度】命令，标注箱座主视图和局部图的几何尺寸与相关特征的几何尺寸精度，如图 14-167 所示。

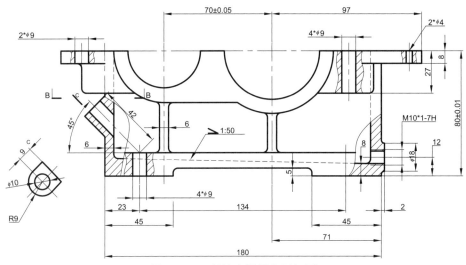

图 14-167 标注主视图和局部图

步骤二: 通过【半径】命令标注局部剖视图，如图 14-168 所示。

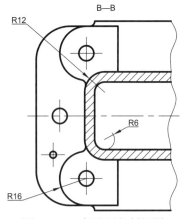

图 14-168 标注局部剖视图

步骤三：通过【线性】和【半径】命令标注俯视图，如图14-169所示。

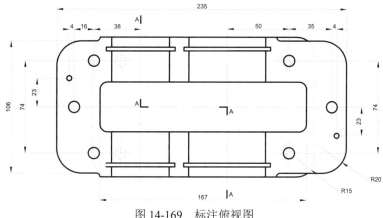

图14-169　标注俯视图

步骤四：通过【线性】【对齐】【半径】【直径】【多行文字】命令对侧视图中的相关尺寸进行标注，如图14-170所示。

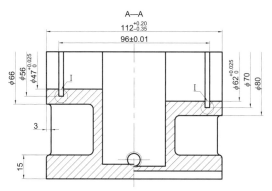

图14-170　侧视图尺寸标注

知识扩充：选中标注，右击，打开【特性】功能面板，通过修改【直线和箭头】选项卡中的选项来改变尺寸线的类型。

图示Ⅰ位置不便于标注尺寸，将该部分按2∶1的比例局部放大，绘制在如图14-171所示的位置，并进行尺寸及相关尺寸精度的标注。

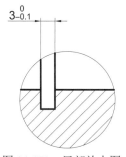

图14-171　局部放大图

（2）标注表面粗糙度

步骤一： 标注主视图表面粗糙度。调用"源文件/第14章"中创建好的表面粗糙度图块，将其放置在适当位置，并修改表面粗糙度值，通过【引线】命令引用表面粗糙度，如图14-172所示。

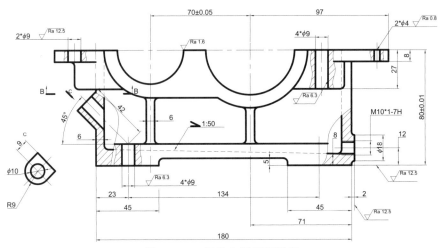

图 14-172　标注主视图粗糙度

步骤二： 标注侧视图和局部放大图的表面粗糙度。调用"源文件/第14章"中创建好的表面粗糙度图块，将其放置在适当位置，并修改表面粗糙度值，通过【引线】命令引用表面粗糙度，如图14-173所示。

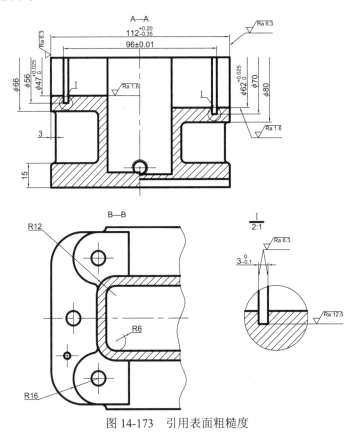

图 14-173　引用表面粗糙度

7. 填写技术要求与标题栏

步骤一：填写技术要求。调用【多行文字】命令，在A3样板图框的适当位置插入多行文字，将文字样式选为【技术要求】，输入技术要求，如图14-174所示。

技 术 要 求

1. 未注铸造圆角R2～R3。

2. 在非加工的外表面涂腻子，砂光，喷淡绿色漆。

3. 铸件要时效处理，以消除内应力。

4. 箱体与箱盖的ϕ62J7、ϕ47H7轴承座孔配镗。

图 14-174　技术要求

步骤二：根据企业或个人要求填写标题栏，通过【移动】命令对图形的位置进行调整。结果如图14-146所示。

14.2　绘制单级齿轮减速器其余零件图

如表14-6所示，共由29个零件组成单级齿轮减速器。其中，零件序号为2、3、4、5、11、13、19、26、29的9个零件均为标准件，其结构、尺寸、画法、标记等各方面已经完全标准化，可查阅相关标准直接调用；其余零件均为非标准件，其结构、尺寸和位置等信息均需通过单级齿轮减速器主要零件而确定。本节将利用AutoCAD 2021绘制单级齿轮减速器其余零件图。

表 14-6　单级齿轮减速器零件

序号	名　称	序号	名　称
1	箱盖	16	轴
2	螺栓 M8×65	17	小闷盖
3	垫圈	18	调整垫片
4	螺母 M8	19	轴承 6204
5	销 3×18	20	挡油环
6	纸封油圈	21	齿轮轴
7	螺塞	22	小端盖
8	大闷盖	23	油封
9	调整垫片	24	箱座
10	套筒	25	油尺
11	平键 10×8×20	26	螺栓 M8×25
12	齿轮	27	纸封垫圈
13	轴承 6206	28	透视盖
14	大端盖	29	螺钉 M3×12
15	油封		

14.2.1 绘制与齿轮轴配合的相关零件图

1. 小闷盖零件图

小闷盖(17号零件)如图14-175所示。其主要作用为对轴承外圈的轴向定位与紧固。在对小闷盖进行绘制时,可以通过【多段线】命令完成小闷盖外轮廓线的绘制,再通过【偏移】命令确定轮廓线拐点位置,配合【直线】命令完成小闷盖零件图的绘制。

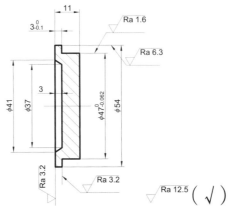

图 14-175 小闷盖 (17号零件)

2. 调整垫片零件图

调整垫片(18号零件)如图14-176所示。其安装在小闷盖与轴承之间,主要用以调整轴承间隙。调整垫片结构为对称结构,可以先通过【偏移】命令,搭建调整垫片的轮廓,并配合【直线】命令完成1/2轮廓线的绘制,最后通过【镜像】命令完成调整垫片零件图的绘制。

3. 挡油环零件图

挡油环(20号零件)如图14-177所示。在装配时其凸面与轴承内圈接触,凹面与齿轮轴轴肩接触,这是为了防止轴承的润滑油甩出,同时也提高润滑油的利用率。在对挡油环进行绘制时,可以多采用【偏移】命令来确定轮廓线拐点的位置。

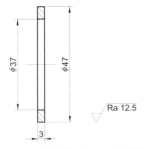

图 14-176 调整垫片(18号零件)

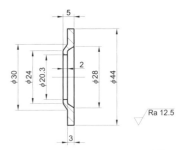

图 14-177 挡油环(20号零件)

4. 小端盖零件图

小端盖(22号零件)如图14-178所示。其主要作用为对轴承外圈的轴向定位与紧固,其次与油封配合使用,可以达到密封箱体的作用。在对小端盖进行绘制时,由于其轮廓线较为密集,在对中心线进行【偏移】操作时,可以按一定顺序进行。

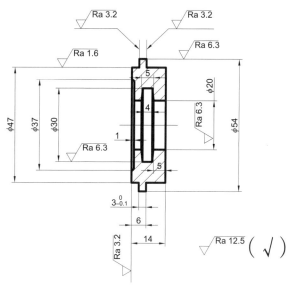

图 14-178　小端盖（22 号零件）

14.2.2　绘制与输出轴配合的相关零件图

1. 大闷盖零件图

　　大闷盖（8 号零件）如图 14-179 所示。其作用与小闷盖一致，都是对轴承外圈进行轴向定位与紧固，不同点在于尺寸的大小和与之配合的零件。在对大闷盖进行绘制时，既可以采用【镜像】命令进行绘制，也可以通过【偏移】命令完成轮廓的搭建，然后用【直线】命令完成绘制。

2. 调整垫片零件图

　　调整垫片（9 号零件）如图 14-180 所示。其安装在大闷盖与轴承之间，主要用以调整轴承间隙。在对调整垫片绘制时，可以通过【多段线】命令，对调整垫片的外轮廓线一次性绘制完成，再通过【偏移】和【直线】命令完成调整垫片的绘制。

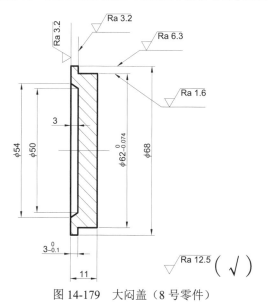

图 14-179　大闷盖（8 号零件）

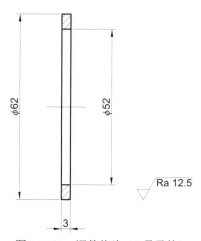

图 14-180　调整垫片（9 号零件）

3. 套筒零件图

套筒（10号零件）如图14-181所示。其安装在齿轮与轴承之间，对轴承内圈起着紧固的作用。套筒的结构较为简单，可以直接通过水平中心线和竖直中心线的【偏移】命令并配合【直线】命令完成套筒轮廓线的绘制。

4. 大端盖零件图

大端盖（4号零件）如图14-182所示。其主要作用为对轴承外圈的轴向定位与紧固，其次与油封配合使用，可以达到密封箱体的作用。在对大端盖进行绘制时，由于其轮廓线较为密集，可以采用先简后繁、先外后里的方式进行绘制，从而可以降低出错率，提高绘图质量。

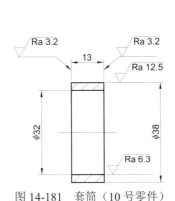

图 14-181 套筒（10号零件）

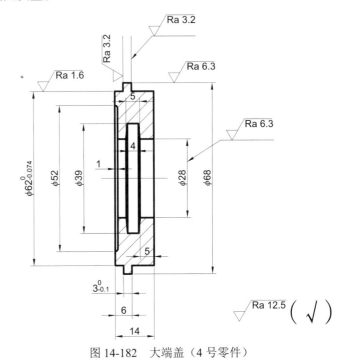

图 14-182 大端盖（4号零件）

14.2.3 绘制与箱体、箱盖配合的相关零件图

1. 油尺零件图

油尺（25号零件）如图14-183所示。其主要用来检查油面高度，以保证箱体内有正常的油量。油尺的结构较为复杂，尤其是30°环槽处的绘制，可以通过【直线】命令配合极坐标@距离<角度的输入方式，分别绘制两个15°的线段，再通过【修剪】等命令完成油尺零件图的绘制。注意剖视图中图案填充类型的选取。

2. 纸封油圈零件图

纸封油圈（6号零件）如图14-184所示。其主要起到了对箱体的密封作用，防止润滑油的泄漏。纸封油圈结构简单，可以通过【多段线】命令绘制外轮廓线，再通过【偏移】命令配合【直线】命令完成纸封油圈零件图的绘制。

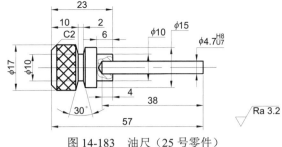

图 14-183　油尺（25 号零件）

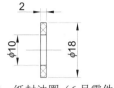

图 14-184　纸封油圈（6 号零件）

3. 螺塞零件图

　　减速器的螺塞（7 号零件）如图 14-185 所示。其主要用来排出箱体内的污油。在对螺塞进行绘制时，尤其注意螺纹部分粗实线和细实线的变换。

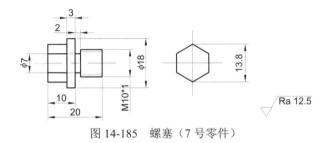

图 14-185　螺塞（7 号零件）

4. 纸封垫圈零件图

　　纸封垫圈（27 号零件）如图 14-186 所示。其安装在透视盖与箱盖检查孔之间，起到了对箱体的密封作用。在对纸封垫圈中 4 个孔进行绘制时，既可以采用【环形阵列】命令的方式，也可以采用两次【镜像】命令的方式。

5. 透视盖零件图

　　透视盖（28 号零件）如图 14-187 所示。其组成材料主要为有机玻璃，有利于对箱体内部情况的观察，同时对箱体也起到了密封的作用。其绘制方法与纸封垫圈一致。

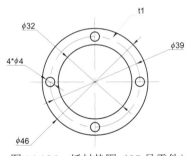

图 14-186　纸封垫圈（27 号零件）

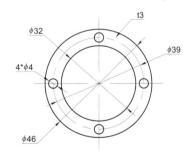

图 14-187　透视盖（28 号零件）

14.3　绘制单级齿轮减速器装配图

　　装配图是表达机器或部件的工作原理以及其中各零件之间的装配关系的图样，是表达机械设计人员的设计构思、指导生产装配和使用维修的重要技术文件。装配图主要由一组视图、必要的尺寸、序号和明细表、技术要求和标题栏组成，本节将利用AutoCAD 2021绘制单级齿轮减速器装配图。

减速器装配图绘制流程如图14-188和图14-189所示。

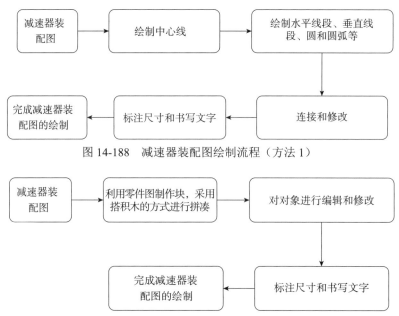

图 14-188 减速器装配图绘制流程（方法 1）

图 14-189 减速器装配图绘制流程（方法 2）

本节将利用方法2进行绘制，具体绘制步骤如下。

1. 绘制俯视图

步骤一：打开源文件/第14章/A3样板图.dwg，如图14-190所示。

步骤二：将【细点划线】图层设置为当前图层，通过快捷命令XL调用【构造线】命令，绘制图框的水平中心线与竖直中心线，如图14-191所示。

图 14-190 A3 样板图

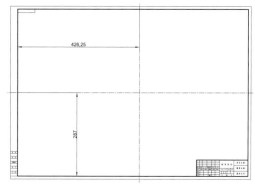

图 14-191 绘制图框的基准中心线

步骤三：通过快捷命令O调用【偏移】命令，将水平中心线分别向上和向下偏移143.5mm，将竖直中心线分别向左偏移67.25mm、97mm、70mm、235mm；向右偏移111mm、210mm，如图14-192所示。

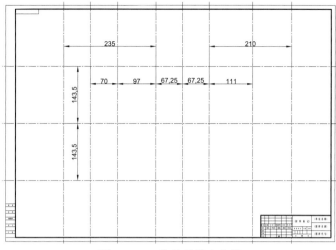

图 14-192　偏移基准中心线

步骤四：通过快捷命令INSERT调用【插入块】命令，单击【库】选项卡中的【显示文件导航对话框】按钮🗔，选择"源文件/第14章/块文件/俯视图"，单击【打开】按钮，如图14-193所示。

（a）文件导航对话框

（b）单击【打开】按钮后的【块】功能面板

图 14-193　打开【块】功能面板

步骤五：在【块】功能面板的【库】选项卡中，将鼠标移至箱座（24号零件）图块上，按住鼠标左键，将其拖至如图14-194所示位置。

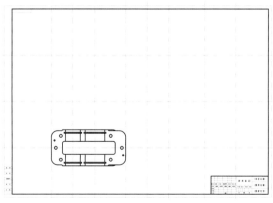

图 14-194　放置箱座零件

步骤六：通过快捷命令X调用【分解】命令，将插入的箱座图块分解，通过快捷命令TR调用【修剪】命令，对部分轮廓线进行修剪，如图14-195所示。

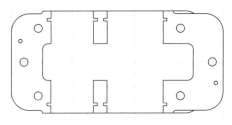

图 14-195　修剪部分轮廓线

步骤七：依次插入大闷盖（8号零件）和调整垫片（9号零件）两个图块，将其装配至如图14-196所示的位置。

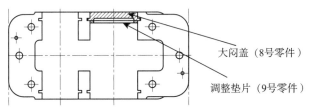

大闷盖（8号零件）

调整垫片（9号零件）

图 14-196　装配箱座部分零件

步骤八：在图框外的适当位置依次插入轴（16号零件）和齿轮（12号零件）两个图块，轴和齿轮在进行装配时，齿轮端面要紧靠轴肩，如图14-197所示。

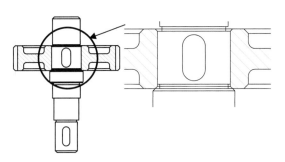

图 14-197　装配轴和齿轮

步骤九：插入套筒（10号零件）图块，将其装配至轴上，且紧靠齿轮端面，如图14-198所示。

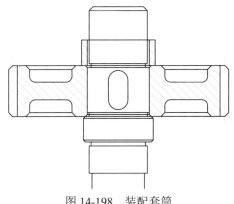

图 14-198　装配套筒

步骤十：两次插入轴承6206（13号零件）图块，将其装配至轴上，上方轴承紧靠套筒，下方轴承紧靠轴肩，如图14-199所示。

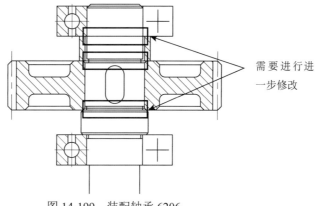

需要进行进一步修改

图 14-199　装配轴承 6206

步骤十一：通过快捷命令X和TR分别调用【分解】【修剪】命令，对轴装配体进行修剪，如图14-200所示。

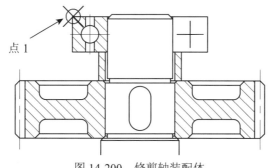

点 1

图 14-200　修剪轴装配体

步骤十二：通过快捷命令M调用【移动】命令，以点1为基点移动轴装配体至箱座上，且上方轴承紧靠调整垫片，如图14-201所示。

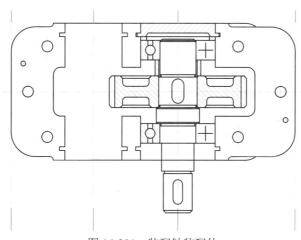

图 14-201　装配轴装配体

步骤十三：依次插入大端盖（14号零件）和油封（15号零件）两个图块，将其装配至如图14-202所示的位置。

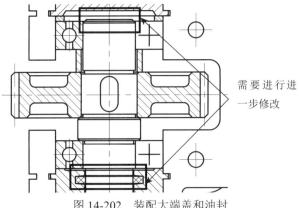

图 14-202　装配大端盖和油封

步骤十四：通过快捷命令X调用【分解】命令，对调整垫片、大端盖和油封进行分解；通过快捷命令TR调用【修剪】命令，对装配体进行修剪，如图 14-203 所示。

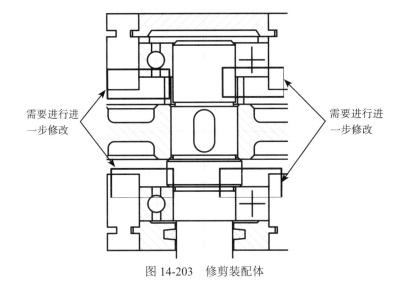

图 14-203　修剪装配体

步骤十五：通过快捷命令EX调用【延伸】命令，对箱座局部进行延伸，如图 14-204 所示。

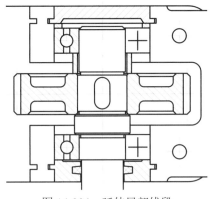

图 14-204　延伸局部线段

步骤十六：依次插入小闷盖（17号零件）和调整垫片（18号零件）两个图块，将其装配至如图 14-205 所示的位置。

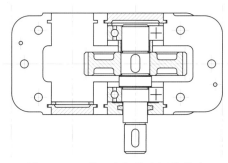

图 14-205　装配小闷盖和调整垫片

步骤十七： 在图框外的适当位置依次插入齿轮轴（21号零件）、挡油环（20号零件）和轴承6204（19号零件）三个图块，挡油环、轴承6204和齿轮轴进行装配时，上下挡油环分别在上下环槽处，上下轴承6204紧靠挡油环，如图14-206所示。

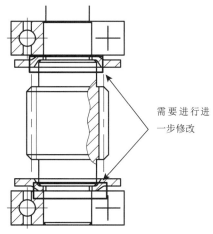

需要进行进一步修改

图 14-206　装配齿轮轴、挡油环和轴承6204

✏️ **温馨提示：** 上下挡油环装配方向相反，在装配上方挡油环时，可以将【块】功能面板的【插入选项】栏中的【旋转】由0°改为180°后，直接将挡油环（20号零件）图块拖出进行装配。

步骤十八： 通过快捷命令X和TR分别调用【分解】【修剪】命令，然后对齿轮轴装配体进行修剪，如图14-207所示。

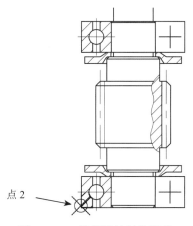

点2

图 14-207　修剪齿轮轴装配体

步骤十九：通过快捷命令M调用【移动】命令，以点2为基点移动齿轮轴装配体至箱座上，且下方轴承紧靠调整垫片，如图14-208所示。

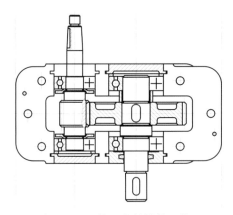

图 14-208　装配齿轮轴装配体

步骤二十：依次插入小端盖(22号零件)和油封(23号零件)两个图块，将其装配至如图14-209所示的位置。

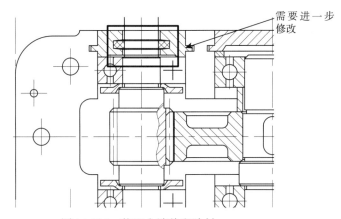

图 14-209　装配小端盖和油封

步骤二十一：通过快捷命令X调用【分解】命令对小端盖和油封进行分解；通过快捷命令TR调用【修剪】命令对装配体进行修剪，如图14-210所示。

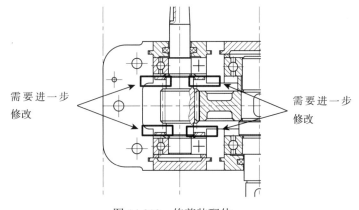

图 14-210　修剪装配体

步骤二十二：通过快捷命令EX调用【延伸】命令，对箱座局部进行延伸，如图14-211所示。

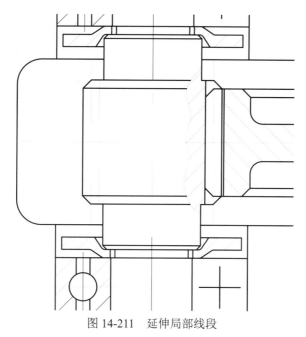

图 14-211　延伸局部线段

步骤二十三：通过快捷命令H调用【图案填充】命令，对箱座上的8个通孔进行图案填充，填充图案比例可以设置为0.5，如图14-212所示。

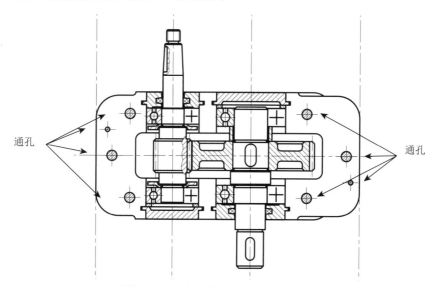

通孔　　　　　　　　　　　　　　　　　　通孔

图 14-212　完成装配图俯视图的绘制

2. 绘制主视图

步骤一：将【细虚线】图层设置为当前图层，通过快捷命令L调用【直线】命令，从俯视图向主视图绘制投影线，如图14-213所示。

扫一扫，看视频讲解

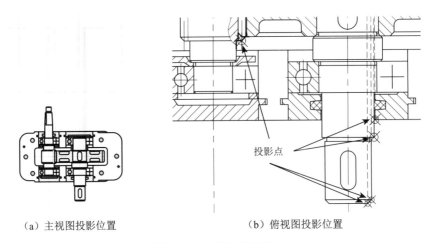

（a）主视图投影位置　　　　　　　　　　（b）俯视图投影位置

图 14-213　绘制投影线

步骤二：将【细点划线】图层设置为当前图层，通过快捷命令C调用【圆心、半径】命令，根据辅助线位置绘制齿轮与齿轮轴上齿轮部分的分度圆；将当前图层改为【粗实线】图层，再次通过快捷命令C调用【圆心、半径】命令，根据辅助线位置绘制输出轴主视图轮廓线，如图14-214所示。

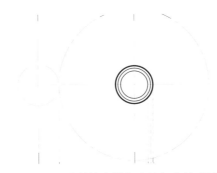

图 14-214　绘制输出轴与齿轮部分轮廓线

步骤三：通过快捷命令INSERT调用【插入块】命令，单击【库】选项卡中的【显示文件导航对话框】按钮，选择"源文件/第14章/块文件/主视图"，单击【打开】按钮，如图14-215所示。

（a）文件导航对话框　　　　　　　　　　（b）单击【打开】按钮后的【块】功能面板

图 14-215　打开【块】功能面板

步骤四：通过快捷命令E调用【删除】命令，删除俯视图向主视图的投影辅助线，依次插入箱盖（1号零件）和箱座（24号零件）两个图块，将其放置在如图14-216所示的位置。

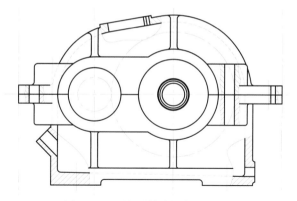

图 14-216 放置箱盖与箱座图块

步骤五：依次插入螺栓M8×25（26号零件）、螺栓M8×65（2号零件）和销3×18（5号零件）三个图块，将其分别装配至箱体上，如图14-217所示。

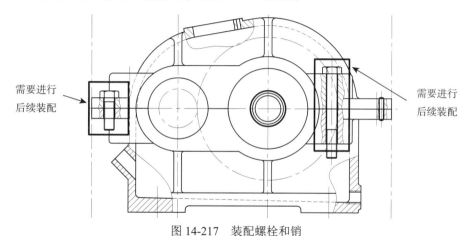

需要进行
后续装配

需要进行
后续装配

图 14-217 装配螺栓和销

步骤六：依次插入垫圈（3号零件）和螺母M8（4号零件）两个图块，分别与螺栓M8×25（26号零件）和螺栓M8×65（2号零件）进行装配，如图14-218所示。

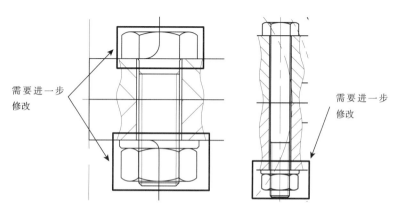

需要进一步
修改

需要进一步
修改

（a）螺栓 M8×25（26号零件）装配体　　　（b）螺栓 M8×65（2号零件）装配体

图 14-218 紧固件装配

步骤七：通过快捷命令X和TR分别调用【分解】【修剪】命令，对紧固件装配体进行修剪，如图14-219所示。

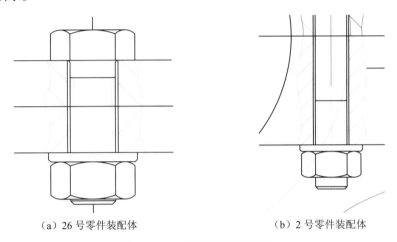

（a）26 号零件装配体　　　　　　　　　（b）2 号零件装配体

图 14-219　修剪紧固件装配体

步骤八：插入油尺（25号零件）图块，将其装配至箱座油尺安装孔，如图14-220所示。

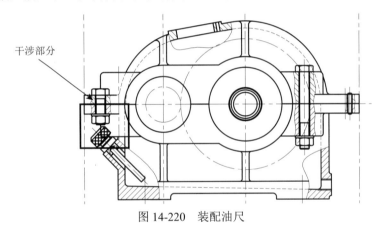

图 14-220　装配油尺

步骤九：通过快捷命令TR调用【修剪】命令，修剪箱座与油尺产生干涉的部分，如图14-221所示。

步骤十：依次插入纸封油圈（6号零件）和螺塞（7号零件）两个图块，将其装配至箱座油塞安装孔上，如图14-222所示。

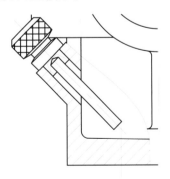

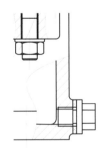

图 14-221　修剪箱座　　　　　　　　图 14-222　装配纸封油圈和螺塞

步骤十一：将【细实线】图层设置为当前图层，通过快捷命令L、TR、H分别调用【直线】【修剪】【图案填充】命令，对箱座内部进行图案填充，如图14-223所示。

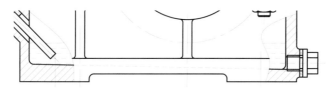

图 14-223　箱座内部图案填充

步骤十二：依次插入纸封垫圈（27号零件）、透视盖（28号零件）和螺钉M3×12（29号零件）三个图块，将其装配至检查孔上，如图14-224所示。

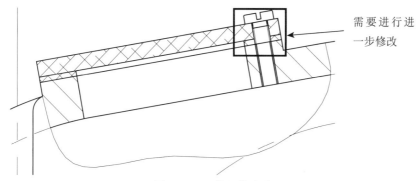

需要进行进一步修改

图 14-224　装配检查孔

步骤十三：通过快捷命令TR调用【修剪】命令对箱盖进行修剪，如图14-225所示。

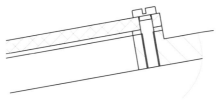

图 14-225　修剪箱盖

步骤十四：将【细点划线】图层设置为当前图层，通过快捷命令L调用【直线】命令，补全箱盖处和紧固件处的中心线，如图14-226所示。

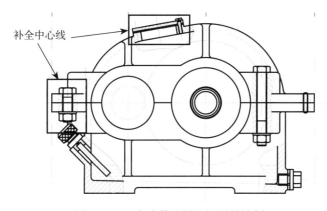

补全中心线

图 14-226　完成装配图主视图的绘制

3. 绘制侧视图

步骤一：通过快捷命令INSERT调用【插入块】命令，单击【库】选项卡中的【显示文件导航对话框】按钮 ，选择"源文件/第14章/块文件/侧视图"，单击【打开】按钮，如图14-227所示。

扫一扫,看视频讲解

（a）文件导航对话框 　　　　　　　（b）单击【打开】按钮后的【块】功能面板

图 14-227　打开【块】功能面板

步骤二：依次插入箱盖（1号零件）和箱座（24号零件）两个图块，将其放置到如图14-228所示的位置。

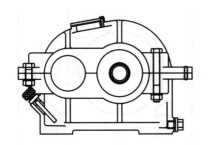
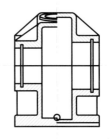

图 14-228　装配侧视图

步骤三：将【细虚线】图层设置为当前图层，通过快捷命令L调用【直线】命令，从主视图向侧视图绘制投影线，如图14-229所示。

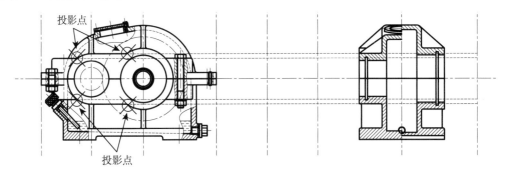

图 14-229　绘制投影线（1）

步骤四：通过快捷命令TR和E分别调用【修剪】【删除】命令，根据投影线对侧视图中的剖面线进行修剪，并删除侧视图中右侧部分轮廓线，如图14-230所示。

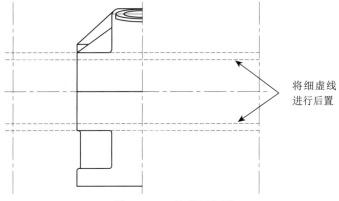

图 14-230　修剪侧视图

步骤五：通过快捷命令DR调用【后置】命令，后置图14-230中所指细虚线，通过快捷命令MI调用【镜像】命令，以侧视图左轮廓线为镜像对象，以竖直中心线为镜像线，对侧视图进行镜像操作，如图14-231所示。

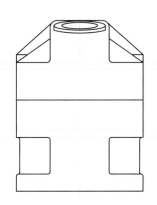

图 14-231　镜像轮廓线

步骤六：通过快捷命令O调用【偏移】命令，将竖直中心线分别向左和向右偏移53mm，将水平中心线分别向上和向下偏移8mm，如图14-232所示。

步骤七：将【粗实线】图层设置为当前图层，通过快捷命令EX和L调用【延伸】【直线】命令，绘制侧视图轮廓线，如图14-233所示。

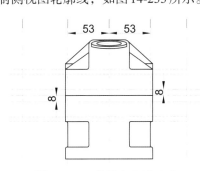

图 14-232　偏移中心线（1）

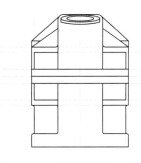

图 14-233　绘制侧视图轮廓线

步骤八：通过快捷命令E调用【删除】命令，删除多余的辅助线，如图14-234所示。

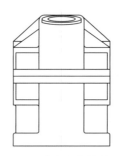

图 14-234　删除多余的辅助线

步骤九：将【细虚线】图层设置为当前图层，通过快捷命令L调用【直线】命令，由主视图向侧视图绘制投影线，如图14-235所示。

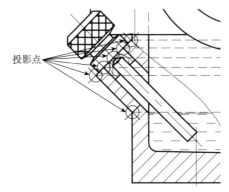

（a）主视图投影点

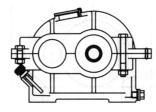

（b）投影线

图 14-235　绘制投影线（2）

步骤十：通过快捷命令O调用【偏移】命令，将竖直中心线分别向左和向右偏移5mm、9mm和37mm，如图14-236所示。

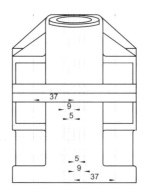

图 14-236　偏移中心线（2）

步骤十一：通过快捷命令EL调用【圆心】命令，根据投影线和偏移的中心线绘制椭圆，如图14-237所示。

步骤十二：将【粗实线】图层设置为当前图层，通过快捷命令TR和L分别调用【修剪】【直线】命令，绘制油尺安装孔轮廓线，如图14-238所示。

步骤十三：通过快捷命令FILLET调用【圆角】命令，圆角半径为2mm；通过快捷命令E调用【删除】命令，删除多余的辅助线，如图14-239所示。

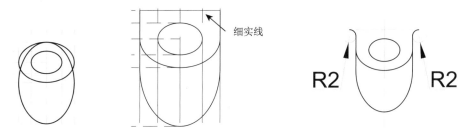

图 14-237　绘制椭圆　图 14-238　绘制油尺安装孔轮廓线　图 14-239　绘制圆角与删除多余的辅助线

步骤十四：通过快捷命令O调用【偏移】命令，将竖直中心线分别向左和向右偏移4.5mm，如图14-240所示。

步骤十五：更改当前图层为【粗实线】图层，通过快捷命令L调用【直线】命令，绘制通孔轮廓线；将当前图层更改为【细实线】图层，通过快捷命令SPL和H分别调用【样条曲线拟合】【图案填充】命令，绘制剖面轮廓线并对剖面区域进行图案填充，其中图案填充角度为90°，如图14-241所示。

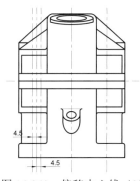
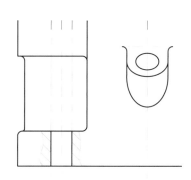

图 14-240　偏移中心线（3）　　　　　图 14-241　绘制剖面图

步骤十六：通过俯视图可以看出，侧视图左侧应包含一部分齿轮轴，右侧应包含一部分轴。在进行绘制时，可以参考俯视图的相关尺寸，具体的绘制方法可以参考零件图齿轮轴和轴的绘制过程。绘制结果如图14-242所示。

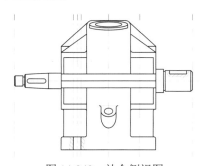

图 14-242　补全侧视图

步骤十七：将【细点划线】图层设置为当前图层，通过快捷命令L、E、BR分别调用【直线】【删除】【打断】命令，对装配图中的中心线和辅助线进行修剪与删除，如图14-243所示。

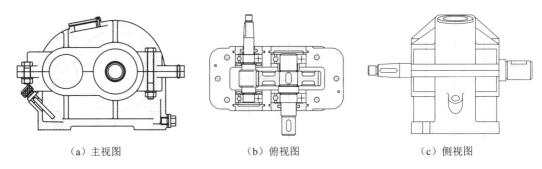

（a）主视图　　　　　　　　（b）俯视图　　　　　　　　（c）侧视图

图 14-243　完成装配图轮廓线的绘制

4. 标注装配图

（1）标注尺寸

标注尺寸主要包括标注外形尺寸、标注安装尺寸和标注配合尺寸。

步骤一：标注外形尺寸。由于减速器的箱盖和箱座均为铸造件，因此总的尺寸精度不高，而且减速器对于外形尺寸只需注明大致的总体尺寸即可。

将【细实线】图层设置为当前图层，通过快捷命令DLI调用【线性】命令，标注减速器的外形尺寸，如图14-244所示。

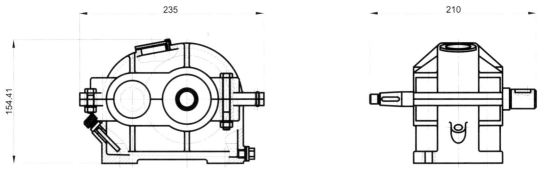

图 14-244　标注外形尺寸

步骤二：标注安装尺寸。安装尺寸是指减速器在安装时所涉及的尺寸，包括减速器上地脚螺栓的尺寸、轴的中心高度和吊环的尺寸等。这部分尺寸有一定的精度要求，需参考装配精度进行标注。

当前图层仍然为【细实线】图层，通过快捷命令DLI调用【线性】命令，标注装配体三视图中的安装尺寸，如图14-245～图14-247所示。

步骤三：标注配合尺寸。配合尺寸是指零件在装配时需要保证配合精度，对于减速器来说，即是轴与齿轮、轴承，轴承与箱体之间的配合尺寸。

当前图层仍然为【细实线】图层，通过快捷命令DLI调用【线性】命令，标注装配体俯视图中的配合尺寸，如图14-248～图14-250所示。

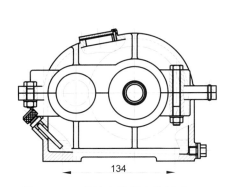

图 14-245　标注主视图安装尺寸

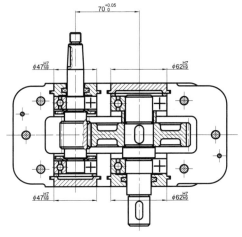

图 14-246　标注俯视图安装尺寸

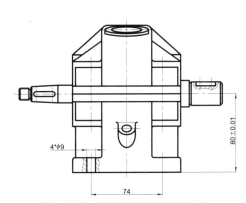

图 14-247　标注侧视图安装尺寸

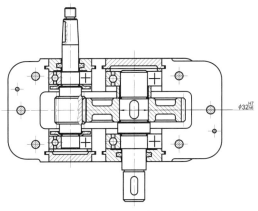

图 14-248　标注轴和齿轮的配合尺寸

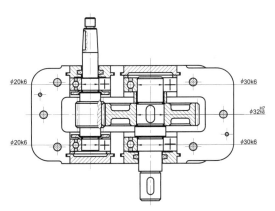

图 14-249　标注轴和轴承的配合尺寸

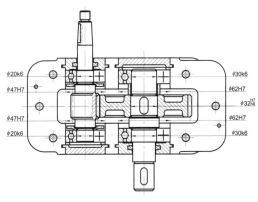

图 14-250　标注轴承和轴承安装孔的配合尺寸

（2）添加序号

装配图中的所有零件和组件都必须编写序号。装配图中一个相同的零件或组件只编写一个序号，同一个装配图中相同的零件编写相同的序号，而且一般只注明一次。另外，零件序号还应与明细栏中的序号一致。

步骤一：单击【默认】选项卡【注释】功能面板中的【多重引线样式】按钮，系统弹出【多重引线样式管理器】对话框，如图14-251所示。

步骤二：单击【多重引线样式管理器】对话框中的【新建】按钮，系统弹出【创建新多重引线样式】对话框。在【新样式名】文本框中输入【序列号样式】，如图14-252所示。单击【继续】按钮，系统弹出【修改多重引线样式：序列号样式】对话框，如图14-253所示。

图 14-251 【多重引线样式管理器】对话框

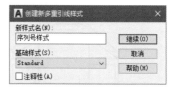

图 14-252 【创建新多重引线样式】对话框

图 14-253 【修改多重引线样式：序列号样式】对话框

步骤三：

1）打开【修改多重引线样式：序列号样式】对话框中的【引线格式】选项卡，将【箭头】选项组中的【符号】选为【无】，如图14-254所示。

2）打开【引线结构】选项卡，将【基线设置】选项组中的【设置基线距离】改为1，如图14-255所示。

3）打开【内容】选项卡，将【文字选项】选项组中的【文字高度】设置为5，将【引线连接】选项组中的【连接位置-左】和【连接位置-右】均改为【第一行加下划线】，将【基线间隙】改为4，如图14-256所示。

图 14-254　修改【引线格式】选项卡

图 14-255　修改【引线结构】选项卡

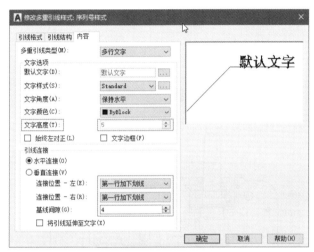

图 14-256　修改【内容】选项卡

步骤四：将【细实线】图层设置为当前图层，通过快捷命令MLD调用【多重引线】命令，在主视图箱盖的空白处按鼠标左键，并输入数字1，单击【关闭文字编辑器】按钮，完成序号为1的零件的标注，如图14-257所示。

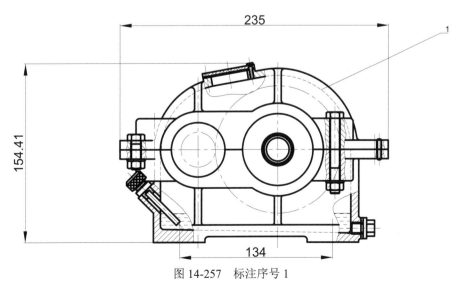

图 14-257　标注序号 1

步骤五： 参考步骤四，对装配图中所有零件进行序号标注，如图 14-258 所示。

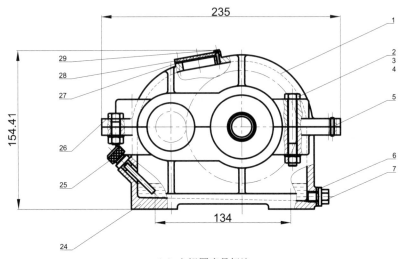

（a）主视图序号标注

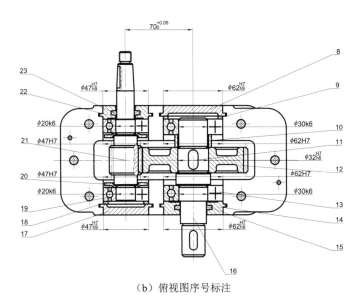

（b）俯视图序号标注

图 14-258　标注其余序号

（3）填写明细表和标题栏

步骤一： 通过快捷命令 TABLE 调用【表格】命令，插入两个 15 行 × 6 列的表格。表格的尺寸如图 14-259 所示。

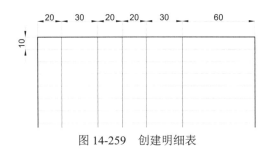

图 14-259　创建明细表

步骤二：按照列好的顺序，依次填写对应明细表中的信息，如图14-260所示。

序号	名称	数量	材料	标准	备注
29	螺钉 M3×12	4		GB/T 65—2000	
28	通视盖	1	有机玻璃		
27	纸封垫圈	1	石棉橡胶纸		
26	螺栓 M8×25	2		GB/T 5780—2000	
25	油尺	1		组件	
24	箱座	1	ZL102		
23	油封	1	毛毡		
22	小端盖	1	ZL102		
21	齿轮轴	1	45	$m=2mm$, $z=15$	
20	挡油环	2	ZL102		
19	轴承 6204	2		GB/T 276—1994	
18	调整垫片	1	Q235A		
17	小闷盖	1	ZL102		
16	轴	1	45		
15	油封	1	毛毡		

序号	名称	数量	材料	标准	备注
14	大端盖	1	ZL102		
13	轴承 6206	2		GB/T 276—1994	
12	齿轮	1	45	$m=2mm$, $z=55$	
11	平键 10×8×20	1		GB/T 1096—2003 定制	
10	套筒	1	Q235A		
9	调整垫片	1	Q235A		
8	大闷盖	1	ZL102		
7	螺塞	1	Q235A		
6	纸封油圈	6	石棉橡胶纸		
5	销 3×18	2		GB/T 117—2000	
4	螺母 M8	6		GB/T 6170—2000	
3	垫圈	6		GB/T 97.1—2002	
2	螺栓 M8×65	4		GB/T 5780—2000	
1	箱盖	1	ZL102		
序 号	名 称	数 量	材 料	标 准	备 注

图14-260　填写明细表

步骤三：根据企业或个人要求填写标题栏，如图14-261所示。

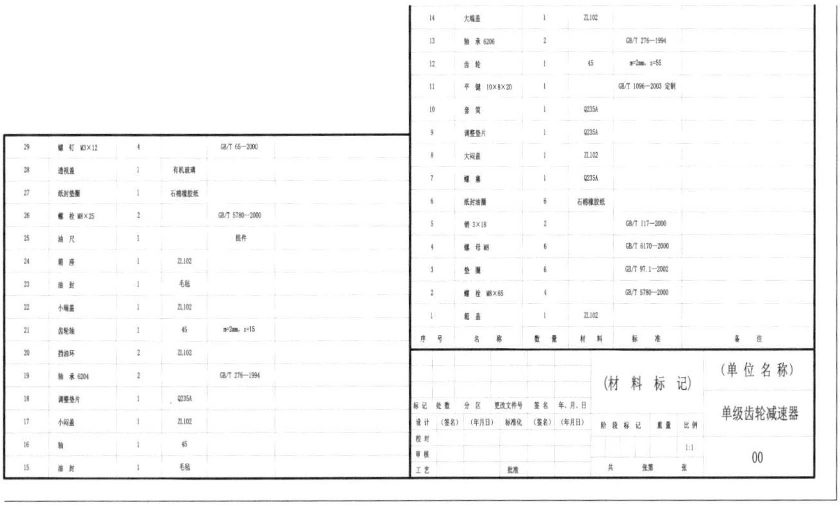

图14-261　完成明细表和标题栏的填写

（4）添加技术要求

步骤一：通过快捷命令TABLE调用【表格】命令，插入2行×3列的简单表格，并输入文字，如图14-262所示。

技术特性

输入功率 kW	输入轴转速 r/min	传动比
2.09	376	3.67

图14-262　输入技术特性

步骤二：通过快捷命令T调用【多行文字】命令，在A3样板图框的适当位置插入多行文字，将文字样式选为【技术要求】，输入技术要求，如图14-263所示。

技 术 要 求

1.装配前对所有零件进行清洗。

2.在减速器表面涂灰色油漆。

3.进行空转正反转各1h，要求平稳，噪声小，负载运转油池温度不超过35℃。

图 14-263 输入技术要求

至此，减速器的装配图绘制完毕。最终效果如图14-264所示。

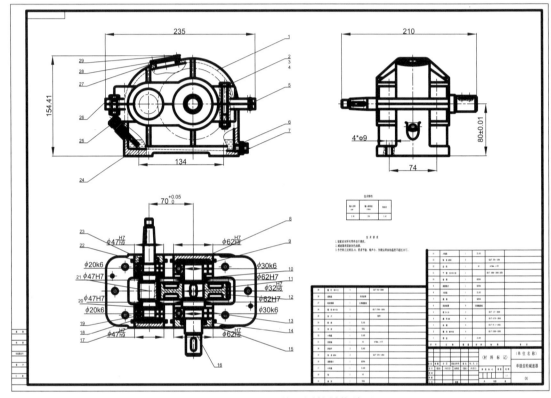

图 14-264 减速器装配图的最终效果